教育部高职高专材料类专业教学指导委员会工程材料与成形工艺类专业规划教材

JIAOYUBUGAOZHIGAOZHUANCAILIAOLEIZHUANYE
JIAOXUEZHIDAOWEIYUANHUI
GONGCHENGCAILIAOYUCHENGXINGGONGYILEIZHUANYEGUIHUAJIAOCAI

特种铸造

杨兵兵 / 主编　于振波 / 副主编　王晓江 / 主审

中南大学出版社
www.csupress.com.cn

内容简介

本书为教育部高职高专材料类专业教学指导委员会工程材料与成形工艺类专业规划教材。

本书分为熔模铸造、金属型铸造、压力铸造、离心铸造、消失模铸造及其他特种铸造(石膏型铸造、陶瓷型铸造、V 法造型、连续铸造、低压铸造、真空吸铸、挤压铸造和液体金属冲压)共六章。本书系统论述了以上各类特种铸造方法的基本原理、工艺特点、专用材料、生产设备及工艺等。全书以熔模铸造、金属型铸造、压力铸造为主。书中注意吸取国内外相关的先进技术成果和生产经验，内容充实，先进实用。

本书可供高等职业技术院校铸造专业作教材，同时也可供中等专业学校、成人教育学校的师生及有关铸造专业的技术人员学习参考，还可作为企业职工培训教材。

教育部高职高专材料类专业教学指导委员会
工程材料与成形工艺类专业规划教材编审委员会

（排名不分先后）

总 序

当前，高等职业教育改革方兴未艾，各院校积极贯彻落实教育部《关于全面提高高等职业教育教学质量的若干意见》(教高[2006]16号文)和教育部、财政部《关于实施国家示范性高等职业院校建设计划，加快高等职业教育改革与发展的意见》(教高[2006]14号文)文件精神，探索“工学结合”的改革发展之路，取得了很多很好的教学成果。

教育部高等学校高职高专材料类专业教学指导委员会工程材料与成形工艺分委员会，主要负责工程材料及成形工艺类专业与课程改革建设的指导工作。分教指委组织编写了《高职高专工程材料与成形工艺类专业教学规范(试行)》，并已由中南大学出版社正式出版，向全国推广发行，它是对高职院校教学改革的阶段性探索和成果的总结，对开办相关专业的院校有较好的指导意义和参考价值。为了适应工程材料与成形工艺类专业教学改革的新形势，分教指委还积极开展了工程材料与成形工艺类专业高职高专规划教材的建设工作，并成立了高职高专工程材料与成形工艺类专业规划教材编审委员会，编审委员会由教指委委员、分指委专家、企业专家及教学名师组成。教指委及规划教材编审委员会在长沙中南大学召开了教材建设研讨会，会上讨论了焊接技术及自动化专业、金属材料热处理专业、材料成形与控制技术专业(铸造方向、锻压方向、铸热复合)以及工程材料与成形工艺基础等一系列教材的编写大纲，统一了整套书的编写思路、定位、特色、编写模式、体例等。

历经几年的努力，这套教材终于与读者见面了，它凝结了全体编写者与组织者的心血，体现了广大编写者对教育部“质量工程”精神的深刻体会和对当代高等职业教育改革精神及规律的准确把握。

本套教材体系完整、内容丰富。归纳起来，有如下特色：①根据教育部高等学校高职高专材料类专业教学指导委员会工程材料与成形工艺类专业制定的教学规划和课程标准组织编写；②统一规划，结构严谨，体现科学性、创新性、应用性；③贯彻以工作过程和行动为导向，工学结合的教育理念；④以专业技能培养为主线，构建专业知识与职业资格认证、社会能力、方法能力培养相结合的课程体系；⑤注重创新，反映工程材料与成形工艺领域的新知识、新技术、新工艺、新方法和新标准；⑥教材体系立体化，提供电子课件、电子教案、教学与学习指导、教学大纲、考试大纲、题库、案例素材等教学资源平台。

教材的生命力在于质量与特色，希望本系列教材编审委员会及出版社能做到与时俱进，根据高职高专教育改革和发展的形势及产业调整、专业技术发展的趋势，不断对教材进行修订、改进、完善，精益求精，使之更好地适应高职人才培养的需要，也希望他们能够一如既往地依靠业内专家，与科研、教学、产业第一线人员紧密结合，加强合作，不断开拓，出版更多的精品教材，为高职教育提供优质的教学资源和服务。

衷心希望这套教材能在我国材料类高职高专教育中充分发挥它的作用，也期待着在这套教材的哺育下，一大批高素质、应用型、高技能人才能脱颖而出，为经济社会发展和企业发展建功立业。

王纪安

2010年1月18日

王纪安：教授，教育部高等学校高职高专材料类专业教学指导委员会委员，工程材料与成形工艺分委员会主任。

前　言

本书是根据教育部高等学校高职高专材料类专业教学指导委员会工程材料与成形工艺分委员会制定的《高职高专工程材料与成形工艺类专业教学规范(试行)》的要求编写的。

本书共分6章，即第1章熔模铸造、第2章金属型铸造、第3章压力铸造、第4章离心铸造、第5章消失模铸造、第6章其他特种铸造(石膏型铸造、陶瓷型铸造、V法造型、连续铸造、低压铸造、真空吸铸、挤压铸造和液体金属冲压)。教材在编写过程中，力求体现职业技术教育的特色，把重点放在为解决生产实际问题所必需的实用知识、理论知识和专业技能上。本书系统论述了以上各类特种铸造方法的基本原理、工艺特点、专用材料、生产设备及工艺等。书中注意吸取国内外有关先进的技术成果和生产经验，内容充实，先进实用。

本书可供高等职业技术院校铸造专业作教材，同时也可供中等专业学校、成人教育学校、培训学校的师生及有关铸造专业的技术人员学习参考。

本书由陕西工业职业技术学院杨兵兵任主编，负责编写第1、6章；西安东方机械厂屈雪丽高级工程师编写绪论部分；包头职业技术学院丁振波编写第2、5章；陕西工业职业技术学院李明编写第3、4章。本书由陕西工业职业技术学院王晓江教授任主审。

在编写和审稿过程中，许多兄弟院校的老师对教材提出了宝贵的建议，在此表示衷心的感谢。

由于编者水平有限，编写时间紧迫，书中难免存在疏漏、不妥之处，恳请有关专家、各兄弟院校师生和广大读者批评指正。

编　者

2010年8月

目 录

绪　论

[学习目标]

1. 熟悉特种铸造的概念，了解特种铸造方法的分类；

2. 掌握特种铸造方法的基本特点；

3. 了解本课程的性质及任务。

鉴定标准： 应知：特种铸造的概念、分类及基本特点。

教学建议： 尽可能上网搜索相关图片及视频资料，采用多媒体教学，激发学生的学习兴趣。

0.1　特种铸造方法

铸造生产中应用最普遍的方法是砂型铸造，它具有适应性广、生产设备比较简单等优点。但用此法生产的铸件，其尺寸精度、表面粗糙度都较差，铸件的内部质量也较低；生产过程较复杂，实现机械化、自动化生产投资巨大；在生产一些特殊零件和特殊技术要求的铸件时，技术经济指标较低。所以，除砂型铸造以外，通过改变铸型材料、浇注方法、液态合金充填铸型的形式或铸件凝固条件等因素，形成了多种有别于砂型铸造的其他特殊铸造方法。铸造工作者把有别于砂型铸造工艺的其他铸造方法，统称为特种铸造。机械制造行业中常见的特种铸造方法有：

①熔模铸造。它是采用可熔性模型和高性能型壳（铸型）来铸造尺寸精度高和表面粗糙度低的无切削或少切削铸件的方法。

②金属型铸造。它是采用金属铸型，提高铸件冷却速度，实现一型多铸，获得结晶组织致密的铸件的方法。

③压力铸造。它是通过改变液态合金的充型和结晶凝固条件，使液态合金在高压、高速下充填铸型，并在高压下成型和结晶，获得精密铸件的方法。

④消失模铸造。它是将与铸件尺寸形状相似的发泡塑料模型黏结组合成模型簇，刷涂耐火涂层并烘干后，埋在干石英砂中振动造型，在一定条件下浇注液体金属，使模型气化并占据模型位置，凝固冷却后形成所需铸件的方法。

⑤离心铸造。它是改变液态合金的充填铸型和凝固条件，利用离心力的作用，用来铸造环、管、筒、套等许多特殊铸件的方法。

⑥陶瓷型铸造。它是改变铸型材料，选用优质耐火材料相黏结剂，用特殊的灌浆成型方法，获得尺寸精确表面光滑的型腔，用来浇注厚大精密铸件的铸造方法。

⑦低压铸造。它是介于重力铸造与压力铸造之间的一种铸造方法。改变充型凝固条件，将液态合金在低压低速作用下由下而上平稳地充填铸型，在低压作用下由上而下顺序结晶凝固，以获得组织致密的优质铸件。

⑧真空吸铸。它是利用结晶器（铸型）内造成负压而吸入液态合金，并在真空中结晶凝固。此法改变了液态合金的充型和凝固条件，减少了液态合金的吸气和氧化，用来铸造棒、筒、套类优质铸件的方法。

⑨连续铸造。它是通过快冷的结晶器，在连续浇注、凝固、冷却的条件下铸造管和锭铸件的高效生产方法。

⑩挤压和液态冲压铸造。它是铸造与锻压加工的综合加工方法。

除以上几种主要的特种铸造方法外，随着科学技术的发展，新的特种铸造方法还在不断产生。如20世纪末出现的快速铸造，它是快速成形技术和铸造结合的产物。而快速成形技术则是计算机技术、CAD、CAE、高能束技术、微滴技术和材料科学等多领域高科技技术的集成。快速铸造使铸件能被快速生产出来，满足科研生产的需要。今后，新的特种铸造方法仍将随着技术的发展而不断涌现出来。

0.2 特种铸造与砂型铸造工艺比较

（1）基本特点

与普通砂型铸造相比，特种铸造的基本特点可概括为以下几点。

1）铸型的材料和造型工艺与砂型铸造有本质的不同

如金属型、压铸型、连续铸造用的结晶器、石膏型、石墨型的材料都不同于砂型的材料。而熔模型壳和陶瓷型的材料中虽有颗粒状的耐火材料，但不是砂型所用的一般天然硅砂，而是经人们特殊处理和加工后的颗粒耐火材料，并且其制型方法和制型的原理与砂型也截然不同。

铸型条件的不同，使铸件的成形条件也发生了质的变化，因而派生出许多特种铸造方法所制铸件的多种特点。如熔模铸件、陶瓷型铸件、石膏型铸件、金属型铸件、压铸件，表现出比砂型铸件更高的尺寸精度、表面光洁度、表面轮廓和花纹清晰度。

2）金属液充型和凝固冷却条件与砂型铸造有本质的不同

如熔模壳型的高温浇注，压力铸造时金属液在高压作用下的充填铸型，离心铸造时金属在旋转铸型中的充填，挤压铸造时金属液在铸型合拢过程中的挤压充型等等。这些特殊的金属液充型情况都对金属液的随后成形过程和铸件形状的特征会产生显著的影响。如离心铸造特别适用于筒、套、管类铸件的成形；压力铸造和挤压铸造特别适用于薄壁铸件的生产；连续铸造的铸件一般都是断面不变、长度很大等。

金属质铸型中有金属液凝固速度较砂型中更快的特点，离心铸件在离心力作用下的凝固特点，压力铸造、低压铸造、差压铸造时金属在压力作用下的凝固特点等，都可使铸件内部组织的致密度和相应的力学性能得到很大的提高，而挤压铸件、离心铸管的力学性能甚至可以与锻件相媲美。

以上两方面为特种铸造的基本特点。对于每一种特种铸造方法，它可能只具有某一方面的特点，也可能同时具有两方面的特点。如压力铸造、采用金属型或熔模型壳的低压铸造、采用石膏型的差压铸造、离心铸造等均具有两方面的特点；而陶瓷型精密铸造、消失模铸造等只是改变了铸型的制造工艺或材料，金属液充填过程仍是在重力作用下完成的。

(2)特种铸造的优缺点

与砂型铸造相比，这些铸造工艺的优点可归纳为：

①铸件的尺寸精度较高，表面粗糙度较低。如压铸件精度可达 CT3 ~6，表面粗糙度可达 Ra0.2 ~3.2 μm。

②铸件的力学性能和内部质量普遍提高。如铝硅合金的金属型铸件，抗拉强度可提高20%，伸长率增大25%，冲击韧度可增加一倍。

③可生产一些技术要求高且难以加工制造的合金零件；对一些生产结构特殊的铸件，具有较好的技术经济效果。

④使铸造生产达到不用砂或少用砂的目的，降低材料消耗，改善劳动条件，使生产过程易实现机械化、自动化。

当然特种铸造也有本身的缺点，如有些铸造方法的适用情况有一定的局限性，像金属型铸造、压力铸造、挤压铸造、低压铸造、石膏型铸造较适宜于低熔点有色合金铸件的生产，而熔模铸造、陶瓷型铸造则主要用来生产铸钢件。

多数特种铸造方法的实现需要有一定的专用设备，如压铸机、离心铸造机、连续铸造机、低压铸造机等，有的需用专门的工艺装备，如金属型、压铸型、结晶器等，新铸件投产前的初期投入较大，生产前准备周期长，工艺调试麻烦，所以特种铸造方法较多的用于大量和批量生产。

0.3　几种主要特种铸造工艺方法比较

表0－1中列出了几种主要特种铸造方法的工艺过程特点及其适于生产的铸件范围等。

0.4　本课程的性质和任务

本课程是铸造专业一门重要的工艺性专业课。它的任务是以砂型铸造铸件成形的规律为基础，使学生能运用所学过的基础课和技术基础课知识，对特种铸造所用的铸型材料、浇注方法、液态合金充填铸型的情况或铸件凝固条件的变化所引起的铸件成形特点进行系统的分析，并对各种铸造方法的工艺原理和实质有明确的认识。本课程还对一些重要工艺装备的结构和工作原理，以及某些铸件的典型工艺作必要的介绍。本书对机械制造行业中应用较为广泛的熔模铸造、金属型铸造、压力铸造、消失模铸造和离心铸造作为重点内容进行叙述。

学生在学完本课程以后，应基本掌握每一种铸造方法的实质，了解每种铸造工艺的全过程和每一工序的作用；充分理解促使每种铸造方法起决定性作用的工艺因素，并学会从特种铸造方法起决定性作用的工艺因素出发，分析和理解铸件的成形特点，对铸件成形过程中出

表 0－1　各种铸造工艺过程特点及其适用范围

铸造方法	工艺过程特点	工艺过程复杂程度	适用于生产的铸件							收得率/%	毛坯利用率/%	生产准备
			铸件常用合金	质量范围	最小壁厚/mm	表面粗糙度/μm	尺寸精度	形状特征	批量			
熔模铸造	制熔模→制壳→脱模→焙烧型壳→浇注 1. 熔去模样，得到型腔 2. 型腔表面由粉状耐火材料和耐高温黏结剂形成 3. 热型浇注	复杂	各种铸造合金	数克至数百千克	最小壁厚约0.5，最小孔径0.5	*Ra*0.63～12.5	CT4～7	复杂铸件	小批，中批，大批	30～60	90	复杂
陶瓷型铸造	模型和砂箱放在模板上→灌陶瓷浆→取模→喷烧陶瓷型工作表面→焙烧陶瓷型→浇注 铸型表面由粉状耐火材料和高温粘结剂形成	较复杂	模具钢、碳素钢、合金钢	数百克至数吨	2	*Ra*3.2～12.5	CT5～7	中等复杂铸件	单件，小批	40～60	90	较复杂
金属型铸造	采用金属型，重力浇注，铸型的冷却作用大，无退让性，无透气性	简单	钢、铁、铝、镁、铜合金	数十克至数百千克	铝硅2，铝镁3，铸铁2.5	*Ra*3.2～12.5	CT6～9	中等复杂铸件	中批，大批，大量	40～60	70～80	较复杂
石膏型铸造	工艺过程同陶瓷型铸造，唯型内灌石膏浆	较复杂	铝合金、锌合金、镁合金、铜合金、金、银	数克至数十克	0.5	*Ra*0.8～12.5	CT4～7	复杂铸件	单件，小批	30～60	90	复杂、较复杂

续表 0－1

铸造方法	工艺过程特点	工艺过程复杂程度	适用于生产的铸件							收得率/%	毛坯利用率/%	生产准备
			铸件常用合金	质量范围	最小壁厚/mm	表面粗糙度/μm	尺寸精度	形状特征	批量			
压力铸造	金属液在高压作用下，以高的线速度充填铸型，在压力下凝固	简单	锡合金、锌合金、铝合金、镁合金、黄铜	数克至十几千克	最小壁厚0.3、最小孔径0.7、最小螺距0.75	Ra1.6～6.3	CT4～8	复杂铸件	大批	60～90	90	复杂
离心铸造	金属浇注在旋转铸型中，并在旋转情况下凝固成形	一般	铸钢、铸铁、铝合金、铜合金等	数克至数十吨	根据铸型变化最小孔径8	根据铸型变化	根据铸型变化	特别适用于管形铸件，也可铸中等复杂铸件	小批，中批，大批	套筒、管形铸件75～95，成形铸件根据铸型变化	套筒、管形铸件70～100，成形铸件根据铸型变化	复杂、中等复杂
低压铸造	金属液在较低压力作用下由下向上的充填铸型，并在压力作用下凝固成形	简单一般	钢铁、铝、镁、铜合金	小、中、大件	根据铸型变化	根据铸型变化	根据铸型变化	特别适用于管形铸件，也可铸中等复杂铸件	小批，中批，大批	60～80	70～80	中等复杂

续表 0－1

铸造方法	工艺过程特点	工艺过程复杂程度	适用于生产的铸件							收得率/%	毛坯利用率/%	生产准备
			铸件常用合金	质量范围	最小壁厚/mm	表面粗糙度/μm	尺寸精度	形状特征	批量			
连续铸造	金属液连续地进入水冷金属型的（结晶器）的一端，从铸型另一端连续地取出铸件	简单	钢、铁，铝、镁、铜、镍合金	—	3～5	—	—	外形简单、截面相同的长铸件	大批，大量	94～97	90～100	复杂
消失模铸造	制EPS模 → 组装浇冒口 → 干砂振动造型 → 真空或非真空浇注	简单 一般	铝合金、铜合金、铁、铜	数十克到数吨	铝合金2～3、铸铁4～5、铸钢5～6	*Ra*6.3～50	CT6～9	各种形状铸件	单批、小批、大批	40～75	70～80	较复杂
挤压铸造	把金属液倒入开启的铸型中，两半型合拢时把金属液挤压充填型腔，凝固成形	一般	钢、铁、铝、铜、锌、镁合金	几十克至30多千克	2	*Ra*6.3～12.5	CT5	外形简单的铸件	中批，大批	80～90	70～80	复杂
真空吸铸	在型腔内建立真空，把金属液由下而上低吸入型内，并在真空或加压情况下凝固成形	简单 一般	铜、铝合金、其他合金	—	成形零件根据铸型变化	成形零件根据铸型变化	成形零件根据铸型变化	圆管形、圆柱形，直径小于120 mm	小批，中批，大批，大量	柱形铸件80～90，成形铸件根据铸型变化	柱形铸件70～80，成形铸件根据铸型变化	复杂、中等复杂

现的问题进行研究，并提出合理的解决途径。如对金属型铸造而言，与砂型铸造相比，采用金属型是起决定性作用的工艺因素，由金属型所引起的铸件成形特点为：金属型铸件冷却的速度大，铸型无退让性和透气性。这样便使铸造的生产过程、铸件的结构特点、浇注工艺、液体金属对铸型的充填、铸件在型中的凝固过程、结晶特点、铸件的质量等都发生了相应的变化。

学完本课程后，学生应能为各种类型的铸件选择较为合理的铸造方法和制定出相应的工艺方案。

【思考题】

1. 常用的特种铸造方法有哪些？
2. 特种铸造的基本特点是什么？对铸件生产有哪些影响？
3. 特种铸造能否取代普通砂型铸造？为什么？

第 1 章 熔模铸造

1.1 概　述

［学习目标］

1. 了解熔模铸造工艺过程、特点及应用；

2. 了解熔模铸造的发展及在世界制造业中的地位。

鉴定标准：应知：熔模铸造的工艺过程；应会：具备绘制熔模铸造技术准备、生产工艺流程图的能力。

教学建议：如条件具备，最好在熔模铸造生产现场组织教学。

熔模铸造通常是在可熔模样的表面涂上数层耐火材料，待其硬化干燥后，加热将其中的模样熔去，而获得具有与模样形状相应空腔的型壳，再经过焙烧，然后在型壳温度很高的情况下进行浇注，从而获得铸件的一种方法。

1.1.1 熔模铸造工艺过程、特点及应用

熔模铸造的主要工艺过程如图 1 – 1 所示。从接到铸件图纸起，在熔模铸造车间中的主要技术准备和生产工艺流程如图 1 – 2 所示。

因为长期以来主要用蜡料制造可熔模样（简称熔模），人们常把熔模称为蜡模，把熔模铸造称为失蜡铸造。又由于用熔模铸造法得到的铸件具有较高的尺寸精度高、表面光洁，故又称精密铸造。

熔模铸造与其他铸造方法相比较具有以下特点：

①铸件尺寸精度高。一般其精度可达 CT4 ~ CT7，表面粗糙度最小可达 *Ra*0. 63 ~ 1. 25 μm，故可使铸件达到少切削，甚至无切削的要求。这是由于采用了精确的熔模制得了无分型面整体型壳的结果。由于熔模铸造的这个优点，铸件可以减少甚至不经机械加工即可作为产品，这对提高金属利用率，减少加工工时具有经济意义。

②可以铸造各种合金铸件。熔模铸造可用来铸造碳钢、合金钢、球墨铸铁、铜合金、铝

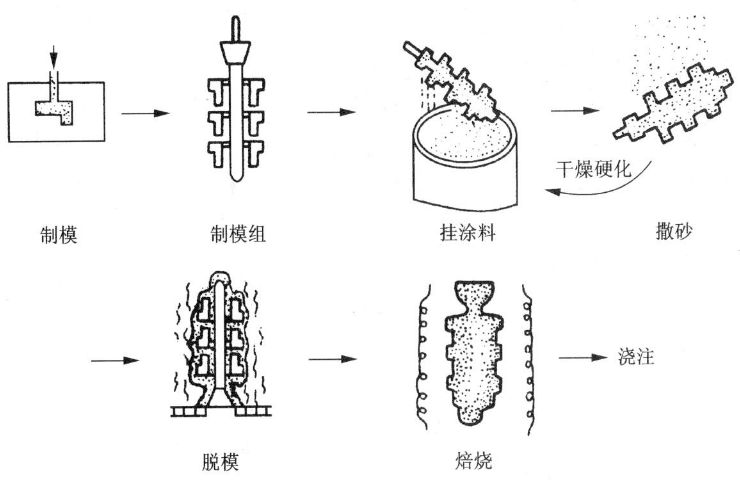

图 1－1　熔模铸造主要工艺过程示意图

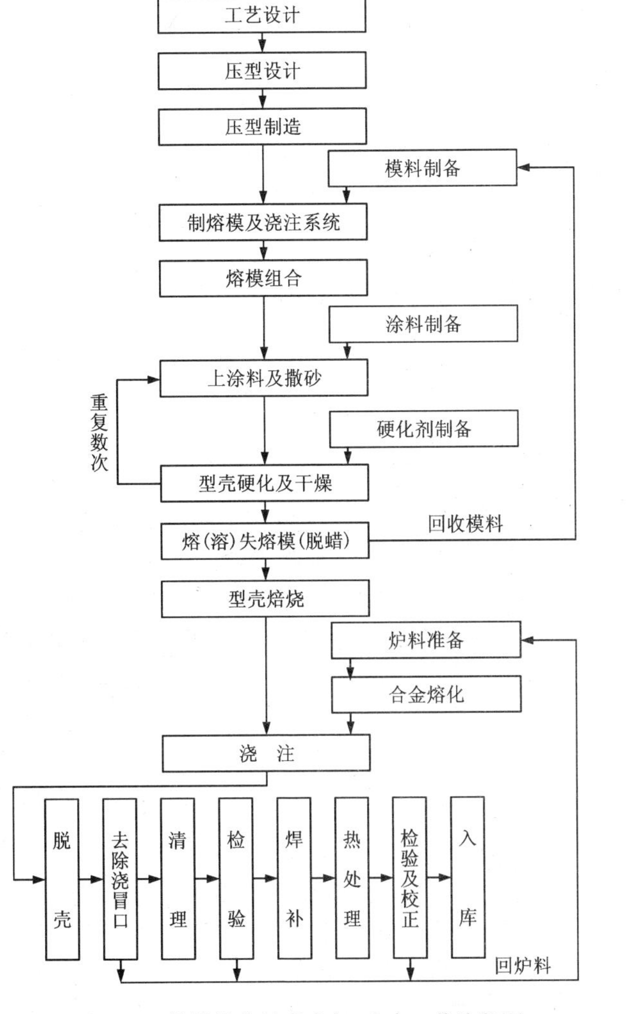

图 1－2　熔模铸造技术准备、生产工艺流程图

合金、镁合金、钛合金、高温合金、贵重金属的铸件。一些难以锻造、焊接或切削加工的精密铸件运用熔模铸造法生产具有很高的经济效益。

③可以铸造形状复杂的铸件。铸件上最小铸出孔直径可达0.5 mm，铸件最小壁厚为0.3 mm，最小铸件重量可达1 g，最重的熔模铸件有达80 kg以上的记录。在生产中还可将一些原来由几个零件组合而成的部件，设计成整体零件而直接由熔模铸造铸出，既可缩小零件体积，减轻零件重量，又节省加工工时，降低金属材料的消耗。图1-3表示出了手把由机加工组合件改为熔模铸件的实例。

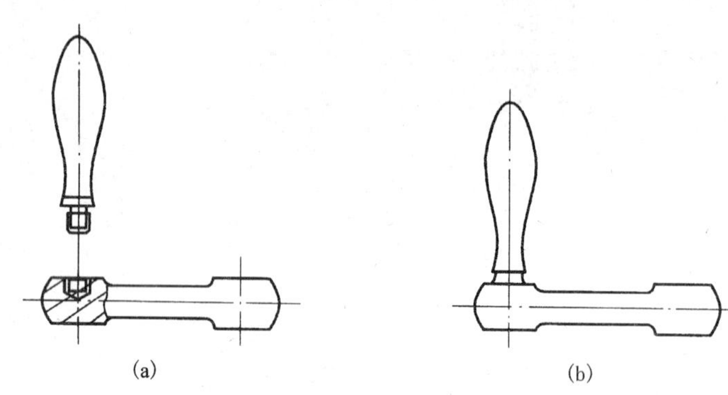

图1-3　机加工组合手把改成熔模件

(a)机加工手把；(b)熔模铸造手把

④生产批量不受限制，可以从单件生产到大量生产。

⑤铸件尺寸不能太大，重量也有限制。目前由于受熔模和型壳的强度以及耐火涂料的涂覆工艺所限，铸件重量尚有一定的限制，不宜过大过厚，以免影响铸件精度。目前大多数生产5 kg以下的铸件。

⑥工艺过程复杂、工序繁多，生产周期较长。因而使生产过程的控制难度加大，必须严格控制各种原材料及各项工艺操作才能稳定生产。

⑦铸件冷却速度慢，故铸件晶粒粗大。除特殊产品，如定向结晶件、单晶叶片外，一般铸件的力学性能都有所降低，碳钢件表面还易脱碳。

因此，熔模铸造方法适用于形状复杂、难以用其他方法加工成形的精密铸件的生产，如航空发动机叶片、叶轮，复杂的薄壁框架，雷达天线，带有很多散热薄片、柱、销轴的框体、齿套等。

1.1.2　熔模铸造发展概况

熔模铸造工艺是在20世纪40年代初期形成并得到迅速发展。半个多世纪以来，熔模铸造工业一直以较快的速度在发展着。到20世纪末，世界熔模铸造业，北美占50%、欧洲占25%，亚洲占22%，其他占3%。美国占北美的95%，英国占欧洲的42%、中国占亚洲的40%。20世纪90年代，美国熔模铸造业年产值从23.2亿美元增至34.2亿美元，增长47.4%；英国熔模铸造业1999年为1993年产值的1倍多；而中国熔模铸造业2000年产值为1988年的11.5倍，可见熔模铸造业发展之迅速。

近年来，熔模铸造发展特点是能生产更“大”、更“精”、更“薄”、更“强”的铸件。这是依靠技术发展和科技进步取得的。对熔模铸造发展有较大影响的新材料、新工艺、新技术很多，如水溶型芯、陶瓷型芯、金属材质改进、大型铸件技术、钛合金精铸、定向凝固和单晶铸造、过滤净化、快速成形、计算机在熔模铸造中应用、机械化、自动化等。

1.2　熔模的制造

[学习目标]

1. 了解模料的原材料及性能；
2. 掌握常用模料的组成、性能及模料的配制、回收；
3. 了解熔模制造和组装工艺。

鉴定标准：应知：常用模料的组成及性能；应会：1. 具有根据铸件技术要求合理选择模料的能力；2. 根据具体生产条件，能够制定熔模的制造和组装方案。

教学建议：尽可能地创造条件，在熔模铸造实验实训室或熔模铸造生产车间组织教学并培养学生的动手能力。

熔模铸造生产的第一道工序就是制造熔模，熔模是用来形成耐火型壳中型腔的模型，所以要想获得尺寸精度高和表面粗糙度低的铸件，首先熔模本身就应该具有高的尺寸精度和低的表面粗糙度，此外熔模本身的性能还应尽可能使随后的制型壳等工序简单易行。为得到上述高质量要求的熔模，除了设计、制造出好的压型(压制熔模的模具)外，还必须选择合适的制模材料(简称模料)和合理的制模工艺。

1.2.1　对模料性能的要求

制模材料的性能不但应保证方便地制得尺寸精度高、表面粗糙度低、强度好、重量轻的熔模，还应为型壳的制造和获得良好的铸件创造条件，所以模料的性能应满足以下要求：

①有适中的熔点，一般为 60℃ ~100℃，以便于配制模料、制模和脱模。同时，要求模料的开始熔化温度和终了熔化温度间的范围不应太窄或太宽。若太窄，不易配制糊状模料，在压型压铸时，模料可能凝固太快，而使熔模不能成型，表面粗糙；若太宽，又会使熔化模料的温度与模料开始软化的温度间差别增大。一般模料的开始熔化和终了熔化温度之差以 5℃ ~10℃ 为宜。

②模料开始软化变形的温度(称为软化点)要高于 40℃，以保证制好的熔模在室温下不发生变形。

③模料应具有良好的流动性和成型性。在压制熔模时，保证充填良好，能准确清晰地复制出压型型腔的形状；而在制壳熔失熔模时，模料也容易从型壳中流出。

④模料在凝固和冷却过程中的收缩应尽可能小而稳定，以保证熔模的尺寸精度。模料也应具有尽可能小的线膨胀系数，以防止脱模时型壳被模料胀裂。一般要求热胀(收缩率)率小于 1%。目前国内较好的模料已小于 0.5%。

⑤模料要有高的强度、表面硬度及韧性，确保熔模在组合、储存及制壳等过程中，以及在搬运受震动、冲击作用下不损坏、不变形。模料强度不应低于 2.0 MPa，针入度(硬度标

志，20℃和100 g荷重压力下，5 s内标准针垂直插入模料的深度，以0.1 mm为1度）以4～6度为佳。

⑥熔模表面与耐火涂料之间应能良好润湿，使涂料在制壳时能均匀涂覆在熔模上，正确复制熔模的几何形状。

⑦模料的化学活性要低，不应和生产过程中所遇到的物质（如压型材料、涂料等）发生化学反应，并对人体无害。

⑧模料在高温燃烧后，遗留的灰分要少，使焙烧后的型壳内部尽可能干净，防止铸件上出现夹渣缺陷。

⑨模料的焊接性要好，便于组合模组；密度要小，以减轻操作过程工人的劳动强度及确保模组的强度；能多次复用，价格便宜。

1.2.2 模料原材料的种类及其性能

常用模料原材料的技术数据见表1-1。通常按化学结构可分为以下三类。

表1-1 常用模料原材料及其主要物理性能

名 称	熔点/℃	软化点/℃	密度/(g·cm^{-3})	抗拉强度/MPa	线收缩率/%	伸长率/%	灰分含量/%	酸值MgKOH/g
石蜡	56～70	>30	0.88～0.99	0.23～0.30	0.50～0.70	2.0～2.5	≤0.11	—
硬脂酸	54～57	35	0.85～0.95	0.18～0.20	0.60～0.69	2.8～3.0	≤0.03	203～218
松香	89～93	74	0.90～1.10	5.0	0.07～0.09	—	≤0.03	164
川蜡	80～84	37～50	0.92～0.95	1.15～1.3	0.80～1.20	1.6～2.2	≤0.03	1.30
蜂蜡	62～67	40	0.95～0.97	0.30	0.78～1.0	4.0～4.2	≤0.03	4～9
褐煤蜡	82～85	48		4.54	1.63	—	≤0.04	9
地蜡	57～80	40	1.0	>0.15	0.6～1.10	—	≤0.65	5～6
聚苯乙烯	160～170	70	1.05～1.07	30～50	0.65～0.75	—	≤0.04	—
聚乙烯	104～115	80	0.92～0.93	8.0～16.0	2.00～2.50	—	≤0.06	—
尿素	130～134	—	—	—	0.1	—	—	—
改性松香210	—	135～150	—	—	—	—	—	20
改性松香424	—	>120	—	—	—	—	—	≤16
聚合松香115	—	110～120	—	—	—	—	≤0.03	≤120
EVA①	62～75	34～36	0.94～0.95	3.0～6.0	0.70～1.20	300～600	≤0.04	—
乙基纤维素	160～180	115～130	1.00～1.20	14～50	—	—	≤0.03	—

注：①EVA为乙烯和醋酸乙烯酯共聚物。

（1）蜡类及其性能特点

蜡类原材料主要有石蜡、地蜡、硬脂酸、精制褐煤蜡、蜂蜡和川蜡等。

石蜡和地蜡都属于烷烃蜡，烷烃是一种直链状饱和碳氢化合物的混合物。其化学通式

C_nH_{2n+2}。普通石蜡是 $n=17\sim36$ 的烷烃混合物，地蜡是 $n=37\sim53$ 的正构烷烃和长链异构和长链异构烷烃的混合物。石蜡是石油加工的副产品，一般按照其熔点分级，分为 48、50、52、54、56、58、60、62、64、68 和 70 等多种规格，石蜡规格中号数就是指它的熔点，如 62 号石蜡就是指它的熔点为 62℃。熔点高于 60℃的称为高熔点石蜡，熔模铸造中常用的是 58℃～62℃的石蜡。石蜡的化学活性低，呈中性，在 140℃以下不易分解碳化，具有一定的强度和良好的塑性，不易开裂，但软化点低（约 30℃），凝固收缩大，表面硬度小。

地蜡是由地蜡矿或加工含蜡石油而得的固体烷烃混合物，分为提纯地蜡和合成地蜡两种，提纯地蜡分为 67 号、75 号、80 号三种（号数即滴点）。合成地蜡按其滴点分为 60 号、70 号、80 号、90 号、100 号等五种地蜡。提纯地蜡的熔点和软化点比石蜡高，热稳定性较好，其结晶细小，而且能够保持大量的溶剂和矿物油形成均一稳定的混合物。因此，石蜡和地蜡是蜡基模料中使用最多的基本成分。

硬脂酸是固体脂肪酸的混合物，其分子式为 $C_{17}H_{35}COOH$，学名十八烷酸。硬脂酸属于弱酸，能直接与比氢更活泼的金属起置换反应，也容易与碱或碱性氧化物起中和反应，生成皂盐。硬脂酸加入石蜡中能提高模料的流动性、涂挂性及软化温度，但会降低模料的强度，加入过量易形成裂纹。硬脂酸由于蒸馏制取时所加压力不同，可分为一压、二压、三压三种纯度，熔模铸造中用纯度高熔点为 60℃的三压硬脂酸作为制模原材料。

精制褐煤蜡、川蜡和蜂蜡都属于酯蜡。精制褐煤蜡外观呈浅黄色，熔点高（82℃～85℃）、热稳定性较好，强度和硬度较高，是一种比较好的制模材料。添加褐煤蜡则能提高模料的强度、热稳定性及表面硬度。川蜡和蜂蜡是高级脂肪酸和高级饱和一元醇进行酯化反应所生成的酯的混合物。其热稳定性、强度和硬度都较高，收缩率较大，对涂料的润湿性较好，并具有良好的流动性，但化学稳定性差。在蜡基模料中作为改善性能用的调整成分，能显著地改善模料的某些性能。

（2）松香类及其性能特点

松香、聚合松香及改性松香均属于脂环族化合物。

松香是从松脂中分离松节油后所剩余的固体产物，其主要成分为松香酸。它是一种脆性的、浅黄色（或褐色）呈玻璃状透明的天然树脂，松香能与石蜡很好地互熔，软化点高，收缩率小（仅为 0.07%～0.09%），强度高，涂挂性好，但黏度大，流动性差。松香酸分子化学活性大，容易发生加氢、氧化和聚合反应。通常块状松香的表面在空气中会自由氧化，生成氧化松香。模料中氧化松香的数量越多，则黏度越大。氧化松香的稳定性小，容易裂解和聚合，使模料老化。

为改善松香的性能，可对松香进行改性处理。目前生产中采用的改性松香，主要有聚合松香和 424 树脂。松香改性后，分子结构改变，双键减少，而相对分子质量增大。因此，改性松香提高了化学稳定性、硬度、软化点和强度增高，收缩率减小。改性松香可取代普通松香来配制模料。

（3）热塑性高聚物及其性能特点

热塑性高聚物主要有低分子聚乙烯、高分子聚乙烯、聚苯乙烯、EVA 和乙基纤维素等。

低分子聚乙烯和高分子聚乙烯是一种热塑性高分子化合物，由许多乙烯分子在一定条件下聚合而成。按相对分子质量大小，聚乙烯可分为低分子和高分子两种，前者相对分子质量为 3000～5000，呈蜡状；后者相对分子质量大于 60000，常温下为白色晶型结构。低分子聚乙烯是生产高分子聚乙烯时从乙烯聚合物中分离出来的，其化学结构与石蜡相似。

低分子聚乙烯的熔点较低(65℃)，强度较高，收缩率较小，流动性较好，与烷烃蜡的互溶性良好，其硬度比高分子聚乙烯低，而化学性质极为稳定，在一般情况下不与酸(除硝酸外)、碱及盐类水溶液作用，因此，在石蜡－硬脂酸模料中，低分子聚乙烯可代替硬脂酸，降低成本，提高强度和韧性。目前低分子聚乙烯代替硬脂酸用于配制石蜡基模料，已取得较好的效果。

生产高分子聚乙烯时，按聚合时压力大小不同，可分为低压、中压和高压三种。制模时通常用高压聚乙烯，通常用来作为强化剂。

乙烯－醋酸乙烯酯是乙烯和醋酸乙烯酯的共聚物，简称 EVA。与高分子聚乙烯相比，EVA 的熔点(80℃)比聚乙烯熔点(105℃～130℃)低得多，收缩率也小，其弹性和冲击韧度等力学性能高，更易与石蜡互溶，表面光泽，抗老化性强。作为改善模料性能的添加成分，EVA 胜过高分子聚乙烯。

聚苯乙烯是一种热塑性高聚物，是由单体苯乙烯在加热条件下聚合而成的高分子碳氢化合物，其性能取决于聚合度。它的熔点高，强度高，热稳定性好，收缩率较小，宜作制模材料，也可用作添加成分来改善模料的性能。

乙基纤维素也是很好的添加成分，是一种白色粒状热塑性固体。它的熔点为 165℃～185℃，强度高，不熔于石蜡而熔于硬脂酸中，在石蜡－硬脂酸模料中加入乙基纤维素，可提高模料的强度及软化点。

1.2.3 模料的组成及性能

模料通常由两种或两种以上的原材料组成，基本组元具有良好的综合性能，而添加组元一般含量不多，仅作为改善或补充基本性能之用。模料种类很多，通常按熔点高低分为三类：一类是低温模料，其熔点低于 60℃，如石蜡－硬脂酸模料；二类是中温模料，其熔点为 60℃～120℃，如松香－川蜡基模料；三类是高温模料，其熔点高于 120℃，如由 50% 松香、30% 聚苯乙烯和 20% 地蜡组成的模料。按其主要组成和性能分为蜡基模料、松香基模料、系列模料及其他模料四大类。

(1)蜡基模料的配比及性能

蜡基模料主要是以各种矿物蜡或动植物蜡为主体的材料，配比多样，使用广泛。蜡基模料的配比及技术特性见表 1－2、表 1－3。

表 1－2　国内常用的蜡基模料配方表　（单位：质量/%）

序号	1 号	2 号	3 号	4 号	5 号	6 号	7 号	8 号	9 号	10 号	11 号
石蜡	50	50	50	50	32	50	95	80	85	49	90～94
硬脂酸	50	50	—	45	60	20	—	—	—	48	—
松香	—	—	—	—	—	—	—		5	—	2～5
褐煤蜡	—	—	—	—	—	30	—	15	5	—	1～2
EVA	—	—	7	—	—	—	—	—	—	—	1～2

续表 1－2

序号	1号	2号	3号	4号	5号	6号	7号	8号	9号	10号	11号
地蜡	—	—	10	—	8	—	—	—	—	—	—
低分子聚乙烯	—	—	—	—	—	—	5	5	5	—	—
乙基纤维素	—		—	5	—	—	—	—	—	—	—
聚乙烯	—	1	—	—	—	—	—	—	—	—	—
蜂蜡	—	—	23	—	—	—	—	—	—	3	—
424 树脂	—	—	10	—	—	—	—	—	—	—	—

1）石蜡－硬脂酸模料

石蜡和硬脂酸能互溶，在石蜡中加入硬脂酸可提高模料的软化点、流动性、涂挂性和表面硬度。但当模料中硬脂酸超过 80% 时，模料的强度特别低；当硬脂酸含量小于 20% 时，熔模表面易起泡，它的涂挂性也不好。当硬脂酸含量在 20% ～80% 时，随硬脂酸增多，模料强度略有下降。生产中广泛采用石蜡和硬脂酸各 50% 的配比，如表 1－2 中的 1 号模料。这种模料互溶性良好，配制简单，制模容易，回收处理简单，复用性好，采用糊状模料压制熔模时的线收缩率为 0.6% ～0.8%，但这种模料软化点（约 31℃）和强度较低 1.25×10^{5} Pa。有的工厂通过调整配比适应不同季节，如夏季增加硬脂酸 5% ～10%，改善热稳定性；冬季则增加石蜡加入量，提高强度并克服模裂倾向。

这种模料适用于制造精度要求不高的小型铸件的熔模。要求制壳和制模场地室温保持在 15℃ ～25℃ 范围内，否则熔模易变形。

2）石蜡－低分子聚乙烯模料

用低分子聚乙烯代替硬脂酸，可配制成石蜡－低分子聚乙烯模料，经试验表明，石蜡的熔点和低分子聚乙烯的相对分子质量都会影响该模料的性能。

目前广泛用于熔模铸造生产的石蜡－低分子聚乙烯模料，其组成为 95% 石蜡和 5% 低分子聚乙烯，如表 1－2 中的 7 号配方，该配方简称为 5－95 模料，性能见表 1－3。

表 1－3　蜡基模料的技术特性

序号	熔点 /℃	热稳定性 /℃	收缩率 /%	抗拉强度 /MPa	流动性 /mm	焊接强度 /MPa	灰分 /%	涂挂性①
1号	50～51	31	1.0	1.25	110.2	0.67	0.09	0.59
6号	—	≥40	1.06	4.66	—	0.64	—	0.59
7号	65～66	34	1.04	2.21	90	1.22	0.045	—
8号	—	≥40	≤1.20	≥4.41	—	1.21	—	—
9号	58	34	0.8	—	—	—	—	—
10号	—	≥37	0.7～0.9	1～1.57	—	—	0.04	—

①涂挂性表示熔模吸附涂料厚度。

石蜡－低分子聚乙烯模料配制和制模工艺与石蜡－硬脂酸模料相似，但应注意以下几点：

①应预先处理低分子聚乙烯，去除其中的杂质。处理方法是将低分子聚乙烯放在沸水浴中熔化，保温静置，将杂质沉淀去除。相对分子质量较高的低分子聚乙烯则可预先按一定比例与石蜡混合熔融，再过滤去除杂质。

②调制糊状蜡膏时，搅拌机转速不宜过快，或者采用封闭式搅拌桶，避免卷入过多的气体。

③模料的黏度较大，流动性较差。在制模时，应适当提高模料的压注温度和压注压力。一般控制模料的压注温度为55℃左右，压力为0.3～0.5 MPa，压型工作温度以20℃～25℃为宜。当使用不同熔点的石蜡及不同相对分子质量的低分子聚乙烯时，应注意调整制模工艺参数。

④当低聚物模料的黏度较大时，可适当添加1.5%以下的油类，如煤油等，以提高模料的流动性，但会降低热稳定性和涂挂性，故应严格控制加入量，在一般情况下可以不加。

石蜡－低分子聚乙烯模料与石蜡－硬脂酸模料相比，具有强度高、韧性好、收缩率小、焊接性好、熔模表面光洁、脱蜡回收方便、复用性好等优点。由于采用5%低分子聚乙烯代替硬脂酸，故可以节约大量硬脂酸。同时，使模料具有良好的化学稳定性，在制模、制壳及脱蜡回收时不发生皂化反应，不易变质，便于控制模料的质量。

3）石蜡－褐煤蜡基模料

以石蜡－褐煤蜡为模料基体，再添加适量的松香、低分子聚乙烯等，取代硬脂酸，组成的石蜡－褐煤蜡基三元、四元系模料，具有松香基模料的性能。如用褐煤蜡和低分子聚乙烯取代硬脂酸配制的8号模料，这种模料的热稳定性好，在40℃下保温2 h，模料试样变形挠度＜2 mm。9号配方是用褐煤蜡、精制地蜡和松香组成的褐煤蜡基模料，其强度、硬度和稳定性均有显著的提高，压制的熔模表面光洁。

4）石蜡－热塑性高聚物模料

热塑性高分子聚合物作为模料强化剂已经得到普遍的应用。由于高聚物分子长链具有较高的强度和柔韧性，并能与蜡的低分子化合物形成稳定的混合物，从而增加模料的韧性及弹性，提高强度及热稳定性，起到强化基体的作用。但是，由于长分子链在熔融状态时，易成无规则线团状，故会降低模料的流动性。一般作为强化剂的热塑性材料，其熔点不宜过高，收缩率要小，且与蜡基模料的互溶性要好。

目前常用的热塑性材料有聚乙烯、乙基纤维素及乙烯与醋酸乙烯酯共聚物（即EVA）等。

经过试验，在石蜡中加入10%聚乙烯，其滴点从50℃提高到80℃，强度提高1.5 MPa，但收缩率增加，流动性降低。因此，从综合性能考虑，聚乙烯在模料中的添加量不应超过15%。4号模料添加5%乙基纤维素，具有较高的强度和热稳定性。但是，乙基纤维素价格较高，供应不足，因此国内尚少应用。

聚乙烯和乙基纤维素的结晶度大，熔点高，溶解度小。用它们配制模料时，化蜡温度高，高温停留时间长，蜡料容易发生分解、碳化而变质。目前生产中已开始采用EVA作强化剂。与聚乙烯相比、EVA结晶度小、溶解度大、溶解速度快、与蜡料互溶性较好。3号模料采用70℃石蜡，其中添加7%EVA。该模料配制简单，使用方便，复用性较好。与石蜡－硬脂酸模料相比，这种模料具有较高的弹性、强度、表面光洁度和热稳定性，它适用于制作形状复杂的小型熔模，采用液态浇注或液态压注成型。

(2)松香基模料的组成和性能

松香基模料是以松香为主要成分配制成的模料，属于中温模料，主要用来生产精度要求高、形状复杂的薄壁铸件。

松香具有比蜡高的强度和表面硬度，比蜡小的线收缩率，比热塑性高聚物低的熔点及良好的涂挂性。但松香性脆易碎，黏性大，流动性和成型性差，热稳定性不好。由于蜡具有良好的流动性、成型性和塑性，并能与松香互溶，因而常在松香基模料中加入适当比例的蜡，与松香组成复合基体。可供选择的蜡有川蜡、褐煤蜡、地蜡或它们的混合物，有时还需添加一种或几种附加组元，以进一步提高和改善模料的性能。

在松香基模料的成分中，用EVA代替聚乙烯、用石蜡和褐煤蜡代替川蜡、用聚合松香和改性松香代替松香配制的模料，其性能良好，可用作精铸无余量叶片等零件的模料。

松香基模料的配比及技术特性见表1-4、表1-5。

表1-4 松香基模料的配比

序号	松香	聚合松香	改性松香	石蜡	地蜡	蜂蜡	褐煤蜡	EVA	聚乙烯	川蜡
1	20	—	37	30	10	—	—	3	—	—
2	—	50	—	30	10	8	—	2	—	—
3	60	—	—	—	5	—	—	—	5	30
4	75	—	—	—	5	—	—	—	5	15
5	30	—	27	—	5	—	—	—	3	35
6	—	17	40	30	—	—	10	3	—	—
7	22	—	—	54	—	—	24	—	—	—

表1-5 松香基模料的技术特性

性能 特性	熔点/℃	热稳定性/℃	自由收缩率/%	抗拉强度/MPa	流动性/mm	灰分(质量分数,%)
1	滴点77	—	0.98	4.2	42.2	≤0.05
2	滴点73	—	—	4.0	55.5	≤0.05
3	90	40	0.88	5.8	—	≤0.05
4	94	40	0.95	9.8	—	≤0.05
5	—	40	0.78	5.9	—	—
6	74~78	40	—	5.3	—	—
7	≈75	≈40	0.98	5.8	—	—

(3)系列模料

由于熔模铸造生产中常需要能满足多种需求的模料，单靠铸造企业是没有技术力量来开发技术性能先进的模料的，而且模料的制备也需要较多的装备和能源、人力的消耗，在市场经济的条件下，便有专门的模料工厂研制系列的模料，供熔模铸造生产企业按不同要求选用。现在国内已有市售的系列模料供应，表1－6列出了国产WMⅡ系列模料的性能和适用范围。

表1－6　WMⅡ系列模料的性能和适用范围

性能 / 牌号	熔点 /℃	压注温度[①] /℃	抗拉强度 /MPa	线收缩率 /%	灰分 /%	使用状态	适用范围	颜色
WMⅡ－1	95	70～75	2.5～3.0	0.3～0.5	<0.05	液态	叶片	深色
WMⅡ－2	90	50～70	3.0～4.0	0.5～0.6	<0.05	液态	一般熔模件	浅色
WMⅡ－3	80～90	55～70	2.5～3.0	0.4～0.6	<0.05	液态	大件	浅绿
WMⅡ－4	70～80	60～70	4.5～5.0	0.4～0.6	<0.05	液态	薄壁件钛合金件	橘红
WMⅡ－5	55～70	55～65	3.0～3.05	0.6～0.8	<0.05	液态	代替石蜡－硬脂酸模料	深绿
WMⅡ－6	65～75	55～65	3.5～4.5	0.3～0.5	<0.05	液态	填料模料	大红
WMⅡ－7	45～60	—	2.0～3.5	—	<0.05	液态	修补熔模	深红
WMⅡ－8	55～65	—	2.0～3.0	—	<0.05	液态	粘结熔模	黄
WMⅡ－9	45～60	—	3.4～4.5	0.6～0.7	<0.05	液态	工艺美术品	红
WMⅡ－10	—	60	1.0～1.5	0.1～0.2	<0.05	液态	制水溶芯	草绿

注：①压注温度指制造熔模时的模料温度。

选用系列模料时应注意，制造浇道模料的熔点应低于铸件熔模本体的模料，并具有更好的流动性，以保证脱模时浇道部分先于熔模本体熔失，减小型壳被胀裂的可能性，虽然有不少生产企业直接用回用模料制造浇道的熔模；粘接熔模用模料在液态时应有较大黏度，在凝固后应有较强黏结力和较好的韧性；用于修补熔模的模料应熔点低，塑性好，借手温即可捏成形，便于堵塞熔模表面孔洞、疤痕等缺陷。

（4）其他模料

除了上面三种用得较为广泛的模料外，熔模铸造中还常用填料模料和尿素模料。

1）填料模料

即在蜡基模料或松香基模料中加入熔点较基体模料高10℃以上、不溶于水、型壳焙烧时能烧尽、易被液态模料润湿、密度又与液态模料相近的固态粉料的模料。可用于制备填料模料的粉料有聚乙烯粉、聚苯乙烯粉、聚氯乙烯粉、异苯二甲酸粉、季戊四醇粉、己二酸粉、脂肪酸粉、尿干粉（尿素加热至120℃保温5 h后粉碎得到的）、苯四酸酐二亚胺、酞酣亚胺、萘、淀粉等。加入量可为模料总质量的10%～45%。

采用填料模料可减小模料的收缩率，比无填料的模料收缩率小5%以上；可提高熔模的尺寸精度和表面质量，但模料的回收较困难。

下面介绍几种填料模料的质量配方。

①松香（或改性松香）(20～30)%＋硬脂酸(40～60)%＋褐煤蜡(5～20)%，外加填料聚苯乙烯粉(10～20)%。此种填料模料又称T48号模料。制备时模料温度应控制在90℃以下，

超过此温度聚苯乙烯粉会黏结成团，使脱模和模料回用困难。

②石蜡 80% + 地蜡 20%，外加聚氯乙烯粉 10%。

③改性松香 35% + 硬脂酸 30% + 改性尿素粉（尿素和二缩尿在 170℃时生成三聚异氰酸和三聚氰酸，经破碎而成，不溶于水）35%，外加地蜡 3%。

④地蜡 8% + 改性松香 35% + 硬脂酸 22% + 尿干粉 35%。

2）尿素模料

是一种水溶性的模料，用它制成尿素质模样，常用来形成不能取出型芯的熔模内腔。尿素在 130℃ ~140℃时熔化成液态，具有良好的流动性，浇在金属型中很易成型，且凝固速度快，收缩率小（<0.1%），用尿素制的模样尺寸精确，表面光洁。制造熔模时，先把尿素质模样作为型芯放在压型中，压注模料熔模成型后，把带有尿素型芯的熔模放在水中，尿素型芯溶在水中，在熔模中形成内腔。尿素型芯又称可溶芯，应用较广泛。

此外，人们还研究了以尿素为主加入少量硼酸、硝酸钾或硫酸铵等水溶粉料，压制成模样用来涂挂涂料制作型壳，此种尿素模样具有好的热稳定性，存放时不易变形、刚性大，可做大铸件，脱模时不需加热，只需将带有模样的型壳放入水中，模样自动溶化于水中。但其密度较大，易吸潮，不能使用水基涂料（如硅溶胶涂料、水玻璃涂料）制型壳，只能用醇基涂料（硅酸乙酯水解液涂料）制型壳，模料回收也很困难。

1.2.4　模料的配制和回收

（1）模料的配制

配制模料的目的是将组成模料的原材料按规定的配比混成均匀的一体，并使模料的状态符合压注熔模的要求。配制模料是一道重要工序，配制工艺正确与否直接影响模料的性能，从而影响熔模和铸件的质量。配制蜡基模料和松香基模料时常用加热熔化和搅拌的方法，把模料熔成液态充分搅拌，滤去杂质，保温情况下静置，让液态模料中的气泡逸出。如模料的工作状态为液态，则可送去压蜡机中供压制熔模用。如模料的使用状态为糊状（固液态），则熔化后的模料需在过滤后，通过边冷却边搅拌的方法制成糊状供压制熔模使用。

1）蜡基模料的配制

蜡基模料的熔点都低于 100℃，为防止模料在加热时温度过高而出现分解、碳化变质的现象，常通过热水槽、油槽、甘油槽或水蒸气对模料加热。图 1 - 4 所示的就是一种用水槽加热熔化模料的装置。通过电热器 7 把水加热，以水为媒介，把热量通过化料桶传给模料 4，将模料熔化。如将该装置中电热器和水除去，在水箱中通入压力蒸气，便可将此装置改装成通气熔化模料的装置。

熔化蜡基模料时，可把所有原材料一起加入化料桶中熔化，并搅拌均匀，最后用 11 号（270 目）筛过滤去除固态杂质。

为减小模料在压型中的收缩，防止形成熔模的收缩性缺陷，提高制模效率，常用糊状蜡基模料压制熔模。糊状模料可在连续冷却和保温的情况下，通过搅拌直接制成糊状，对石蜡 - 硬脂酸模料而言，糊状模料的温度为 42℃ ~48℃。也可用在液态模料搅拌过程中加入小块状、屑状或粉状模料的方法制备糊状蜡基模料。

模料的搅拌大多采用旋转桨叶的搅蜡机，如图 1 - 5 所示。搅拌过程中桨叶一边旋转，一边又可在蜡料中上下移动，以使模料中固液相分布均匀。固相颗料应尽可能小，以提高熔模的表面光洁程度。搅拌时应使模料自由表面平稳，防止卷入过多空气，在模料中形成大的气泡，造成熔模表面因气泡外露而出现的孔洞。

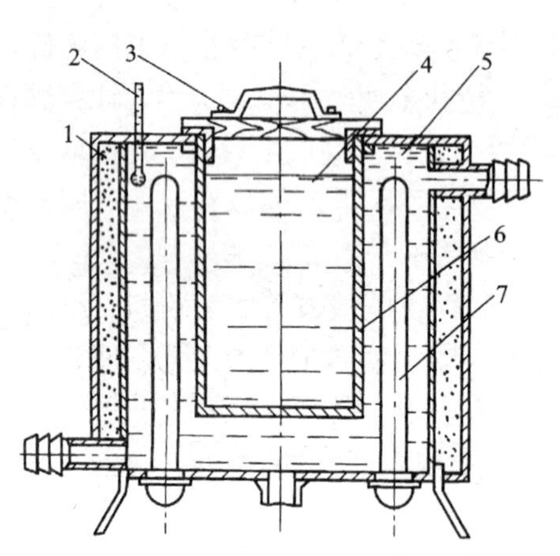

图 1－4　熔化蜡基模料的加热槽

1—绝热层；2—温度计；3—盖；4—模料；5—水；6—化蜡桶；7—电热器

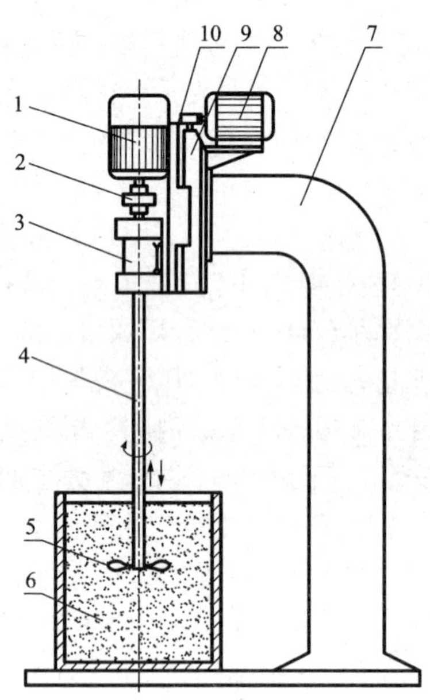

图 1－5　搅蜡机

1—电动机；2—弹簧联轴器；3—轴承座；4—轴；5—叶轮；6—模料；7—支座；8—升降电动机；9—支座；10—滑板

图 1－6 所示为活塞搅拌蜡基模料的方法。活塞上有小孔，活塞上下移动，迫使模料通过孔洞在活塞缸内窜来窜去。活塞缸浸泡在恒温的水槽中，在缸内凝结的模料，被活塞刮下，混入模料之中，并被挤在活塞孔中粉碎成小质点，形成糊状模料。在活塞搅拌时，还可在活塞缸内预留一定体积的空间，空间中的空气在搅拌情况下以微细气泡形式均匀分布在模料之中。这样可进一步减小模料的收缩率。在压制熔模时，小气泡在压力作用下体积被压缩，模料外皮在压型中凝成后，当熔模中间的模料继续冷却收缩，其内部压力变小时，模料中的小气泡便体积膨胀，使熔模外壳仍能紧贴压型，减小收缩率。模料制备好后，关闭活塞上的小孔，利用活塞的移动，便可将模料挤出活塞缸，把模料运至使用地点。

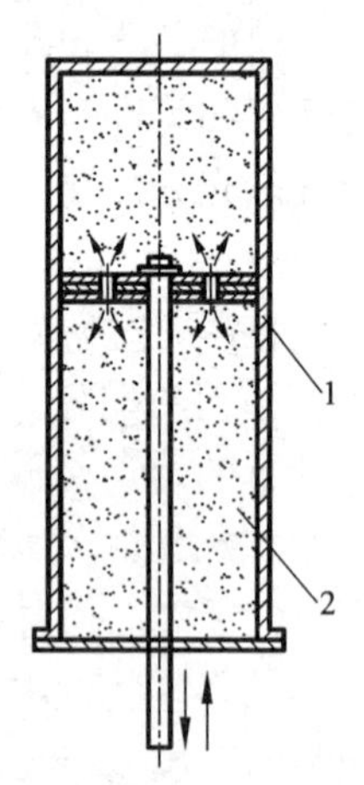

图 1－6　活塞搅拌蜡基模料

1—活塞；2—模料

除上述制备方法外，还可采用螺杆调蜡机，将液态模料制成糊状模料。

2）松香基模料的配制

松香基模料的熔点较高，一般都用不锈钢制的电热锅熔化，电加热锅可转动，以便倾倒液态模料。电加热锅用温度控制器控温，防止模料温度太高氧化、分解变质。熔化后的模料需经 SBS11 号（270 目）筛过滤去除杂质，滤过的模料保温静置。如模料为液态使用，则在规定温度保温静置后即可用来制模；如模料为糊状使用，则需自然冷却成糊状或在边冷却边搅

拌情况下制成糊状备用。

由于松香基模料原材料组成复杂，它们之间有的不能互溶，需借助第三组分使之溶合；有的组分之间只能部分溶解，因此配制熔化松香基模料时，必须注意加料次序，以便得到成分均匀的模料，几种配比的模料熔化加料次序如下。

对含有松香、聚乙烯和石蜡、川蜡、地蜡的松香基模料而言，先熔化蜡料，升温至约 140℃，在搅拌情况下逐渐加入聚乙烯，再升温至约 220℃，加入松香熔化之。最后的熔化温度不超过 210℃。

对由松香、EVA、改性松香和石蜡、地蜡组成的松香基模料言，先将石蜡和 EVA 放进化料锅内熔化，温度不超过 120℃。而后在搅拌情况下加入松香和改性松香，最后加入地蜡，搅拌均匀，熔化温度不超过 180℃。

对由改性松香、硬脂酸、地蜡和尿干粉的填料模料而言，先熔化硬脂酸和地蜡，然后加入改性松香，升温至 200℃，用 SBS11 号筛过滤。待过滤物冷却至 120℃ ~135℃时，在不断搅拌情况下，徐徐加入尿干粉，继续搅拌 20 ~30 min，直至模料混合均匀，无气泡为止(模料温度保持在 80℃ ~90℃)。

(2)模料的回收

在脱模之后，自型壳中脱出的模料经回收处理后，可再重复使用。

1)蜡基模料的回收

蜡基模料每使用一次，其性能就恶化一些，经多次反复使用，模料的强度会降低，脆性增大，收缩率增大，流动性和涂挂性变差，颜色由白变褐红。这主要是由于蜡料中的硬脂酸变质所引起。

硬脂酸呈弱酸性，且随着温度升高而酸性增强，硬脂酸能与比氢强的金属元素，如 Al，Fe 等起置换反应。生产中模料常与铝器(如化料锅、浇口棒等)、铁器(如压型、盛料桶等)接触，此时可能出现如下反应：

$$2Al + 6C_{17}H_{35}COOH = 2Al(C_{17}H_{35}COO)_3 + 3H_2\uparrow \tag{1-1}$$

$$2Fe + 6C_{17}H_{35}COOH = 2Fe(C_{17}H_{35}COO)_3 + 3H_2\uparrow \tag{1-2}$$

硬脂酸可与碱起中和作用，如型壳用水玻璃作黏结剂，则其中的 Na_2O 会与硬脂酸起如下反应：

$$Na_2O + 2C_{17}H_{35}COOH = 2C_{17}H_{35}COONa + H_2O \tag{1-3}$$

硬脂酸会和水玻璃型壳硬化液中的 NH_4OH 反应生成硬脂酸铵：

$$NH_4OH + C_{17}H_{35}COOH = C_{17}H_{35}COONH_4 + H_2O \tag{1-4}$$

硬脂酸还会在脱模时与硬水中的钙、镁金属盐起复分解反应，如

$$Ca(HCO_3)_2 + 2C_{17}H_{35}COOH = Ca(C_{17}H_{35}COO)_2 + 2CO_2 + 2H_2O \tag{1-5}$$

上述反应统称为皂化反应，所生成的硬脂酸盐称为皂盐或皂化物，大多不溶于水，混在模料中，使模料性能变坏。因此需要对回收的、性能已变得很不好的模料进行处理，除去其中皂盐。处理的方法如下所述。

①酸处理法。盐酸和硫酸都可以使除硬脂酸以外的硬脂酸盐还原为硬脂酸，即

$$Me(C_{17}H_{35}COO) + HCl = C_{17}H_{35}COOH + MeCl \tag{1-6}$$

$$Me(C_{17}H_{35}COO)_2 + H_2SO_4 = 2C_{17}H_{35}COOH + MeSO_4 \tag{1-7}$$

式中 Me 为金属离子。

上面反应中生成的盐可溶于水中，与模料分离。

处理时将水中旧模料放在不会生锈的容器（如搪瓷容器、不锈钢容器等）中，加热至80℃~90℃，然后在容器中加入占模料质量的（4~5）%盐酸（或2%~4%浓硫酸），在保温情况下搅拌，直至模料白点消失，静置一段时间，待模料与水分离。过滤取出液态模料，再倒入75℃~85℃热水中，搅拌去除模料中残酸，可重复除酸，调至水不黄，模料液清为止。如模料混浊不清，应多加盐酸。在用硫酸处理时，在洁净模料中需加入水玻璃，直至模料呈中性为止。模料的酸碱度可用甲基橙和酚酞检查。

硬脂酸铁与酸的反应是可逆反应，故模料中的硬脂酸铁不能去除干净。

②活性白土处理法。活性白土又称漂白土，有天然和黏土经酸处理后所得的两种，其晶格由硅氧四面体和铝氧八面体交叉成层构成，层间有大量孔隙，好的白土，其孔隙率达60%~70%，有很大比表面积，故白土具有较高吸附能力，能吸附模料中的硬脂酸盐（包括硬脂酸铁）。

此外活性白土中的阳离子，特别是Al^{3+}，还能和模料中带负电荷的胶状杂质结成中性质点凝聚下沉，从而使模料净化。

处理时，将经酸处理的模料加热到120℃左右，向模料加入经烘干、过SBS10号（200目）筛的活性白土，其量为模料质量的10%~15%。边加边搅拌，加完后继续搅拌0.5 h，在120℃下保温静置4~5 h，待活性白土与液态模料充分分离后，即可得处理好的模料。也可保温沉淀1~1.5 h，再经真空过滤，以获得不含白土的模料。

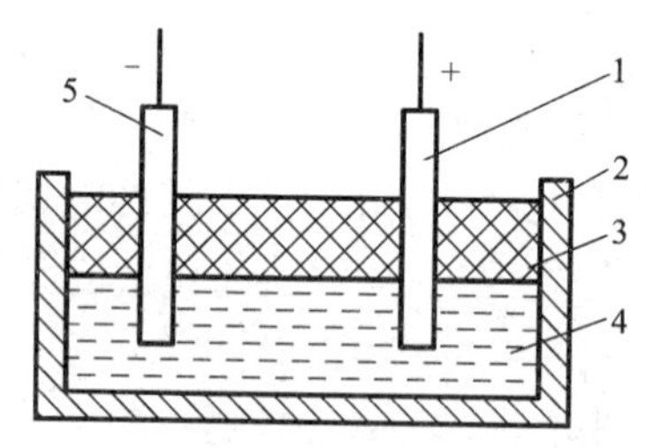

图1-7　电解法处理蜡基模料示意图

1—炭精棒；2—耐酸槽；3—回收模料
4—电解液；5—铅板

此法在生产中只是当模料中硬脂酸铁含量太多时才使用，是酸处理法的补充。

③电解处理法。该法目的是去除模料中的硬脂酸铁。电解法处理模料装置示意于图1-7。电解液的浓度为（2.8~3.5）%、温度为80℃~90℃的盐酸溶液，处理时向电解槽中加入经酸处理的模料液。通电后当电压超过电解电压（1.36 V）时，在阳极（炭精棒）上析出氧化能力很强的初生态氯，从硬脂酸中夺取铁离子Fe^{3+}，形成$FeCl_3$，其反应为：

$$4Fe(C_{17}H_{35}COO)_3 + 12(Cl) + 6H_2O = 2C_{17}H_{35}COOH + 4FeCl_3 + 3O_2\uparrow \quad (1-8)$$

而在阴极（铅板）上析出还原力极强的初生态氢，将Fe^{3+}还原为Fe^{2+}，其应为

$$2FeCl_3 \xrightarrow{(H)} 2FeCl_2 + Cl_2\uparrow \quad (1-9)$$

$FeCl_2$在水中溶解度很大，能从模料进入盐酸溶液，使模料净化。

所通电压可达20~30 V，电解时间为1.5~6 h，具体值由处理的模料量决定。电解时当模料颜色由棕色变为白色或浅黄色时，即可中断电流，静置20~30 min，取出模料，倒入75℃~85℃热水中强烈搅拌，去除残酸和杂质。

电解处理法所需装备复杂，技术水平高，电解时产生有毒的氯气，需强力抽走，以免污染环境，故生产中应用较少。

2）松香基模料的回收

松香基模料在使用时，其中某些组分会因受热而挥发、分解、树脂化、碳化，还可能混入各种杂质，如砂粒、粉尘、水分等。处理时将液态模料先置于水分蒸发槽中，在120℃下，使模料中水分蒸发干净，然后用离心分离器从模料中排除杂质，经检查模料的灰分、针入度、强度和熔点（或滴点）合格后，即可回用。如用来制造浇道的熔模，处理后模料可直接回用；如需制造铸件的熔模，则需在模料中加入20% ~30%质量的新料。

1.2.5　熔模的制造及组装

把配制好的模料注入压型，待冷凝成型后即为熔模。模料注入压型的方法分为自由浇注和压注两种。自由浇注使用液态模料，用来制造要求不高的浇注系统熔模。压注法适用范围较广，允许使用液态、糊状及固态模料。使用液态模料压制熔模，需用较高压力及长时间保压，所制熔模表面光洁度比较高。为减少模料凝固时的收缩，提高熔模的尺寸精度，可采用低温高压法。即使用半固态或固态模料，高压力压制熔模。生产实践表明，虽然模料的性能是决定熔模质量的基本因素，但是制模工艺及设备亦是影响熔模质量的重要因素。

因此，改进制模工艺，采用新的制模设备是提高熔模表面质量和精度的重要方面。

（1）制模工艺

1）熔模的制造

生产中制造熔模有自由浇注成型及压制成型两种方法。自由浇注成型常用于制造可溶性尿素模和要求不高的浇注系统熔模。

自由浇注时使用液态模料，浇道的熔模和可溶尿素质型芯都用自由浇注法制造。压注时模料可为液态、半液态（糊状）、半固态（膏状）和固态。半固态和固态（粉状、粒状或块状）挤压成形是利用低温时模料的可塑性，用高的压力使之在压型中形成一定的形状，具有生产效率高、收缩小、熔模尺寸精度高的优点。但只适用于制造厚大截面、形状简单的熔模，且要有专门的压力机。目前生产中主要采用糊状模料和液态模料压注形成铸件的熔模。

压注熔模前，需在清洁的压型型腔表面涂抹薄层分型剂，以便自压型中取出熔模和细化熔模的表面粗糙度。在压注糊状蜡基模料时，常用的分型剂有变压器油和松节油；在压注糊状松香基模料时可用蓖麻油和酒精各半的溶液，含硅油质量浓度为2%的溶液可用于松香基模料的液态和糊状压注。

用得较为普遍的模料压注方法有以下三种。

①柱塞加压法，如图1-8所示。其中(a)，(b)两图示出了将模料装入压料筒的方法，(c)图是手工压注熔模的示意图。此法易行，所需装备简单。小规模生产压注糊状蜡基模料时，常用此法。也常把装好模料和柱塞的压料桶和压型放在手工台钻的工作台上，用台钻上部的主轴给柱塞加压，进行压注。

②活塞加压法，示于图1-9中。其中(a)图所示为利用活塞压注模料的过程，(b)图所示为使用的台式压力机，用压缩空气作动力，把气缸中活塞下压，压杆施力于压注活塞上，把模料注入压型。此法常用来小规模地把松香基糊状模料压注成熔模。

③气压法，示于图1-10中。模料置于密闭的保温罐中，向罐内通入压力为0.2 ~0.3 MPa的压缩空气，将模料经保温导管压向注料头。制熔模时，只需将注料头的嘴压在压型的注料口上，注料头内通道打开，模料自动进入压型。此法只适用于压注蜡基模料。装备简单、操作容易、效率高，故得到广泛应用。

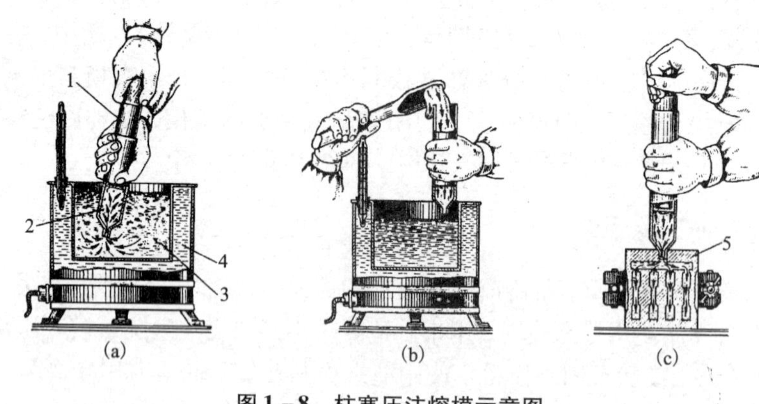

图1－8　柱塞压注熔模示意图

(a)抽柱塞将模料抽入压料筒；(b)从压料筒上口装模料；(c)手工压注

1—柱塞；2—压料筒；3—模料；4—保温槽；5—压型

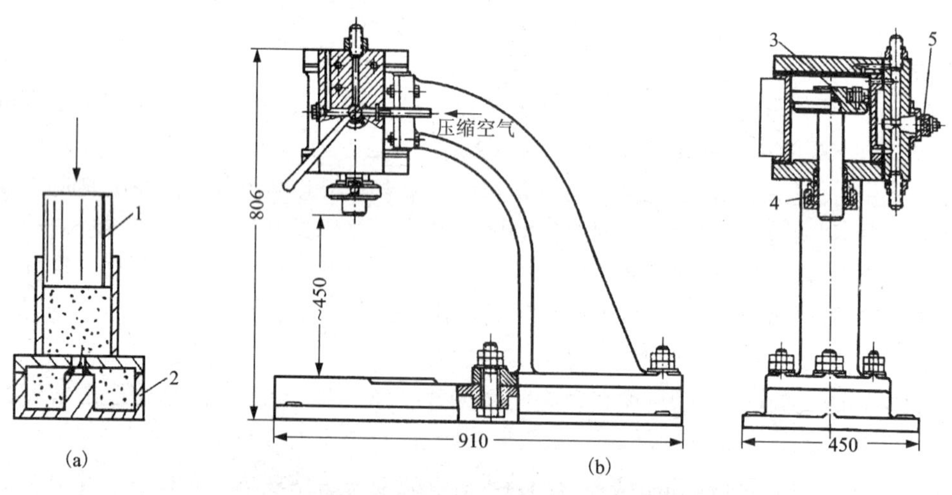

图1－9　活塞加压法压注熔模和使用的压力机

(a)活塞加压法示意；(b)加压用台式压力机

1—压注活塞；2—压型；3—汽缸活塞；4—压杆；5—气阀

压制熔模时，除采用手动压蜡枪、杠杆式或齿条式手动压蜡机以及气动压蜡机之外，近年来，出现了不少自动压蜡机和制模联动线装置，极大地提高了生产效率及熔模的质量。

2）制模主要工艺参数

在熔模铸造生产中，必须根据模料的性能和产品的要求，合理制定制模工艺，在制备熔模时，应按照工艺规范，准确控制模料温度、压型温度、压注压力、保压时间及分型剂的使用等因素。

①温度规范。模料的使用温度和压型工作温度主要取决于模料的性能和其他制模工艺因素，例如模料的熔点、流动性、收缩率、压注压力等。使用液态模料或糊状模料制模时，在保证充填良好的情况下，尽量采用最低的模料温度，因为常用模料的导热性差，凝固温度间隔大，所以使用温度低的模料能减少收缩，提高熔模尺寸精度。压型工作温度将影响熔模的质

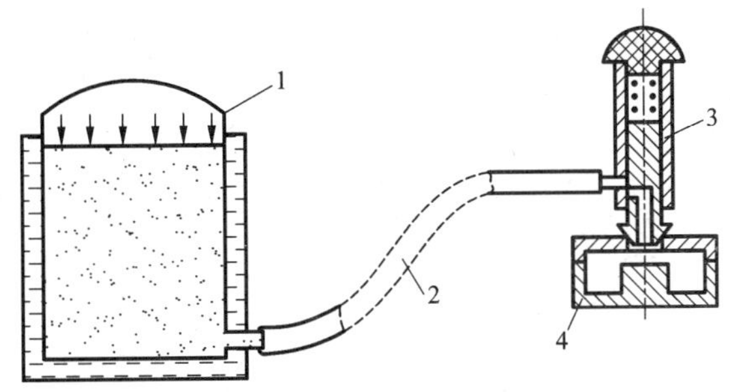

图1-10　气压法压注熔模

1—密闭保温模料罐；2—导管；3—注料头；4—压型

量和生产率。一般压型的工作温度不宜过高或过低。过高时使熔模在压型中不易冷却，不但使生产率降低，而且还会产生“变形”、“缩陷”等缺陷。过低时使熔模冷却太快，易形成“裂纹”。石蜡、硬脂酸各50%的低温模料，其压注温度为45℃～48℃，压型工作温度为20℃～25℃，松香－川蜡基模料的压注温度为70℃～85℃，压型工作温度为20℃～30℃；尿干粉充填模料的压注温度为85℃～90℃，压型工作温度为20℃～30℃。

②压力和保压时间规范。压制熔模的压力和保压时间主要由模料的性能、温度和压型的工作温度以及熔模的形状、大小等因素所决定。制造任何形状及大小的熔模都需要适当的压力和保压时间。如果压力不足往往会产生“缩陷”、“表面粗糙”、“注不足”等现象。当保压时间不足时，从压型中取出的熔模会产生“鼓泡”，但保压时间过长，则会降低生产率。

在制备薄壁及形状复杂的熔模时，例如整铸涡轮熔模，常常使用液态模料。为减少熔模的收缩及变形，必须采用较高的压力和长时间保压。制备形状简单的熔模，可使用糊状或固态模料。使用固态模料制模，需要高压力强制压射成型，但保压时间缩短，制模速度较快。

常用模料的压力和保压时间规范是，石蜡、硬脂酸糊状模料的压注压力为$(0.5\sim3)\times10^5$Pa，保压时间为0.5～3 min；松香－川蜡基糊状模料的压注压力为(3～5)Pa，保压时间0.5～3 min；尿干粉充填模料压注压力为(2～2.5)Pa，保压时间约1 min左右。

3)分型剂

分型剂的作用是防止模料黏附压型，便于起模以及提高熔模的表面光洁度。在制模时，先在压型的型腔表面涂抹或喷涂一层分型剂，但应做到稀薄而均匀，不能过稠或局部堆积，以防产生“油纹”、“黏模”等现象。使用石蜡－硬脂酸模料时，分型剂可采用100%的变压器油或1∶1的酒精、蓖麻油的混合液。松香基模料的压注温度高，黏性大，通常采用低黏度的硅油或乳化硅油(钾皂液和磷油的混合液)作为分型剂。

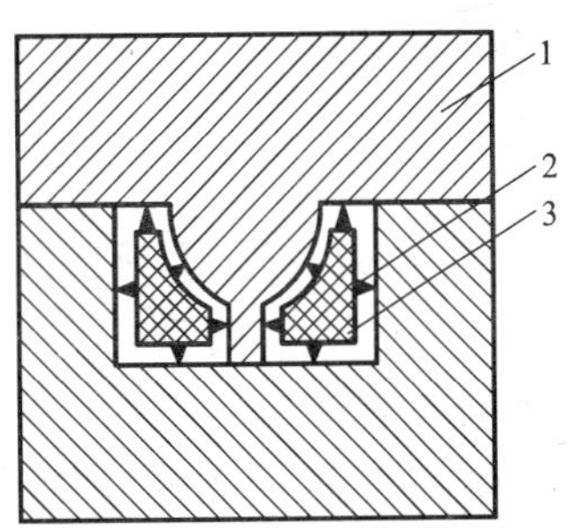

图1-11　用冷蜡块制模

1—压型；2—定位凸台；3—冷蜡块

4)冷蜡块的应用

采用冷蜡块制模，即预先压制出一个比实际的蜡模轮廓单边厚度小 2 ~ 3 mm 的冷蜡块(亦称假芯)，然后将预制冷蜡块放入压型作为蜡芯，再注入模料压制成熔模。图 1 – 11 所示的冷蜡块在压型内依靠小球面凸台定位，凸台高度等于注入模料的厚度。使用冷蜡块制模，适用于制备较厚实的熔模，可消除熔模表面凹陷，减少收缩及变形，从而提高熔模精度并提高生产率。

表 1 – 7 列出了一些压注熔模时的主要工艺参数，可供参考。

表 1 – 7　压注熔模主要工艺参数

模料类型	压注温度/℃	压型温度/℃	压注压力/MPa	保压时间/s
蜡基糊状模料	40 ~ 50	20 ~ 25	0.1 ~ 1.4	0.3 ~ 3
松香基糊状模料	70 ~ 85	20 ~ 25	0.3 ~ 1.5	0.5 ~ 3
松香基液态模料	70 ~ 80	20 ~ 30	0.3 ~ 6.0	1 ~ 3
尿干粉填料模料	85 ~ 90	20 ~ 30	0.2 ~ 1.25	≈1

(2)浇口棒制作

制作浇口棒的方法有下列几种：

①自由浇注法。一般低温模料是将 60℃ ~ 70℃ 的模料注入铸铝的芯棒型中。模料将凝固时，插入芯棒。为加速凝固，可在水中冷却芯棒型。用此法制成的浇口棒强度高，但表面不够平整并需用芯棒型。

②沾蜡法。将空心铝棒浸入 50℃ ~ 55℃ 的模料中，停留 1 ~ 2 s，共沾 5 ~ 6 次。蜡层厚度为 3 ~ 5 mm。也可以一次沾成，停留时间应长些(约 1 min)，蜡层可达 3 ~ 4 mm 厚，如图 1 – 12 所示。此法无需专用芯棒型，强度也较高，操作简便，但天气冷时，蜡层易开裂，多次浸沾时，容易出现分层，剥落而使熔模脱落，脱蜡时膨胀率较大。这种方法适用于低温模料且可用来制作钻头类零件的蜡模。

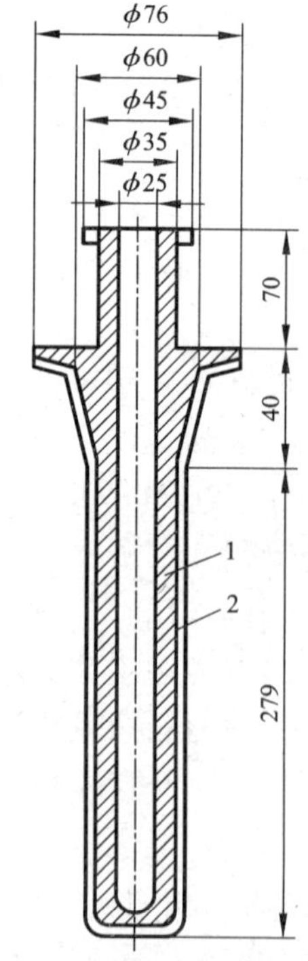

图 1 – 12　浸挂模料的直浇口棒

1—直浇口棒芯；2—模料层

③压注法。在专用压型中将糊状模料压入。此法生产率高，不易开裂，表面平整，涂挂性好，但需用专用压型。

(3)熔模的组装

熔模的组装是把形成铸件和浇冒口系统的熔模组合成整体模组，模组的组合方法有：

①焊接法。用低压电烙铁或不锈钢制成的加热刀片，将熔模连接部位熔化，使熔模与浇注系统焊接在一起，此法受到普遍应用。

②黏接法。把两个拟组合熔模的接合处做出卯楔结构，即在一个熔模上做出凹下的卯

眼，在另一熔模的相对应处做出凸起的楔头，在卯眼、楔头表面上涂上黏结剂，把楔样头插入卯眼，把两个熔模黏接在一起。

③机械组装法。在大量生产小型熔模铸件时，国外已广泛采用机械组装法组合模组，采用此种模组可使模组组合的效率大大提高，工作条件也得到了改善。

1.3　型壳的制造

[学习目标]

1. 掌握熔模铸造常用的耐火材料及粘结剂的性能及应用范围；

2. 了解熔模铸造型壳制造工艺。

鉴定标准：应知:熔模铸造常见型壳的种类及特点。应会:1. 根据铸件技术要求能够合理选择耐火材料及粘结剂；2. 能够完成型壳常用三种涂料的配制。

教学建议：尽可能采用理论实践一体化教学,也可采用多媒体教学。

熔模铸造采用的铸型常称型壳。目前普遍采用多层型壳，即将模组浸涂到涂料中，取出，滴去多余涂料，撒砂，经干燥硬化，如此反复多次，使型壳达到一定厚度为止。

优质型壳是获得优质铸件的前提。优质型壳应满足强度、透气性、热膨胀性、热震稳定性、热化学稳定性、脱壳性等性能要求。而型壳的这些性能又与制壳时所用耐火材料、黏结剂及制壳工艺等有密切的关系。

1.3.1　制造型壳耐火材料

(1)制壳用耐火材料应具有的基本性能

对制造型壳用的耐火材料应具有以下的基本性能:

①必须具有高于合金浇注温度的耐火度和较高的最低共熔点。一般情况下，耐火材料的耐火度随熔点增高而提高。通常耐火材料在远低于本身耐火度时就开始出现液相，会导致型壳软化变形，从而影响铸件的尺寸精度，因此要求耐火材料有较高的最低共熔点。

②在高温条件下应具有良好的化学稳定性，即在高温下不与浇注入型壳的合金及其氧化物发生化学反应，在配制涂料时不会降低粘结剂的稳定性。

③最好具有较低且均匀的膨胀系数。因为耐火材料的热膨胀性是影响型壳在加热和冷却过程中线量变化的主要因素，各种耐火材料的热膨胀主要取决于其化学矿物组成和所处的温度。在一定温度范围内，耐火材料的热膨胀有的比较均匀，有的波动较大。常用耐火材料的线膨胀系数如图1-13所示。由此图可见石英的热膨胀率最大，且不均匀，而石英玻璃的热膨胀率最小，而且均匀。

(2)常用耐火材料的性能及应用范围

目前熔模铸造中所用的耐火材料主要为石英和刚玉，以及由 SiO_2 和 Al_2O_3 不同含量所组成的硅酸铝耐火材料，如耐火粘土、铝矾土、焦宝石、匣钵砂等，有时也用锆英石（$ZrO_2 \cdot SiO_2$）、镁砂等。

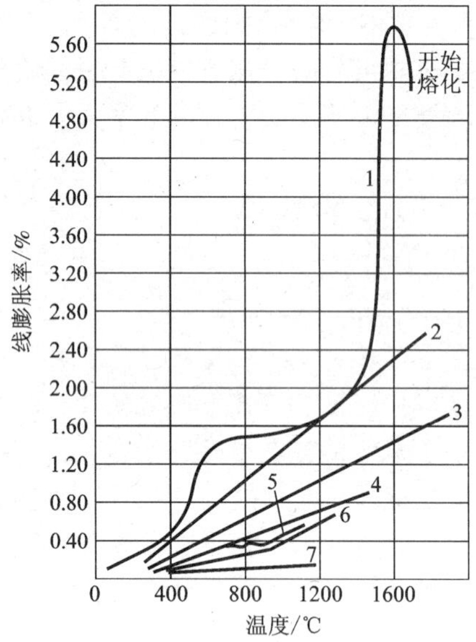

图 1－13　几种耐火材料的热膨胀曲线

1—石英；2—烧结镁砂；3—电熔刚玉；4 硅线石
5—耐火熟料；6—锆英石；7—石英玻璃

1)石英(SiO_2)

因天然石英砂中含有较多的杂质，熔模铸造时不宜用他作耐火材料，故只能用人造石英。人造石英来源丰富，但它的热膨胀系数大，尤其在573℃时，当它由 β－石英转变为 α－石英，体积骤然膨胀，线膨胀率达 1.4%，这会使焙烧的型壳开裂，降低强度。目前一般在生产碳素钢、低合金钢、铜合金铸件时，才采用人造石英为耐火材料。而在生产高温合金、高铬、高锰钢铸件时，由于它们所含的铝、钛、锰、铬等元素会与酸性的石英型壳产生化学反应，而使铸件表面恶化。生产铝合金铸件时也会发生上述情况。此外，石英粉尘对人体有害，故目前国内许多单位都设法用铝矾土(熟料)、匣钵砂等代替人造石英制作型壳。

石英玻璃是用优质硅砂(SiO_2的质量含量大于99%)在碳极电阻炉或电弧炉中熔融，冷却后制成，为一种非晶型二氧化硅熔体，它的纯度极高，熔点约1713℃，热膨胀率极小，有极高的热震稳定性，强度很高，但抗冲击性能较低，在1100℃以上会显著析晶，价格较高。在形成铸件中细长内孔、薄宽内腔时，常用石英玻璃的制件和适应玻璃粉作制壳型时的陶瓷型芯用。

2)刚玉(α－Al_2O_3)

刚玉又称电熔刚玉，有白色和棕色两种。前者是工业氧化铝在电弧炉内经高温熔融、冷却后破碎而得；后者是铝矾土在电炉内加热到2000℃～2400℃用碳还原 Fe、Si 和 Ti 的氧化物，并除去这些杂质，冷却后破碎而得。白刚玉中 Al_2O_3的质量含量超过 98.5%，而在棕色刚玉中则含93%以上。熔模铸造中用得较多的是白色刚玉。

刚玉的熔点高(2050℃)、密度大(4.0g/cm^3)、结构致密，导热性能好，热膨胀率小而均匀，在高温下呈弱酸性或中性，抗酸、碱性强。用它制作的型壳尺寸稳定，与合金中的 Ni、Cr、Al、Ti 等元素不起反应。但来源缺，价格高，目前主要用来生产耐热不锈钢、超级耐热高温合金和表面要求较高的熔模铸件。

3)锆石

锆石也称硅酸锆($ZrO_2 \cdot SiO_2$)，其熔点高达2400℃，热膨胀系数小而均匀，导热性也好，蓄热能力大。多用于面层涂料，以提高铸件的尺寸精度、表面质量和细化表面晶粒。

4)铝－硅系耐火材料

铝－硅系耐火材料是以氧化铝和二氧化硅为基本化学组成的材料，随着 Al_2O_3、SiO_2质量

组成的不同，此材料的相组成也发生变化，图1－14所示为Al_2O_3－SiO_2二元系统平衡图，它表示铝－硅系耐火材料的理论相组成及随温度的变化情况。随Al_2O_3质量含量的不同，铝－硅系耐火材料可分为半硅质[含Al_2O_3(15～30)%]、黏土质[含Al_2O_3(15～30)%]和高铝质(含Al_2O_3>45%)三类。

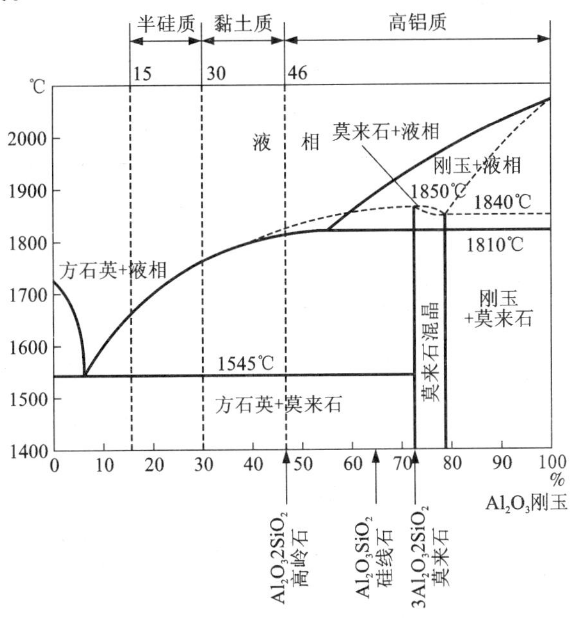

图1－14　Al_2O_3－SiO_2 二元平衡图

平衡图中还表示出了三种铝－硅系材料的矿物名称。高岭石的分子式为$Al_2O_3 \cdot 2SiO_2$，在煅烧后，其理论质量组成为$Al_2O_3$45.87%，$SiO_2$54.13%，是高岭土的主要成分，其主要矿物组成为莫来石和方石英。它呈弱酸性，密度为2.6g/cm^3，熔点为1750℃～1785℃，线膨胀率低，在我国资源丰富，价低。

硅线石的分子式为$Al_2O_3 \cdot SiO_2$，其理论质量组成为$Al_2O_3$62.9%，$SiO_2$37.1%，它的线膨胀率小而均匀，高温下呈中性反应，密度为3.25g/cm^3，在我国储量少，故少采用。

莫来石的分子式为$3Al_2O_3 \cdot 2SiO_2$，又称高铝红柱石。其密度为3.16g/cm^{3}左右，膨胀系数小，熔点高(1810℃开始出现液相)。莫来石的天然矿物少，可用高岭石、硅线石、铝矾土等煅烧而得。

铝－硅系耐火材料中的杂质有K_2O，Na_2O，CaO，MgO，Fe_2O_3，TiO_2等，它们会降低材料中熔液出现的温度和黏度。

在我国应用较广泛的铝－硅系耐火材料有以下几种：

①黏土质耐火材料。通常指矿物质组成以高岭石为主的黏土，Al_2O_3的质量含量为(30～48)%，熔模铸造制型壳用的是耐火黏土生料、耐火黏土轻烧熟料和耐火黏土熟料。

耐火黏土生料系指天然矿生的黏土，其中Al_2O_3质量含量为(26～32)%，主要用于配制型壳的加固层涂料。但用它配制的涂料黏度不够稳定。如将黏土生料经800℃～900℃煅烧，除去结晶水和有机物，则通称耐火黏土轻烧熟料。用轻烧熟料配制的涂料稳定性可改善。如沈阳黏土内含有20%～30%轻烧熟料；无锡黏土、北京八宝山黏土则属黏土生料。

耐火黏土熟料是硬质高岭石黏土原矿经1300℃以上的温度煅烧、破碎而成，其中Al_2O_3的质量含量为(37%～48%)，SiO_2的质量含量约为50%。在晶相的质量组成方面，莫来石占40%～60%，方石英小于18%，还有玻璃相，耐火度达1770℃～1790℃，它具有热膨胀率低、强度高、高温化学性能稳定的优点。但因含有SiO_2，高温时呈酸性，易与浇注合金液中铝、钛、铬、锰等元素的氧化物发生作用，使铸件表面质量粘砂。故耐火黏土熟料一般只能配制型壳加固层的涂料用。在我国流传较广的耐火黏土涂料有上店土、焦宝石、峨眉土、焦作土、淄博土、西山土、煤矸石、匣钵砂等。其中煤矸石是采煤时得到的矸石经煅烧粉碎而成，而匣钵砂则是烧制瓷器时用的耐火容器，在它们报废后经粉碎筛分而得，因为制匣钵的原材料都为耐火黏土。这两种材料价格较低，应用效果好。

②铝矾土。其主要矿物组成是含水氧化铝和高岭石，是一种含Al_2O_3较多的高铝质铝-硅系耐火材料，经不低于1400℃温度的煅烧后，其中主要晶相为$\alpha-Al_2O_3$(刚玉)+莫来石或莫来石，后者系铝矾土配上适量黏土后煅烧而成。其耐火度高于1770℃，热膨胀率小，高温强度好，型壳焙烧后的变形率低，价格低廉，但型壳的残留强度高，脱壳性差。常用来替代硅石和刚玉作型壳的加固层用，个别场合也用来配制面层涂料。

5)铝酸钴

铝酸钴是用质量配比为氧化钴20%+刚玉80%的粉料在1260℃～1300℃焙烧5～6h，粉碎后过140～200目筛的材料，在生产燃气涡轮叶片等铁基、钴基、镍基合金铸件时，作为铸件表面晶粒的细化剂加入面层涂料中使用。

铝酸钴的细化晶粒原理为：当它们在高温下与合金中的Cr、Al、Ti、C等活性元素作用时，能被还原出金属钴，其结构与合金基体非常接近，合金便以众多析出的金属钴为晶核进行结晶，使铸件表面晶粒细化。

一般铝酸钴在硅溶胶涂料中的加入量为涂料中固体质量的(3～5)%。还可配面层用硅溶胶(1 kg)+铝酸钴(2.5～3.0 kg)+JFC+正辛醇的涂料单独使用。

表1-8列出了一些耐火材料性能的具体数据。

表1-8　几种耐火材料的性能

名称	熔点/℃	耐火度/℃	热膨胀系数/(10^{-6}L·℃$^{-1}$)	pH值
石英	1713	1680	—	6.0
石英玻璃	1713	—	0.54	—
刚玉	2050	2000	8.4	—
锆石	2400	>2000	4.6	6.5
黏土	—	1670～1710	—	7.8
硅线石	1545	—	3.7～4.5	6.9
莫来石	1810	—	5.3	—
铝矾土	—	1800～1900	约6.0	7
镁砂	2800	—	13.5	12.8

1.3.2　制造型壳用黏结剂

制造型壳用的耐火涂料由粉粒状耐火材料和黏结剂配制而成，因此黏结剂应能满足以下要求：

①用它配制的涂料应有良好的涂挂性、渗透性及保存性；与模料不起化学反应，不互相溶解，能覆制出熔模精确的轮廓，且型壳内腔表面要光滑。

②能使粉状和粒状耐火材料牢固地粘结在一起，使型壳在室温、焙烧、浇注高温合金液时具有足够的强度，硬化时简便快速，在高温下还应具有良好的化学稳定性。

在熔模铸造中用得最普遍的黏结剂是硅酸乙酯水解液、水玻璃、硅溶胶等。它们有一个共同性质，就是都能生成硅酸溶胶。

硅酸溶胶作为黏结剂，就是利用硅酸溶胶的稳定性，使耐火涂料均匀地覆盖在模组上，而撒砂后在硬化过程中破坏了溶胶的稳定性，利用溶胶的不稳定性，使胶粒聚集，溶胶变成冻胶（胶粒相连，形成骨架，失去流动性，骨架间含大量液体），将耐火材料颗粒连接在一起。在干燥、焙烧过程中，去除冻胶中的溶剂，弹性的冻胶转变成坚硬的硅酸凝胶。这是一种有很高强度、具有多孔性的物质，将耐火材料颗粒牢固地联结在一起，组成耐火型壳。

影响硅酸溶胶凝聚的主要因素是介质的种类、硅酸溶胶的浓度和温度。介质影响的另一种表现形式为 pH 值，硅酸乙酯水解液的 pH 值在一般情况下为 2.0 ~ 2.6，正处在稳定性较高的范围内，所以在水解液中加酸（使 pH 值减小）或加碱（使 pH 值增大），均会使其稳定性下降和加快胶凝。

硅酸溶胶中 SiO_2 的浓度愈大，溶胶中的胶粒密度也愈大，它们之间愈易相互碰撞而聚结。温度升高，胶粒碰撞机会增多，溶胶稳定性下降，容易互相聚结。

（1）硅酸乙酯黏结剂

对于重要的合金钢铸件和陶瓷型芯，多用硅酸乙酯配制涂料。因为它的涂挂性好，型壳强度高，热变形小，铸件的尺寸精度和表面质量高。

1）硅酸乙酯及其水解

硅酸乙酯又称正硅酸乙酯，其分子式为 $(C_2H_5O)_4Si$，它是四氯化硅（$SiCl_4$）和乙醇（C_2H_5OH）的聚合物，其反应式为：

$$SiCl_4 + 4C_2H_5OH = (C_2H_5O)_4Si + 4HCl \quad (1-10)$$

在实际制造硅酸乙酯的过程中，总有水分参与反应，所以工业用的硅酸乙酯中不单是正硅酸乙酯，还有其他类型的缩聚物，如二乙酯、三乙酯、……八乙酯。它们的化学通式为 $(C_2H_5O)_{2(n+1)}Si_nO_{n-1}$，$n$ = 1、2、3、4、5、6。其中 n 称聚合度，$n=1$ 得 $(C_2H_5O)_4Si$，称单乙酯即正硅酸乙酯；$n=2$ 得 $(C_2H_5O)_6SiO$，称为贰乙酯，以此类推。n 越大，其中 SiO_2 的含量也越多，意味着其缩聚程度越高，相对分子质量越大，分子结构也越复杂。

所提供的硅酸乙酯常指出其中 SiO_2 的含量，其实硅酸乙酯中并不存在单独的 SiO_2 质点或离子，只是因为测其中 Si 的含量，需要把它水解得到 SiO_2 固体粉末，才能确定，因而习惯地把硅酸乙酯中 Si 的含量用 SiO_2 的含量表示。与此同时对硅酸乙酯水解作黏结剂使用时，也正需要控制水解液中的 SiO_2 的含量，所以熔模铸造应用硅酸乙酯时必须先知道其中 SiO_2 的含量。正硅酸乙酯中 SiO_2 的质量含量为 28.8%，目前国内提供的硅酸乙酯，SiO_2 的含量平均为 32%，故称硅酸乙酯 32。国外广泛采用硅酸乙酯 40，SiO_2 含量为 38% ~ 42%，SiO_2 含量比较高，黏结力强，因而用硅酸乙酯40水解液黏结剂制成的型壳，其强度远比硅酸乙酯32的高。国外还有用硅酸乙酯50作黏结剂，可以不进行水解，只加溶剂稀释即可使用。表1－9示出了熔模铸造用硅酸乙酯的技术要求。

表1－9　熔模铸造用硅酸乙酯技术要求

性　　能	硅酸乙酯32	硅酸乙酯40
外观	无色或淡黄澄清或微浑浊	
SiO_2 含量/%	32～34	40.0～42.0
HCl 含量/%	≤0.04	≤0.015
110℃以下馏分质量分量/%	≤2	≤3
密度/($g \cdot cm^{-3}$)	0.97～1.00	1.04～1.07
运动黏度/($m^2 \cdot s^{-1}$)	$\leqslant 1.6 \times 10^{-6}$	$(3.0 \sim 5.0)10^{-6}$

硅酸乙酯的水解实质上是其中的乙氧基(C_2H_5O)被水中的氢氧根所置换而制得硅酸胶体溶液。加水量不同，所得产物也不同，当参与水解的水量足够时，才能生成硅酸($nH_2O \cdot mSiO_2$)和乙醇，即硅酸在乙醇中的溶液。硅酸中n/m的比值与参加水解反应的水量有关，生产实践认为$n/m=0.25$、0.5、0.75比较适宜。得到此种硅酸的正硅酸乙酯的水解反应式为：

当$n/m=0.25$时，$4(C_2H_5O)_4Si+9H_2O=H_2O \cdot 4SiO_2+16C_2H_5OH$　　(1－11)

当$n/m=0.5$时，$2(C_2H_5O)_4Si+5H_2O=H_2O \cdot 2SiO_2+8C_2H_5OH$　　(1－12)

当$n/m=0.75$时，$4(C_2H_5O)_4Si+11H_2O=H_2O \cdot 2SiO_2+8C_2H_5OH$　　(1－13)

不同缩聚物的硅酸乙酯要获得相同的硅酸，则水解时需要的水量是不相同的，以四乙酯和五乙酯水解为例：

$$(C_2H_5O)_{10}Si_4O_3+6H_2O=H_2O \cdot 4SiO_2+10C_2H_5OH \tag{1-14}$$

$$(C_2H_5O)_{12}Si_5O_4+29H_2O=5(H_2O \cdot 4SiO_2)+48C_2H_5OH \tag{1-15}$$

水解时确定用水量是关键，它影响黏结剂质量和型壳的工艺性能。当$n/m=0.5$时，水解液的性能最好，制出的型壳干燥速度较快，强度较大，水解液性能稳定，当室温和湿度较高时，可采用$n/m=0.25$比值的水解液；而室温和湿度较低时，可采用$n/m=0.75$比值的水解液。

硅酸乙酯与水不互溶，水解时只在接触面上进行，在硅酸乙酯不能与水充分接触处，会生成不完全水解产物，不仅水解速度缓慢，而且水解液质量极差。所以常用酒精或丙酮作溶剂，使水与硅酸乙酯能均匀接触发生反应，同时还起稀释的作用，使水解液中有适宜的SiO_2含量。用酒精作溶剂，并用盐酸作催化剂来水解硅酸乙酯32时，水解液中SiO_2最佳的含量为17%～20%，在此含量范围内，制壳时黏结剂的渗透性好，型壳强度高，黏结剂放置时间长。用硅酸乙酯40制备水解液，其中SiO_2含量为10%～14%时，可获得与硅酸乙酯32一样的型壳强度。

加入的盐酸溶液作为催化剂，水解液中盐酸含量一般可取0.3%，熔模铸件的轮廓尺寸较大时可取0.3%～0.4%，熔模铸件的轮廓尺寸较小时可取0.2%～0.3%。因此水解硅酸

乙酯的配料计算主要是计算水解1 kg硅酸乙酯所需的水、溶剂酒精和盐酸的加入量。

2)硅酸乙酯水解的计算

①计算1 kg硅酸乙酯所需的加水量B

$$B=(1000\alpha\times18M)/45=400M\alpha(\text{g}) \qquad (1-16)$$

式中　α——硅酸乙酯中—C_2H_5O的质量分数，%；

M——置换1mol的—C_2H_5O所需的水摩尔数；

18,45为H_2O和—C_2H_5O的相对分子质量。

乙氧基含量α可由化学分析测出，也可由硅酸乙酯中SiO_2的质量含量计算求得：

$$\alpha=125.2-132\times(SiO_2\%)(\%) \qquad (1-17)$$

表1-10列出了硅酸乙酯中质量含量SiO_2与—C_2H_5O的关系。

表1-10　硅酸乙酯中质量分数SiO_2与—C_2H_5O的关系

SiO_2/%	28.8	30	31	32	33	34	35	36	37	38	39	40	41	42	43
—C_2H_5O/%	86.5	85.1	84.0	82.6	81.5	80.2	79.0	77.9	77.6	75.4	74.2	72.9	71.8	70.6	69.3

一般在炎热、潮湿的环境中应选较小的M值；在寒冷、干燥的生产环境中选较大的M值。夏季作业可选较小M值，冬季则选较大M值。这些考虑主要是为了较合适地控制黏结剂和涂料的稳定性。配制涂料的耐火粉料的酸、碱性也对硅酸乙酯水解液涂料的稳定性有关，如铝矾土中含有碱性杂质，对水解液有促凝作用，故应选较小的M值。

②计算1 kg硅酸乙酯所需溶剂加入量C

一般水解液中SiO_2质量含量在20%左右时型壳强度最高。生产中多取(18~22)%。有时为了改善型壳的退让性和脱壳性，在允许适当降低型壳强度情况下，可取SiO_2的质量含量为15%。水解液中太多的SiO_2会使涂料层硬化太快、壳层开裂，反而降低型壳强度。

根据水解前后SiO_2总质量不变的原理，可得

$$C=1000(S/S'-1)-B(\text{g}) \qquad (1-18)$$

如换算成乙醇的体积

$$C_V=[1000(S/S'-1)-B]/\rho_y(\text{mL}) \qquad (1-19)$$

式中　S——硅酸乙酯中SiO_2质量分数，%；

S'——水解液中SiO_2的质量分数，%；

ρ_y——乙醇密度，g/cm^3。

表1-11列出了乙醇质量浓度与其密度的关系。

表1-11　乙醇的质量浓度与其密度的关系

质量浓度/%	98.2	96.5	94.4	93.0	91.1	89.2	87.3	85.4	81.4	79.4	77.3	75.3
乙醇密度/(g·cm^{-3})	0.795	0.80	0.805	0.810	0.815	0.820	0.825	0.830	0.840	0.845	0.85	0.855

③计算1kg硅酸乙酯所需盐酸加入量D

盐酸的催化作用是由于它极易与硅酸乙酯发生酸解反应，如

$$(C_2H_5O)_4Si + HCl = (C_2H_5O)_3SiCl + C_2H_5OH \tag{1-20}$$

而$(C_2H_5O)_3SiC$的水解速度比硅酸乙酯快得很多，其反解式为

$$(C_2H_5O)_3SiCl + H_2O = (C_2H_5O)_3SiOH + HCl \tag{1-21}$$

由式(1－20)和式(1－21)可见，HCl并未消耗掉，只起了催化作用，一般水解液中HCl含量以(0.1～0.3)%为宜。根据水解前后参与水解的HCl总量不变，又考虑了硅酸乙酯中原有的HCl应予扣除，故

$$D = (G_S b' - 1000b)\rho c(\mathrm{mL}) \tag{1-22}$$

式中 G_S——水解液总质量，g；

b'——水解液中HCl的质量分数，%；

b——硅酸乙酯中HCl的质量分数，%；

ρ——HCl的密度，g/cm^3；

c——HCl的质量浓度，%；

1000——硅酸乙酯质量，g。

表1－12列出了盐酸密度与其质量浓度的关系。

表1－12 盐酸密度与质量浓度的关系

盐酸密度 /$(g \cdot cm^{-3})$	1.20	1.198	1.195	1.193	1.190	1.188	1.185	1.183	1.180	1.178	1.175	1.173	1.170
盐酸质量浓度 /%	39.11	38.64	38.17	37.72	37.27	36.79	36.31	35.84	35.38	34.90	34.42	33.94	33.46

3)硅酸乙酯水解工艺

硅酸乙酯的水解工艺对水解液性能影响极大，常用的有三种水解工艺。

①一次水解法。也称单相水解法，水解时将水、酸倒入溶剂中，搅拌1～2 min，然后在搅拌情况下逐渐加入硅酸乙酯。水解过程是放热反应，故水解时可通过加硅酸乙酯的快慢和打开或关闭水解筒夹层中冷却水的阀，控制水解温度。水解硅酸乙酯32时，合适的温度为42℃～52℃；水解硅酸乙酯40时，因已有一定聚合物，合适温度可稍低，为32℃～42℃。温度过高，水解反应剧烈，不利于得到线型聚合物，水解液的稳定性会降低。硅酸乙酯全部加完后，继续搅拌，超过30 min以上，当水解液温度降至室温，停止搅拌，密封保存备用。此法简单、方便，水解液质量稳定，应用广泛。

②二次水解法。有两种工艺。

第一种工艺：先加入质量为15%～30%的乙醇，在搅拌情况下交替加入硅酸乙酯和配制好的酸化水，保持水解液温度在38℃～52℃之间，直至加完所有硅酸乙酯和酸化水(盐酸加水)，继续搅拌30 min，最后加入混有醋酸的剩余乙醇，继续搅拌30 min。此法工艺简单，型壳强度较高，应用较广。

第二种工艺：在水解器中加入部分硅酸乙酯、酸化水和乙醇，搅拌成不完全水解液，停放1～2周，再加入剩余的硅酸乙酯、酸化水和乙醇，搅拌。此法工艺复杂，周期长，水解液稳定，但很少应用。

③综合水解法。此法将水解硅酸乙酯和制备涂料一起进行。将硅酸乙酯和乙醇全部加入涂料搅拌机中，在搅拌情况下加入耐火粉料用量的2/3，强烈搅拌（1500～3000 r/min）3～5 min，然后加入酸化水，搅拌40～60 min，控制温度不超过60℃。然后冷却到34℃～36℃，再继续搅拌30 min，除气30 min。在此工艺中，水解在粉粒表面进行，黏结剂与粉粒结合好，故型壳强度可提高0.5～2倍，但工艺复杂，需专用搅拌装置，故应用不广。

用硅酸乙酯水解液制造的型壳耐火度高、强度大、制得铸件的尺寸精度和表面粗糙度都好，但硅酸乙酯价高，硅酸乙酯涂料的使用期不能超过两周。

（2）水玻璃

熔模铸造制型壳用黏结剂的水玻璃大多为钠水玻璃，其基本组成是硅酸钠和水。硅酸钠是SiO_2和Na_2O以不同比例组成的多种化合物的混合物。由图1－15所示的Na_2O-SiO_2二元状态图上可见，只有当SiO_2的质量含量为32.6%，49.2%和66%时，硅酸钠才能是单一的化合物，它们分别是$2Na_2O \cdot SiO_2$，$Na_2O \cdot SiO_2$，和$Na_2O \cdot 2SiO_2$。在其他组成时，水玻璃是几种单一化合物的混合体，故用通式$Na_2O \cdot mSiO_2$表示其组成，m是SiO_2对Na_2O的摩尔数之

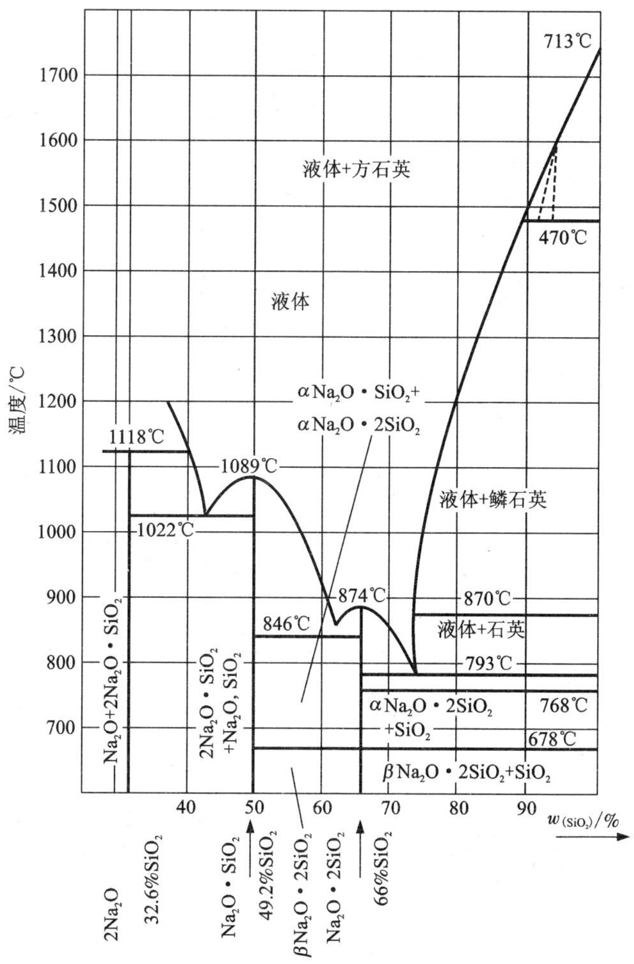

图1－15　Na_2O-SiO_2 二元状态图

比，常称此值为模数，用 M 表示，它不一定是整数。可根据 SiO_2 和 Na_2O 的质量分数计算水玻璃的模数 M。即

$$M = 1.032a/b \quad (1-23)$$

式中 1.032——Na_2O 对 SiO_2 分子量的比值；

a——水玻璃中 SiO_2 的质量分数，%；

b——水玻璃中 Na_2O 的质量分数，%。

熔模铸造用水玻璃的模数以 $M = 3.0 \sim 3.6$ 为佳，其中不超过25%的 SiO_2 以胶体存在，其余的 SiO_2 则以硅酸根离子（如 $HSiO_3^-$，SiO_3^{2-}）形态存在。模数越高，胶体粒子所占比例大，水玻璃的胶体性能也强，制型壳时，其湿强度形成快，抗水性好，脱模时型壳强度损失少。但过高模数的水玻璃的黏度太大，不易制备流动性合适的涂料，涂料中的粉液比①也无法提高，涂挂涂料时涂料很易堆积，而且涂料表面会很快结出硬皮而粘不上砂料，使型壳有分层的缺陷。水玻璃的模数如太低，其中硅酸根离子增多，会使干燥后的水玻璃遇水重溶，型壳在脱模时难以承受水、汽的作用而被“煮烂”。

水玻璃的另一重要技术指标为密度，密度反映的是水玻璃水溶液中 $Na_2O \cdot mSiO_2$ 的含量。水玻璃的密度单位有时用波美度（°Be′）表示，它与“g/cm³”单位间的关系为：

$$\rho = 144.3/(144.3 - {}^\circ Be') \quad (1-24)$$

式中 ρ——用单位“g/cm³”所表示的密度值。

低密度的水玻璃黏度低，可配制粉液比①高的涂料，以保证型壳工作表面的致密，硬化时胶凝收缩小、硬化速度快，但用这种涂料制得型壳的强度低，一般只在制备面层涂料时用小密度的水玻璃，常取 $\rho = 1.25 \sim 1.27$ g/cm³。

为保证型壳具有足够高的湿强度和高温强度，常用较高密度水玻璃制备涂料，但密度不宜过高，因此时型壳的硬化时间要延长，涂料粉液比会被降低。一般取 $\rho = 1.29 \sim 1.32$，最高不超过1.34。

用于配制耐火涂料的水玻璃的技术要求应符合表1－13。

表1－13 配制型壳耐火涂料用水玻璃技术规格

成分和性能 / 用途	SiO_2/%	Na_2O/%	模数	密度/(g·cm⁻³)	凝固时间/min
配制面层涂料	20～30	6.5～7.5	3.0～3.4	1.27～1.31	2.5～4
配制加固层涂料	23～27	7.5～9.0	3.0～3.4	1.30～1.34	2.5～4

$M \geqslant 3.0$ 的水玻璃黏度很大，为能提高涂料粉液比，使制壳时硬化反应能顺利进行，配涂料前应先加水调整其密度达到面层涂料及背层涂料用的水玻璃密度的要求。加水量可按下式计算：

$$C = A(\rho - \rho')/\rho(\rho' - 1) \quad (1-25)$$

式中 C——加水量，kg；

① 粉液比指涂料中固态粉料与液态黏结剂的质量含量比值。

A——需稀释的水玻璃质量，kg；

ρ——原水玻璃密度，g/cm^3；

ρ'——稀释后水玻璃的密度，g/cm^3。

水玻璃固然有价廉的优点，但用它所制的型壳中因残留有 Na_2O 存在，会使型壳工作表面和整体的耐火度降低，故所得铸件表面不够光洁，铸件的尺寸精度也低。且在脱模操作时型壳易酥烂，故一般在生产精度要求较低，表面粗糙度要求不高的铸件时大量使用，有时也配合其他黏结剂作型壳加固层涂料的黏结剂使用。

（3）硅溶胶

为取代价格昂贵的硅酸乙酯，熔模铸造中已广泛使用硅溶胶黏结剂。与硅酸乙酯相比，其材料来源广，价格低 1/3～1/2，所获得的铸件质量比水玻璃黏结剂有很大的提高。

硅溶胶是带有无定形二氧化硅微小颗粒的水基胶体溶液。硅溶胶的制造方法很多，其目的都为将水玻璃中的钠除去。在国内，大多数硅溶胶是用离子交换法获得的，即将水玻璃先稀释至密度为 1.04～1.045 g/cm^3，过滤澄清后，对它进行阳离子交换。此时水玻璃中 Na^+ 被交换掉，同时获得等当量的 H^+，与 SiO_3^{2-} 结合成聚硅酸溶液。再经阴离子交换，除去聚硅酸溶液中的杂质 Cl^- 和 SO_4^{2-}，同时获得等当量的 OH^-，呈弱酸性，稳定性很差。在其中加入少量 NaOH，使其 pH = 8.5～10.5，经浓缩即可得硅溶胶。

熔模铸造制壳型用硅溶胶中 SiO_2 含量为 30% 左右，$w_{Na_2O} \leqslant 0.5\%$，pH ≈ 9.5，$SiO_2$ 胶粒直径为 7～20 nm，在此尺寸范围内胶粒直径越小、越均匀的越好，因用其所制型壳的强度高。硅溶胶外观为乳白或淡青色胶液，可长期存放，稳定期超过 1 年。

硅溶胶在使用前只需用水搅拌稀释至其中 SiO_2 质量分数为 20% 或稍多即可。稀释 G（kg）硅溶胶时加水量 D（kg）的计算式如下：

$$D = G[(a/b) - 1] \tag{1-26}$$

式中　a 和 b——待稀释和稀释后硅溶胶中 SiO_2 的质量分数。

硅溶胶价格适中，所制型壳的服役性能好，制型壳操作时不会放出有害物质，处理和配制涂料工艺简单，但型壳制造时所需的干燥时间太长。目前已得到广泛使用。

也可用乙醇稀释硅溶胶，一般加入量为硅溶胶体积的 15%～30%。这种硅溶胶的表面张力小，可改善硅溶胶涂料对模组的润湿性，还可使型壳干燥时间缩短。但在涂料使用时乙醇易挥发，涂料变稠，要及时调整，涂料保存期也缩短。

1.3.3　制壳工艺

制造型壳是熔模铸造生产工艺中一个主要而又复杂的工艺过程，它包括配制耐火涂料、上涂料、干燥和硬化、脱模和高温焙烧等工序。

（1）耐火涂料的配制

耐火涂料是用粉状耐火材料和黏结剂按比例组成的悬浮液。型壳的耐火度、高温化学稳定性、热膨胀性、强度、型腔表面的质量主要取决于耐火材料和黏结剂本身的性能，以及耐火涂料的工艺性能。

1）耐火涂料的工艺性能及其控制

耐火涂料的工艺性能主要有黏度、涂挂性、分散性和稳定性等。

耐火涂料的黏度大小决定了流动性好坏、涂料层厚度及涂覆层的均匀程度。黏度大则流动性差，涂层厚，涂层不易均匀，即涂挂性差；但黏度过小的涂料，涂层过薄，撒砂时易被砂粒打穿或被气流吹走，熔模边角处涂料易流失而撒不上砂子，致使边角开裂。对于复杂熔模用的面层涂料其黏度应小一些，以便涂挂出轮廓清晰厚度均匀的型壳。加固层涂料的作用是支承和加固型壳，使涂料层形成必要的厚度，以获得足够的强度。一般说加固层涂料的黏度可大些，但也不能过大，因为黏度大表明其中黏结剂含量相对减少；同时导致涂层过厚不易硬化和干燥透，两者又都会使型壳强度降低。

涂料中粉状耐火材料与黏结剂用量应有适当比例，称为涂料配比。涂料的配比是决定其黏度的主要因素，涂料中黏结剂含量愈少，即耐火粉料量愈多，则涂料的黏度愈大。当涂料配比相同时，黏结剂中 SiO_2 的浓度愈高，则涂料的黏度愈大；温度愈高，搅拌愈强烈，时间愈长，则涂料黏度愈小。

涂料的分散性愈大，涂料的粘结力愈高。涂料是一种胶体悬浮液，是一种宏观的多相不均匀分散体系。在这体系中，硅酸溶胶微粒相耐火材料粉粒都是分散相，如果它们的颗粒愈细，分布愈均匀，愈分散，则涂料的分散性愈好。分散性大的溶胶微粒在胶凝后，包覆在耐火材料粒子上的网状骨架支联细薄而致密，分布均匀，因而涂料呈现出高的粘结能力。

涂料在存放和使用期内，由于黏结剂内胶体 SiO_2 粒子的自发聚集，以及涂料中溶剂和水分的蒸发，涂料的稳定性下降，表现为涂料的黏度逐渐增大。涂料的分散性提高，则稳定的时间延长，涂料使用有效期也延长。搅拌可以提高涂料的分散性。在涂料中加入某些阴离子或非离子型表面活性剂（配涂料时称润湿剂），如农乳 130 等，既可提高涂料的分散性，改善涂挂性，又可提高涂料的稳定性。例如在水玻璃涂料中加入熟黏土可提高稳定性，改善流动性；若加入生黏土，则黏度迅速增大。

2）常用耐火涂料的组成和配方

耐火涂料按在型壳厚度层内里外层次不同可分为表面层和加固层两种。表面层涂料直接承受浇入合金液的热作用，加固层涂料对面层起支撑加固作用。水玻璃黏结剂涂料的组成及配比列于表 1－14。硅酸乙酯黏结剂涂料的组成及配比列于表 1－15。硅溶胶黏结剂涂料的组成及配比列于表 1－16。

表 1－14　水玻璃涂料的配比和用途

水玻璃		粉料种类	粉液质量比	性能		用　途
模数	密度 /(g·cm^{-3})			流杯黏度 /s	涂片重① /g	
2.9～3.1	1.26～1.29	级配硅石粉	1.15～1.30	25～30	1.0～2.0	型壳面层②
2.9～3.1	1.32～1.34	沈阳黏土/硅石粉(1/2)	1.05～1.10	20～25	2.2～3.5	型壳加固层
2.9～3.1	1.32～1.34	煤矸石粉	1.10～1.25	20～25	1.5～2.5	型壳加固层
2.9～3.1	1.32～1.34	铝矾土粉	1.40～1.80	18～25	2.0～3.0	型壳加固层

①40 mm×40 mm×2 mm 不锈钢片上涂挂的涂料质量。

②在涂料中加占涂料质量的 0.05% JFC 和适量硅油消泡剂。

表 1－15　硅酸乙酯水解液涂料的配比和用途

涂料配比		密度 /(g·cm^{-3})	用　　途
硅酸乙酯水解液/mL	耐火粉料/kg		
1000	硅石粉 1.7～1.9	1.60～1.68	用于低合金钢、碳钢、铝合金、铜合金铸造
1000	刚玉粉 2.5～2.8	2.10～2.30	用于 Ni 基、Cr 基 Co 基合金铸造
1000	铝矾土粉 1.6～1.8	1.7～1.9	用于型壳加固层
1000	锆石英粉 2.8～3.0 铝－硅系熟粉 0.25	2.30～2.35	用于 Ni 基、Cr 基 Co 基合金铸造

表 1－16　硅溶胶涂料的配比、性能和用途

配　　比				性　能		用　途
硅溶胶	粉料/kg	表面活性剂/%	消泡剂/%	密度/(g·cm^{-3})	流杯黏度/s	
10kg	锆英石粉 32～40	JFC0.3	约 0.1	2.7～2.8	28～35	面层涂料
10 kg	刚玉粉 26.5～30.0	JFC0.3	约 0.1	2.3～2.5	28～35	面层涂料
1000 mL	煤矸石 17	–	–	1.85	25	加固层涂料
1000 mL	石英玻璃粉 1.7～1.8	0.3	约 0.1	1.7～1.8	–	面层涂料

生产中常用流杯黏度剂（如图 1－16 所示）来控制涂料性能，根据流杯中 100 mL 涂料的流空时间（s）来评估涂料操作的工艺性，每个生产场合都有其本身认为合适的流杯黏度（即流杯中涂料流空时间）。

对石英粉面层涂料，黏度约为 40 s；刚玉粉面层涂料其黏度约为 25 s。加固层涂料黏度大小视制壳工艺条件而定。若采用比面层涂料黏度小的加固层涂料，一般结壳在面层涂料中加水解液稀释而得，以逐渐降低其密度。

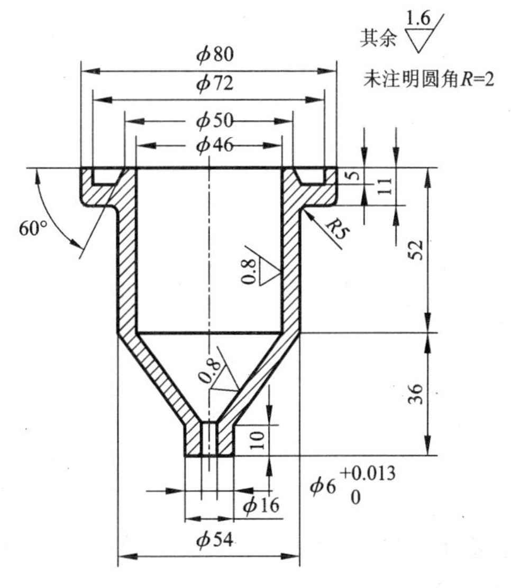

图 1－16　熔模铸造中使用的一种流杯黏度计

（2）模组的除油和脱脂

在采用蜡基模料制熔模时，为了提高涂料润湿模组表面的能力，需将模组表面油污去除掉，故在涂挂涂料之前，先要将模组浸泡在中性肥皂片或表面活性剂（如烷基磺酸钠、洗衣粉）的水溶液中，中性肥皂片在水溶液中的含量为（0.2～0.3）%，而表面活性剂的含量约为 0.5%。表面活性剂的极性端（亲水基）易吸附涂料，它的非极性端（憎水基）易吸附在蜡模上，故通过表面活性剂，涂料就易覆盖在蜡模表面。模组自浸泡液中取出稍晾干后，即可涂挂模料。用硅酸乙酯水解液涂挂树脂基模料模组时，因它们之间能很好润湿，故可省略此工序。

(3)涂挂涂料和撒砂

涂挂涂料以前，应先把涂料搅拌均匀，尽可能减少涂料桶中耐火材料的沉淀，调整好涂料的黏度或比重。如熔模上有小的孔、槽，则面层涂料(涂第一、第二层型壳用)的黏度或比重应较小，以使涂料能很好地充填和润湿这些孔槽。挂涂料时，把模组浸泡在涂料中，左右上下晃动，使涂料能很好润湿熔模，并均匀覆盖模组表面。模组上不应有涂料局部堆集和缺料的现象，且不包裹气泡。为改善涂料的涂覆质量，可用毛笔涂刷模组表面，涂料涂好后，即可进行撒砂。

撒砂是指在涂料层外面粘上一层粒状耐火材料，其目的为迅速增厚型壳，分撒型壳在以后工序中可能产生的应力，并使下一层涂料能与前一层很好黏合在一起。现介绍两种形式的撒砂方法。

①雨淋式撒砂。粒状耐火材料如雨点似的掉在涂有涂料并且缓慢旋转着的模组上，使砂粒能均匀地在涂料层上面粘上一层。图 1－17 所示为一种风动雨淋式撒砂机，积在砂筒 5 中的砂粒在风管 7 压缩空气的吹动下，向上移动至上挡板 2 处，雨淋似的下落，掉在被撒的模组涂料层上。振动筛可去除下落砂中被涂料粘在一起的团块。也可用斗式提升机把砂粒自砂筒中上提，掉在上置的振动筛上，通过筛孔雨淋似的下落进行撒砂。

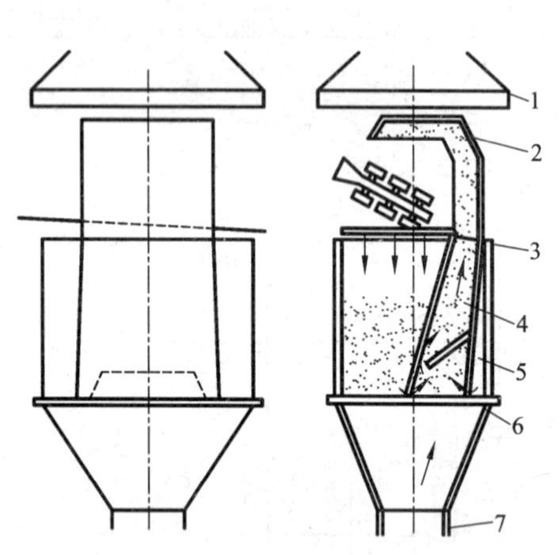

图 1－17　风动雨淋式撒砂机

1—吸尘器；2—上挡板；3—振动筛；4—砂管；5—砂筒；6—夹板；7—风管

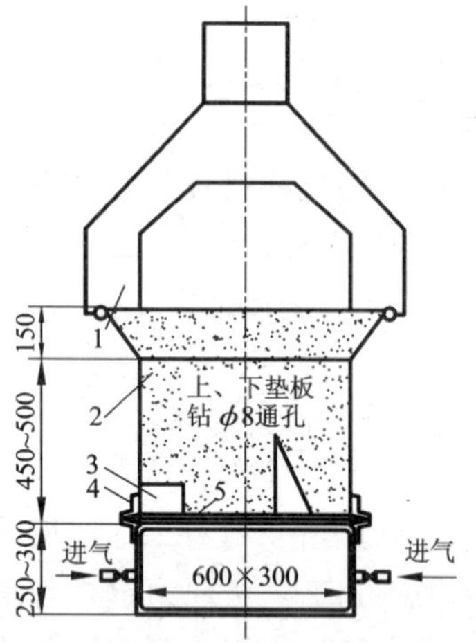

图 1－18　流态化撒砂机

1—抽尘罩；2—流态化槽；3—放砂口
4—上、下垫板；5—毛毯

②流态化(沸腾床)撒砂。粒状耐火材料放在容器中(图 1－18)，向容器下部送入压缩空气或鼓风，空气经过毛毯把上部的砂层均匀吹起，砂层呈轻微沸腾状态。撒砂时只需将涂有涂料的模组往流态化的砂层中一“浸”，耐火材料便能均匀地粘在涂料表面。

生产小型铸件时，这种涂料撒砂层为 5～6 层，而大型铸件的型壳层数可为 6～9 层。第一、第二层型壳撒砂所用的砂的粒度较细，一般为 40/70～50/100，而以后各层(加固层)所用砂的粒度则较粗，一般为 20/40～6/20。

(4)型壳层的干燥和硬化

每涂覆好一层涂料层(型壳层)后，就要对它进行干燥和硬化，使涂料中的黏结剂由溶胶向冻胶、凝胶转变，把耐火材料颗粒连在一起。所用黏结剂不同，其干燥和硬化方法也不同。

1)硅酸乙酯黏结剂型壳的干燥和硬化

每层涂料在干燥和硬化过程中主要发生三个相互有关的物理、化学变化。

①首先是溶剂的蒸发。涂料中的溶剂由内层向外层逐渐扩散、蒸发。型壳周围介质中溶剂蒸气的浓度愈小，则蒸发愈快。

②黏结剂继续水解(缩聚和凝聚)。硅酸乙酯水解液中所残留的不完全水解物会吸收型壳中的水分而继续水解，且由于溶剂蒸发，SiO_2含量增高，流动的液态溶胶逐渐转变为弹性冻胶，再转变为固态的凝胶。在酸性或碱性介质中，这种转变将加速进行。因此有些生产单位让型壳在潮湿的氨气中硬化。

③包覆在耐火材料粉粒表面的黏结剂胶膜，由于溶剂蒸发而发生收缩，同时型壳中形成许多毛细孔隙，提高型壳的透气性。

为提高型壳的强度，溶剂的挥发应比黏结剂的胶凝要快。这样当溶剂挥发产生胶体收缩时，胶体尚处于弹、塑性状态，胶膜不易开裂。工厂中常把溶剂挥发和胶体胶凝两个过程分开进行，先把已涂覆好涂料的模组放在强制通风柜中，加速溶剂的挥发(称干燥)。往柜中通氨气促使胶凝(称氨干)。国内中等水量的水解液常用的干燥规范是干燥地点温度为20℃～25℃，干燥地点相对湿度为50%～80%，通风干燥时间表层为1.5 h，加固层为2 h，氨气干燥时间为20～30 min，氨干后吹风消味时间为15～30 min。

为了提高型壳强度，可在整个型壳涂挂完毕后，把已涂挂好的模组浸泡在含SiO_2较多的水解液中(称强化剂)，时间在5 min以上，使水解液渗入型壳涂层中，而后在干燥和氨干过程中使粘结不良的耐火颗粒得到补充黏结。

2)水玻璃型壳的干燥和硬化

水玻璃黏结剂型壳在硬化前应先干燥，其作用有：

①起扩散作用。干燥可使涂层内黏结剂组分由浓度高处向低处进行扩散、渗透和均匀，以分散型壳层内Na_2O和水分的聚集，从而使型壳在硬化时能均匀硬透。

②起脱水作用。表层涂料在硬化前含水15%～20%，在干燥过程中，水玻璃脱水浓缩而形成固体硅酸薄膜和许多毛细孔隙。在硬化时有助于硬化剂的深入渗透，达到均匀快速硬化，以提高型壳的表面强度和硬度，并不易起皮、粉化和脱落，因而型壳内型腔表面质量好。为缩短生产周期，除表面层在硬化前需要干燥外，其余层在硬化前一般不进行干燥。表面层干燥时间由30～40 min到几小时不等。一般涂料黏度大，室温低和湿度高，通风条件不好，以及大的熔模铸件生产时，干燥时间应长些。型壳在硬化后尚需干燥一段时间，目的在于去除水分和残留硬化剂液滴，并使硬化剂进一步扩散和渗透。硬化后自然干燥时间以型壳“不湿不白”为准；“湿”就是未干透，“白”就是干燥过分。制壳场地温度应控制在18℃～30℃，相对湿度要小于40%～60%。

干燥并不能使型壳充分硬化，还必须在硬化剂中进一步硬化。目前用得最多的硬化剂是氯化铵、聚合氯化铝和结晶氯化铝。

①NH_4Cl溶液硬化。把涂挂好涂料和撒砂后的模组型壳，浸在浓度为48%～20%，温度为25℃～30℃的NH_4Cl水溶液中，浸的时间为几分钟到0.5 h。要制造高强度型壳时，NH_4Cl

溶液的浓度一般为20%～25%。加固层的硬化条件比较好，其外面受硬化剂作用，里面受前层所残留的氯化铵溶液的作用，故加固层的硬化时间可比面层短一些，通常为20～30 min。

当涂有涂料的模组浸入NH_4Cl溶液中后，在涂料层外表面上很快形成一层坚硬的胶膜，阻止了NH_4Cl溶液向涂挂层内部渗透，所以水玻璃型壳在NH_4Cl溶液中的硬化时间较长。为提高生产效率，可采用两种快速硬化工艺：第一种是用高温度、高浓度NH_4Cl溶液快速硬化，用浓度为25%～30%、温度为30℃～65℃的NH_4Cl水溶液，硬化时间可缩短至10～20 s。高温度是高浓度的前提，重点控制温度，而浓度只要达到该温度下的饱和状态即可；第二种是在常温常浓度NH_4Cl溶液中加入少量(一般为0.05%)阴离子或非离子型表面活性剂，如农乳130等，可显著降低NH_4Cl溶液的表面张力，改善其间的润湿性，从而提高硬化剂向涂层深处的渗透硬化能力，硬化时间可缩短至2～3 min。

②聚合氯化铝硬化。由于NH_4Cl溶液在硬化时会放出NH_3，恶化劳动条件，因此，近年来国内一些单位用聚氯化铝硬化。

聚氯化铝是一种无机聚合物，有时称为碱式氯化铝，它的分子通式为$[Al_2(OH)_nCl_{6-n}]_m$。式中$m \leqslant 10$，表示聚合度；$n=1, 2, \cdots, 5$，表示(OH)基数目，故聚氯化铝的碱化度$B=(n/6)\times 100\%$。作为硬化剂使用的聚氯化铝中含$A1_2O_3$7%～17%，碱化度为$B=30\%\sim 50\%$。

其硬化工艺为：

自然干燥(0～20 min)→硬化(2～4 min)→风干(20～504 min)。型壳再放置24 h后脱模。

③结晶氯化铝硬化。它的分子式为$AlCl_3 \cdot 6H_2O$，实质上是碱化度很低的聚合氯化铝，所以它的性质与聚合氯化铝相似。作硬化剂时，溶液的浓度为30%～33%。结晶氯化铝为白色粉状物质，货源多，价格便宜，使用时比聚氯化铝方便，故正被逐渐推广使用。

3)硅酸溶胶黏结剂型壳的干燥和硬化

硅酸溶胶中的溶剂是水和酒精，故硅酸溶胶型壳的硬化过程主要是脱水和酒精的挥发过程，与此同时，胶体也进行凝聚，把涂好硅酸溶胶涂料并经撒砂的模组放在温度较高的干燥气流中进行干燥，通常面层和第二、第三层的干燥温度控制在20℃～25℃，以后各层可提高至30℃～35℃。正常情况下，相对湿度应小于50%，最好控制在30%～40%。强制通风时空气流速采用60～250 m/s，具有较好的干燥效果。每层干燥时间与采用的干燥工艺参数和干燥方法(自然、强制及真空干燥)有关，通常为1.5～4 h，涂完最后一层后，型壳要自然干燥一昼夜以上才能进行脱模。

(5)脱模

型壳完全硬化后，需从型壳中熔去模组，因模组常用蜡基模料制成，所以也把此工序称为脱蜡，根据加热方法的不同，有很多脱蜡方法，用得较多的是热水法和高压蒸汽法。

①热水法。把带有模组的型壳放在80℃～90℃的热水中加热，使模料熔化，并经由向上的浇口溢出。此法普遍地用于熔失蜡基模料模组。采用水玻璃型壳时，可在热水中加少许HCl或NH_4Cl，使型壳在脱模时进一步硬化，此时型壳上的部分NaCl和Na_2O也可溶于热水之中。

此法较简便，但因型壳浇口向上浸在水中，脏物易进入型腔中。如型壳硬化不够，会发生型壳被“煮烂”的现象。又因为模组在热水中被均匀加热，熔模厚度较薄的部位会先熔化，

而处于模料出口处的浇口杯，熔模厚度却较大，熔化较慢，因此型壳内已熔化的模料便不易外流，它的体积随本身温度的升高而膨胀，模料便会挤压型壳，使型壳开裂。模料在热水中也易皂化。

②高压蒸汽法。将模组浇口朝下放在高压釜中，向釜内通入 2 ~5 个大气压的高压蒸汽，模料受热熔化，可用于脱蜡基模料和松香基模料。此法效率高，可提高型壳强度。由于模组上厚度最大的浇口直接受高压蒸汽的加热，故浇口处模料熔失较快，型壳内部的模料便易外流，型壳被胀裂的可能性减小。故此法正在得到广泛的应用。

除上述方法外，国外已研制成功用微波加热模组脱模的方法，国内也正在研究之中。为减小型壳被模料胀裂的可能性，国外还提出了高温闪烧法和预熔法等工艺。前者系将型壳放进温度为 1000℃ ~1100℃的炉中，使模组没来得及熔化膨胀便燃烧掉了，但此法要造成空气污染；后者系在脱模前，先在型壳上浇液体燃料(汽油、酒精等)，点燃之，使模组表面先熔失一层，然后再进行正常的脱模。

(6)型壳的焙烧

如需造型(填砂)浇注，在焙烧之前，先将脱模后的型壳埋在铁箱内的砂粒之中，再装炉焙烧，如型壳高温强度大，不需造型浇注，则可把脱模后的型壳直接送入炉内焙烧。焙烧时逐步增炉温，将型壳加热至 800℃ ~1000℃。一般硅酸乙酯水解液型壳焙烧温度较高，水玻璃型壳焙烧的温度较低，保温一段时间，即可进行浇注。在焙烧时，型壳内的残余模料、杂质、水玻璃型壳上的部分 NaCl 都被烧去；型壳中的吸附水、结晶水全都逸走；硅胶进一步分解为 SiO_2。通过焙烧，型壳强度增加，其内腔更为干净。

1.3.4　制壳机械化、自动化

在整个熔模铸造工艺过程中，型壳的制造占时最长，劳动强度大，劳动条件较差，故欲改善熔模铸造的工作条件和提高生产率，首先应注意型壳制造的机械化和自动化。目前用得较多的制壳机械有两种：①悬链式连续制壳流水线；②脉动式制壳机。

(1)悬链式连续制壳流水线

这是目前我国用得最广泛的制壳机械化方式，其特点是在一条连续运动的悬链上挂好模组，模组通过并重复地经历制壳的整个过程，最后得到涂挂好型壳的模组。

图 1 -19 示出了制造水玻璃型壳的悬链式生产线的布置情况。在此生产线上，模组每回转一周，只涂挂一层涂料和撒砂，也可延长悬挂链，设置几段涂挂涂料、撒砂、自然干燥、硬化、自然干燥的工位，这样，模组每回转一周就可挂上几层型壳层。如果撤去硬化槽，把此段改成热风干燥室，则在此生产线上就可生产硅溶胶型壳。如果把除涂挂涂料、撒砂段以外的悬链段全都改成自然干燥段，则在此悬链生产线上便可制造硅酸乙酯水解液型壳(自然干燥硬化)。悬链上的吊具结构如图 1 -20 所示。悬链 1 借吊杆 2 和滚轮 3 挂在导轨 4 上，吊杆随悬链一起运动，当模组进出涂料槽、撒砂床或硬化槽时，拉紧链簧 8 可起拉紧作用。模组支持器 6 借连接销 7 与吊杆下部连接，并可绕连接销摆动。模组浇口棒用弹簧销 15 安装在套筒 14 上。当模组被牵引到涂挂涂料和撒砂的位置时，依线形钢板带的引导(见图 1 -21)，支持器便绕连接销 7 摆动，另一方面齿轮 13(图 1 -20、图 1 -21)与钢板带相互摩擦，使套筒 14 带动模组一起旋转，以保证上涂料和撒砂的均匀。模组在涂挂涂料、撒砂和硬化时的空间位置情况如图 1 -22 所示。

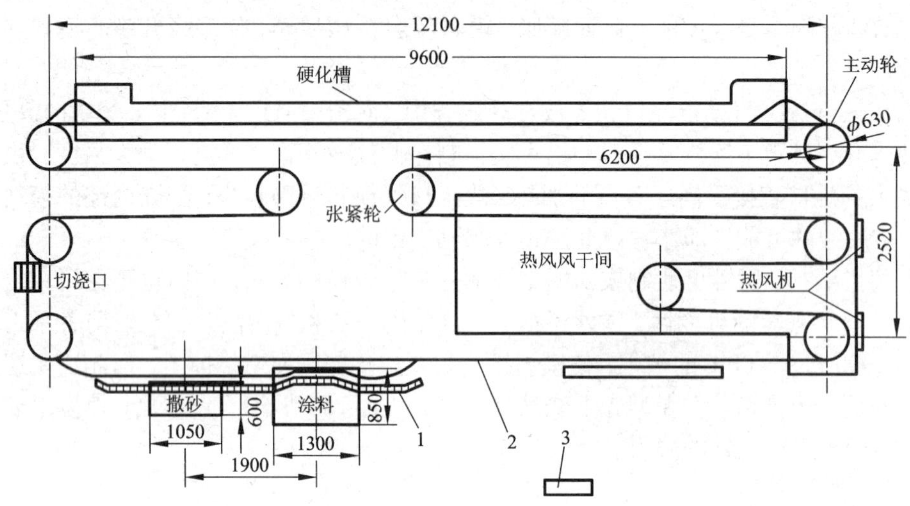

图1-19　悬链式制型壳生产线

1—弧形齿条；2—悬链；3—控制柜

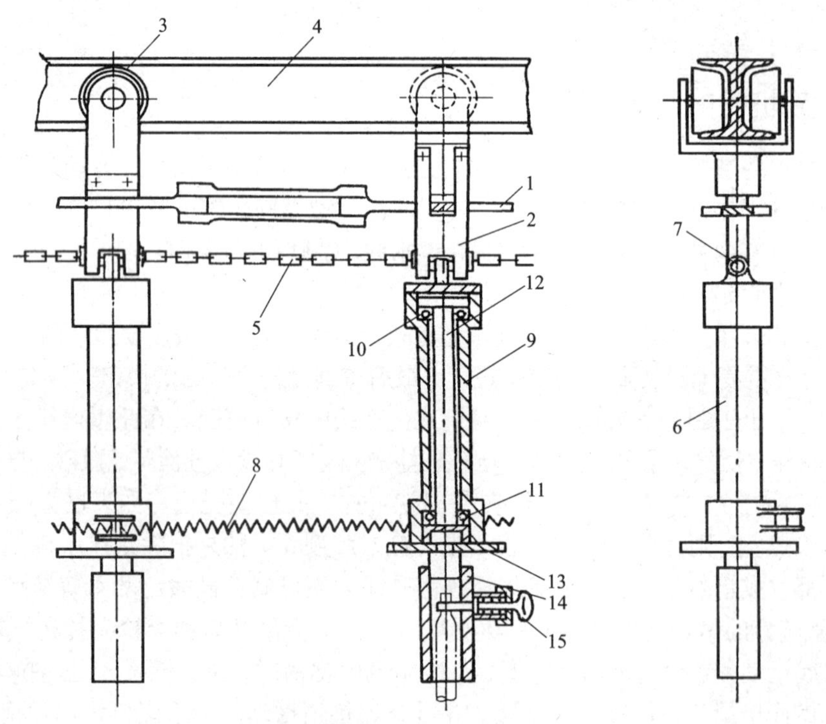

图1-20　吊具结构图

1—悬链；2—吊杆；3—滚轮；4—导轨；5—拉近链条；6—模组支持器；7—连接销

8—拉紧链簧；9—吊杆外套　10、11—轴承　12—杆　13—齿轮　14—套筒　15—弹簧销

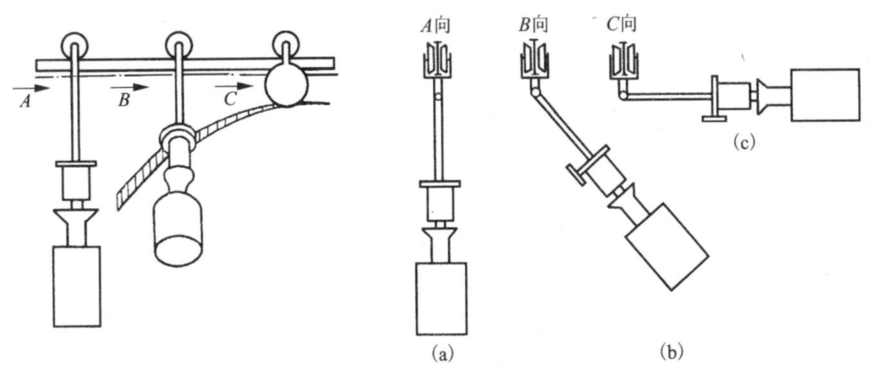

图 1－21　吊具空间动作机构示意

(a)模组垂直；(b)模组倾斜；(c)模组水平

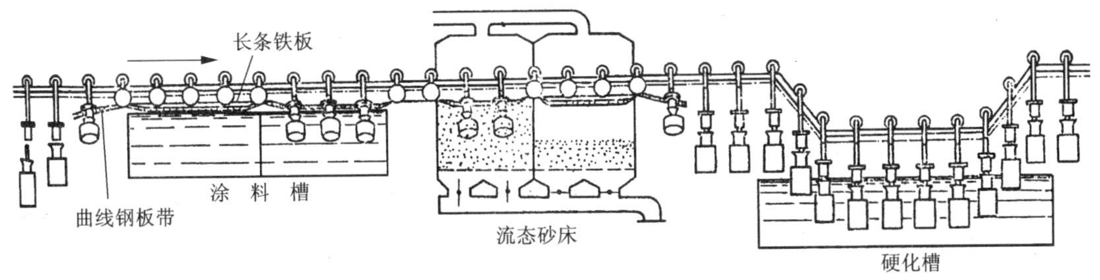

图 1－22　悬链式制壳生产线上的模组在涂料槽、流态砂床和硬化槽工位时的情况示意图

悬链式制壳流水线的长度可为几十米到一百多米。生产效率高，如某生产线每班可生产 300～400 个型壳，只需 4～5 个工人。

(2)脉动式制壳机

图 1－23 所示为我国自行制造的一种脉动制壳机的外形，它的布置原理和吊杆结构都和悬链式制壳流水线相似，不同的是吊杆系在圆形断面的导轨上借助拨动机构间断地从一个工

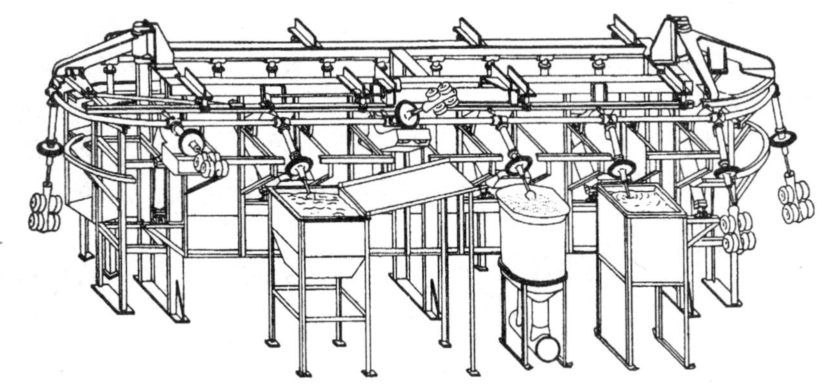

图 1－23　脉动式制壳机示意图

位移至另一个工位。由于吊杆的脉动运动，它的生产率比悬链式流水线低，但它占地面积小，结构紧凑。

1.4 熔模铸件的浇注和清理

[学习目标]

1. 了解熔模铸造常见的浇注方法及其特点；
2. 熟悉熔模铸造清理的基本项目及设备。

鉴定标准：应知：1. 重力浇注法是熔模铸造常用的浇注方法。2. 铸件上残留耐火材料和陶瓷型芯常用化学清理法清除。应会：能够根据实际条件合理地选择熔模铸造浇注及清理方法及设备

教学建议：采用实物、图片、多媒体教学相结合的教学方式，有条件的可以采用理论实践一体化教学

1.4.1 熔模铸件的浇注

熔模铸造时常遇到的浇注方法有以下几种。

(1)热型重力浇注

这是用得最广泛的一种浇注形式，即型壳从焙烧炉中取出后，在高温下进行自由浇注。此时金属在型壳中冷却较慢，能在流动性较高的情况下充填铸型，故铸件能很好地复制型腔形状，提高了铸件的精度。但铸件在热型中的缓慢冷却会使晶粒粗大，这就降低了铸件的机械性能。在浇注碳钢铸件时，冷却较慢的铸件表面还易氧化和脱碳，从而降低了铸件的表面硬度、光洁度和尺寸精度，为此应采取下述措施。

1)热型浇注时铸件晶粒的细化

在浇注耐热合金涡轮机叶片时，广泛采用了表面孕育的方法以细化铸件表面的晶粒。表面孕育的方法很多，目前国内在生产镍基、铁基合金时较普遍的是用混有表面孕育剂的涂料作为面层涂料制造型壳，进入型壳的金属在凝固时会与型壳面层中的表面孕育剂作用，使铸件晶粒变细。用铝酸钴[$Co(AlO_2)_2$]作表面孕育剂，它系将Co_2O_3(Co_3O_4)15% ~20%、刚玉粉80% ~85%和黏土0.3%(外加)混合在一起，在1300℃温度下焙烧2 h，在高温下Co_2O_3和Co_3O_4都分解成CoO，CoO又和Al_2O_3固溶在一起，成天蓝色的铝酸钴。冷却后的铝酸钴用球磨机粉碎，而后用100#或140#筛子过筛，所得粉末即可用来配制涂料。用硅溶胶配制表面孕育用涂料，细化晶粒的效果较好。

此外，提高型壳在浇注后的冷却速度，如不造型浇注或用导热性较好的耐火材料(如SiC)做型壳，都可在一定程度上细化铸件的晶粒。

2)铸件表面脱碳和氧化的防止

主要的措施是使铸件在还原性气氛中冷却，最简单的方法是将刚浇注完的型壳立即用罩盖住，并往罩内滴煤油，煤油在高温下分解为活性炭和氢，使罩内气氛呈还原性，铸件表面便不易氧化和脱碳。

造型浇注时，可在填砂中加一些炭质物质如石墨、无烟煤、沥青等，也可加碳酸盐如$BaCO_3$、Na_2CO_3等，使铸件能在还原性气氛中凝固冷却。

加快铸件的凝固冷却速度，如对浇注后的型壳吹冷风或喷水，也可获类似的效果。

有时，如型腔很易被充填，也可用常温型壳进行浇注。

(2)真空吸气浇注

将型壳如图1－24所示放在真空浇注箱中，通过型壳中的微小孔隙吸走型腔中的气体，使液态金属能更好地充填型腔，复制型腔的形状，提高铸件精度，防止气孔、浇不足的缺陷。

(3)压力下结晶

将型壳放在压力罐内进行浇注，结束后，立即封闭压力罐，向罐内通入高压空气或惰性气体，使铸件在压力下凝固，以增大铸件的致密度。

(4)定向凝固

一些熔模铸件如涡轮机叶片、磁钢等，如果它们的结晶组织是按一定方向排列的柱状晶，它们的工作性能便可提高很多，所以熔模铸造定向结晶技术正迅速地得到发展。

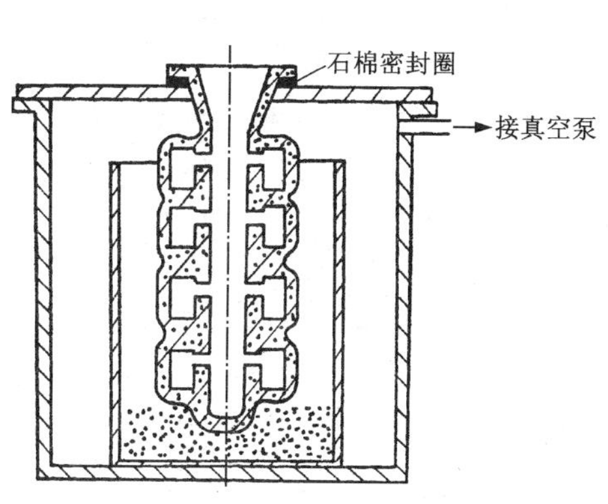

图1－24　真空吸气浇注装置示意

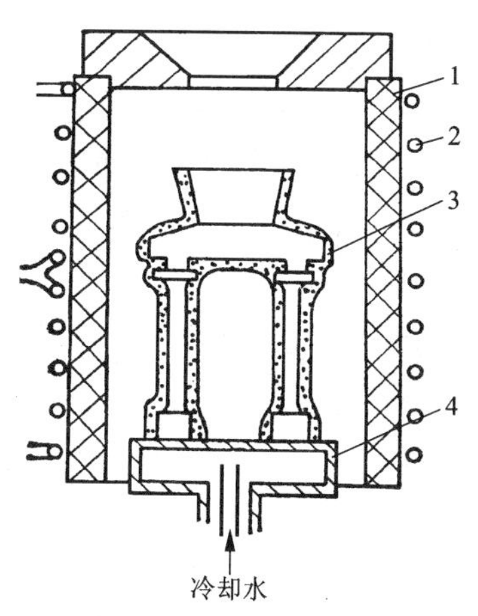

图1－25　定向结晶示意图

1—石墨套；2—感应圈；3—型壳；4—水冷铜底板

图1－25所示为涡轮机叶片定向结晶的示意图。浇注之前，将型壳放在感应加热石墨套筒中的水冷铜底板上。先加热型壳，使其温度高于合金的熔点。然后向壳内浇注金属，通过铜底板下的循环水将铸件结晶时所放热量带走，这时根据铸件晶体生长方向与散热方向相反的规律，晶粒就按垂直于铜底板的方向向上生长。与此同时，自下向上依次切断感应圈的电源，使铸件结晶前缘保持一定的温度梯度，保证柱状晶的顺利发展，使叶片全都由平行叶面的柱状晶组成。

浇注合金的过热度越高，合金的凝固温度区间越窄，越易实现定向结晶。

如合金元素在高温下易氧化，需在真空下熔炼和浇注，定向结晶也可在真空炉中进行。

除上述浇注方法外，熔模型壳还可根据需要在低压铸造机、离心铸造机上进行浇注，这些铸造方法将在本书有关章节中再予以叙述。

1.4.2 熔模铸件的清理

熔模铸件清理的内容主要为：

①从铸件上清除型壳；

②自浇冒口系统上取下铸件；

③去除铸件上所黏附的型壳耐火材料；

④铸件热处理后的清理，如去除氧化皮、飞边和切割浇口残余等。除第四项的清理方法与一般铸件相同外，熔模铸件的前三项清理方法都有其本身的特点，故在下面予以简单的介绍。

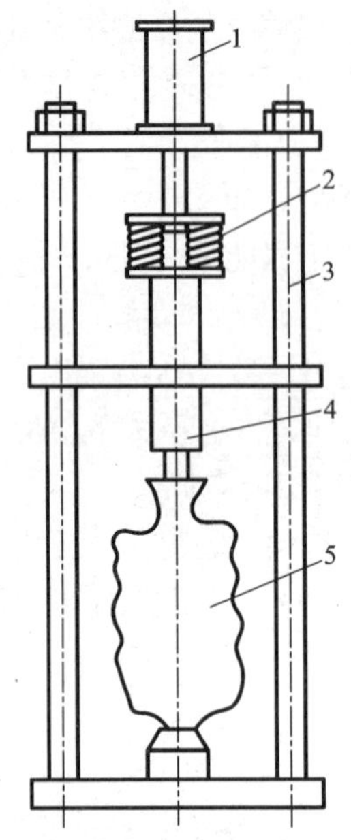

图1－26 震击式脱壳机

1—汽缸；2—弹簧；3—导柱；4—风锤；5—铸件组

(1)从铸件上清除型壳

小量生产时，可用锤子或风锤敲打浇冒口系统，使铸件组振动，脆性的型壳便从铸件上碎落下来。产量较大时，可用震击式脱壳机去除型壳。图1－26所示为脱壳机的一种，将带有型壳的铸件组5直浇道的一端放在脱壳机的机座上，开动汽缸1将风锤4压下，顶住直浇道的另一端，启动风锤，震击铸件组使型壳脱落。如在内浇道上做一凹槽(易割浇口)，则在风锤敲击下，铸件本身的震动会引起凹槽处应力集中，最后发生内浇道的疲劳断裂，铸件从直浇道上掉下。生产性能较脆的高碳钢铸件时，震击3 min，铸件就能脱落。

震击脱壳机效率高，并且同时可以从直浇道上取下铸件，但它的工作噪声和灰尘太大。故机器应用铁壳封闭，脱壳前可将铸件组用水浸泡一下，以减少灰尘飞扬。用此法清理后的铸件上常会残留一些耐火材料。此外，电液压清理在熔模铸造中也得到了应用。图1－27为它的装置示意图，当电容器C充电达到相当于真空火花放电器F的放电电压后，电容器放电，其能量传给处于水中的电极间的液电介质，如此周而复始地产生了脉冲压力波，使处于水中的铸件发生弹性变形，将型壳清除干净。电液压清理时的放电电压为2万～7万V。清理后铸件较干净，工作时无灰尘，但噪声仍很大，还能放出有害气体(臭氧、NO/NO_2)和有害的辐射(电磁辐射和X射线)。

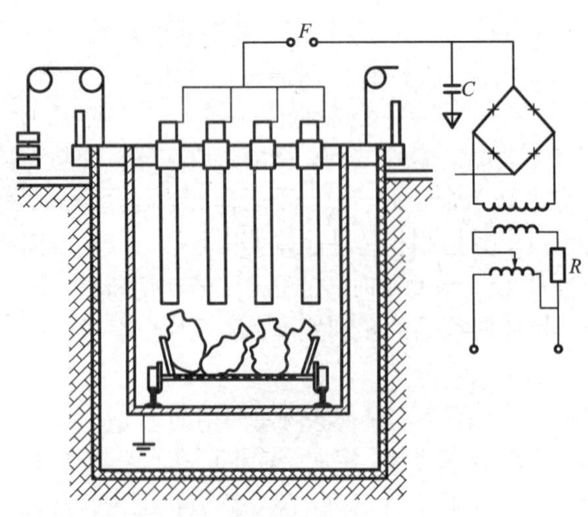

图1－27 电液压清理装置示意图

(2)自浇冒口系统上取下铸件

清理型壳后，即可将铸件自浇冒口系统上取下，对硬度较低的合金，可用手工锯、带锯锯床切割下铸件；对坚硬合金的铸件，如碳素钢、合金钢等，则可用气割、砂轮片切割、液压机切割等方法。本节仅就砂轮片切割、液压机切割作一介绍。

1）砂轮片切割

图 1－28 是它的工作示意图。厚度为 2～3 mm 的砂轮片，在高速旋转的情况下，压向内浇道，将内浇道切断。此法效率高，但噪音大，工作时要注意防止砂轮片碎裂飞出伤人。

2）液压机切割

大量生产小型铸件时，并且模组的形式又是将铸件安排在圆柱形直浇道周围时，可用本法，其工作情况如图 1－29 所示。将液压压力机的压力作用在直浇道上端，铸件组下移，环形刀片将内浇道切断。此法效率高，工作时噪声小，但使用范围有一定的局限性。

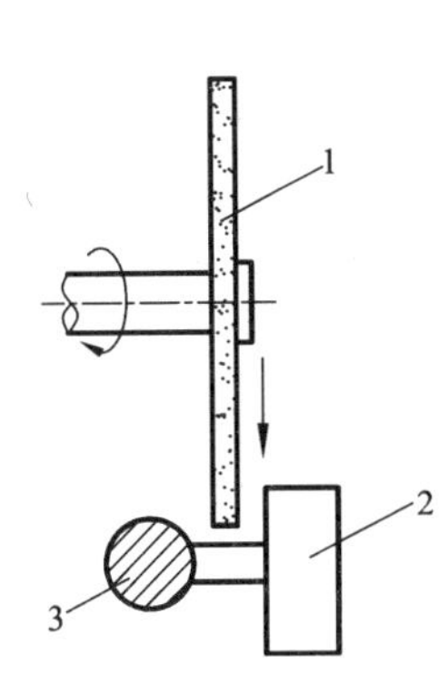

图 1－28　砂轮片切割内浇道示意图

1—砂轮片；2—铸件；3—直浇道

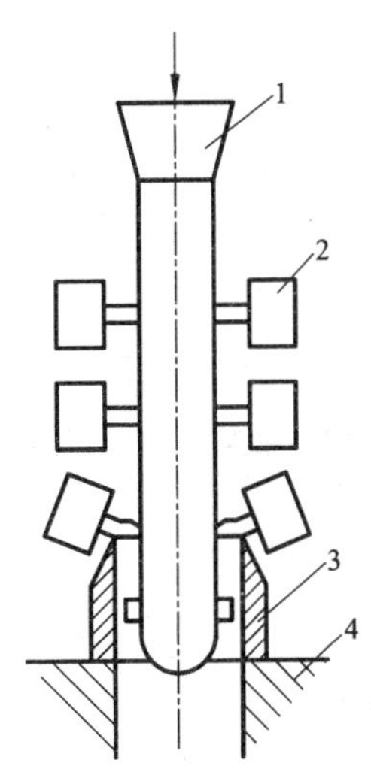

图 1－29　液压切割机切割浇道示意图

1—直浇道；2—铸件；3—环形切片；4—机座

1.4.3　铸件上残余耐火材料的清除

常用化学清理法去除铸件上残留的耐火材料，用得较多的化学清理法有以下两种：

（1）碱溶液清理法

因铸件上残留的耐火材料中有很多 SiO_2，当它与含 NaOH 20%～30% 或 KOH 40%～50% 的沸腾水溶液接触时，会发生如下的化学反应。

$$2NaOH + SiO_2 = Na_2SiO_3 + H_2O \qquad (1-27)$$

$$2KOH + SiO_2 = K_2SiO_3 + H_2O \qquad (1-28)$$

Na_2SiO_3 与 K_2SiO_3 为水玻璃的主要组成，溶于水，故铸件上的残留耐火材料可被沸腾的 NaOH 和 KOH 溶液清理干净。此法用得较普遍，又称为碱煮。碱煮后铸件需用热水清洗，以免碱液腐蚀铸件。铝能被碱严重腐蚀，故不能用碱液清理铝合金铸件。

(2)熔融碱清理法

即将铸件放在熔融的 NaOH 和 KOH(400℃ ~500℃)中进行清理。此法反应剧烈，速度快，但耗碱量多，工作条件较恶劣。常用此法清理陶瓷型芯和石英玻璃型芯。铸件在清理后需用酸液中和并清洗，防止铸件被腐蚀。

形状简单，能用喷砂法或喷丸法(如铸件的精度要求不高)清理干净的铸件，可不用化学清理法。

1.5 熔模铸件工艺设计

[学习目标]

1. 熟悉铸件结构工艺性分析的主要内容；
2. 掌握熔模铸造浇冒口系统设计的主要内容。

鉴定标准： 应知：1. 熔模铸造工艺性设计的主要任务；2. 熔模铸造浇冒口的类型及尺寸设计的原则。应会：1. 针对不同的铸件合理地进行熔模铸造工艺性分析；2. 针对不同的铸件能够合理地进行浇冒口系统的设计。

教学建议： 教师采用对比法教学，启发学生对于铸件结构工艺性分析及浇冒口系统设计的理解。

如同一般铸造工艺设计，熔模铸造工艺设计的任务是：

①分析铸件结构的工艺性。

②选择合理的工艺方案，确定工艺参数，在上述基础上绘制铸件图。

③设计浇冒口系统，确定模组结构。

在考虑上述三方面的问题时，主要的依据仍是一般铸造过程的基本原则，尤其在确定工艺方案、工艺参数时(如铸造圆角、拔模斜度、加工余量、工艺筋等)，除了具体数据由于熔模铸造的工艺特点稍有不同之外、设计原则与砂型铸造完全相同。

1.5.1 铸件结构工艺性分析

在保证铸件工作性能前提下，铸件的结构应尽可能满足下述两方面的要求。

①铸造工艺应越简易越好。

②铸件在成形过程中应不易形成缺陷。

(1)为简化工艺对熔模铸件结构的要求

①铸件上铸孔的直径不要太小、太深，以便制壳时涂料和砂粒能顺利充填熔模上相应的孔槽，尽可能避免陶瓷型芯的使用，同时也可简化铸件的清理。熔模铸造时希望铸孔直径大于2 mm。铸通孔时，孔深 h 与孔径 d 的最大比值 $h/d=4\sim6$；铸盲孔时，$h/d\approx2$。如确有必要，则通孔直径可小到0.5 mm，h/b 的值也可增大。

②熔模铸造时铸槽不要太窄、太深。铸槽的宽度应大于2 mm，槽深可为槽宽的2 ~6 倍。槽越宽，槽深大于槽宽的倍数可越大。

③铸件的内腔和孔壁应尽可能平直，以便使用压型上的金属型芯直接形成熔模上的相应孔腔。铸件上不应有封闭的孔腔。

④因熔模铸造时采用热型浇注，冷铁的效果有所减弱，同时冷铁在型壳上的固定也较麻烦，故熔模铸件的分布应尽可能满足顺序凝固的要求，不要有分散的热节，以便用直浇道进行补缩。

⑤铸件的外形应有利于熔模易于自压型中取出[见图 1－30(a)]，有利于分型面的简化[见图 1－30(b)]，尽可能使熔模在一个压型型腔内形成[见图 1－30(c)]，以简化压型的结构和制模时的操作。

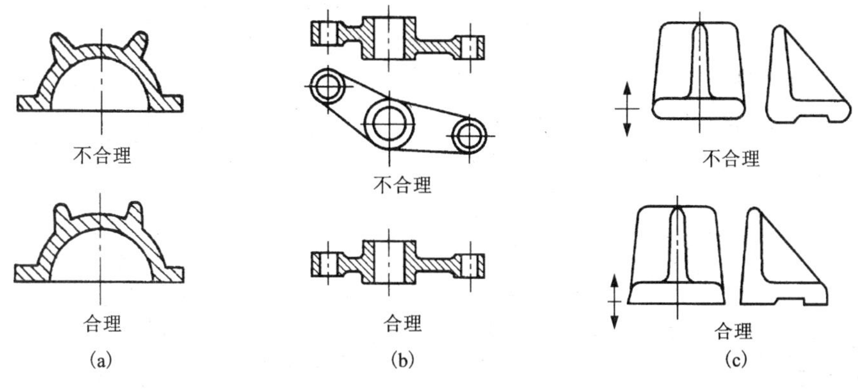

图 1－30　正确的铸件外形设计

(a)有利于熔模自压型取出；(b)可使分型面简化；(c)熔模在一个型腔内形成

(2)为使铸件不易形成缺陷对熔模铸件结构的要求

①熔模型壳在高温焙烧时强度较低，而平板形的型壳更易变形，故熔模铸件上应尽可能避免有大的平面。在必要时，可将大平面设计成曲面或阶梯形的平面；或在大平面上设工艺孔[见图 1－31(a)]或工艺筋[见图 1－31(b)]，以增大壳型的刚度。

②为减少熔模和铸件的变形，减小热节，应注意铸件相互连接部位的合理过渡。铸件壁的交叉相接处要做出圆角，厚、薄断面要逐步过渡。

③为防止浇不足的缺陷，铸件壁不要太薄，一般为 2～8 mm。

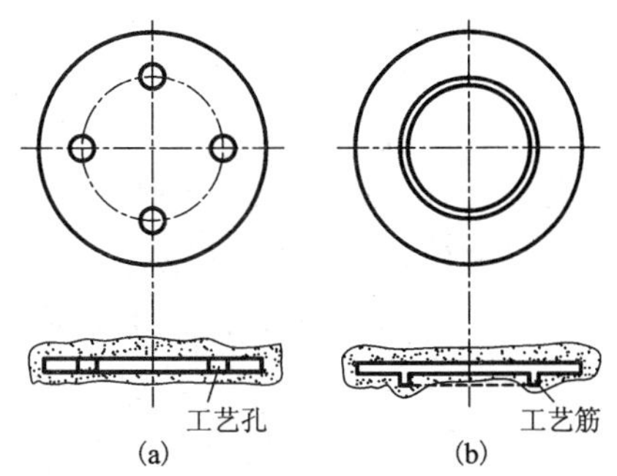

图 1－31　铸件大平面上的工艺孔和工艺筋

(a)工艺孔；(b)工艺筋

1.5.2 浇冒口系统的设计

熔模铸造的浇冒口系统除应能平稳地把液态合金引入型腔外，还要求它具有良好的补缩作用；在组焊模组和制壳时，它起着支撑熔模和型壳的作用，所以要求它具有足够的强度；浇冒口系统应能顺利地排除模料，不致胀裂型壳。浇冒口系统还影响着铸件的凝固、收缩和冷却时的温度场。许多铸造缺陷如缩孔、缩松、气孔、夹渣、热裂和变形等，都与浇冒口系统有密切的关系，所以它对铸件的质量影响很大。

(1)浇冒口系统的类型

浇注系统按组成情况可分为五种典型结构。

①由直浇道和内浇道组成的浇冒口系统。其直浇道兼起冒口作用(图1－32)，它可经由内浇道补缩铸件热节。操作方便，广泛应用于只有1～2个热节的小型铸件的生产中。

②带有横浇道的浇冒口系统(图1－33)。其横浇道兼起冒口的作用。

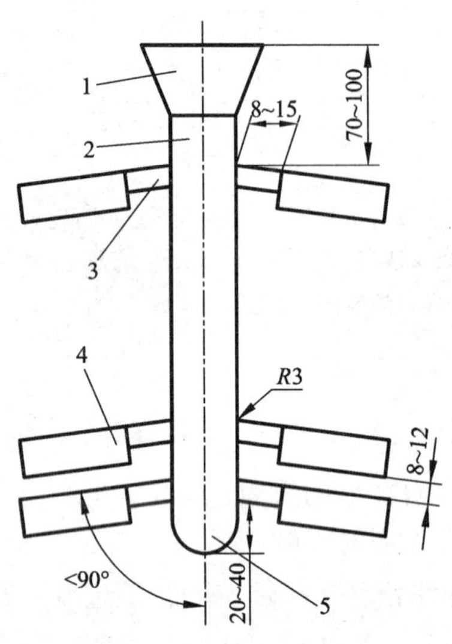

图1－32 直浇道和内浇道组成的浇冒口系统

1—浇口杯；2—直浇道；3—内浇道；4—铸件；5—缓冲器

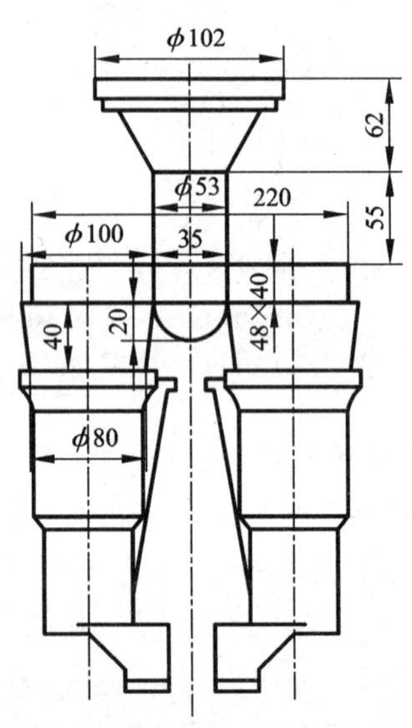

图1－33 使用横浇道的浇冒口系统

③底注式浇冒口系统(图1－34)。该系统能把液态合金平稳地充满型腔，不产生飞溅，并能创造顺序凝固的条件，有利于获得致密铸件。

④专设冒口补缩的浇冒口系统(图1－35)，用于生产重量较大、形状复杂的铸件。

⑤设冒口节的浇冒口系统(图1－36)。这种浇注系统在直浇道上与铸件相连的部位做出较粗大的冒口节。图示铸件有可能产生缩孔，在直浇道上设两个冒口节，每组4件，补缩效果良好。

浇口杯的作用是盛接来自浇包的液态合金，并使整个浇注系统建立一定的压力以进行充填和补缩。

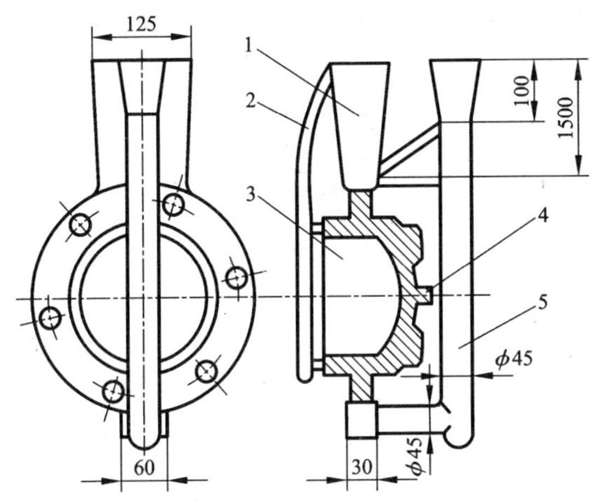

图 1－34 采用底注式浇冒口系统

1—冒口；2—排气道；3—铸件；4—集渣包；5—直浇道

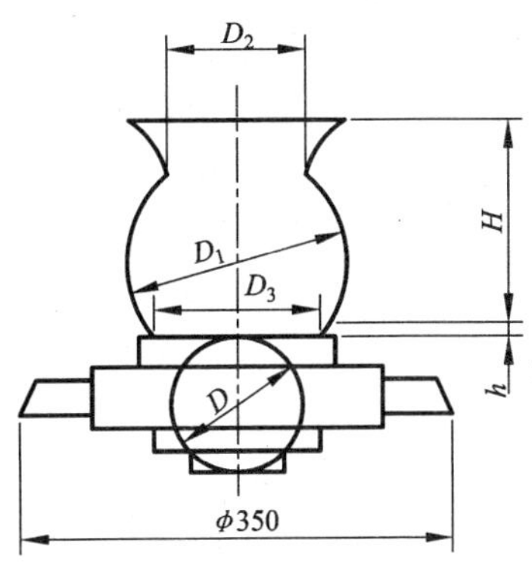

图 1－35 专设冒口的浇注系统

铸件热节 $D=115$ mm；$D_1=1.6D=184$ mm

$D_2=0.9D=110$ mm；$D_3=1.3D=143$ mm

$H=1.6D=184$ mm；$h=15$ mm

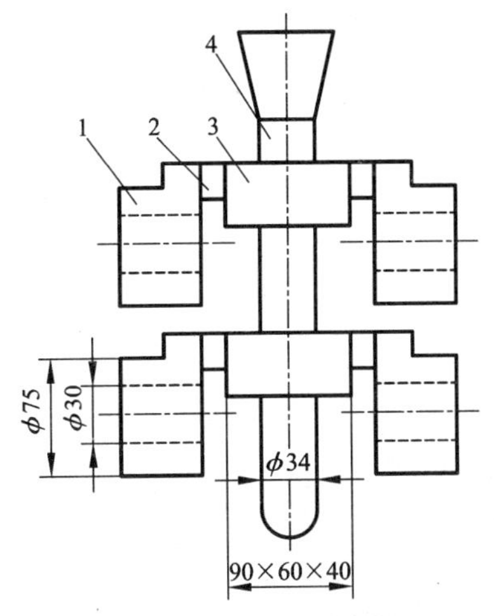

图 1－36 设冒口节的浇冒口系统

1—铸件；2—内浇道；3—冒口节；4—直浇道

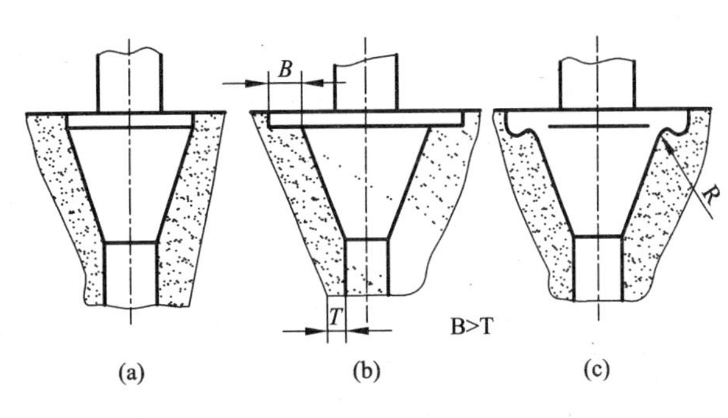

图 1－37 浇口杯形式

(a)容易掉砂；(b)结构一般；(c)结构好

为防止热水脱模和焙烧时砂粒进入型腔，浇口杯外缘要超出边缘。图 1－37 所示三种形式的边缘，图(a)容易掉砂；图(c)结构好，但铝浇口棒在挂蜡和上涂料时，R 处易集存气泡；图(b)结构比较常用。

直浇道是制壳操作中的支柱，且多数情况下兼有冒口的作用。直浇道的形状有柱状直浇道，图 1－32 上模组所用的即为圆柱形直浇道，使用最广泛。有时可做成方形或三角形截面等。

内浇道是金属液进入型腔的最后通道。选定内浇道的位置、数量及形状时，应考虑到对铸件质量及生产工艺有重要影响的一些因素来综合考虑。

(2)设计浇冒口系统时应注意的事项

在选定浇注系统时，不仅要考虑保证铸件质量的措施，还应使其在工艺过程各道工序中简易地实施，为此应注意以下事项：

①兼作冒口的直浇道或横浇道应具有良好的补缩能力。

②结构应力求简单，尽可能标准、系列化，以便于制模、组装、制壳和清理时的切割。

③浇冒口系统应保证模组有足够的强度，使模组在运输、涂挂时不会断裂。

④浇冒口系统与铸件间的相互位置应保证铸件的变形和应力最小。如图1－38所示左边铸件由于它在冷却时两面的冷却条件不同，铸件本身又薄，故易出现如实线所示的变形。而右边的铸件虽然两面的冷却速度仍不一样，但它本身抗变形的刚度大，故不易变形。

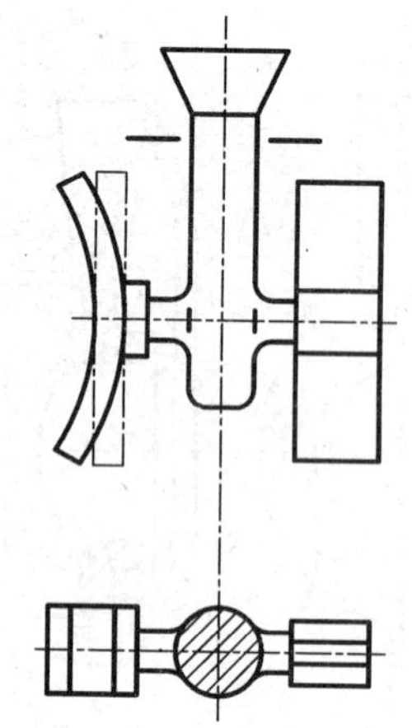

图1－38　由于铸件结构和浇口位置而造成变形的示意图

⑤浇冒口系统和铸件在冷却发生线收缩时要尽可能不互相妨碍。如铸件只有一个内浇道，问题尚不大；如铸件有两个以上的内浇道，则易出现相互妨碍收缩的情况。由于它们的壁厚不同，冷却速度不一样，如浇冒口系统妨碍铸件收缩，则易使铸件出现热裂；如果相反，则受压的铸件便易变形。

⑥尽可能减少消耗在浇冒口系统中金属液的比例。

⑦为防止脱模时模料不易外逸而产生的型壳膨胀现象和使浇注时型内气体易于外逸，可在模组相应处设置排蜡口和出气口。

(3)浇冒口系统尺寸设计要点

浇口杯和直浇道的尺寸在工厂生产中已标准化，表1－17数据可供参考选用。

横浇道起补缩作用时，其横断面积要比直浇道大，一般取直浇道截面积的1.1～1.3倍；不起补缩作用时，可取直浇道的0.7～1.0倍。

内浇道的尺寸大小可参照表1－18确定。

专设冒口设计原则与砂型铸造相同，表1－19介绍一种根据补缩热节圆设计冒口的方法。

浇冒口系统尺寸的确定，常用经验方法，最合理的尺寸，应通过实践调整后确定。

表 1－17　浇口杯和直浇道的参考尺寸

公用尺寸					浇道截面形状						
					圆形截面		矩形截面	三角形截面	长方形截面		六角形截面
D_2	D_3	H	h	R	D	D_1	a	b	c	e	d
50	63	250	10	5	20	18	–	30	–	–	–
58	70	250	10	5	25	23	24	35	20	26	–
66	78	300	10	5	30	28	26	–			–
73	85	300	10	5	35	33	30	–			–
80	92	300	12	5	40	37	35	–			45
87	98	320	12	5	45	42	–	–			–
94	106	320	12	5	50	47	–	–			–
100	113	320	12	5	55	52	–	–			–
108	120	320	12	5	60	57	–	–			–

表 1－18　内浇道尺寸确定参考表

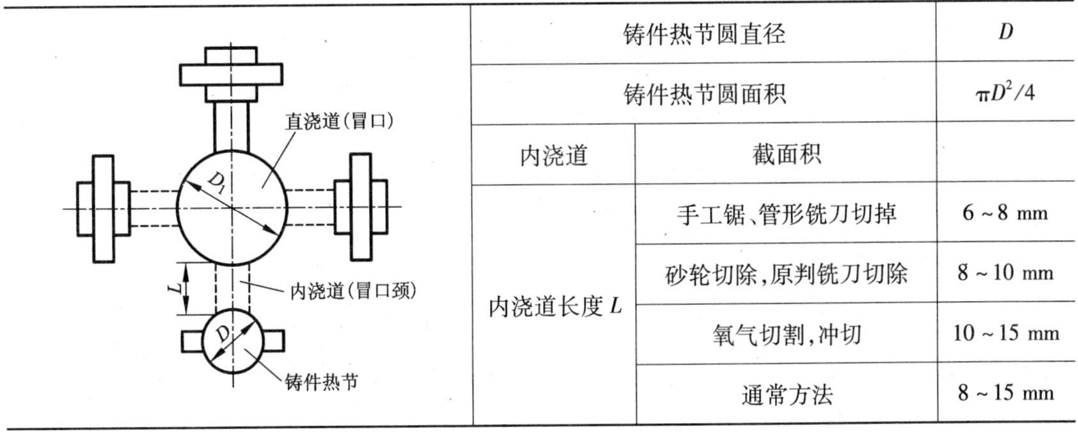

铸件热节圆直径		D
铸件热节圆面积		$\pi D^2/4$
内浇道	截面积	
内浇道长度 L	手工锯、管形铣刀切掉	6 ~ 8 mm
	砂轮切除，原判铣刀切除	8 ~ 10 mm
	氧气切割，冲切	10 ~ 15 mm
	通常方法	8 ~ 15 mm

表 1-19　熔模铸造冒口尺寸计算表

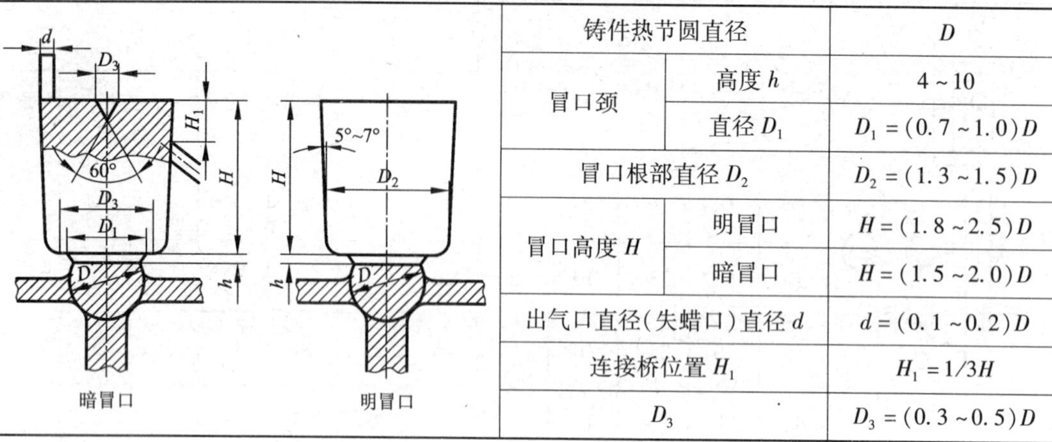

铸件热节圆直径		D
冒口颈	高度 h	4 ~ 10
	直径 D_1	$D_1 = (0.7 \sim 1.0)D$
冒口根部直径 D_2		$D_2 = (1.3 \sim 1.5)D$
冒口高度 H	明冒口	$H = (1.8 \sim 2.5)D$
	暗冒口	$H = (1.5 \sim 2.0)D$
出气口直径(失蜡口)直径 d		$d = (0.1 \sim 0.2)D$
连接桥位置 H_1		$H_1 = 1/3H$
D_3		$D_3 = (0.3 \sim 0.5)D$

1.6　熔模压型

[学习目标]

1. 了解熔模铸造常用压型及其制造工艺；
2. 掌握熔模铸造压型的设计。

鉴定标准： 应知：1. 易熔合金压型及其制造过程；2. 压型的主要结构组成及各部分的作用。应会：根据不同的铸件结构能够合理地选择压型结构并完成设计。

教学建议： 针对不同的零件设计合理的压型来培养和提高学生的设计能力。

用来制造熔模的模具是压型，压型的材料可以是金属材料（易熔合金、钢、铜合金、铝合金等），也可以是非金属（石膏、塑料、橡胶等）。钢、铜合金、铝合金的压型主要用机械加工方法制成，故压型型腔尺寸精度较高（达 IT6 ~ IT7 级），表面粗糙度较小（$Ra1.6 \sim 0.8\ \mu m$），必要时还可镀铬抛光，使用寿命也长，但制造周期长，成本高，适用于批量大、精度高、结构复杂铸件的生产。

1.6.1　压型的种类

压型种类的选择取决于对铸件精度和表面粗糙度的要求、模料的性能以及生产的性质。

压型种类很多，按使用材料和制造方法有常用的铝或钢质机械加工压型，此外还有易熔合金压型、石膏压型和塑料压型等。

易熔合金压型制造方便，制造周期短，成本低，有较好的导热性，压型报废后材料可回用，而且可重复使用数千次，适用于生产批量较大的小型精铸件，或加工困难且复杂的压型以及试生产用。国内常用的合金材料有锡铋合金（Sn 42%，Bi 58%），铅锡铋合金（Pb 30%，Sn 35%，Bi 35%）。

石膏压型的特点是制造方便，周期短，成本低，但由于强度低，脆性大，故寿命短（仅能用50～150次），一般用于单件小批量生产精度要求较低的铸件及试生产件。石膏压型的配方：熟石膏65%，水35%。

塑料压型所用的原料是环氧树脂（常用610#）和固化剂（乙二铵）、增塑剂（邻苯二甲酸二丁酯）、填料（铁粉、刚玉、硅石粉等）。其结构分全塑料压型和塑金组合压型两种。塑料压型一般适用于生产批量较小、精度要求较低的铸件或试生产铸件，也常用于制作加工困难的复杂压铸。

钢质和铝质机械加工压型的特点是尺寸精度高，表面光洁，寿命长（钢质使用达10万次以上，铝质达数万次），但成本高，适用于大批量生产或批量虽不大但尺寸精度和表面质量要求很高的铸件。

1.6.2　压型分型面确定

为使熔模能从压型中顺利地取出而将密封的压型分成若干个型块，这些型块的结合面称为分型面。正确地选择分型面，是保证制模工艺正常进行和获得优质熔模的先决条件；也是决定压型结构是否经济合理的基本条件。在保证铸件质量的前提下，只有结构简单的压型才是经济合理的。只有合理的分型面，才能设计出合理的压型。确定分型面，应遵循以下几个原则：

①分型面应尽可能在同一平面上，如果曲线分型面不可避免时，也应做成有规则的曲面分型。这样不但减少压型加工工时，也便于分型面的吻合和压型清理。

②尽可能地减少压型的可拆件（活块）的数量。过多的可拆件不仅使压型结构复杂，而且会影响熔模的几何精度，降低压型寿命和降低生产率。因此，用稍许复杂的分型面比用过多的活块有利，特别是铝制压型易于磨损，此点就更重要。

③分型面应尽量取在熔模的某个完整平面上，因分型面不可避免地要在熔模上留下分型痕迹和铸造斜度。

④开型过程中应使熔模保持在设计者预先确定的位置上。设有起模装置的压型，熔模应留在设有起模装置的压型内。

⑤上型内型腔体积应尽量小，以减小上压型的体积和减轻重量，便于操作。

一个分型面要同时满足上述要求是困难的，但至少应保证熔模能从压型内顺利取出和满足铸件的基本要求。

1.6.3　压型的主要结构组成

图1－39所示为一种手工操作的压型结构，该压型由上、下两个半型3，10组成，由图可见压型的主要组成部分有以下几项：

①型腔：模料在此形成熔模。

②注模料口：模料由此口进入型腔。

③内浇道：它既为压注熔模时的内浇道，也是浇注铸件时的内浇道。

④型芯：用它形成熔模内腔，如熔模内腔是弯曲的，或熔模的内腔壁不平直，金属型芯在熔模形成后，不能自熔模内取出，则可用可熔型芯，也可放陶瓷型芯。

⑤型芯固定机构：如图1－39中的型芯销5，它起固定型芯在压型中位置的作用，也可用

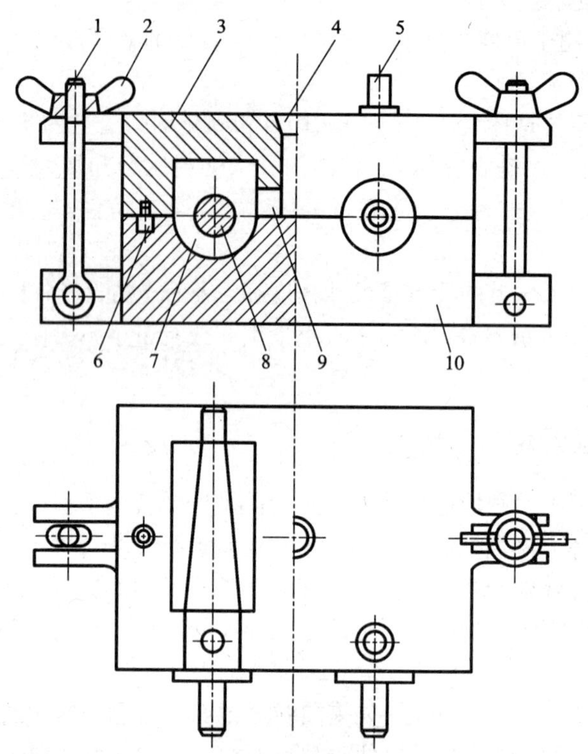

图 1－39　手工操作压型结构图

1—活接螺栓；2—蝶形螺母；3—上半压型；4—注模料口；5—型芯销；
6—定位销；7—型腔；8—型芯；9—内浇道；10—下半压型

其他方法固定型芯。

⑥压型定位机构：如图 1－39 中的定位销 6，防止合型时上、下压型发生错位。

⑦压型锁紧机构：如图 1－39 中的 1，2，它们把压型各部联结为一个整体，防止压注熔模时，压型上的零件移位，或压型被胀开。

⑧排气道：主要利用压型分型面和型芯头与压型的接触面上的缝隙进行排气，以利注入模料时压型型腔内气体的排除。也可在上述两个接触面上开深度为 0.3 ~ 0.5 mm 的排气槽进行排气。有时还可用改变型腔结构的办法以利型腔中某部位的排气。

制熔模用压型的结构式样很多，各部分所用零件也多种多样，但一个健全的压型必须具备上面提到的各组成部分，他们的具体资料可参考有关手册。

在复杂的压型上还可增添如下机构：

①起模机构：一般用顶板或顶杆自压型中顶出熔模（见图 1－40），此时应注意压型机构要保证在开型后，熔模留在起模机构的半型中。

②冷却系统：大量生产时，为加速熔模在压型中的冷却和提高熔模质量，可在压型中设冷却水通道。

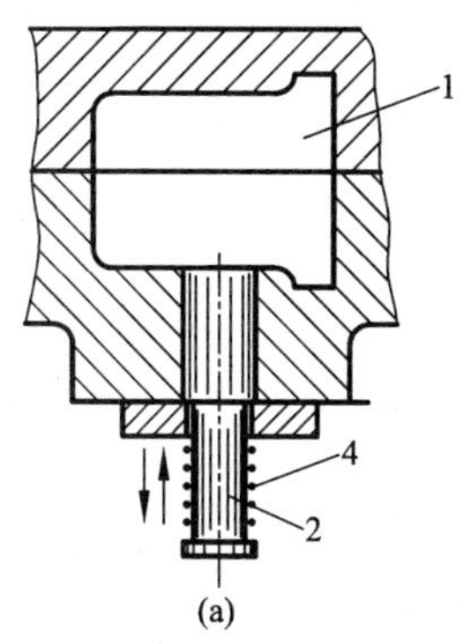

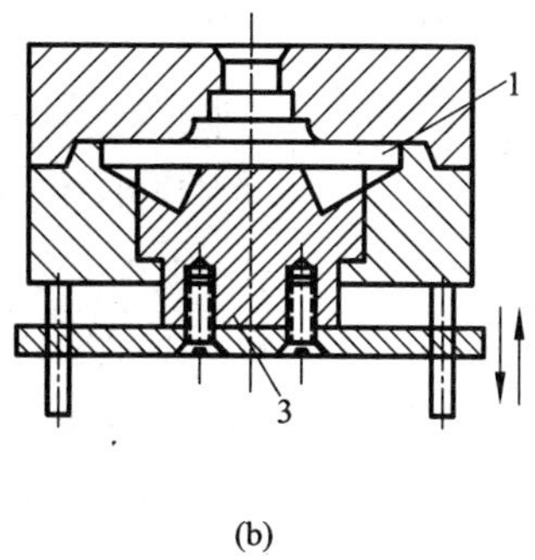

图 1－40　压型上的起模机构

(a) 顶杆起模机构；(b) 顶板起模机构

1—型腔；2—顶杆；3—顶板；4—弹簧

1.6.4　压型型腔、型芯尺寸和表面粗糙度的设计

熔模的几何形状由压型型腔和型芯直接连成，故型腔、型芯的尺寸精度和表面粗糙度对熔模铸件的精度有极大的影响，为此有必要对压型型腔、型芯的尺寸和表面粗糙度给予专门的叙述。

(1) 压型型腔和型芯尺寸的设计

从制造熔模开始到形成铸件，型腔和型芯的尺寸要经历三次变化：即模料在复制压型型腔尺寸后的冷却收缩；型壳在复制熔模尺寸后在焙烧加热过程中的膨胀，以及铸件金属在复制型腔、型芯尺寸后的收缩。所以在决定型腔、型芯尺寸时应周密考虑模料平均收缩率 ε_1、型壳的平均线膨胀率 ε_2 和铸件金属的平均线收缩率 ε_3。因此设计压型型腔和型芯尺寸时的铸件综合平均收缩率 ε 应为

$$\varepsilon = \varepsilon_1 - \varepsilon_2 + \varepsilon_3 \tag{1-29}$$

ε_1 值与模料成分和制模工艺有关，如蜡基模料的 ε_1 大于松香基模料；而在制模时如用液态浇注或压铸法，ε_1 便大于糊状模料压注时 ε_1。一般 ε_1 值变动范围为 (0.38～2.05)%；ε_2 值与型壳的材料组成、制壳工艺、浇注时的型壳温度有关，如铝钒土型壳的 ε_2 小于硅石粉型壳；水玻璃型壳小于硅酸乙酯型壳。一般 ε_2 值在 (0.50～1.20)% 范围波动。ε_3 值则与合金成分有关。

此外熔模和铸件各部分的收缩率也不同。如自由收缩部分，其收缩率就大；而收缩率受阻部分，则收缩率小。型壳各部分的膨胀率也受它们之间的相互牵制而使各处的膨胀出现差异。所以铸件各部分的实际综合收缩率 ε_s 与 ε 的理论值不同。一般都根据实际经验数据选择，可从一些有关手册查到。

表 1－20 示出了一些合金铸件在用不同模料、不同型壳材料生产时的实际综合收缩率值的变动范围。自由收缩部位的综合收缩率取大值，收缩受阻部位则取小值。

表 1-20　不同合金铸件在不同模料、型壳条件下的 ε_s 值

铸件合金	铸件壁厚/mm	模料、型壳条件	ε_s(%)
碳钢、合金钢	<3	蜡基模料,硅酸乙酯水解液硅石粉型壳	0.2~1.2
		蜡基模料,水玻璃硅石粉型壳	0.8~1.8
		松香基模料,硅酸乙酯水解液刚玉粉型壳	1.1~2.2
	3~10	蜡基模料,硅酸乙酯水解液硅石粉型壳	0.4~1.4
		蜡基模料,水玻璃硅石粉型壳	1.0~2.0
		松香基模料,硅酸乙酯水解液刚玉粉型壳	1.3~2.4
锡青铜	<3	蜡基模料,硅酸乙酯水解液硅石粉型壳	0.4~1.3
		松香基模料,硅酸乙酯水解液刚玉粉型壳	0.8~1.5
	3~10	蜡基模料,硅酸乙酯水解液硅石粉型壳	0.8~1.8
		松香基模料,硅酸乙酯水解液刚玉粉型壳	0.9~2.0
铝合金	<3	蜡基模料,硅酸乙酯水解液硅石粉型壳	0.3~1.2
		松香基模料,硅酸乙酯水解液刚玉粉型壳	0.3~1.3
	3~10	上述两种模料和型壳	0.5~1.5

根据 ε_s 值，可计算压型型腔和型芯的名义尺寸 l：

$$l \pm \alpha = l_p(1 + \varepsilon_s\%) \pm \alpha \qquad (1-30)$$

式中　l_p——铸件平均尺寸，$l_p = L \pm \Delta'/2$。（L——铸件上的名义尺寸；Δ'——上下公差的代数和）；

α——制造公差，由压型的制造精度等级来决定，一般为铸件尺寸公差的 1/3 ~ 1/5。为使压型试制后留有修刮余地，型芯的制造偏差取正值，型腔的制造偏差取负值。

(2)压型型腔和型芯表面粗糙度的设计

熔模的表面粗糙度应比铸件的表面粗糙度小。而熔模的表面粗糙度又与压型型腔的表面粗糙度以及压铸熔模时的工艺有很大的关系。同一压型一般涂挥发性溶剂后，采用液态模料压注的熔模的表面粗糙度最小；而用油质分型剂，采用糊状模料压注的熔模表面粗糙度最差。与此同时，熔模的表面粗糙度随压型型腔的表面粗糙度变小而变小，但当压型表面粗糙度小到一定程度后，随后的熔模表面粗糙度则取决于压注熔模的工艺条件了。

一般压型型腔和型芯的表面粗糙度应比铸件所要求的比表面粗糙度小 3 ~4 级。机械加工金属压型各部位要求的表面粗糙度要求见表 1-21。

表 1-21　压型各部位的表面粗糙度 *Ra*

压型部位	型腔、型芯	芯头、活块配合面、定位面	分型面	浇冒口系统	非工作表面
Ra/μm	0.2~0.8	0.8~3.2	0.8~1.6	1.6~6.3	6.3~12.5

1.7　熔模铸造工艺举例

[学习目标]

1. 掌握熔模铸造工艺设计的内容及步骤；

2. 了解熔模铸造毛坯图、蜡模模组工艺图、压型图的设计过程及内容。

鉴定标准： 应知：熔模铸造零件专用工艺卡片的内容；应会：根据具体的零件设计合理的熔模铸造毛坯图、蜡模模组工艺图、压型图。

教学建议： 通过具体的精密铸造零件工艺设计的讲解举例来培养学生工艺设计的能力。

1.7.1　零件工艺设计示例

拨块铸件材质为 45 钢，铸件重量 117 g，毛坯图见工艺卡片(表 1－22)

(1)选择浇注系统类型

根据铸件结构、重量及材质特点，确定合金液从铸件热节处注入，采用直浇道补缩铸件的侧注法浇注系统。

(2)内浇道的设计

铸件热节可看成直径 17 mm × 33 mm 的圆柱体，铸件热节圆面积为 $\frac{\pi(17\ \text{mm})^2}{4} = 226\ \text{mm}^2$。

由表 1－18 取内浇道与铸件相接处的热节圆面积之比为 0.9，则

$$A_{内} = 0.9 \times 226\ \text{mm}^2 = 181\ \text{mm}^2$$

$$d_{内} = \sqrt{\frac{18 \times 4}{\pi}} = 15.2\ \text{mm}，取\ 15.5\ \text{mm}$$

$$L_{内} = 12\ \text{mm}（因浇口切除用冲切法）$$

(3)直浇道尺寸设计

由表 1－17 可选取标准直浇道 $D = 30$ mm；$H = 300$ mm。

(4)确定模组实际组合熔模的最大数量

浇口杯顶面到模组顶面需 80 ~ 100 mm；

最下部模组的内浇道下边缘距直浇道下端的距离应大于 20 mm；

熔模上下间距要大于 15 ~ 20 mm；

根据铸件尺寸大小，只能组焊三件，为切割方便可焊三排，共焊 9 件。

(5)绘制模组示意图(见工艺卡表 1－22)。

1.7.2 熔模铸造用工艺卡片

(1)工艺卡片

中小工厂专业工艺卡片(表1-22)。

(2)毛坯图、模组图、压型图设计

某厂拨块的毛坯图、模组图、压型图，分别见图1-41、图1-42和图1-43。

表1-22 熔模铸造零件专用工艺卡片

铸件毛坯图				制模工艺				模组简图
产品型号	件号	名称	材料	压蜡温度	压蜡压力	保压时间	冷却时间	
CM6125	533	拨块	45钢	65.1℃	0.7~1.0 MPa	—	—	
每台件数	单件净重	单件毛重	比例	模组组装				
1	0.117 kg	0.165 kg	1∶2	浇道形式	压头高度	蜡面距离	倾斜角度	
				直	80~100 mm	—	—	
				每组行数	每行件数	配件号	配件数	
				3	3	—	—	
				制壳				
				表面黏度	加固层黏度	涂层数	硬化温度	
				25~30 s	15~20 s	5~6	35℃~40℃	
				烘干温度	脱蜡温度	焙烧时间	焙烧温度	
				30℃~45℃	90℃~95℃	30~45 min 60~90 min	450℃~600℃ 880℃~900℃	
				熔化浇注				
				钢水温度	型壳温度	出炉温度	浇注温度	
				—	500℃~600℃	1580℃~1600℃	1550℃~1570℃	
				清理工序				
				切割方式	除砂方式	浇道余根	热处理方式	
				冲切	碱煮	铣削	正火	
				其他	喷砂			

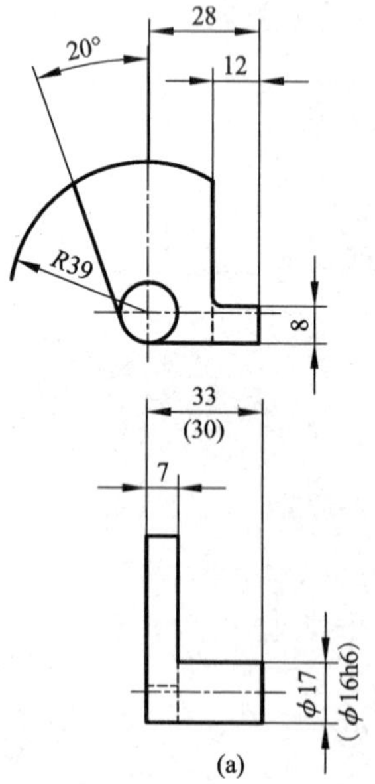

(a)

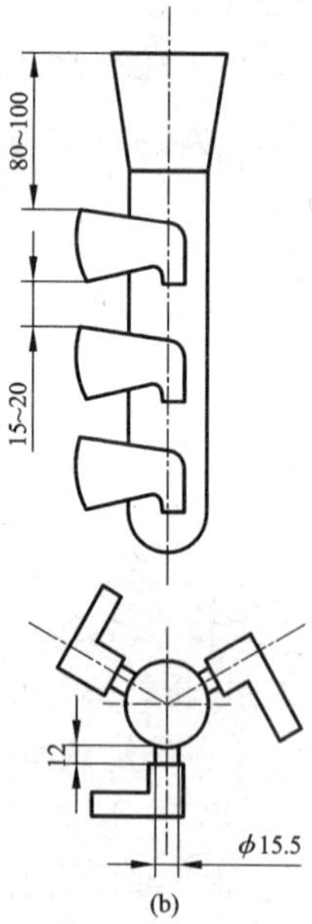

(b)

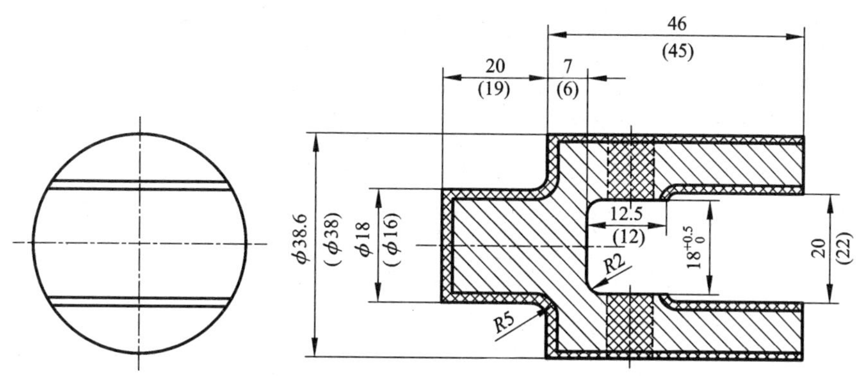

图 1－41　拔块毛坯图

技术要求:1. 材料 ZG45; 2. 热处理 HRC30～50

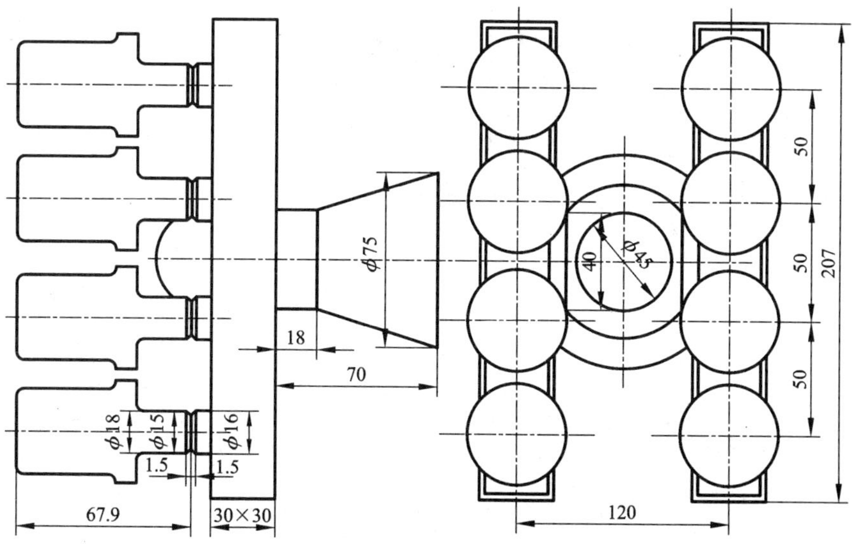

图 1－42　拔块蜡模模组工艺图

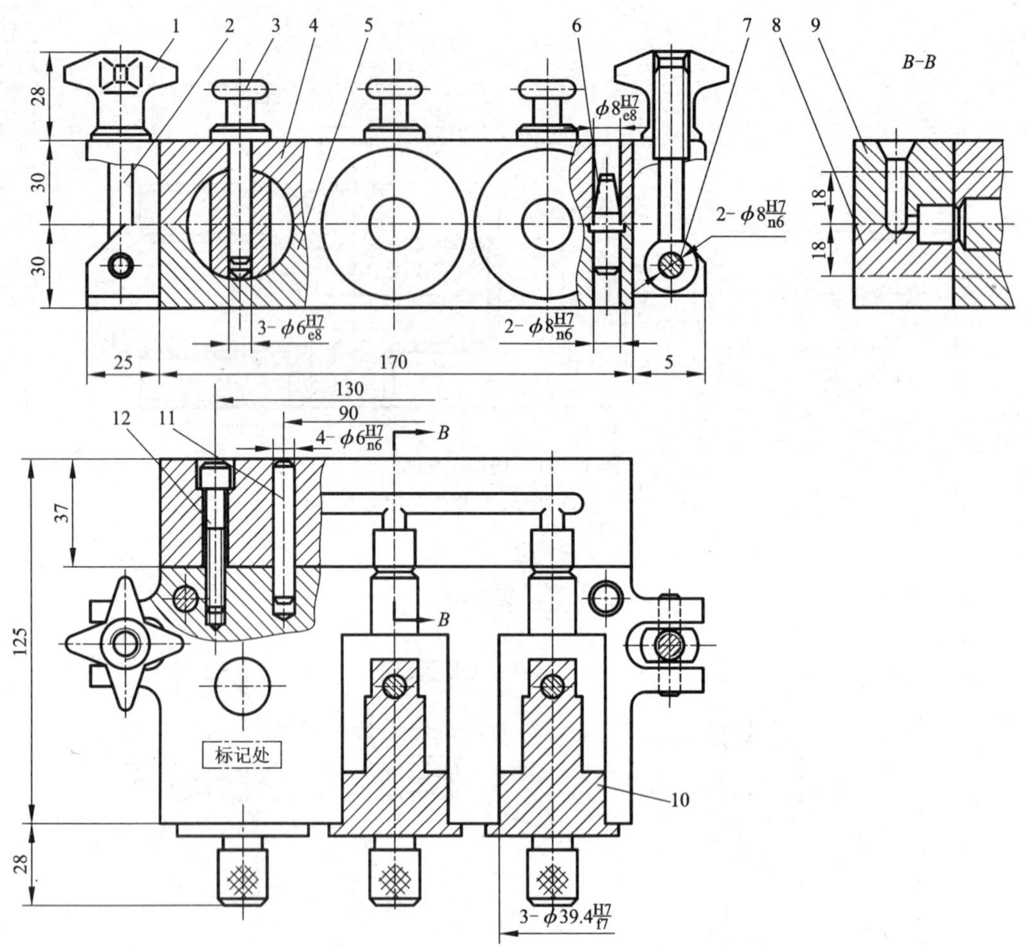

图 1-43　拔块压型装配图

技术条件：1. 压型装配后，分型面上局部间隙不大于 0.03 mm；2. 压型蜡料实验时，不得有飞边毛刺

3. 本压型的综合为 2%；4. 分型面外，尖角倒钝；5. 在标记出打印 × × × ×

1—星形螺母；2—活节螺栓；3—芯子插销；4—压型上体；5—压型下体；6—定位销；7—圆柱销

8—下体镶块；9—上体镶块；10—芯子；11—圆柱销；12—圆柱头内六角螺栓

【思考题】

1. 试述熔模铸造工艺特点及应用范围。

2. 试述常用两类模料的基本组成、特点、应用范围及回收处理工艺。

3. 对制壳耐火材料有哪些要求？

4. 试述常用制壳耐火材料种类、性能及应用范围。

5. 试述常用三种制壳黏结剂的特点及应用范围。

6. 计算水解 10 kg 硅酸乙酯 32，原 HCl 0.2%、水解液中 SiO_2 20%，HCl 0.3%、M 为 0.45，问需加多少水、酒精和盐酸？

7. 型壳脱蜡方法及工艺是什么？

8. 熔模铸造常用的浇注系统有哪些类型?

9. 常用压型有几种类型，它们的特点及应用范围如何?

10. 熔模铸件清理包括哪些内容?

11. 铸件清理有哪些方法，各有哪些优缺点?

第 2 章

金属型铸造

2.1 概 述

[学习目标]

1. 熟悉金属型铸造的实质、工艺特点及应用范围；
2. 了解金属型铸造的工艺过程。

鉴定标准： 应知：金属型铸造的实质、特点、应用范围；应会：能够根据给定零件的结构、材质、批量，初步判定是否适合金属型铸造工艺。

教学建议： 教师可利用大量的金属型铸件、金属型模具来组织本次教学。

2.1.1 金属型铸造的实质及应用

金属型铸造是指将金属液用重力浇注法浇入金属铸型，以获得铸件的一种铸造方法。由于铸型可以反复使用很多次(几百到几万次)故有永久型铸造之称。

金属型铸造俗称硬模铸造、铁模铸造、冷硬铸造等，古代金属铸型称铁范。近代的压力铸造、低压铸造、挤压铸造、离心铸造、连续铸造、真空吸铸等，虽然也应用金属型，但由于金属液不是在重力下充型，故各自形成了单独门类的特种铸造方法。

金属型铸造也是一种古老的铸造方法，早在公元前 6 世纪，我国就发明了铸铁技术。战国时期，人们已熟练地掌握了用白口铁铸型(古时称为铁范)生产农具，如镜、斧、锄等。至汉代制造犁的铁范长可达半米，并用铁范生产可锻铸铁件。如今金属型铸造已广泛地应用于生产铝合金、镁合金、铜合金、灰铸铁、可锻铸铁和球墨铸铁件，有时也用于生产铸钢件。由于金属型铸造具有很多优点，故广泛地应用于发动机、仪表、农机等零件的生产。

2.1.2 金属型铸造工艺流程

金属型铸造工艺流程如图 2－1 所示。

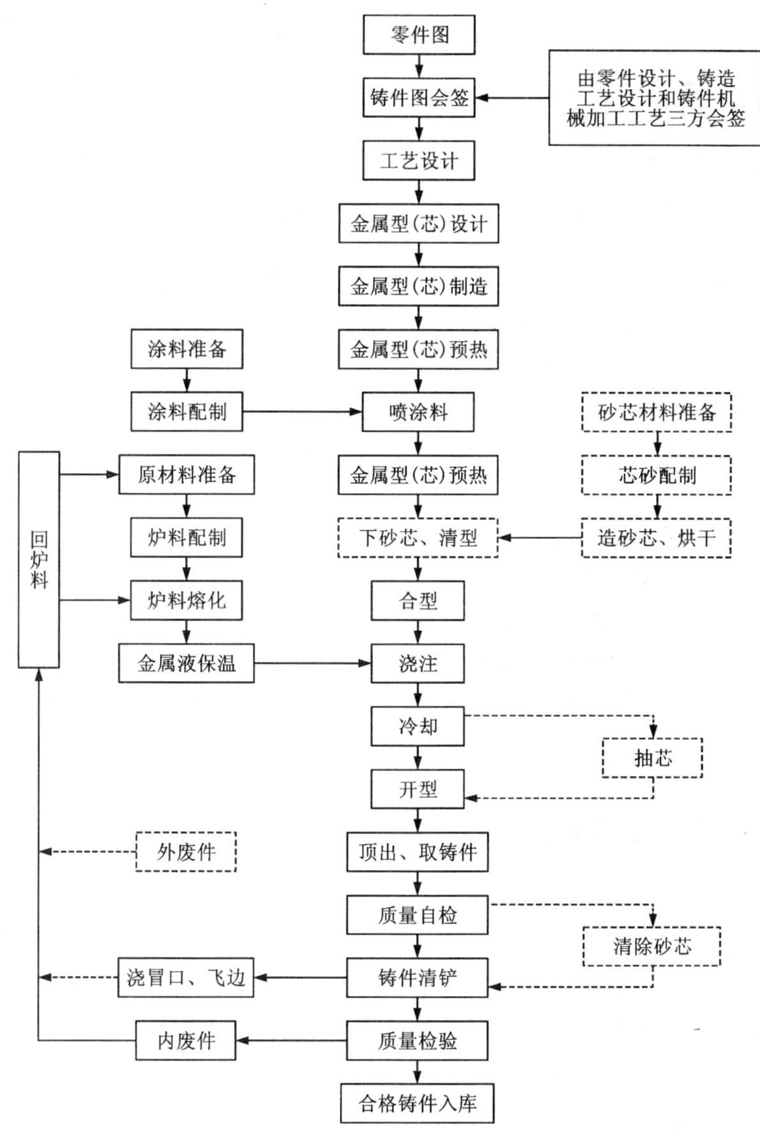

图 2－1　金属型铸造工艺流程图

注:虚线指向的工序,视铸件要求而定

2.1.3　金属型铸造的特点

(1)金属型铸造的优点

与砂型铸造相比较，金属型铸造主要有以下优点：

①由于金属型导热性好、冷却速度快，因而铸件的组织致密，力学性能较高。由金属型铸造的铝合金铸件的抗拉强度比砂型铸件提高 20% ~25%，延伸率可提高约 1 倍。铸件表层结晶组织细密，形成“铸造硬壳”，铸件的抗蚀性能和硬度亦显著提高。

②由于不需要造型，不用砂或者少用砂，从而节省了型砂的制备、输送以及造型、落砂

和砂处理等工序以及这些工序所需要的工时及设备。因此，显著地提高了生产率，改善了劳动条件，减轻了对环境的污染，符合“绿色”铸造的理念。

③由于使用金属型，铸件的质量和尺寸稳定，尺寸精度一般为 CT 7 ~ CT 9 级，轻合金铸件可达 CT 6 ~ CT 8 级，砂型铸件的尺寸精度等级一般都小于 CT 8 级。金属型铸件表面粗糙度较小，一般为 *Ra*6.3 ~ 12.5 μm，*Ra* 最好的可达到 *Ra*3.2 μm 或更小，铸件的铸造斜度及加工余量都可以相应减少。

④由于工序简化，所需控制的工艺因素少，所以容易实现机械化、自动化。铸件质量较稳定，废品率可减少。

(2) 金属型铸造的缺点

①金属型结构复杂且要求高，加工周期长，成本高。

②金属型的激冷作用大，且无退让性，又无透气性，铸件容易出现冷隔、浇不足及裂纹等缺陷。对于灰铸铁易出现白口；因此对用金属型生产的铸件要有选择，不适宜生产形状复杂的薄壁铸件等。

③工艺参数对铸件质量影响较为敏感，应严格控制。

金属型铸造目前所能生产的铸件，在重量和形状方面还有一定的限制，如对黑色金属只能是形状简单的铸件；铸件的重量不可太重。壁厚也有限制，较小的铸件壁厚无法铸出。鉴于上述原因，在决定采用金属型铸造时，必须综合考虑下列各因素：铸件形状和重量大小必须合适；要有足够的批量。金属型的制造周期比木模或金属模板的制作周期都长，因此，对试制产品必须要有充裕的时间。

2.2 金属型铸件形成过程的特点

[学习目标]

掌握金属型铸件形成过程的特点。

鉴定标准：应知：金属型无透气性、无退让性、导热性好对铸件质量的影响。

教学建议：和砂型铸造比较组织教学。

金属型和砂型相比，在性能上比有显著的区别，如砂型有透气性，而金属型则没有；砂型的导热性差，金属型的导热性很好；砂型有退让性，而金属型则没有等。金属型的这些特点决定了它在铸件形成过程中有自己的规律。这里就金属型在铸件形成过程中的主要特点予以分析，为正确地制订金属型铸造工艺提供依据。

2.2.1 金属型无透气性对铸件成型的影响

金属型在充填时，型腔内的原有气体及由于涂料、砂芯和铸型表面受热作用而析出的气体必须迅速排出，由于金属型材料本身没有透气性，很容易被挤赶入铸型内凹入的死角[如图 2-2(a)所示]或两股金属液流的汇合处[见图 2-2(b)]，形成气阻，使液体金属不能充满该处而使铸件形成浇不足和冷隔的缺陷。另一种可能是处于这些部位排不走的气体受热膨胀，形成很大的反压力，把金属液反推出去，严重时甚至会引起金属液返流、自浇口喷出的事故。

此外，经长期使用的金属型，在型腔表面可能出现许多细小裂纹，如果涂料层太薄，当液体金属充填后，处于裂纹中的气体受热膨胀，会通过涂料层而渗进液体金属，使铸件出现针孔，如图 2－3 所示。

因此，金属型铸造时，必须采取措施，以消除由于金属型无透气性带来的不良后果，主要是：在金属型上设置排气槽或排气塞，尤其是在局部死角或气体汇集处，以便及时将气体排出，或尽可能消除产生气体的根源，如涂料层充分干燥，消除型腔表面铁锈和微裂纹。

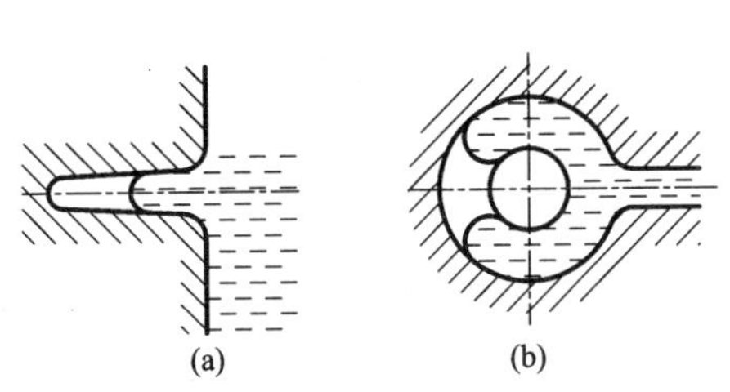

图 2－2　因气阻而造成铸件浇不足的示意图

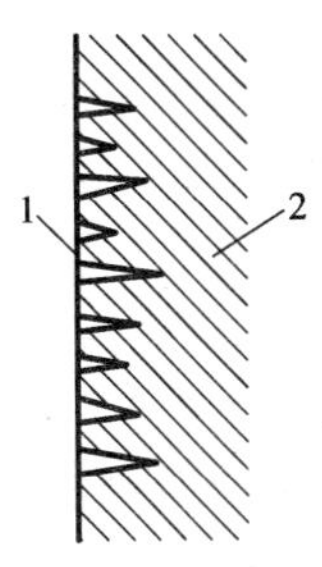

图 2－3　铸件表层的针孔

1—针孔；2—铸件

2.2.2　金属型导热特点对铸件凝固过程中热交换的影响

当液态金属进入铸型后，就把热量传给金属型壁。液体金属通过型壁散失热量，进行凝固并产生收缩，而型壁在获得热量，升高温度的同时产生膨胀，结果在铸件与型壁之间形成了“间隙”。在“铸件－间隙－金属型”系统未到达同一温度之前，可以把铸件视为在“间隙”中冷却，而金属型壁则通过“间隙”被加热。因此要分析此“系统”的热交换情况，以便有效地控制铸件的冷却强度，进而达到控制铸件质量的目的。

在铸型自然冷却的情况下，一般铸型吸收的热量往往大于铸型向周围介质散失的热量。因此在生产中连续浇注铸件时，铸型的温度会不断升高。如不采取措施铸件的晶粒会粗大，铸件的质量会降低。

铸型材料的导热能力越大，通过间隙的传热速度也大，铸件的凝固速度越快。而金属型（如材料为铸铁）的导热能力比砂型大约 20 倍，如不考虑间隙的影响，同样的铸件在金属型中的冷却速度要比在砂型中快约 20 倍（见表 2－1 所示）。在“铸件－间隙－金属型”系统中，涂料也被认为是‘间隙”的一部分，可以把铸型内表面的工作温度降低很多，所以金属型的导热作用受到了一定抑制。但不论采取什么样的工艺措施，铸件在金属型中的凝固速度总是比在砂型中要快得多。

表 2－1　不同材料的铸件在不同铸型中的凝固时间

铸件材料	灰铸铁	可锻铸铁	铝合金	黄铜	碳钢
砂型中凝固时间/min	2.04	0.82	—	0.31	0.592
金属型中凝固时间/min	0.21	0.25	0.10	0.07	0.148

由于金属型的蓄热和导热能力是相互依赖的，提高金属型壁的厚度，可提高其蓄热能力，降低铸型内表面的温度，提高铸件的凝固冷却速度。但铸型壁厚超过一定值时，铸件的冷却速度变化不大，该处的金属型壁也就起不到蓄热的作用。

可见金属型铸造时，铸型材料的导热能力对于“铸件－间隙－铸型”系统的热交换过程起着主导的作用，它对金属液的型腔充填和铸件成形过程有很大的影响。在一定的条件下，可通过相应的工艺措施改变金属型本身的导热作用，获得优质的铸件。如对金属型外表面上的强制冷却措施，如吹风冷却、水冷却等都可加快铸件的凝固速度。采用不同涂料或同一涂料的不同厚度能控制铸件的凝固速度。

2.2.3 金属型无退让性对铸件质量的影响

金属型或金属型芯，在铸件凝固过程中不能退让而阻碍铸件的收缩，这是它的又一特点。

在金属液的温度进入结晶区间时，就开始有凝固收缩，由于金属型会阻碍铸件的收缩，当收缩受到阻碍时，就可能形成热裂的缺陷。故采用金属型铸造时，需要慎重对待，特别是在浇注那些凝固收缩率大的合金时更须注意。在采用金属型芯的场合，金属型设计时需考虑设置能简易、平稳取出铸件和型芯的机构；铸型和型芯都没有退让性，特别注意尽可能早地自型中取出铸件和自铸件中取出金属型芯；还可采取一些工艺措施：如对严重阻碍铸件内孔收缩的部位改用砂芯形成孔腔，增大金属型铸件的铸造斜度，增加涂料层的厚度，在涂料中加入可减少摩擦系数的成分等。

2.3 金属型铸件的工艺设计

[学习目标]

1. 掌握金属型铸件零件结构的铸造工艺性分析；
2. 掌握金属型铸件浇注位置、分型面的选择原则。

鉴定标准：应知：零件结构的铸造工艺性分析的关键环节；应会：1. 金属型铸件的分型面、浇注系统选择及计算；2. 金属型铸件的工艺参数的选择。

教学建议：课堂教学和多媒体教学结合的教学方法。

根据金属型铸造工艺的一些特点，为了保证铸件质量，简化金属型结构充分发挥它的技术经济效益，必须对铸件的结构进行工艺性分析，并制订合理的铸件工艺。

2.3.1 零件结构的铸造工艺性分析

铸造工艺性分析的目的，是审查零件结构是否适合于金属型铸造。在生产中遇到的困难或发生的一些问题，不少是由于零件的结构不符合金属型铸造的特殊要求所致。下面就金属型铸造轻合金件时的工艺要求加以叙述。

①铸件的结构不应太复杂，应具有规则的几何外形，避免复杂的曲线形状，还应尽量避免有阻碍开型和收缩的凹凸块，这就是要使铸件能从具有简单分型面的铸型中取出。

②铸件的壁厚差不能太大，要力求均匀，避免断面由薄至厚的急剧变化，以免造成各部分温差过大，引起铸件产生缩松和裂纹。

③铸件上的最小壁厚应有限制，各种常用合金的最小壁厚如表 2－2 所示，若铸件壁厚小于表中所示的壁厚，则铸件易产生冷隔或浇不足等缺陷。

表 2－2　金属型铸件允许的最小铸出壁厚

铸件尺寸/(mm×mm)	最小壁厚/mm				
	铝镁合金	铝镁和镁合金	铜合金	灰铸铁	铸 钢
50×50	2.2	3	2.5	3	5
100×100	2.5	3	3	3	8
225×225	3	4	3.5	4	10
350×350	4	5	4	5	12

④铸件上不应有内部大而出口小的孔腔，如图 2－4(a)所示的铸件，使金属型芯复杂化，甚至要采用砂芯，将其改成如图 2－4(b)所示结构后，简化了工艺，易保证铸件质量。能铸出的最小孔径如表 2－3 所示，比这更小的孔，除非有特殊要求，一般都不铸出。

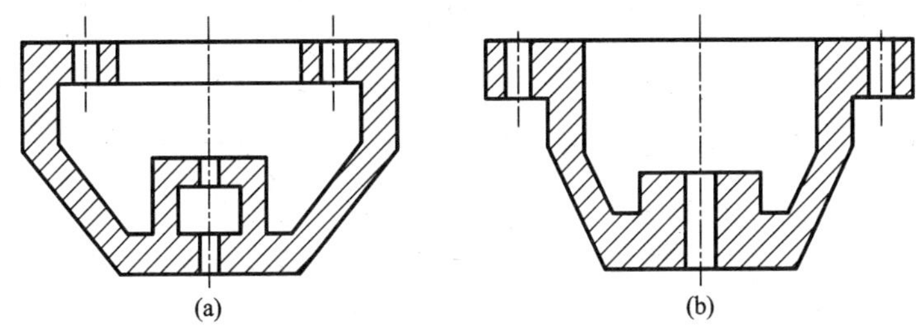

图 2－4　铸件有内部大出口小的孔腔

(a)改进前；(b)改进后

表 2－3　金属型铸件允许铸出的最小孔径

铸造合金	孔的最小直径/mm	相应最大孔深/mm	
		不通孔	通孔
镁合金	5	30	20
铝合金	6	15	25
铜合金	10	15	20

⑤铸件上应具有与开型拔芯方向一致的斜度，以便于拔芯和开型。

⑥对铸件非加工面的精度和粗糙度应要求适当，要求过高会给金属型制造增大难度，并增加生产成本。

⑦设计过程中，假如零件的形状、结构使金属型的结构过分复杂，工艺上有较大困难或铸件质量不能保证时，应简化零件或修改零件的局部结构提高其铸造工艺性，但修改零件必须经产品设计部门同意。

2.3.2 铸件在金属型中的浇注位置

铸件在金属型中的浇注位置是指浇注时铸件在型内所处的位置。铸件的浇注位置，直接关系到型芯和分型面的数量、液体金属的导入位置、冒口的补缩效果、排气的通畅程度以及金属型的复杂程度等。

选择浇注位置应遵守如下基本原则：

①保证金属液在充型时流动平稳，排气方便，避免液流卷气和金属被氧化。

②有利于顺序凝固，以保证获得组织致密的铸件。

③型芯数目应尽量减少，安放方便、稳定。

④有利于金属型结构简化，铸件出型方便。

⑤铸件的主要加工面或重要工作面，应放在下面。铸件上的大平面以及大型铸件的薄壁部分，应力求垂直放置。

如图 2 -5 所示铸件的浇注位置举例。图 2 -5(a)所示的浇注时易冲芯，液流紊乱，容易进渣和卷气；冒口大，在金属芯 2 附近的厚壁得不到补缩，易产生缩松和缩孔；由于冒口大，切割工作量也大；不设顶出铸件机构或抽芯机构，铸件就无法出型。图 2 -5(b)所示的浇注位置，就克服了上述缺点，且型芯稳定，芯砂消耗量也减少。

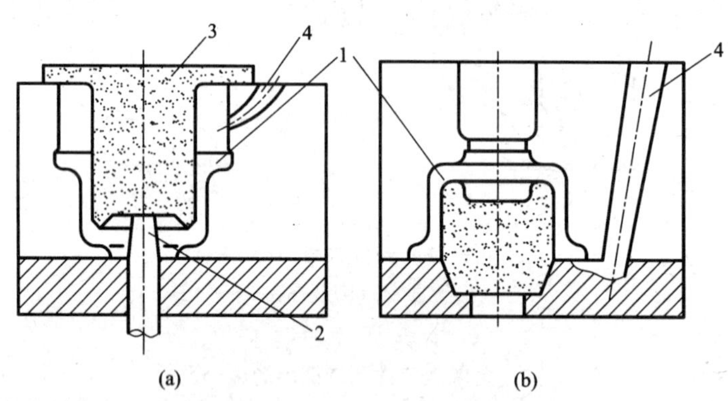

图 2 -5 铸件在金属型中的浇注位置

1—铸件；2—金属芯；3—砂芯；4—直浇道

2.3.3 铸件分型面的选择

分型面是指两半铸型相互接触的表面。铸件分型面是和浇注位置同时选择确定的。分型面选定之后铸型结构也就大体上确定了。铸件分型面形式一般有垂直、水平和综合分型(垂直、水平混合分型或曲面分型)三种。因此选择分型面是设计铸型合理结构的最重要条件之一。

选择分型面的一般原则如下：

①为简化金属型结构，提高铸件精度，对铸件形状简单的铸件最好都布置在半型内或大

部分都布置在半型内。应使铸型尽量少用拆卸件及活块。

②应保证金属型能顺利开型和取出铸件，避免损坏铸件或铸型。

③应使金属型尽量少用拆卸件及活块。拆卸件和活块过多，使金属型制造复杂，寿命缩短，而且降低生产率，同时也影响铸件精度和美观。

④分型面数目应尽量少，最好是平面分型。铸型应保证顺利开型和取出铸件且下芯方便，不允许损坏铸型或铸件。

⑤最好采用垂直或互相垂直的分型面，这样有利于采用效果好、形状复杂的直浇道（如蛇形、鹅颈形直浇道）和安设冒口，有利于排除型腔中的气体，金属型操作方便，易于机械化。

⑥分型面不得选在加工基准面上。

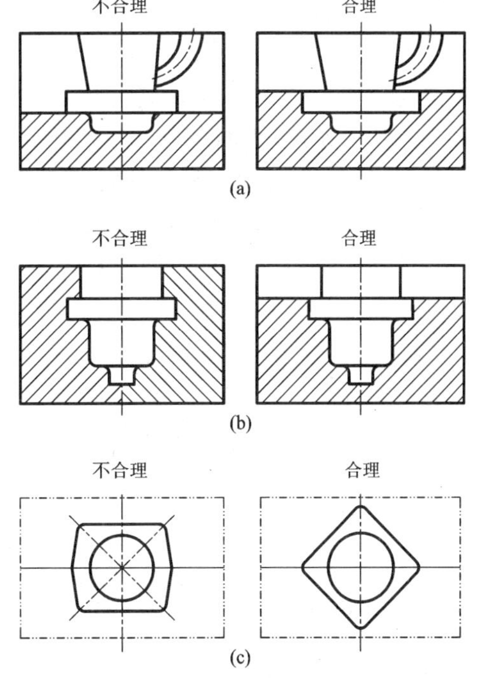

图2－6　金属型分型面选择

一个铸件经常有几种分型的可能，要仔细分析对比、慎重加以选择。如图2－6(a)所示铸件的分型情况，图2－6(a)左图在铸件外围会留有毛刺，影响美观，精度也差。若采用图2－6(a)右图所示分型方案则效果较好。如图2－6(b)左图无法取出铸件，而2－6(b)右图由于净分型面选在铸件的最大截面外，因而便于从铸型中取出铸件。同理，铸件若采用图2－6(c)左图分型方案，须增加出型斜度，改变铸件外形，毛刺留在平面上，既影响美观，清理也困难，而采用图2－6(c)右图方案就无上述缺点。因此，在选择分型方案时，须从多方面比较，找出最合理的方案。

2.3.4　浇注系统设计

(1)金属型浇注系统的特点

根据金属型铸造的某些特点，使得它的浇注系统和砂型相比有较大的区别，在设计浇注系统时须注意下面几点：

①金属型的冷却速度大，故金属液充填型腔要快，浇注时间要短，浇注速度一般超过砂型约20%的速度，所以浇注系统断面要大。

②为了保证能迅速地开型和取出铸件，除水平分型的铸型外，一般不采用横浇道。金属型多用垂直分型面，采用效果好、形状复杂的直浇道（如蛇形、鹅颈形直浇道）和倾斜直浇道。

③金属型由于无透气性，所以浇注系统的结构要能迅速地排出型腔中的气体，其流向应尽可能与液流方向一致，顺利地将气体挤向冒口或出气冒口。为此，在某些情况下，往往安设一个与直浇道对称的出气道。

④为保证金属型有足够的寿命，浇注系统应注意使液体不冲击型壁或型芯，更不可产生

飞溅。若有粗大的砂芯，最好把浇注系统安设在砂芯内。尤其适应黑色金属。

(2)金属型浇注系统的类型

金属型浇注系统一般为顶注式、底注式和侧注式三种。

①顶注式。金属液是从铸件的上部进入型腔，有利于顺序凝固，可减少金属液的消耗，但金属液流动不平稳，易进渣，铸件高度尺寸高时，易冲击型腔底部或型芯。若用于浇注铝合金件，一般只适用于铸件高度小于 100 mm 的简单件。

②底注式。金属液是从铸件的底部由下而上充满铸型，流动较平稳，有利于排气，但不利于铸件顺序凝固，可以设计适当大小的冒口。因此，金属型铸件广泛地采用底注。

③侧注式。兼有上述两者的优点，金属液流动平稳，便于集渣、排气等，但金属液消耗大，浇口清理工作量大。

(3)金属型浇注系统的计算

浇道尺寸既要保证铸件质量，又要求金属液耗量和铸件清理工作量最小。要做到这点，一般通过计算和凭经验确定，然后再经生产验证，就可得出较合理的尺寸。

关于浇注系统最小截面积计算，可以利用砂型铸造中的计算公式，由于金属型铸件比砂型铸件冷却快，根据经验，浇注时间一般比砂型减少 20% ~40%，或浇口截面积尺寸加大 20% ~30%，使金属液在型腔内快速上升。由于浇注合金的不同，浇注系统尺寸也有区别。下面介绍一种铝、镁合金浇注系统最小断面尺寸的计算方法。

设金属的型腔高度为 H(cm)；浇注时间为 t(s)；则金属液在型腔中平均上升速度为 $v_{升}$，即：

$$v_{升} = H/t = (3.0 \sim 4.2)/b \tag{2-1}$$

式中 b——铸件壁厚，cm；

系数 3 ~4.2 在铸件 $H/b < 50$ 时取下限，$H/b > 50$ 时取上限。

浇注时间确定公式：

$$t = H/V_{升} = Hb/(3.0 \sim 4.2) \tag{2-2}$$

浇道最小截面积大小 $F_{最小}$(cm^2)用下式计算：

$$F_{最小} = m/(\rho t v) = (3.0 \sim 4.2)m/(\rho v b H) \tag{2-3}$$

式中 v——流速，根据经验，对镁合金一般不超过 130 cm/s，铝合金不超过 150cm/s；

m——铸件质量，g；

ρ——合金液的密度，g/cm^3。

确定 $F_{最小}$后，再按比例计算其他组元面积，对铝、镁等轻合金多采用开放式浇注系统。直、横、内浇口总断面积比可参考下列比例：

大型铸件(>40 kg)： $F_{直}:F_{横}:F_{内} = 1:(2 \sim 4):(3 \sim 6)$ (2-4)

中型铸件(12 ~40 kg)： $F_{直}:F_{横}:F_{内} = 1:(2 \sim 3):(2 \sim 4)$ (2-5)

小型铸件(<12 kg)： $F_{直}:F_{横}:F_{内} = 1:(1.5 \sim 3):(1.5 \sim 3)$ (2-6)

式(2-6)计算出的 $F_{最小}$即为直浇口的截面积 $F_{直}$。

当用金属型浇注黑色金属时，多采用封闭式浇口，各部分截面积比例为：

$$F_{内}:F_{横}:F_{直} = 1:1.15:1.25 \tag{2-7}$$

内浇口的位置和方向，应能保证金属液不冲击金属型或型芯，内浇口长度一般不超过 10 ~12 mm。

(4)冒口设计

金属型冒口设计原则与砂型用冒口基本相同。由于金属型冷却速度大，而冒口又常用涂料或砂层进行保温，因此金属型的冒口尺寸可比砂型的冒口小。

金属型灰铸铁件一般不使用冒口。铝、镁合金铸件冒口的体积为它们所补缩铸件热节的 1.5 ~2.0 倍。球墨铸铁和可锻铸铁件冒口直径约为它们所补缩铸件热节圆直径的 1.2 倍。

冒口高度约为铸件热节圆直径的 1.25 倍。冒口直径为铸件热节圆直径的 0.3 ~0.5。如果铸件热节处的内腔用砂芯形成，则可在铸件外壁上设冒口的同时，在紧贴热节的砂芯部位设置冷铁以增大补缩效果，相应地也可减小冒口的体积(见图 2 -7)。

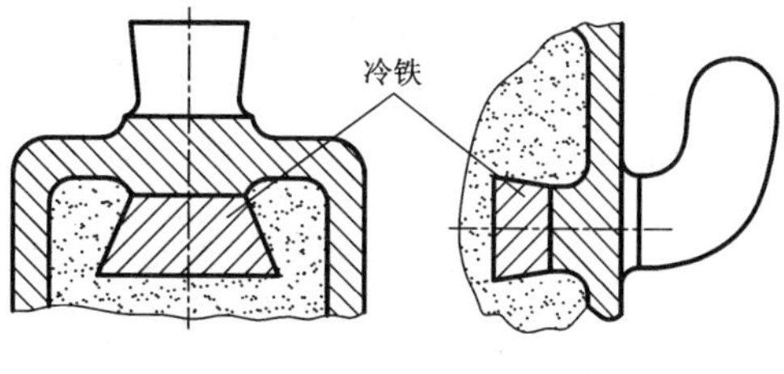

图 2 -7　冒口与冷铁补缩的联用

(5)金属型铸件的工艺参数

由于金属型铸造工艺的特点，其铸件的工艺参数与砂型铸件略有区别，现分述如下：

①金属型铸件的线收缩率。金属型铸件的线收缩率不仅与合金的线收缩有关，还与铸件结构、铸件在金属型内收缩受阻的情况、铸件出型温度、金属型受热后的膨胀及尺寸变化等因素有关。铸件形状越复杂，收缩受阻越严重。因此，即使在同一个铸件上，各个方向的收缩率也各不相同。设计金属型时，特别是对大型铸件，应参考以前生产过类似铸件的经验，来确定各部分的收缩量。金属型铸造时常用合金的一般线收缩率见表 2 -4 所取值，同时还要考虑在试浇过程中留有修改尺寸的余地。

表 2 -4　各种常用合金金属型铸造时的线收缩率

合金牌号	ZAlSi12 ZAlSi9Mg	ZAlSi7Mg ZAlSi5Cu1Mg	ZAlSi9Mg	ZAlCu4 ZAlMg10 ZAlMg5Si1	ZMgAl8Zn	锡青铜	磷青铜	铝青铜	硅黄铜	铸铁	铸钢
收缩率/%	0.5 ~ 1.0	0.7 ~ 1.1	1.0 ~ 1.25	1.0 ~ 1.3	1.0 ~ 1.2	1.3 ~ 1.5	1.44	1.8 ~ 2.4	2.2	0.8 ~ 1.0	1.8 ~ 2.5

②铸造斜度。为取出金属型芯和铸件出型，在铸件的出芯和出型方向应取适当斜度。一般在加工面上取正斜度，在非加工面上取负斜度。

③加工余量。金属型铸件精度一般比砂型铸件高，所以加工余量可较小，一般为 0.5 ~ 4 mm。

在确定铸件工艺参数之后，就可绘制金属型铸件工艺图，该图与砂型铸件的工艺图基本相同，这里就不再叙述。

2.4 金属型设计

[学习目标]

1. 掌握金属型的主要结构形式及金属型设计的步骤；
2. 掌握金属型上型芯的应用及设计；
3. 掌握金属型材料的选择。

鉴定标准： 应知：金属型的主要结构形式及金属型设计的关键环节。应会：1. 会选择简单铸件金属型结构形式及金属型设计；2. 会金属型型芯及材料的选择。

教学建议： 课堂教学和多媒体教学结合的教学方法。

金属型是实施金属型铸造过程的基本工艺装备。铸件的质量、生产条件和生产效益，在很大程度上都与金属型有关，因此必须重视金属型的设计。

金属型设计的依据是零件图、铸件图、铸件的技术条件和铸造方法图。

铸造方法图(图 2-8)中要注明：铸件在金属型中的位置，铸件的分型面，浇注系统的形式和主要尺寸；铸件的数量及主要尺寸检验等，此图由铸造工艺部门提供。

金属型应结构简单、制造容易、操作安全、方便，能实现高效率生产，保证获得优质铸件。

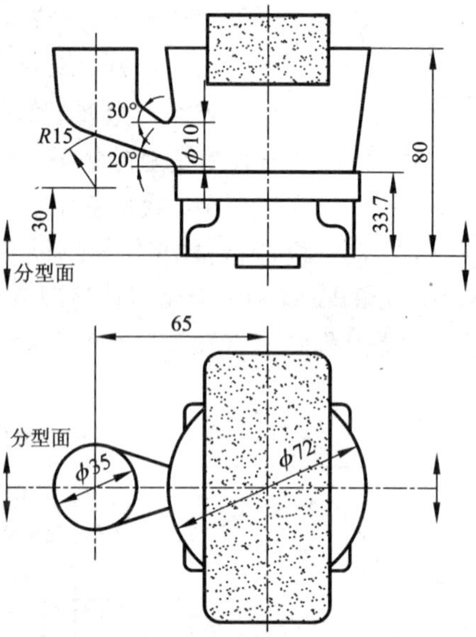

图 2-8 燃油壳体铸造方法图

2.4.1 金属型的主要结构形式

按照金属型分型面的布置情况，金属型可分为下面几种形式：

(1)整体金属型

这种金属型无分型面，结构简单，铸件在一个型内形成，尺寸稳定性好(见图 2-9)。常可把铸型的手把做成转轴，通过它将铸型安置在支架上[见图 2-9(a)]。浇注完毕，待铸件凝固后.即可将铸型翻转 180°，铸件和砂芯一起自型中落下，再把铸型转正至工作位置，又可准备进行下一个浇注循环，这种整体式金属型操作方便，生产率高，但只能生产外形较简单的铸件。

图 2-9(b)所示的整体式金属型采用了金属型芯，手把 3 和支架 4 是用来自铸件中取出金属型芯的机构。

(2)水平分型金属型(见图 2-10)

铸型分型面处于水平位置，这种金属型可将浇注系统设在铸件的中心部位，浇注时液体

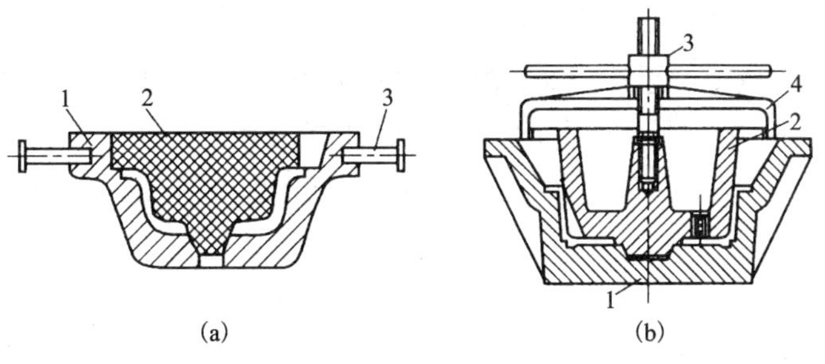

图 2－9　整体式金属型

1—金属型本体；2—型芯；3—手把；4—支架

金属在型中的流程短，铸型和铸件中温度分布均匀，它们都不易变形，故特别适用于生产高度不大的圆筒、薄壁轮状、平板类铸件。同时适合嵌铸的零件，但实现机械化较困难。

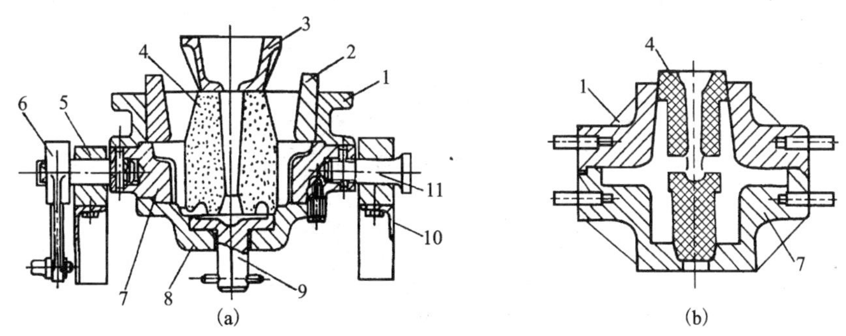

图 2－10　水平分型金属型

1—上半型；2—半金属环；3—浇口杯；4—砂芯；5—轴座；6—手柄；
7—下半型；8—型底；9—顶杆；10—角钢；11—转轴

(3)垂直分型金属型(图 2－11)

铸型分型面处于垂直位置，浇注系统可在分型面上对称布置在左、右两半铸型上。铸型开合操作方便，容易实现机械化，常用于生产小型铸件。

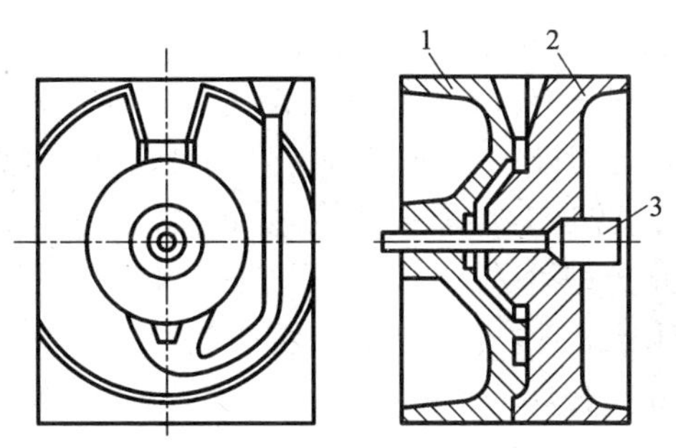

图 2－11　垂直分型金属型

1—右半型；2—左半型；3—金属型芯

(4)综合分型金属型

它由两个或两个以上的分型面组成，甚至由活块组成，一般用于复杂铸件的生产。

图2－12所示的是手工操作、铸造铝合金轮毂的金属型，由四个型块1、3、4和7组成，3、7两型块垂直分型，而它们与1和4两型块又水平分型。为防止从上口浇注时铝合金液的飞溅，浇注前可手执手柄5上抬下型，使整个铸型处于倾斜状态，浇注金属液过程中逐步把铸型放平。

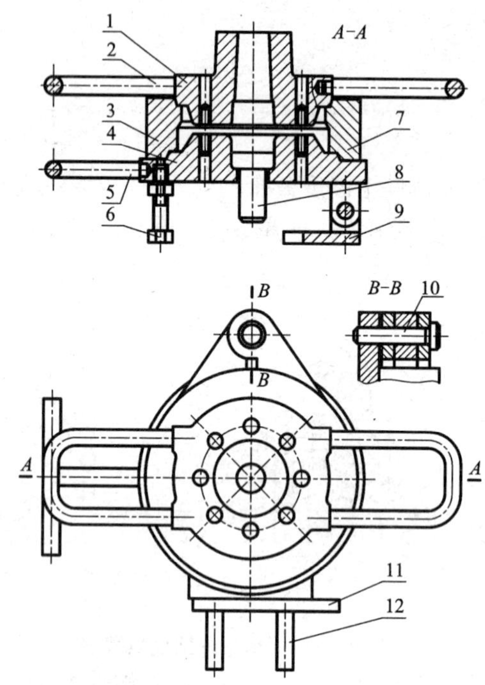

图2－12　综合分型金属型

1—上半型；2—手柄；3—左半型；4—下半型；5—手柄；6—支撑螺钉；7—右半型；8—顶杆；9—固定板；10—轴；11—锁扣；12—手柄

2.4.2　金属型分型面、型腔和型壁厚度的设计

金属型主体系指构成型腔的部分，型腔是用于形成铸件外形的部分。金属型主体结构与铸件大小，分型面以及合金的种类及其在型中的浇注位置等有关。在设计时应力求使型腔的尺寸准确，便于开设浇注系统和排气系统，铸件出型方便，有足够的强度和刚度等。

(1)分型面上型腔之间、型腔与金属型边缘之间距离的确定

金属型分型面的形状跟分型有关，当采用垂直分型时，可设计成矩形，当采用水平分型时，形状可为圆形，这样对金属型的定位和制造都较简便。

金属型分型面上的尺寸与铸件大小有关。如对中小件的金属型，分型面上的尺寸，可参阅表2－5。

表 2-5　金属型分型面尺寸

尺寸名称	尺寸值/mm	
型腔边缘至金属型边缘的距离(a)	25~30	附图： 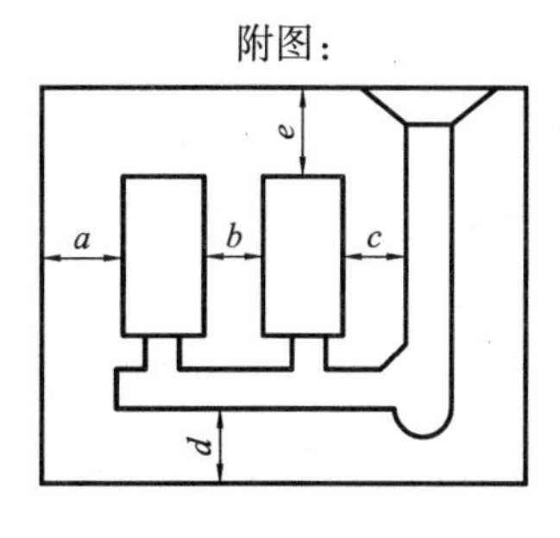
型腔边缘间的距离(b)	>30 小件 10~20	
直浇道边缘至型腔边缘间的距离(c)	10~25	
型腔下缘至金属型底边间的距离(d)	30~50	
型腔上缘至金属型上边间的距离(e)	40~60	

(2)型腔尺寸计算

型腔尺寸的计算，除了铸件公称尺寸及偏差外，还应考虑合金从固相线冷却到室温的收缩，涂料厚度和金属型材料从室温升至预热浇注温度的膨胀率。

参照图 2-13，金属型型腔和型芯的尺寸可按下面的公式确定。

$$Ax = (A + A\varepsilon + 2\delta) \pm \Delta Ax \qquad (2-8)$$

$$Dx = (D + D\varepsilon - 2\delta) \pm \Delta Dx \qquad (2-9)$$

式中　Ax，Dx——型腔和型芯的尺寸；

A，D——铸件外形和内腔(孔)的尺寸；

ε——合金的线收缩率；

ΔAx，ΔDx——金属型和型芯的加工公差。

实际上，确定 ε 是较困难的，只有参考已做过的类似铸件，或根据经验选取。对于铝、镁合金铸件，一般情况下 K 值可参考表 2-6 选取，不必进行繁琐的计算。小型铸件金属型设计时，为了计算方便，K 值常取 1%。

表 2-6　不同情况下的 K 值

受阻情况	K/%
有型芯、无阻碍	0.8~1.2
有型芯、有阻碍	0.7~0.9
邻近两凸台的中心距	0.5~0.7

一般情况下涂料厚度 δ，每边为 0.1~0.3 mm，型腔凹处取上限值，凸处取下限值，中心距 L 处 δ 等于零。

(3)金属型壁厚的确定

金属型的壁过薄，刚度差，容易变形。壁厚过大，金属型笨重，手工操作时，劳动强度也大，因此要求确定一个最佳厚度。在确定金属型壁厚时，一般多考虑金属型的受力和工作条件。

金属型壁厚与铸件壁厚、材质、铸件外轮廓尺寸及金属型的材料性能有关。当金属型材料为铸铁时，其壁厚可参考图 2 – 13 确定。生产铝合金铸件时，壁厚一般不小于 12 mm，而铜及黑色金属铸件的金属型壁厚不小于 15 mm。

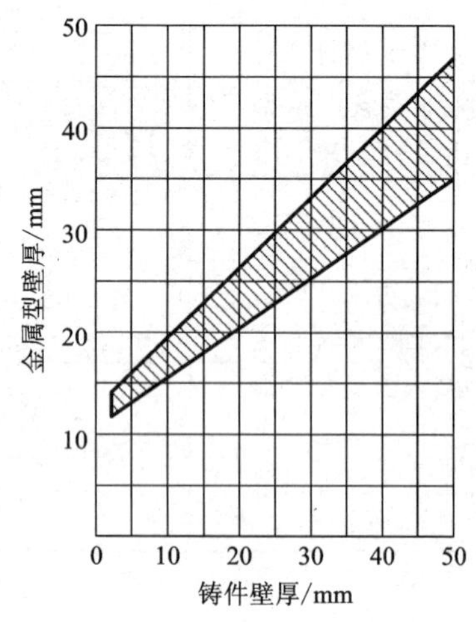

图 2 – 13　铸铁金属型壁厚与铸件壁厚的关系

图 2 – 13 所示壁厚为经验值，因此在确定型壁厚度时，应留有修正余地，如铸件可能产生缩孔或缩松的部位，应留有可开设冒口或安放冷铁(比铸铁导热性更好的材料)的位置，这样才不致在投产试制时，因铸件出现缺陷而使金属型报废。

此外，在决定金属型的壁厚时，还应考虑金属型分型面尺寸的影响。分型面尺寸小时，可取较小的铸型壁厚；随着分型面尺寸的增大，铸型壁厚也应增大。一般当铸型分型面平均尺寸(分型面的长度与宽度之和的一半)小于 130 mm 时，15 mm 的金属型壁厚就足够了。当分型面尺寸大于 150 mm 时，金属型壁厚应不小于 30 mm。

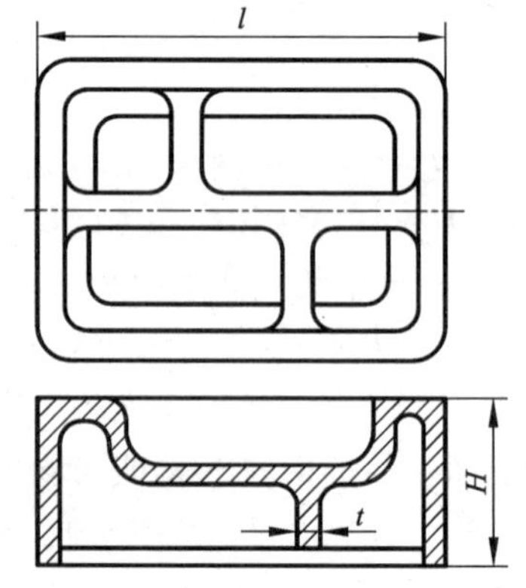

图 2 – 14　金属型的加强筋箱型结构

金属型在热应力和机械应力(如抽芯、顶出铸件、开合型力等)的作用下将变形或断裂，因此它必须有较好的强度和刚度。为此常将金属型设计成箱形结构，并增设加强筋(见图 2 – 14)。箱的高度 H 约为铸型分型面长度 L 的 1/5 ~ 1/3，加强筋的厚度 t 与铸型壁厚相等。

(4)型腔尺寸公差和表面粗糙度

型腔公差，图样上一律不标注。型腔和型芯工作表面的尺寸制造公差，一般取 ±0.1 mm，若放宽精度可按表 2 – 7 查出，也可以取铸件公差的 1/4 ~ 1/6。但必须注意，提高加工精度往往要花费过大代价，只有在十分必要的情况下才提高型腔的尺寸精度。

表 2 – 7　型腔加工精度

型腔轮廓尺寸/mm	<100	100 ~ 200	200 ~ 500	>500
公差范围/mm	±0.1	±0.2	±0.3	±(0.3 ~ 0.5)

金属型各部分表面，由于其性质和用途不同，要求有不同等级的表面粗糙度。提高表面粗糙度虽有很多益处，但加工制造成本高，所以只要选用能满足要求的表面粗糙度即可。金属型各部分表面粗糙度的一般要求如下：分型面上为 Ra1.6 ~ 3.2 μm，型腔和型芯工作表面为 Ra3.2 μm，相互滑动和相互接触表面为 Ra3.2 μm，砂芯和壳芯的安装面为 Ra3.2 μm，浇

冒口型腔表面为 Ra6.3～12.5 μm，金属型与浇注机的安装面为 Ra3.2～6.3 μm，形成铸件加工面的型腔表面为 Ra3.2～6.3 μm，锁扣的摩擦面为 Ra3.2～6.3 μm，排气槽、外表非结合面为 Ra12.5 μm，机械加工形成的非工作面为 Ra25μm，毛坯表面为不加工面。

2.4.3　金属型上型芯的应用及设计

为形成铸件的内腔和孔洞，在金属型上既可采用金属型芯，也可用砂芯，在大量生产时还可用壳芯代替砂芯（见图 2－15），使铸件内腔和孔洞的尺寸精度更高，表面粗糙度更小。在有可能的情况下，当然要尽可能采用金属型芯，尤其是因为金属型芯的操作可机械化、自动化，对提高金属型铸造的生产效率，节省成本有很大的作用。

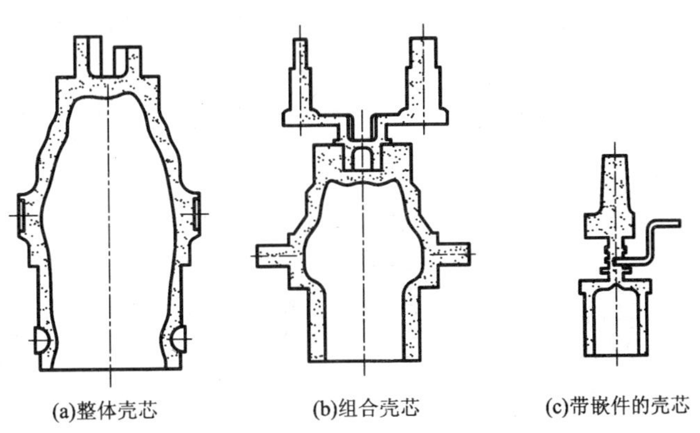

图 2－15　壳芯结构形式

根据铸件的复杂情况和合金种类可采用不同材料的型芯。一般浇注薄壁复杂件或高熔点合金（如铸钢、铸铁）时，多采用砂芯，而在浇注低熔点合金（如铝、镁合金）多采用金属芯。在同一铸件上也可砂芯和金属芯并用。

（1）金属型砂芯的设计

金属型砂芯的设计原理与砂型铸造基本相同。芯座与芯头之间，须有一定间隙，间隙大小，芯头斜度等可参看表 2－8，芯头须与大气相通以便排气。金属型无退让性，对于阻碍铸件自由收缩易引起铸件开裂的部位，可用砂芯以改善铸型的退让性。

（2）金属型芯

1）金属型芯特点

金属型芯使铸件的组织更为均匀；内孔光洁，精度高；减少制砂芯和除砂芯的工序，相应减少辅助材料和设备的费用；进一步提高劳动生产率和改善劳动条件等。

2）金属芯的种类

金属芯根据结构可分为两种：整体金属芯和组合金属芯。

整体金属芯结构简单，加工制造容易，用于允许有铸造斜度而直接抽拔的型芯。

组合金属芯结构复杂，加工制造费工。用于不允许有铸造斜度的铸件内腔成形，或用于形成铸件内腔中的凸出或凹入等复杂结构。内燃机活塞用金属芯就是典型的组合金属芯实例。见图 2－16 所示。

表 2－8　砂芯的芯头与金属型芯座的配合间隙　　(mm)

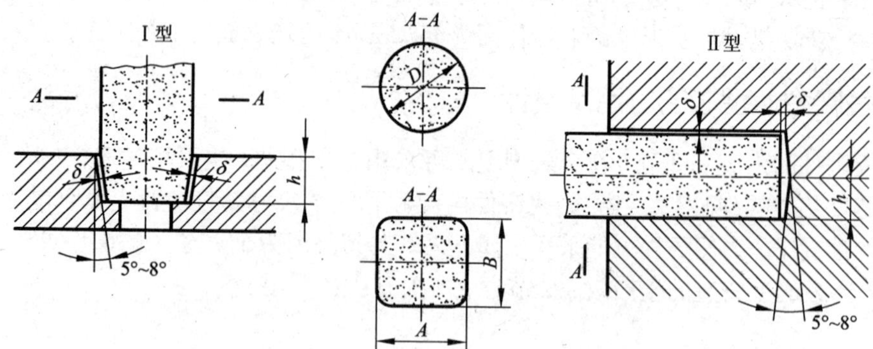

D 或 $\frac{A+B}{2}$	h			
	~25	25 ~ 50	50 ~ 100	>100
	b			
~50	0.15	0.25	0.5	1.0
50 ~ 150	0.15	0.25	0.5	1.0
150 ~ 300	0.25	0.5	1.0	1.0
300 ~ 500	–	1.0	1.0	1.5
>500	–	1.5	1.5	2.0

组合金属芯常用奇数芯块组成。抽芯时先将中心部分抽出，然后再按一定顺序和工艺要求抽取其他部分芯块。

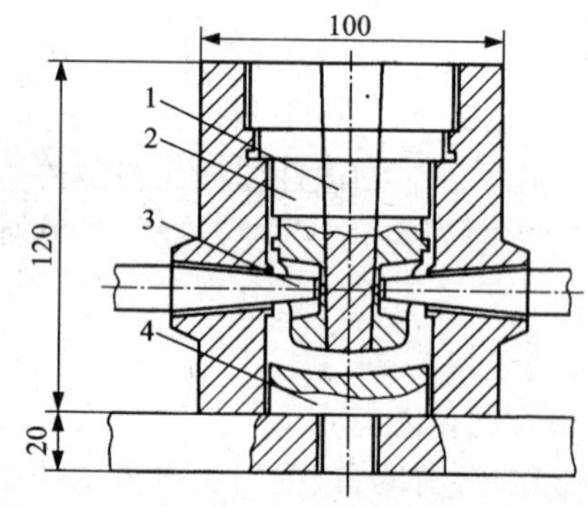

图 2－16　活塞金属芯

1—1 号芯(一块)；2—2 号芯(两块)；3—3 号芯(两块)；4—4 号芯(一块)

组合金属芯可根据工艺需要设计为分阶段抽芯，以避免在抽芯时造成损坏铸件的可能性。

金属型芯一般是活动的，为使铸件凝固进入塑性区时能及时拔出，因此在设计时须注意以下两点：

①金属芯的定位。为使金属型芯在金属型中设置稳定，金属型芯上需保证有一定尺寸的芯头与金属型芯座相接触(见图 2－17)，如型芯的工作部位为圆形，其直径为 d，则芯头部位的直径 D 应比 d 大 1 mm 或更多，而芯头的长度 H 可由下面的数学式确定。

垂直型芯定位长度

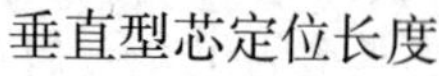

$$H = (0.3 \sim 0.8)d \tag{2-10}$$

侧部型芯定位长度

$$H = (0.5 \sim 1)d \tag{2-11}$$

式中　H——金属芯定位部分长度；

d——金属芯定位部分直径。

小型芯取上限，大型芯取下限。

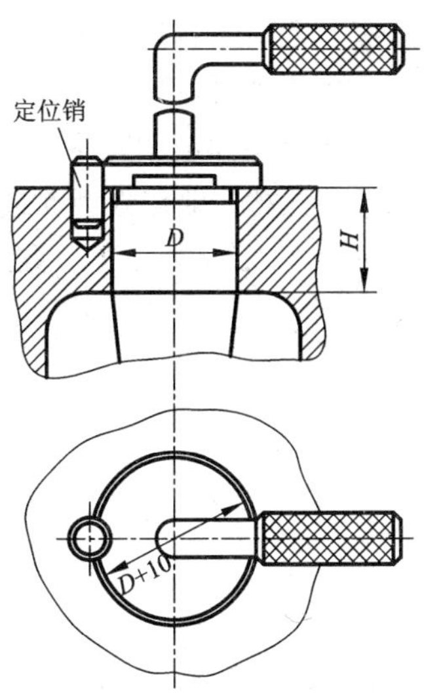

图 2－17　金属型芯的芯头定位

金属芯的定位长度，不仅与型芯直径大小有关，而且与型芯工作面深度（与金属液接触部分）、型芯固定形式等因素有关。工作面深度越长，或者是活动型芯，则型芯定位长度较长些。直径在 50 mm 以上的金属芯，应制成空心的，壁厚常为 12 ~20 mm，大金属芯壁厚可参考铸型壁厚。

芯头与芯座间缝隙不能太大，以防浇注时金属液进入。但也不能太小，使金属型芯的安放和取出困难。适宜的芯头、芯座间隙配合为 H12/h12。

图 2－17 中的销钉用来给型芯定位。

②抽芯力要足够，无论采用那种方式（手工、机械、液压或气动）抽芯，都要保证有足够的抽芯力。抽芯力与金属芯的大小、金属芯的斜度等有关，图 2－18 是铝合金铸件采用金属型芯时，在实际生产中实测抽芯力的结果，可供设计参考。

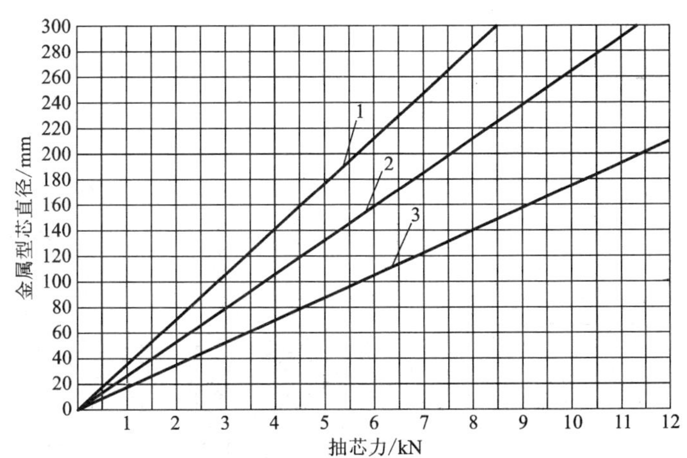

图 2－18　金属型芯长 10 mm 的铝合金铸件的抽芯力

1—拔模斜度为 3°；2—拔模斜度为 2°；3—拔模斜度为 1°

例如铝合金铸件采用金属型芯尺寸为 ϕ160 mm，工作长度为 100 mm，拔模斜度为 2°，从图 2－18 查得型芯工作长度为 10 mm 时的抽芯力为 6000 N，所以型芯工作长度为 100 mm 时的抽芯力应为 6000 ×（100/10）＝60000 N。

2.4.4 金属型的排气

金属型本身不透气，必须重视型腔的排气问题，否则会造成浇不足及气孔等缺陷。其排气方式有以下几种。

①利用分型面或型腔零件组合面的间隙进行排气。

②开排气槽，即在分型面或型腔零件的组合面上，芯座或顶杆表面上开排气槽，如图2-19所示。它们既能排气，又能阻止金属液流入，故在金属型铸造和金属型低压铸造中得到广泛的应用。

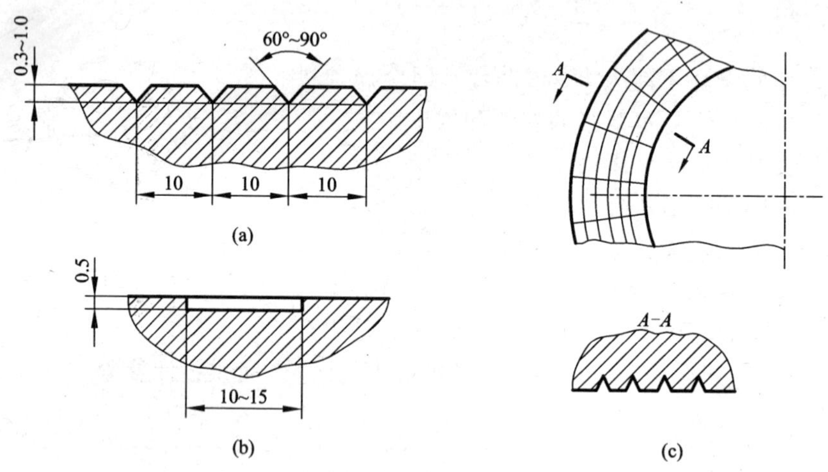

图2-19 金属型采用的排气槽

(a)V形排气槽；(b)扁平排气槽；(c)利用排气槽储气和排气

③设排气孔。排气孔一般开设在金属型的最高处或型内可能产生“气阻”的地方，如图2-20所示。

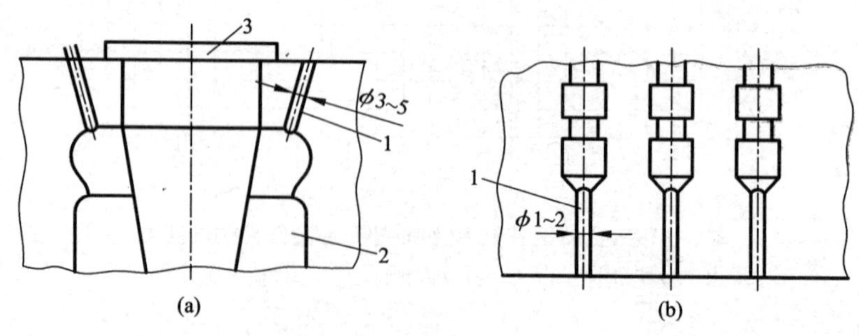

图2-20 排气孔开设示例

1—排气孔；2—型腔；3—型芯

④排气塞是金属型常用的排气设施，一般用钢或铜合金制成，形状有图2-21中A型、B型、C型几种。排气塞可设置在型腔中易聚集气体的部位。

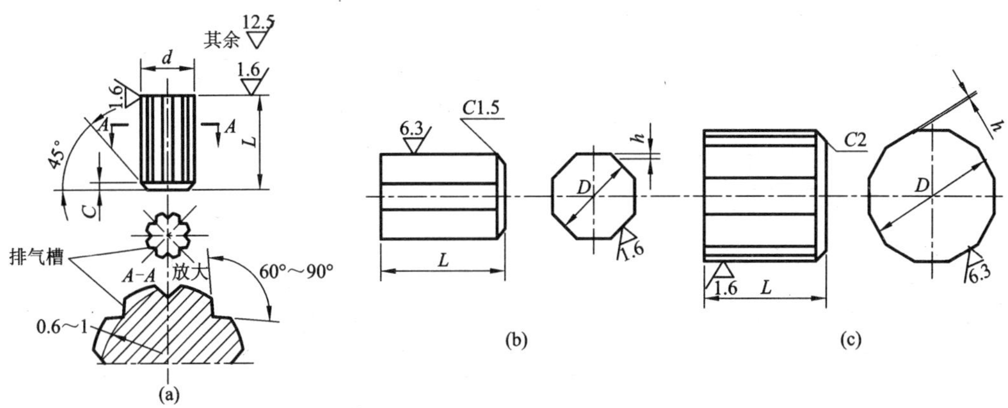

图 2－21　排气塞

(a) A 型；(b) B 型；(c) C 型

2.4.5　金属型顶出铸件机构

金属型设计中，尽可能的设法将铸件留在底座上，不需要其他的机构就能把铸件取出。但有些铸件不便留在底座或留在底座也很难出型时，需采用顶出铸件机构（图 2－22），才能将铸件顶出。在设计顶出铸件机构时，须根据铸件的形状设计，要注意下面几点：

①为了避免在顶出铸件时将铸件顶变形，顶杆布置要均匀且在出型阻力最大的地方（见图 2－23）。

②为了避免在铸件上留下较深的顶杆印痕，顶杆与铸件的接触面积应足够大，此外亦可增加顶杆数目。尽可能将顶杆布置在浇冒口上或专门设立的工艺搭子上。

③为了防止顶杆卡死，首先是顶杆和顶杆孔的配合间隙应合适，根据经验，适宜的间隙公差一般为 D4/dc4；其次顶杆材料的热膨胀系数 $\alpha_{杆}$ 应小于金属材料的热膨胀系数 $\alpha_{型}$ 才是合理的。

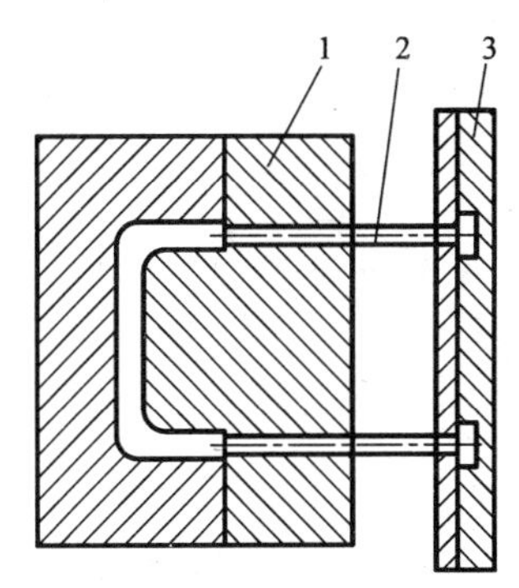

图 2－22　金属型顶杆顶出机构示意图

1—金属型；2—顶杆；3—顶杆固定板

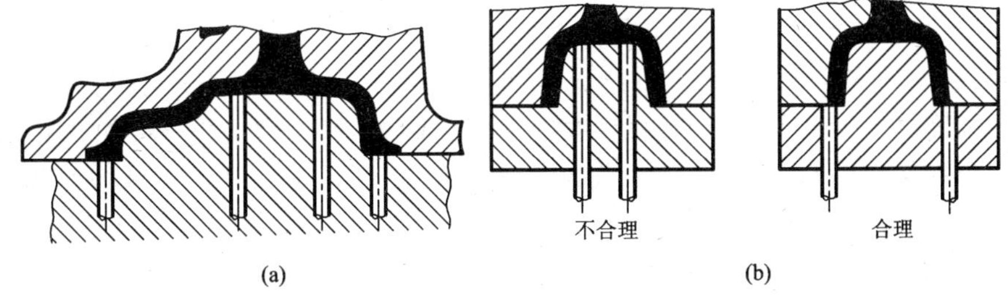

图 2－23　顶杆分布示例

(a) 顶杆分布均匀；(b) 设在阻力较大的部位

2.4.6 金属型的定位、导向及锁紧机构

为了金属型合型时使金属型半型间不发生错位，一般采用两种办法：即定位销定位和“止口”定位。而对于矩形分型面大多采用定位销定位。定位销应设在分型面轮廓之内，如图2－24(a)所示，而对于上下分型，分型面为圆形时，可采用“止口”定位，见图2－24(b)。

当金属型本身尺寸较大，而自身的重量也较大时，要保证开合型定位方便，可采用图2－25所示的几种导向形式。对手工操作的金属型，合型后，为防止液体金属进入分型面，须采用锁紧机构(见图2－26所示)。在气动或液压传动的金属型铸造机上，可用汽缸或油缸的压力锁紧。

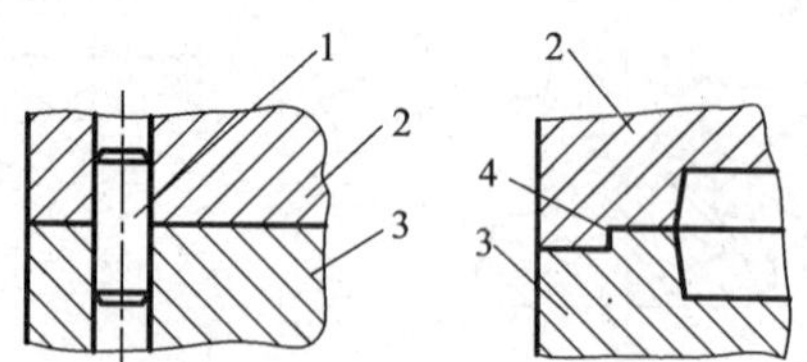

图2－24 金属型的定位方法

1—定位销；2—上半型；3—下半型；4—止口

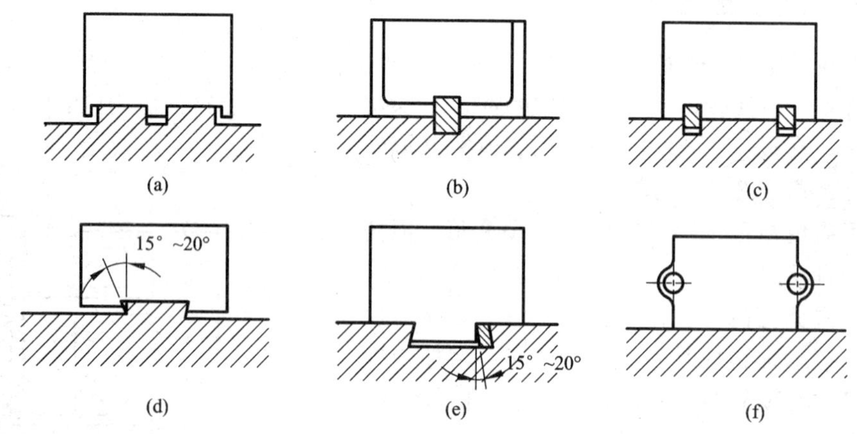

图2－25 几种导向机构

(a)滑块定位；(b)滑块定位；(c)滑块定位；(d)燕尾槽定位；(e)燕尾槽定位；(f)导柱定位

2.4.7 金属型材料的选择

制造金属型的材料，应满足具有一定的强度、韧性及耐磨性，机械加工性好，同时具有一定的耐热性和导热性好的条件。

铸铁是金属型最常用的材料。其加工性能好，价格低廉，一般工厂均能自制，并且他又耐热、耐磨，是一种较合适的金属型材料。只是在要求高时，才使用碳钢和低合金钢。钢由于韧性好、强度高、易焊补，故钢金属型的寿命要比铸铁金属型高几倍，但由于加工困难，易变形，因此只在铸型条件恶劣时，才使用钢制造金属型，一般多用45号钢作为金属型的材料。

铝合金金属型的研究已延续很多年，因铝金属型表面可进行阳极氧化处理，而获得一层由Al_2O_3及$Al_2O_3 \cdot H_2O$组成的氧化膜，其熔点和硬度都较高，而且耐热、耐磨。这种铝金属型，如采用水冷措施，它不仅可铸造铝件和铜件，同样也可用来浇注黑色金属铸件。表2－9表示一些金属型专用零件的适用材料。

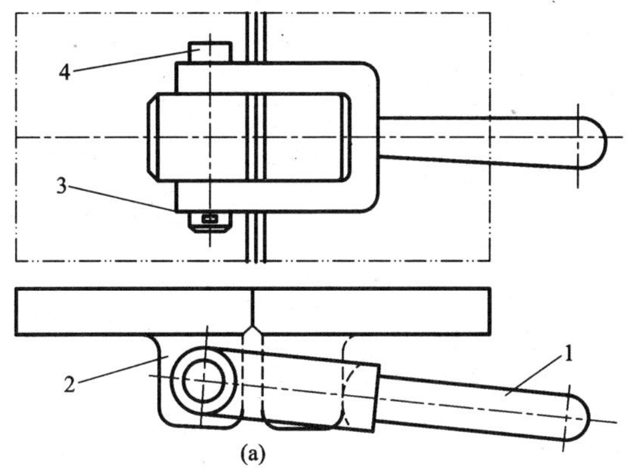

(a)

1—把手；2—型耳；3—开口销；4—抽销

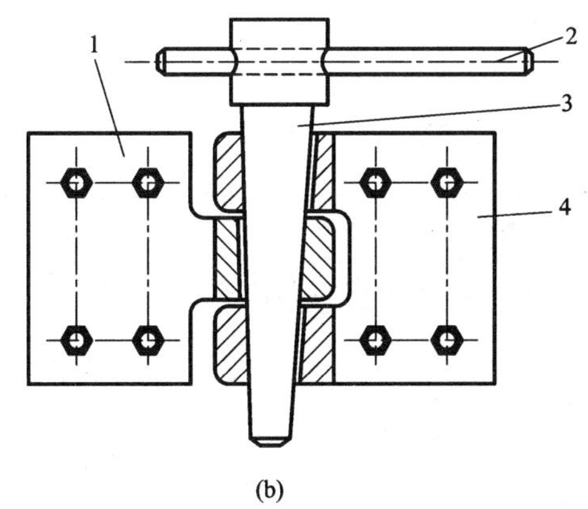

(b)

1—左锁扣；2—把手；3—楔销；4—右锁扣

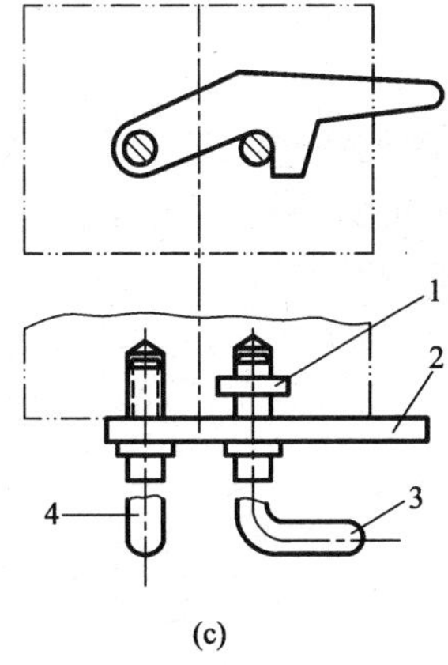

(c)

1—圆柱销；2—锁扣；3—偏心把手；4—手把

图 2－26　手动金属型锁紧机构

表2－9　金属型专用零件的适用材料

零件名称	材料	热处理要求	应用范围
型体	HT150，HT200	时效	结构简单的大、中、小金属型型体
	45	30～35HRC	各种结构的大、中、小金属型型体
型芯活块、镶块	HT200	时效	结构简单的大、中、型金属型芯、活块、镶块
	45	30～35HRC	一般结构的金属型芯、活块、镶块
	W18Cr4V	30～35HRC	细长金属型芯、薄片及形状复杂的组合型体、型芯、片状活块和镶块

2.5　金属型铸造工艺

[学习目标]

1. 掌握金属型铸造工艺过程和操作方法；
2. 掌握覆砂金属型的特点及应用条件。

鉴定标准：应知：金属型铸造工艺规范的主要内容；应会：会金属型的温度、金属型的浇注、铸件出型温度以及涂料的选择。

教学建议：课堂教学和生产现场教学相结合的教学方法。

金属型铸造工艺规范的主要内容有：金属型的温度、金属型的浇注、铸件出型温度，以及涂料等。

2.5.1　金属型的温度

金属型的温度包括喷刷涂料前的预热温度和浇注前预热温度（即金属型的工作温度）。

（1）喷刷涂料前的预热

金属型在喷刷涂料前，一般要加热到一定温度，称为预热。其作用是使涂料中水分迅速蒸发，使涂料层厚度均匀，获得致密的涂料层。预热温度太低，涂料不能很快干燥，会出现淌流现象；预热温度过高，则喷射到型腔表面上的涂料中的水分剧烈蒸发，涂料将发生鼓包或成块脱落。预热温度根据浇注的合金种类而定。对铸铁件为80℃～100℃；铸钢为100℃～200℃；铜合金为90℃～100℃；铝、镁合金为150℃～200℃。

（2）金属型的工作温度

浇注前金属型需预热到一定温度，可看做是金属型的工作温度。不预热的金属型不能进行浇注。这是因为金属型导热性好、液体金属冷却快，流动性剧烈降低，容易使铸件出现冷隔、浇不足、气孔等缺陷。未预热的金属型在浇注时，铸型将受到强烈的热冲击，应力倍增，使其极易破坏。因此，金属型在开始工作前，应该先预热，适宜的预热温度（即工作温度），随合金的种类、铸件结构和大小而定，一般通过试验确定。一般情况下，金属型的预热温度不低于150℃。表2－10中的数据可供参考。

表 2－10 金属型的工作温度 （单位：℃）

铝合金	镁合金	铝镁复杂大件及大型芯	铜合金	铝锡青铜	锡青铜	铸铁	铸钢
200～350	200～380	350～450	120～200	50～125	150～250	250～350	150～300

金属型的预热方法有：

①用喷灯或煤气火焰预热；

②采用电阻加热器；

③采用烘箱加热，其优点是温度均匀，但只适用于小件的金属型；

④先将金属型放在炉上烘烤，然后浇注液体金属将金属型烫热。这种方法，只适用于小型铸型，因它要浪费一些金属液，也会降低铸型寿命。

2.5.2 金属型的浇注

（1）合金的浇注温度

金属型铸造因铸型激冷能力强、不透气，显著降低了液体合金的充型能力，若浇注温度过低，可能使铸件产生冷隔、浇不足、气孔等缺陷。因此金属型铸造浇注温度一般比砂型铸造浇注温度高 20℃～35℃，以保证液体金属充满型腔。若浇注温度过高，会使铸件冷却缓慢，铸件组织晶粒粗大，降低铸件力学性能，同时降低金属型使用寿命。适宜的浇注温度取决于铸件合金种类、铸件结构、金属型工作温度及浇注速度、涂料等因素，生产中应通过试验确定。表 2－11 所列数据，可供参考。

表 2－11 金属型铸造时各种合金的浇注温度

合金种类	锡铅合金	锌合金	铝合金	镁合金	黄铜	锡青铜	铝青铜	铸铁
浇注温度/℃	350～450	450～480	690～750	700～950	900～950	1100～1150	1150～1300	1300～1400

（2）浇注操作

浇注时，除了一般应注意的问题，还应结合金属型的铸造特点控制好浇注速度和应用倾型转动浇注法。

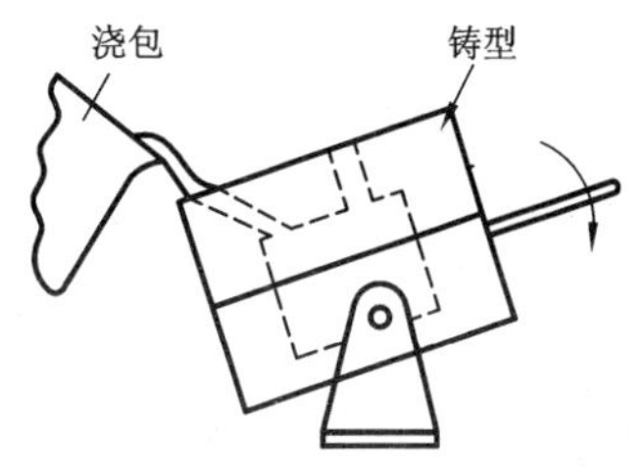

图 2－27 金属型倾型转动浇注示意图

由于金属型的排气条件差，为防止浇注时金属液飞溅所引起的铸件气体流沿型壁进入型腔。开始浇注时，速度宜慢，以便使遇热膨胀的型腔内气体能及时排出，同时也可避免第一股金属液经内浇口进入型腔时的喷射现象，然后应加快浇注速度，使金属液尽快充满型腔，避免因金属型冷却作用强而易引起的铸件冷隔，浇不足的缺陷。为进一步防止浇注时的金属流飞溅现象，金属型铸造时常采用倾型转动浇注法（见图 2－27）。图 2－27 所示金属型倾型转动浇注示意图即浇注前，先把铸型倾斜约 45°，然后开始浇注、边浇注，边把铸型转成正位。不少金属型铸造机上都有专门的实现倾型转动浇注的机构。

2.5.3 铸件的出型和抽芯时间

从浇注完毕到从金属型中取出铸件的间隔时间称为铸件的出型时间。从铸件中抽出金属芯的时间称为铸件的抽芯时间。铸件的出型时间及抽芯时间取决于铸件的大小和壁厚。

金属型没有退让性，铸件在其中的收缩受到阻碍。铸件在型中停留时间愈长，出型温度越低，其收缩量就越大，型腔凹凸部分对铸件收缩的阻碍以及铸件对金属型芯的抱紧力也就越太，铸件出型和抽芯就越困难。如果缩短铸件在金属型中的停留时间，铸件在型内的收缩小，产生内应力和裂纹的倾向小，还可以避免铸铁件形成白口层。但停留时间过短，铸件的温度高，强度低，容易变形损伤。当铸件在型中冷却到塑性变形温度范围，并已有足够的强度时，从型中取出铸件并从铸件中抽出金属芯最为合适。合适的抽芯与铸件出型时间，一般经验是当浇冒口基本凝固完毕，铸件即可出型、抽芯。如小型铸铁件的开型时间为 10 ~60 s。在实际生产中，对于具体铸件的出型和抽芯时间，应通过试验来确定。

2.5.4 金属型温度的调节

每浇注一次铸件，就需要将金属型打开，停放一段时间，待冷至规定温度时再浇注。如靠自然冷却，需要时间较长，会降低生产率。为了保证金属型在生产过程中保持工作温度的稳定，常对金属型进行吹风、喷水等强化性散热。可使金属型铸造能够连续进行。

金属型工作温度的调节要保证金属型铸件的质量稳定，生产正常，首先要使金属型在生产过程中温度变化恒定。因此常用强制冷却的方法。冷却的方式一般有以下几种：

①风冷。即在金属型外围吹风冷却，强化对流散热。风冷方式的金属型，虽然结构简单，容易制造，成本低，但冷却效果不十分理想。如图 2 –28 所示。

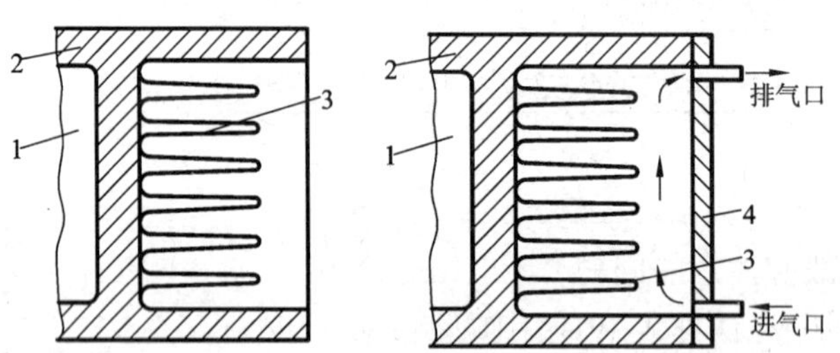

图 2 –28 金属型风冷示意图

1—型腔；2—金属型；3—散热片或散热针；4—铸铁盖板

②间接水冷。在金属型背面或某一局部，镶铸水套，其冷却效果比风冷好，适于浇注铜件或可锻铸铁件。但对浇注薄壁灰铁铸件或球铁铸件，激烈冷却，会增加铸件的缺陷，如图 2 –29 所示。

③直接水冷。在金属型的背面或局部直接制出水套，在水套内通水进行冷却，这主要用于浇注钢件或其他合金铸件，铸型要求强烈冷却的部位。因其成本较高，只适用于大批量生产。如果铸件壁厚薄悬殊，在采用金属型生产时，也常在金属型的一部分采用加温，另一部分采用冷却的方法来调节型壁的温度分布，如图 2 –30 所示。

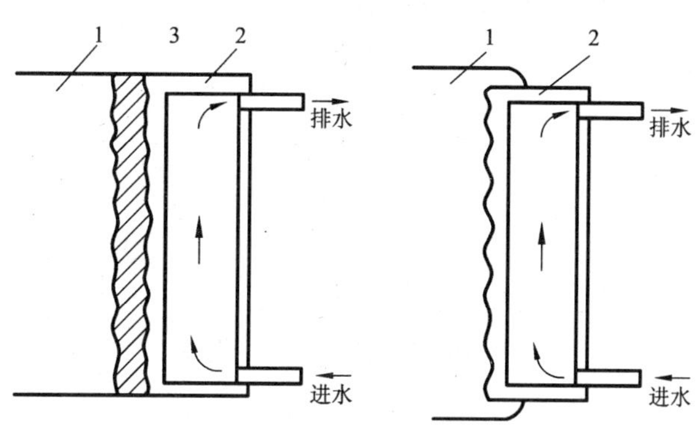

图 2－29　间接水冷金属型结构示意图

1—金属型；2—水套；3—铜片

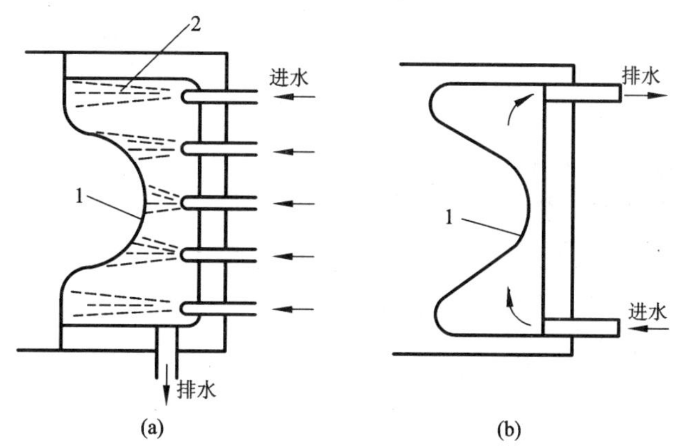

图 2－30　金属型直接水冷示意图

1—金属型；2—冷却水

2.5.5　金属型铸造用涂料

金属型铸造时，须在型腔表面上喷涂涂料。选择合适的涂料原材料，正确配制和确定喷涂工艺，是获得优质铸件和延长金属型使用寿命的重要环节。

(1)涂料的作用

①保护金属型。浇注时液体金属不断地对金属型型壁有热冲击作用，型壁内表面急剧受热，温度迅速升高，型壁内外温差很大，产生较大的内应力，这就是高温液态金属对金属型的“热击”作用。试验结果表明，当金属型涂刷厚度为 0.58 mm 的硅藻涂料后，浇入金属液后的第一秒内，涂料表面温度约为 980℃，而金属型表面温度只有 494℃；可见涂料层能有效地减轻金属型表面所受的热击作用，并能防止金属液对型壁的直接冲击。在取出铸件时，可减轻铸件对金属型、芯的磨损，并使铸件容易从型中取出。

②调节铸件在金属型中各部位的冷却速度，控制凝固顺序。如冒口中采用绝热性涂料，可以延缓其凝固速度，提高其补缩能力。采用不同涂料或同一涂料的不同厚度能控制铸件的

凝固速度。在铸型上涂刷涂料是预防铸铁件表面产生白口的重要措施。

③改善铸件的表面质量。防止因金属型有较强的激冷作用而导致铸件表面产生冷隔或流痕以及铸铁件表面形成白口层。

④利用涂料层排气蓄气。因为涂料层与金属型相比，有一定的孔隙度，因而有一定的蓄气和排气能力。如图2-31所示，在金属型浇注时，死角*A*处的气体可通过涂料层的孔隙按箭头所指方向移至*B*处，继而排出型外，就可获得表面质量好的铸件。

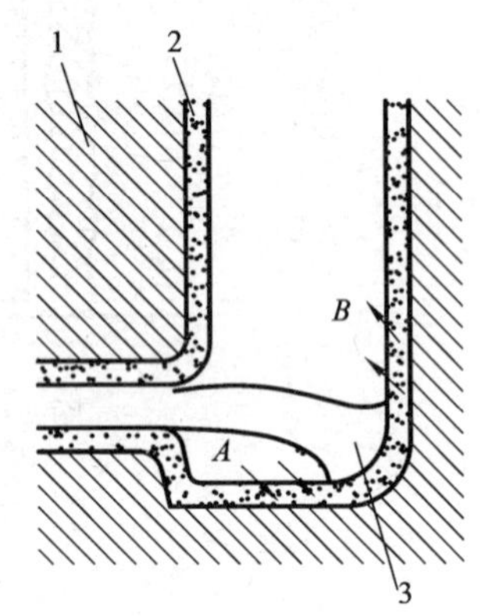

图2-31　气体通过涂料层排出

1—金属型；2—涂料层；3—金属流

(2)涂料应满足的技术要求

要有一定黏度，便于喷涂，在金属型表面上能形成均匀的薄层；涂料干后不发生龟裂或脱落，且易于清除；具有高的耐火度；高温时不会产生大量气体；不与合金发生化学反应(特殊要求者除外)等。

(3)涂料的组成

根据不同的合金，涂料可能有多种配方，但基本由粉状耐火材料、黏结剂，载体和其他附加物组成。

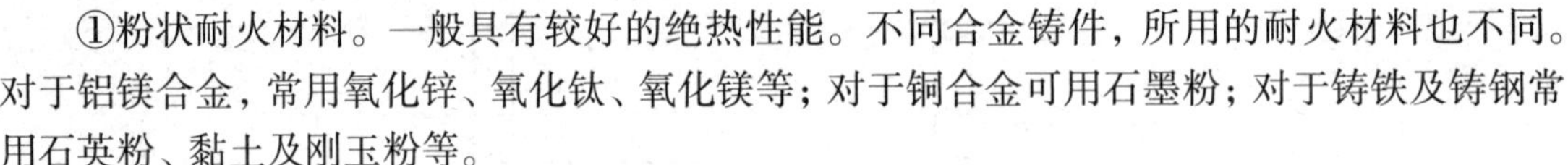

①粉状耐火材料。一般具有较好的绝热性能。不同合金铸件，所用的耐火材料也不同。对于铝镁合金，常用氧化锌、氧化钛、氧化镁等；对于铜合金可用石墨粉；对于铸铁及铸钢常用石英粉、黏土及刚玉粉等。

②黏结剂。通常采用水玻璃。铸钢常用糖浆、纸浆废液等。

③载体。其作用是使涂料各组成物能均匀混为一体，并有良好的涂刷性能，一般用水。铜合金常用矿物油(如机油、润滑油等)。

④附加物。附加物是使涂料具有特殊性能的物质，如石棉粉、硅藻土能有效地提高涂料的绝热性，石墨粉、滑石粉可使涂料有较好的润滑性，硼酸可防止镁合金氧化，硅铁粉可防止铸铁件表面产生白口。

喷涂涂料时，应事先将型腔工作表面清理干净并预热至180℃～230℃，用压缩空气经喷雾器将混匀的涂料以呈雾状喷涂在型腔工作表面上，使之形成致密均匀的覆盖层。喷涂时，若金属型温度太低，则涂料不能很快干燥，将会出现淌流现象；但若温度过高，则喷射到型腔表面上的涂料其中的水分会剧烈蒸发，涂料将发生鼓泡或成块脱落。

涂料层的厚度一般小于0.5 mm，但在浇冒口部位可超过1 mm。生产铸铁件时，有时采用乙炔或重油烟熏金属型的工作表面。

表2-12列出了金属型铸造常用涂料的配方。

表 2-12　铝、镁合金金属型铸造时涂料的质量组成　（单位：%）

浇注合金	氧化锌	白墨粉	氧化钛	石棉粉	滑石粉	石墨粉	硼酸	水玻璃	热水	用途
铝合金	9～11							4～6	余量	后壁中小件型面
	6	5	3						余量	铸件表面要求光滑的型面
	4		9			9		5	余量	大型厚壁件型面
	5～7		11～13	11～13				97～11	余量	薄壁件型面
						10～20		4～6	余量	斜度小的芯面，型腔局部厚大处
		8～15	9～14					5～9	余量	浇冒口系统
镁合金		10				5		3	余量	大型铸件型面
						8	3	3	余量	一般铸件型面
	10					5		3	余量	铸件表面要求光滑的型面
		5				10	3	3	余量	中小件铸件型面
		5			5		3	3	余量	中小件铸件型面
		2～5		10～30				2～5	余量	浇冒口系统

注：1. 有时可用水玻璃将石棉纸粘在冒口型腔壁上。
2. 浇注镁合金前，在型面上喷含(5～10)%硝酸的水溶液。

2.5.6　覆砂金属型(铁模覆砂)

涂料虽然可以降低铸件在金属型中的冷却速度，但采用刷涂料的金属型生产球墨铸铁件(例如曲轴)仍有一定困难，因为铸件的冷却速度仍然过大，铸件易出现白口。若采用砂型铸件冷却速度虽低，但在热节处又易产生缩松或缩孔，在金属型表面覆以 4 mm～8 mm 的砂层就能铸出满意的球墨铸铁件。

覆砂层有效地调节了铸件的冷却速度，一方面使铸铁件不出现白口，另一方面又使冷却速度大于砂型铸造。金属型无溃散性，但很薄的覆砂却能适当减少铸件的收缩阻力。此外金属型具有良好的刚性，有效地限制球墨铸铁石墨化膨胀，实现了无冒口铸造，消除疏松，提高了铸件的致密度。如金属型的覆砂层为树脂砂，一般可用射砂工艺覆砂，金属型的温度要求在 180℃～200℃之间。覆砂金属型可用于生产球墨铸铁，灰铸铁或铸钢件，其技术效果显著。

2.5.7　金属型的寿命

金属型的寿命是指在其报废前所能浇注的铸件数量，这是金属型铸造中一个很重要的问题，特别在浇注黑色金属及青铜铸件的情况下，金属型损坏很严重，寿命很低。金属型是较贵重和生产中起关键作用的模具，为保证生产的正常进行和降低生产成本，应尽可能延长金属型的寿命，为了能采取措施以延长铸型寿命必须着重研究金属型破坏的原因。

(1)金属型破坏的原因

①热应力疲劳。金属型工作时，每生产一次铸件，金属型型壁就会经受一次加热和冷却的过程。如图2－32所示，在浇注之前，如认为金属型型壁内厚度方向上的温度基本是一样的，则在高温液态金属进入铸型后，其内表面层上的温度会迅速上升，而型壁中间层和型壁外表面处的温度还来不及同步上升，因此便出现如图2－32(a)所示的型壁内部在壁厚方向上的温度分布。铸型内表面上的温度升得很高，而中间层和外表面层处的温度尚低。铸型内表层的线膨胀量便比中层和内表面层要大得多，即型壁的中间层和外表面层阻碍内表面层的膨胀，内表面层受压，中间层受拉，而外表面层上的应力很小，因紧靠它的型壁内层温度升得不高。铸件在型内凝固时，型壁的中间层和外表面层上的温度逐渐上升，型壁上的温度分布曲线逐渐平缓[见图2－32(b)]，但铸型壁靠近内表面层仍受压应力，外表面层上出现了拉应力。自铸型中取出铸件后，金属型内表面直接与空气接触，降温较快，而型壁中间层的温度仍较高，此时铸型内、外表面层需收缩较多，而型壁中间层因温度较高而阻碍表面层的收缩，型壁内、外表面层上产生拉应力，如图2－32(c)所示。因此每浇注一次铸件，金属型内表面就经受一次交变应力的作用。在长期的工作过程中，金属型内表面就得经受很多次交变热应力的作用，当这种交变应力超过金属型材料的高温疲劳强度值时，金属型内表面就会出现微小裂缝。裂缝处易应力集中，所以随着浇注次数的增多，裂缝扩大，最后在金属型表面形成明显的网状裂缝，严重时，金属型会因此而报废。

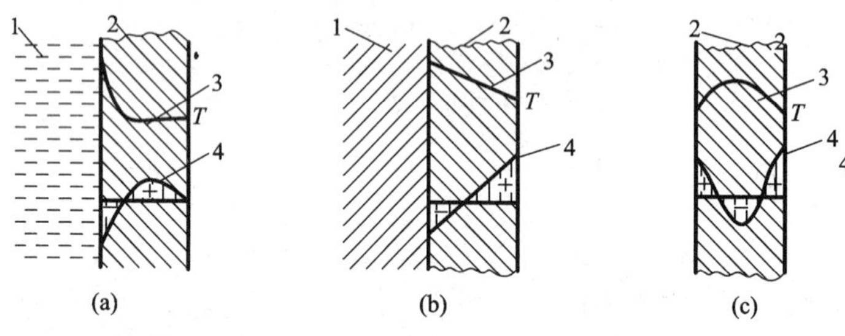

图2－32　金属型受交变热应力示意图

(a)刚浇注完；(b)铸件凝固时；(c)取出铸件后

1—铸件金属；2—金属型壁；3—温度分布曲线；4—应力分布曲线

因此，采用涂料来减轻金属型工作表面的受热程度，尽可能使用光洁程度较高的金属型工作表面，或在铸型内表面上一旦出现微小裂缝时就及时地将其磨去，以延缓裂缝的扩展趋势，适当地减轻热应力疲劳的破坏作用。

②金属型材料内部组织的变化。金属型长期在金属液的热作用下，内部组织、机械性能和物理性能均会发生变化。这些变化无论是对铸件的外部尺寸还是内部质量均有一定的影响。铸型材料变化最显著的是铸铁的生长现象，当金属型的材料为铸铁时，铸铁中的珠光体在浇注金属的热作用下，会分解为石墨和铁素体，伴随有体积的增大，这种增大称为铸铁生长，但这种生长是不会在金属型整体内同步均匀进行的，而是有的部位生长得较多，有的部位则生长很少。如同热应力的形成机理一样，相变得较快的部位的生长受阻，这部位的材料受压；相变得较慢部位来不及生长，这个部位阻碍相变较快部位的生长，它本身受拉。这种应力如同热应力一样会加快热应力疲劳裂缝的扩展。严重的时候，它还会和铸造应力、热应

力一起引起金属型的弯曲变形，以致使型腔尺寸变化，降低铸件的尺寸精度，还会使两个半型不能严密合型，易在铸件上出现飞边。

③氧气侵蚀。热应力疲劳裂缝中的空气中的氧会在高温情况下加速与裂缝壁上的金属发生氧化反应，此时也伴随有体积膨胀，与此同时，还使裂缝中的金属变得疏松，使裂缝进一步扩展。

④金属液的冲刷。浇注时，液体金属流过金属型表面，有一股冲刷的作用，金属型工作表面在高温金属流冲刷下，温度迅速升高，其强度也很快降低，故在受冲刷的金属型表面上会较早地出现裂缝。

所以金属型铸造时应合理设计浇注系统，避免金属型某部位受集中剧烈的冲刷。考虑金属型铸造工艺时要选择合适的涂料，尽可能减轻金属液对铸型表面的直接冲刷。

⑤铸件的摩擦。因金属型无退让性，铸型中受铸件包住的部位，会在取出铸件时承受较大的表面接触摩擦，这种摩擦会使金属型受损，浇注后温度升得较高的铸型部位，内部其膨胀量大，强度又下降得多，就更易被摩擦破坏。因此采取选择合适的涂料（如减小摩擦系数的涂料），控制好铸型各处的工作温度，尽可能早地自型中取出铸件等措施，都可减轻铸件对铸型的摩擦破坏。

(2)提高金属型寿命的措施

针对金属型破坏的主要原因，提出如下延长金属型寿命的措施：

①正确选择金属型材料；

②正确选择金属型结构，壁厚合理，无壁厚急剧变化，尽可能避免尖角，正确设计加强筋等；

③合理设计浇注系统，尽可能让金属液平稳流入型腔，避免金属液强烈冲刷型腔工作面；

④金属型毛坯一定要进行热处理，清除铸造应力；

⑤从金属型工艺上尽可能避免强烈的“热冲击”，为此，应对金属型进行预热，在工作温度下进行浇注；喷涂涂料保护金属型；正确掌握铸件出型时间等。

2.6　金属型铸造机

[学习目标]

1. 掌握金属型铸造机的分类；

2. 熟悉金属型铸造机结构形式。

鉴定标准：应知：金属型铸造机的分类、机构原理、应用特点；应会：会根据金属型铸件的特点选择金属型铸造机。

教学建议：多媒体教学。

2.6.1　金属型铸造机分类

金属型用在大量和大批生产的时候，这时，金属型铸造工艺过程的机械化和自动化问题，就具有格外重要的意义。尤其工艺过程的个别操作，例如从铸型内取出型芯和铸件的机械化操作，就应列为首要问题。

金属型铸造机由开合型机构、抽芯机构、顶出铸件机构、传动机构等基本部分组成。按照所用的动力，金属型铸造机大致可分为三类。

(1)手动金属型铸造机

它利用齿轮、齿条或螺杆机构等简单机械来驱动金属型，进行开型、合型及顶出铸件等工序。此类金属型铸造机结构简单，多用于中小件小批量生产。

①齿轮齿条传动的金属型铸造机(图2－33)。这类金属型铸造机常用于小件生产。它操作方便。在机座6上装有定型7，当手柄1在如图箭头所示方向移动时，齿条4向右移动，带动动型5右移，进行合型。手柄1上的重锤2用来防止合型后液体金属压力将铸型胀开。齿轮3的齿数一般为10～14，齿轮的模数取2.5～4，手柄的转动角为90°～100°。

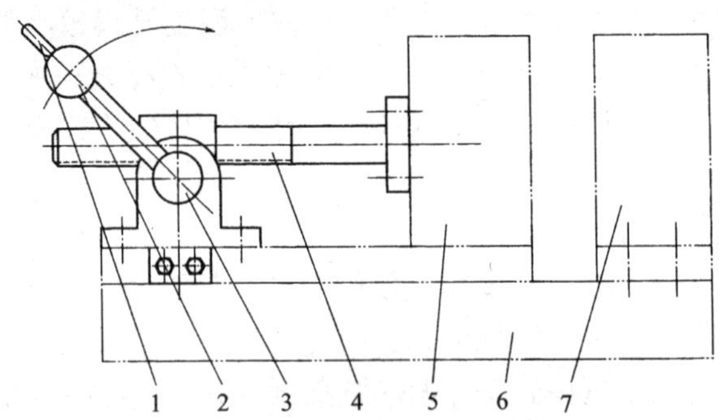

图2－33　齿轮齿条传动的金属型铸造机

1—手柄；2—重锤；3—齿轮；4—齿条；5—动型；6—机座；7—定型

②螺杆传动的金属型铸造机(图2－34)。这类金属型铸造机在手动金属型铸造机中应用较多。螺杆上一般有方形或梯形螺纹；其螺母间的空隙略大；要求能自锁，即螺线纹升角应小于螺杆材料与螺母材料间的摩擦角。在用钢螺杆和磷青铜螺母时，螺线纹升角可为6°，动型运动的导向可采用图2－25(f)的结构。

此外手动金属型铸造机还可采用曲柄连杆传动、杠杆传动等形式。

(2)气动金属型铸造机

在成批和大量生产中，当铸件在分型面上的投影面积大于300 mm×300 mm时，多采用这类金属型铸造机。因为它的结构简单；操作方便，制造和维修都比较容易。图2－35为气动金属型铸造机气路系统示例，其结构及工作过程如下：定型8固定于定型座9上，当汽缸1的活塞向右移动时，牵引动型5向右移动合型。同时汽缸6的活塞带着型芯7进入型腔的预定位置。浇注后，待铸件凝固至一定程度，先进行抽芯，然后汽缸带动动型5左移开型。移动到一定位置，顶出铸件，完成一次工艺循环。

(3)液压传动金属型铸造机

这类金属型铸造机的优点是运动动作平稳，工作可靠，合型力大，生产率高，它适用于大批量生产。其液压传动系统如图2－36所示，当油泵2工作时，高压油通过四通复位电磁阀4、9，操纵油缸5和8，以带动金属型的定型6、动型7完成开合型工序。

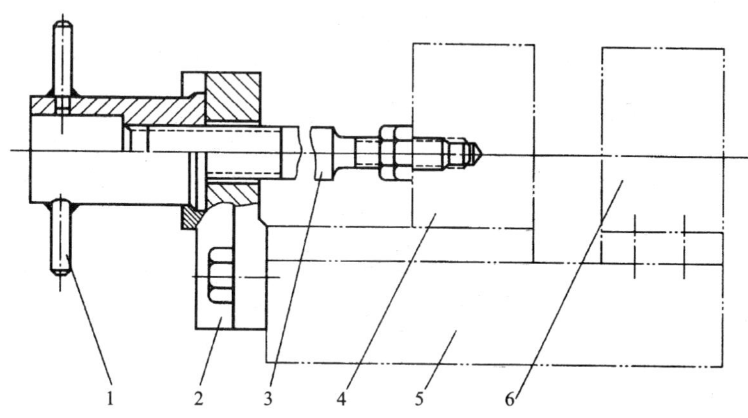

图 2 – 34　螺杆机构金属型铸造机

1—把手；2—支架；3—螺杆；4—动型；5—底座；6—定型

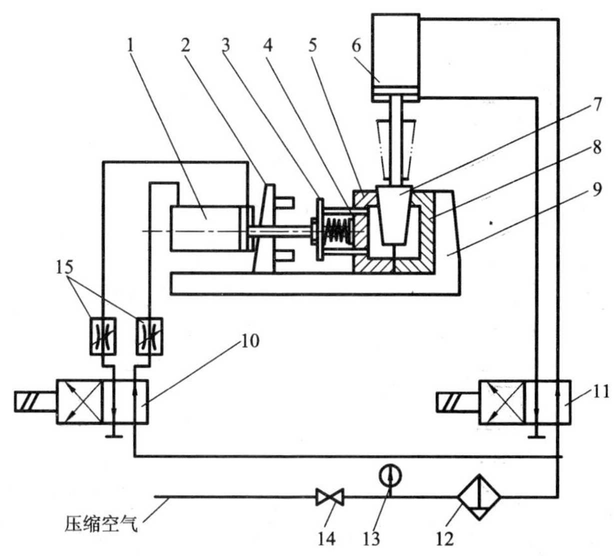

图 2 – 35　气动金属型铸造机的气路系统

1、6—汽缸；2—动型挡板；3—顶杆板；4—顶杆；5—动型；7—型芯；8—定型；9—定型座
10、11—两位四通电磁阀；12—滤水器；13—压力表；14—截止阀；15—截流调节阀

2.6.2　金属型铸造机的开型力

开型力是金属型铸造机的最主要参数之一，影响开型力的因素很多，如合金性能、铸件结构、出型斜度及铸件在型中停留的时间等。生产中都采用经验数据。

图 2 – 37 是通过实际测定总结所得数据制订的铝合金铸件金属型的开型力图表，可供参考。图表中将型腔分为三类：

①复杂型腔：型腔阻碍铸件收缩力很大；

②中等复杂型腔：型腔阻碍铸件收缩力较大；

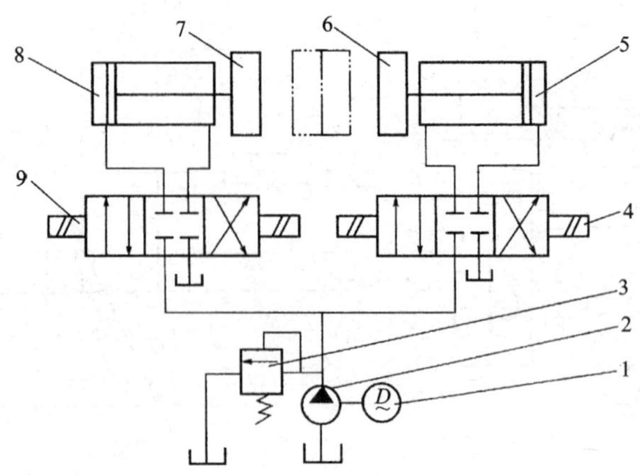

图 2-36 金属型铸造液压传动系统

1—电动机；2—油泵；3—安全阀；4、9——双向四通复位电磁阀；5、8—油缸；6—定型；7—动型

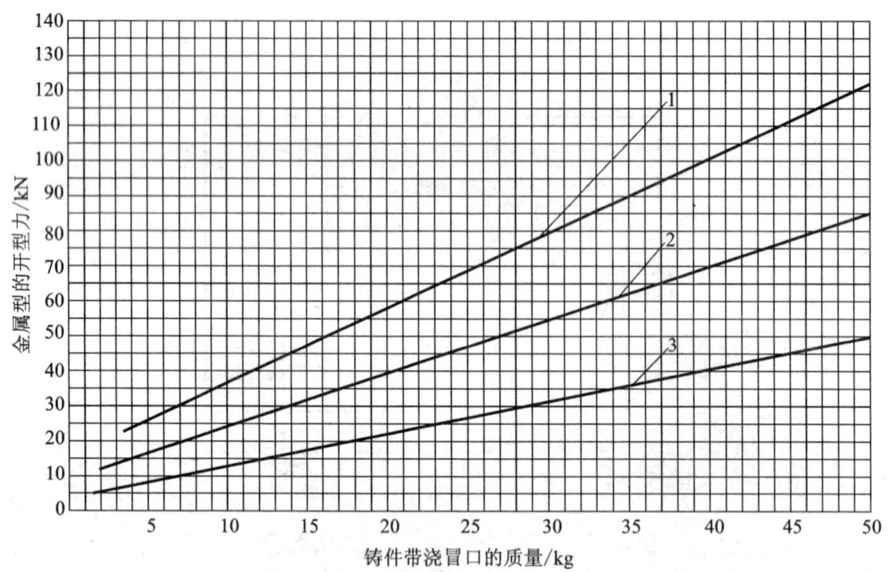

图 2-37 确定金属型开型力的图表

1—复杂型腔；2—中等复杂型腔；3—简单型腔

③简单型腔：型腔阻碍铸件收缩力较小。

当今金属型铸造已从简单的设备提供模式发展成为金属型铸造设备、生产工艺、技术软件、人员培训和售后服务一体化的全方位的合作体系。全自动金属型铸造设备以其适应大批量、专业化生产受到供应商和用户的普遍关注。

【思考题】

1. 金属型铸造有何优越性？为什么金属型铸造未能广泛取代砂型铸造？

2. 为什么用金属型生产铸铁件时常出现白口组织？该如何预防和消除已经产生的白口？

3. 金属型的主要结构形式有几种?
4. 金属芯的种类?
5. 金属型为什么重视排气? 在哪些地方更要考虑排气?
6. 请计算圆环型金属型型腔尺寸。

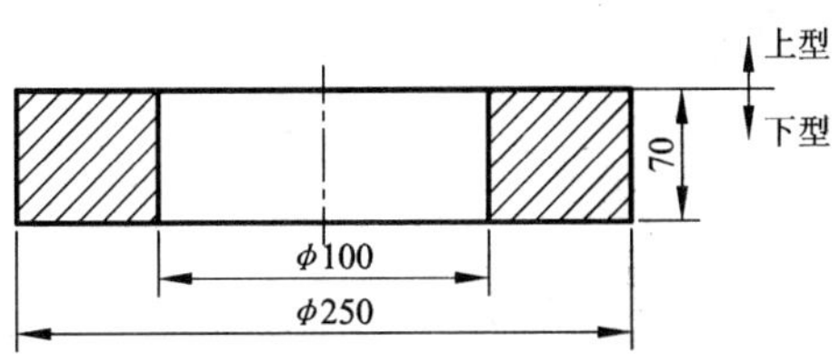

7. 金属型材料的选择原则? 铸铁材料为什么是常用铸型? 45 号钢用在什么情况时?
8. 金属型铸造工艺规范主要控制哪几个环节?
9. 金属型浇注前为什么必须预热?
10. 金属型涂料的作用有哪些? 如何选用涂料?
11. 金属型铸造浇注温度一般比砂型铸造浇注温度高多少?
12. 为什么要趁热开型取出铸件?

第 3 章

压力铸造

3.1 概 述

[学习目标]

1. 掌握压力铸造生产的原理和特点;
2. 了解压铸充填理论。

鉴定标准: 应知: 1. 压铸生产的原理和特点; 2. 压铸充填理论对压铸生产的意义。

教学建议: 压铸车间参观性学习; 放映压铸生产录像或多媒体教学方式。

3.1.1 压力铸造的实质及工艺过程

(1)压力铸造的实质

压力铸造简称压铸，是特种铸造常用、常见方法之一。压力铸造的实质是使液态或半液态金属在活塞的高压作用下，以高的速度充填铸型，并在压力作用下凝固而获得铸件的铸造方法。

压力铸造时，作用在金属液上的压力可达几个到几十个 MPa，有时甚至达 200 MPa。金属液充填铸型时的线速度为 0.5 ~75 m/s，有时可高达 120 m/s。充填时间很短，一般为 0.01 ~0.2 s。压力铸造时金属充型时的高压、高速特点决定了适于压力铸造生产铸件的结构特点、铸件的性质和压力铸造生产过程，也是压力铸造与其他铸造方法最根本的区别。

(2)压铸工艺过程

压铸时，将熔融的液态金属注入压铸机的压室，通过压射冲头的运动作用，使液态金属在高压下、高速通过模具浇注系统填充铸型，在压力下结晶并迅速冷却凝固形成压铸件。

压铸件生产工部及生产过程框图见图 3 -1 所示。压铸生产工部主要有压铸模具、熔炼、压铸、清理检验四个基本工部。

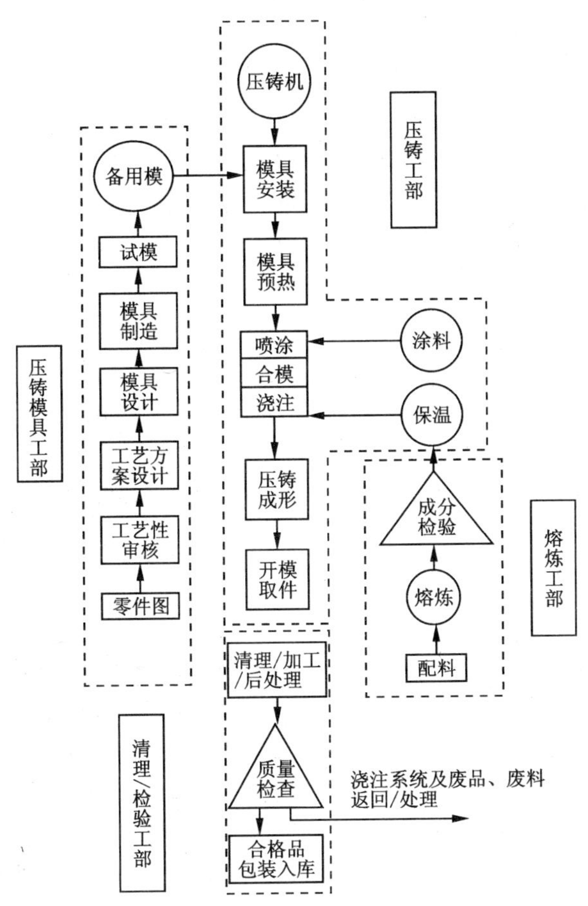

图3-1　压铸件生产工部及生产过程

3.1.2　压力铸造工艺特点

与其他铸造方法比较，压铸工艺有以下的特点：

①压力铸造生产效率高，生产过程易实现机械化和自动化。一般冷压室压铸机每8小时可压铸600～700次，热压室压铸机每8小时可压铸3000～7000次。

②铸件尺寸精度高，表面粗糙度小。压铸件的精度可达CT3～CT6级；铸件的表面粗糙度一般为 *Ra*0.8～3.2 μm，最小的可达 *Ra*0.2 μm。一般压铸件只需要对少数几个尺寸部位进行机械加工，有的零件甚至不需要机械加工，可以直接装配使用。材料利用率高，节约了机械加工费用。

③铸造形状复杂、轮廓要求清晰、薄壁的深腔铸件。因为金属液在高压下能保持高的流动性，从而达到其他工艺方法难以得到的工艺效果。压铸件最小壁厚，压铸锌合金可达0.3 mm，其最佳壁厚为0.8～3 mm。压铸铝合金最小壁厚约为0.5 mm，其最佳壁厚在1～4 mm。最小铸出孔径为0.7 mm。

④压铸件组织致密，具有较高的强度和硬度。压铸时金属液在压力下凝固，又因高速充

填，冷却速度快，所以组织致密，晶粒细化，使铸件具有较高的强度和硬度，并有良好的耐磨性和耐腐蚀性。

⑤可以将其他材料的嵌件直接嵌铸在压铸件上，例如磁铁、铜套、绝缘材料等嵌件以满足特殊要求，减少了装配工序，使制造工艺简化。

⑥铸件内部有气孔存在，但一般仍能满足使用要求。由于金属液充填速度极快，充填时卷入型腔中的气体很难完全排除，使压铸件常有气体及氧化夹杂物存在。因此，一般压铸件不进行热处理，也不宜在高温下工作。同样，也不希望进行机械加工，以免铸件表皮下的气孔暴露出来。

⑦压铸工艺适用于大批量生产。由于压铸机价格高，压铸模制造费用高，工期长，维修费用也高，使生产成本高，不宜小批量生产。

⑧压铸件尺寸受限制。因受到压铸机锁模力及装模尺寸的限制，因而一般不能压铸大型压铸件。

⑨压铸合金种类受到限制。由于压铸模具受到使用温度的限制，目前主要用于压铸锌合金、铝合金、镁合金及铜合金。

3.1.3 压铸工艺的应用

压力铸造的应用范围很广。在有色金属合金中，以铝合金压铸件比例最高(30% ~ 35%)，锌合金次之。在国外，锌合金铸件大部分为压铸件，铜合金(黄铜)铸件仅占压铸件总量的1% ~2%，镁合金压铸件易产生裂纹，且工艺复杂，故少用。

目前用压铸工艺生产的铸件重量可以从几克到数十千克。生产的主要零件有发动机汽缸体、汽缸盖、变速箱体、仪器仪表壳体、管接头、齿轮等。汽车、摩托车、拖拉机、电气仪表、电信器材、航空航天、医疗器械、轻工产品、日常用品等方面无不用到压铸件。

3.1.4 压铸金属充填理论简介

压铸过程中金属液的填充形态与铸件致密度、气孔率、力学性能、表面粗糙度等质量因素密切相关。在极短的填充瞬间，填充形态受压铸件结构、填充速度、比压、温度、内浇口与压铸件断面厚度之比、合金液的黏度及表面张力、浇注系统等的制约。长期以来人们对它进行了广泛的研究，提出了一些论点，但这些论点都是在特定的试验条件下得到的，有一定局限性。在应用中，应根据具体情况具体分析，使填充理论进一步完善并指导实际生产。

金属填充理论归纳起来有如下三种。

(1)喷射填充理论

喷射填充理论也称为弗洛梅尔理论。它是1932年由弗洛梅尔(Frommer)在矩形截面型腔一端开设浇口，研究锌合金压铸填充过程中得到的。其理论实质可用图3-2示意表示，当金属流经内浇口进入型腔后，仍保持浇口的断面形状直向型腔远端的对面型壁射去[见图3-2(a)]。待到达对面型壁后，在此处的型腔中聚积，消失了冲击力后，沿型壁在整个型腔断面上反向流动[见图3-2(b)、(c)、(d)、(e)]。当内浇口的断面积f与型腔断面积F之比$f/F>(1/3\sim1/4)$，这个反向流动是比较平稳的，积聚的金属液以小的旋转涡流形式向浇口方向移动。如果$f/F<1/3$，则进入型腔的液流速度较高，在浇口对面远端型壁上积聚的金属液在反向移动充填型腔时，返回流的表面会出现强烈的涡状紊流。

(2)全壁厚填充理论

全壁厚填充理论也称为勃兰特理论。它是1937年由勃兰特(Brandt)用0.5~2 mm厚的内浇口(且与压铸件厚度之比为0.1~0.6)研究铝合金压铸填充过程中得到的。勃兰特认为：金属液经内浇口进入型腔后，即扩展至型壁，以后沿整个型壁截面向前填充，直至型腔全部被金属液充满为止。如图3-3所示。

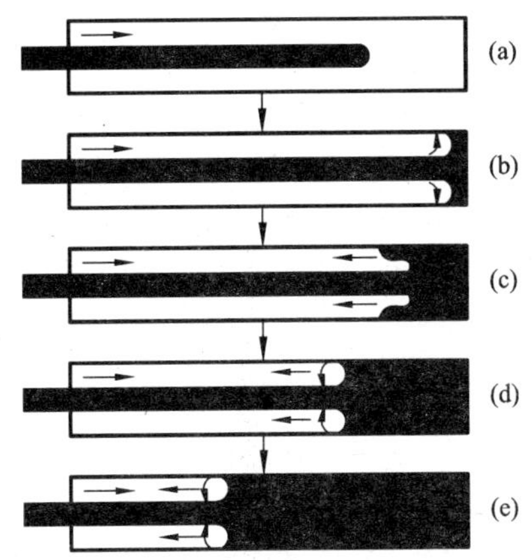

图3-2 弗洛梅尔的金属流充填压铸型腔形态理论示意图

(a)、(b)、(c)、(d)、(e)金属流充填型腔各阶段

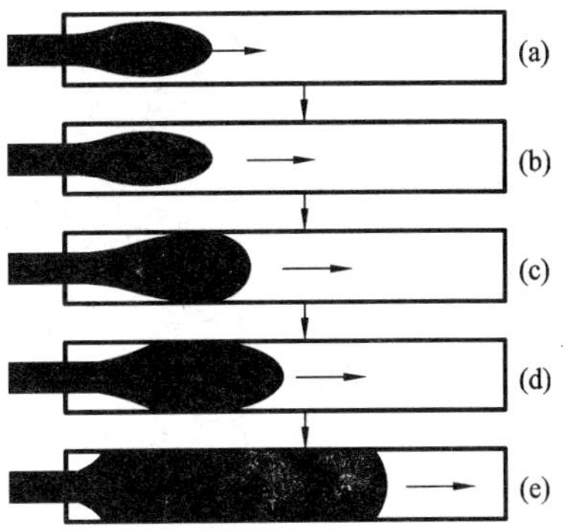

图3-3 勃兰特的金属流充填压铸型腔形态理论示意图

(a)、(b)、(c)、(d)、(e)金属流充填型腔各阶段

当内浇口处液流速度低于0.3 m/s，内浇口厚度δ与压铸件厚度t之比$\delta/t>(2/3\sim1/2)$时，易于产生全壁厚填充形态。该理论一般用于结晶区间较宽的合金和形状较简单的压铸件。因填充速度低，内浇口截面大，金属液沿全壁厚向前推进，不产生涡流，有利于气体的排出，减少了压铸件的气孔与疏松，提高了压铸件的致密度。

(3)三阶段填充理论

这种填充理论是1944~1952年由巴顿(Barton)提出来的。巴顿认为：填充过程是包含力学、热力学和流体力学因素在内的复杂过程。大致可分为三个阶段：

第一阶段：受内浇口截面限制的金属射入型腔后，首先冲击对面型壁，沿型腔表面向各方向扩展，并形成压铸件表面的薄壳层，在型腔转角处产生涡流。

第二阶段：后续金属液沉积在薄壳层内的空间里，直至填满，凝固层逐渐向内延伸，液相逐渐减少。

第三阶段：金属液完全充满型腔后，型腔、浇注系统及压室构成一个封闭的流体系统，其中压力分布一致。在压力作用下，补充熔融金属，压实压铸件。

三阶段填充理论如图3-4所示。

上述三种充填理论不是孤立的，它是随着压铸件的形态、尺寸和工艺参数的不同而变化。在同一压铸件上，由于各部位结构尺寸的差异也会出现不同的填充形态。实际生产中，大多数铸件(型腔)的形状比充填理论试验的型腔要复杂很多；金属液充填的形态同时受多种因素影响。

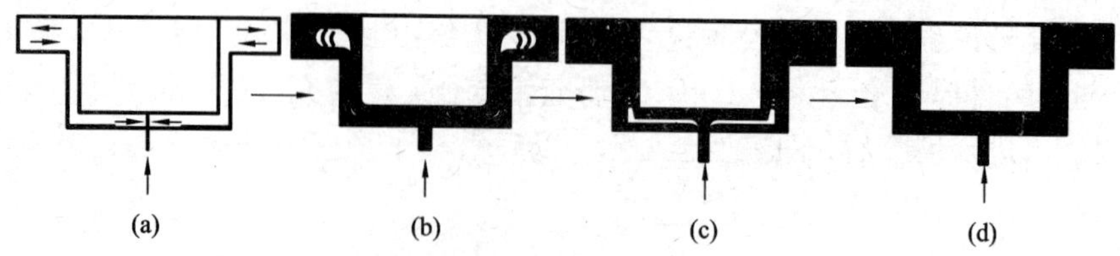

图 3－4　巴顿的金属流充填压铸型腔形态理论示意图

(a)、(b)、(c)、(d)金属流充填型腔各阶段

3.2　压铸机

[学习目标]

1. 掌握不同种类压铸机的工作原理和特点；

2. 熟悉压铸机选择的方法。

鉴定标准：应知：压铸机的分类、机构原理、应用特点；应会：会根据压铸件的特点选择压铸机。

教学建议：多媒体教学。

压铸机是压铸生产的要素之一，压铸过程中的各种特性都是通过压铸机才得以实现的。同时，它又为压铸工艺提供了选择参数的有利条件。

3.2.1　压铸机的分类

压铸机有热压室和冷压室之分，热压室是指压铸机上给铸件金属施加压力的空间浸泡在熔融的金属液中，而冷压室的周围则没有特殊的加热措施。冷压室压铸机根据压室在空间位置的不同又分为立式、卧式和全立式三种。其基本形式如图 3－5 所示。

(1)热室压铸机

热室压铸机与冷室压铸机的区别，仅在于浇注机构不同，热室压铸机的特征是压室与熔炉紧密地连成一个整体，而冷室压铸机的压室和熔炉是分开的，两种压铸机的合模机构是一样的。热室压铸机的压室浸在保温坩埚的金属液体中，压射部件装在坩埚上面，其压铸过程如图 3－6 所示，当压射冲头 3 上升时，金属液 1 通过进口 5 进入压室 4 内，合模后，在压射冲头下压时，金属液沿着通道 6 经喷嘴 7 填充压铸模 8，冷却凝固成型后，压射冲头回升，然后开模取件，完成一个压铸循环。

目前压铸生产中，多数采用常规的热室压铸机。市场供应的以锁模力小于 4000 kN 的机器为主导，更多的则是锁模力在 1600 kN 以下，而锁模力大于 4000 kN 的很少。其特点如下：

①通常以低熔点合金的压铸为主，而以锌合金最为典型。

②以小型压铸件的生产为宜，中、大型压铸件不宜采用热室压铸。

③填充进入模具型腔的金属液始终在密闭的通道内流动，氧化夹杂物不易卷入，对压铸

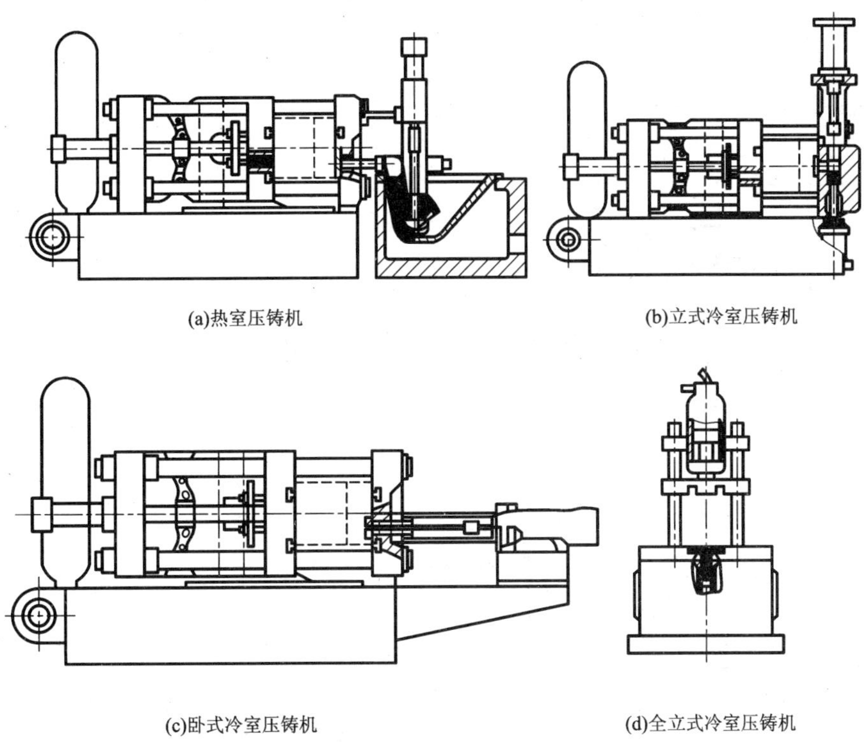
(a)热室压铸机 (b)立式冷室压铸机

(c)卧式冷室压铸机 (d)全立式冷室压铸机

图3-5 压铸机分类

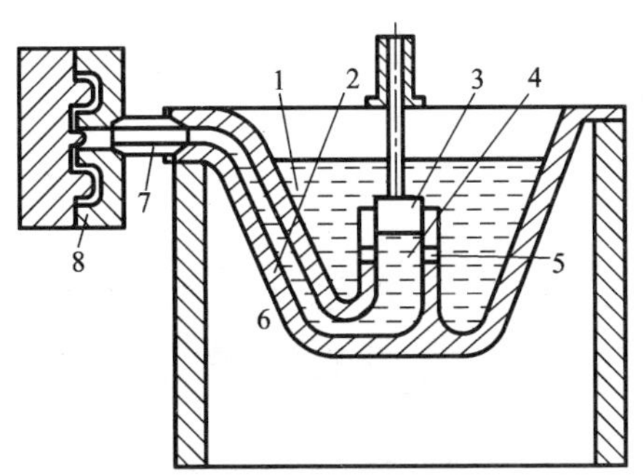

图3-6 热室压铸机压铸过程示意图

1—金属液；2—坩埚；3—压射冲头；4—压室

5——进口；6—通道；7—喷嘴；8—压铸模

件的质量较为有利。

④容易实现压铸过程的自动化。

(2)冷室压铸机

1)卧式冷室压铸机

卧式冷室压铸机的压室中心线垂直于模具分型面，为水平压室。压室与模具的相对位置及其压铸过程如图3－7所示。合模后，金属液浇入压室2，压射压头1向前推进，将金属液经浇道压入型腔7，开模时，余料8借助压射冲头前伸的动作离开压室，同压铸件一起取出，完成一个压铸循环。为了使金属液在浇入压室后，不致自动流入型腔，应在模具内装设专门机构或把浇口安放在压室的上部(图3－7)。

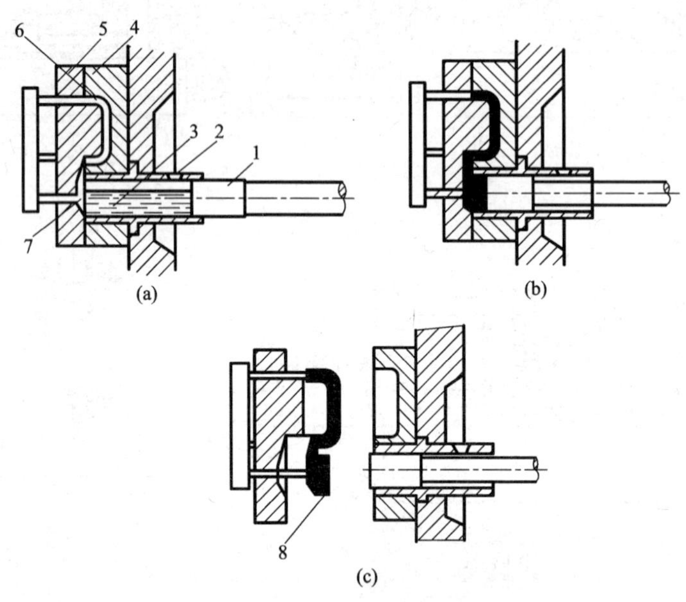

图3－7　卧式压铸机压铸过程示意图

(a)合模；(b)压铸；(c)开模

1—压射冲头；2—压室；3—金属液；4—定模；5—动模；6—型腔；7—浇道；8—余料

卧式冷室压铸机的特点如下：

①适合于各种有色合金的压铸。

②机器的大小型号较为齐全。

③生产操作少而简便，生产效率高，且易于实现自动化。

④机器的压射位置较容易调节，适应偏心浇口的开设，也可以采用中心浇口，此时模具结构需采取相应措施。

⑤压射过程的分级、分段明显并容易实现，能够较大程度地满足压铸工艺各种不同的要求，以适应生产各种类型和各种要求的压铸件。

⑥压射过程的压力传递转折少。

⑦压室内金属液的水平液面上方与空气接触面积较大，压射时易卷入空气和氧化夹杂物；对于高要求或特殊要求的压铸件，通过采取相应措施仍能得到较满意的结果。

2)立式冷室压铸机

图3－8示出了立式冷压室压铸机的压射机构的简图，表明了一个压铸过程的三个阶段。先用浇勺把一次压铸所需的合金注入压室[见图3－8(a)]，此时反活塞封住金属进入型腔的通道。而后压射活塞下压，反活塞下移，打开金属进入型腔的通道，压室中金属在活塞压力作用下进入压铸型[见图3－8(b)]。铸型中铸件成形后，反活塞上升，从直浇道上切断浇注

余料，送出压室，动型向左移动，带出铸件和浇道，由顶杆把铸件顶离动型[见图 3 -8(c)]。

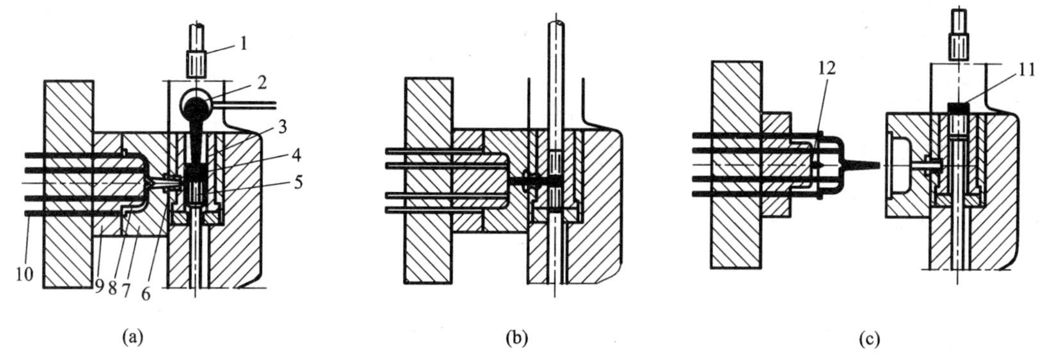

图 3 -8　立式冷压室压铸机上的铸件压铸过程

(a)合型浇注；(b)压射合金进入型腔；(c)开型取下铸件

1—压射活塞；2—浇勺；3—压室；4—合金；5—反活塞；6—浇口套；7—定型；8—型腔

9—动型；10—顶杆；11—浇注余料；12—分流锥

立式冷室压铸机的特点如下：

①适合于锌、铝、镁、铜等多种合金的压铸。

②生产现场中用量较少，并以小型机占多数。

③压室呈垂直放置，金属液浇入压室后，气体在金属液上面，压射过程中卷气较少。

④压射压力经过的转折较多，使压力传递受到影响，尤其在增压阶段，因喷嘴入口处的孔口较小，压力传递不够充分。

⑤便于开设中心浇口。

⑥机器的长度方向占地面积较小，但机器的高度相对较高。

⑦下冲头部位窜入金属液时，排除故障不方便。

⑧生产操作中有切断余料饼和举出料饼的程序，降低了生产效率。

⑨采用自动化操作时，增加了从下冲头的顶面取走余料饼的程序。

3)全立式压铸机

合模机构和压射机构垂直布置的压铸机称为全立式压铸机。图 3 -9 示出了全立式冷压室压铸机上的压铸过程。在此机器上采用水平分型的压铸型，下半型为定型，压室就设在定型的中央。上半型为动型，由压铸机顶部的液压缸带动上下移动。先在铸型打开的情况下，用浇勺向压室中注入金属液[见图 3 -9(a)]。而后上半型下降，合上铸型，压射活塞上移把金属液压入型腔[见图 3 -9(b)]。铸件凝固后，上半型上移，铸件随上半型脱离下半型，上移一定高度后，由顶杆机构顶下铸件[见图 3 -9(c)]。

在此机器上，金属液在型内流程短，活塞压力的损失小。开型时直接带出余料，工序简单，压射机构简单，机器占地面积小，易于放置镶嵌铸件，特别适用于为电动机转子的铁心导线槽压铸铝液，并可同时铸出短路环和风扇叶片。还可在此种机器上利用压铸件装配组合其他零件。但在此机器上装卸和维护铸型较麻烦，生产效率较前两种冷压式室铸机低。

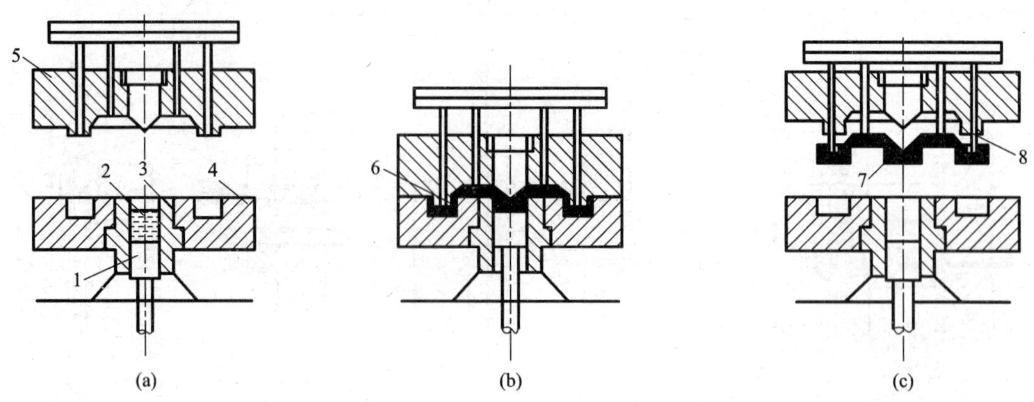

图 3－9 全立式压铸机压铸过程示意图

(a)金属液浇入压室；(b)压射金属；(c)开型取下铸件

1—压射活塞；2—金属液；3—压室；4—定模；5—动模；6—铸件；7—余料；8—顶杆

3.2.2 压铸机的主要机构

压铸机主要由合模机构、压射机构、液压系统及控制系统等部分组成。其总体结构如图 3－10 所示。

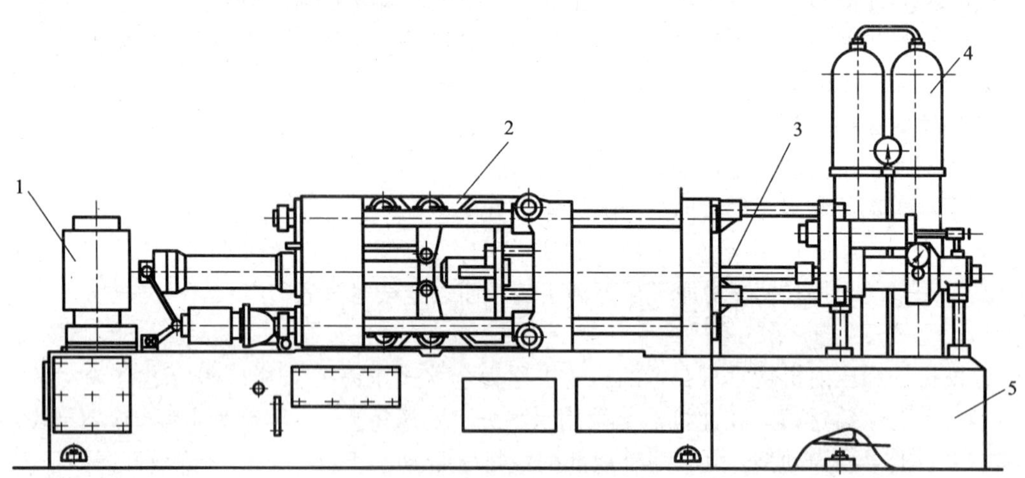

图 3－10 冷室卧式压铸机总体结构

1—高压泵；2—合模机构；3—压射机构；4—蓄压器；5—机座

(1)合模机构

合模机构是带动压铸模的动模部分，使模具分开或合拢的机构。由于压射填充时的压力作用，合拢后的动模仍有被撑开的趋势，故这一机构还要起锁紧模具的作用。推动动模移动合拢并锁紧模具的力称为锁模力，但在压铸机标准中称之为合型力。合模机构必须准确可靠地动作，以保证安全生产，并确保压铸件尺寸公差要求。压铸机合模机构主要有如下两种形式：

1)液压合模机构

其动力是由合模缸中的压力油产生的，压力油的压力推动合模活塞，带动动模安装板及动模进行合模，并起锁紧作用。液压合模机构的优点是：结构简单，操作方便；在安装不同厚度的压铸模时，不用调整合模缸座的位置，从而省去了移动合模缸座用的机械调整装置；生产过程中，在液压不变的情况下，锁模力可以保持不变。但是这种合模机构具有通常液压系统所具有的一些缺点：首先是合模的刚性和可靠性不够。压射时，胀型力稍大于锁模力，压力油就会被压缩，动模会立即发生退让，使金属液从分型面喷出，既降低了压铸件的尺寸精度，又极不安全。其次是对大型压铸机而言，合模液压缸直径和液压泵大，生产率低。第三是开合模速度较慢，并且液压密封元件容易磨损。因此，这种机构一般只用在小型压铸机上。

2)液压－曲肘合模机构

它是借助于适当的扩力系统，以较小的外力作用，使合模框架产生和保持一定的变形，从而产生锁模力。这种变形与所产生的一定锁模力之间，是按照弹性规律变化的。目前国产压铸机大都采用曲肘合模机构，如图 3－11 所示。

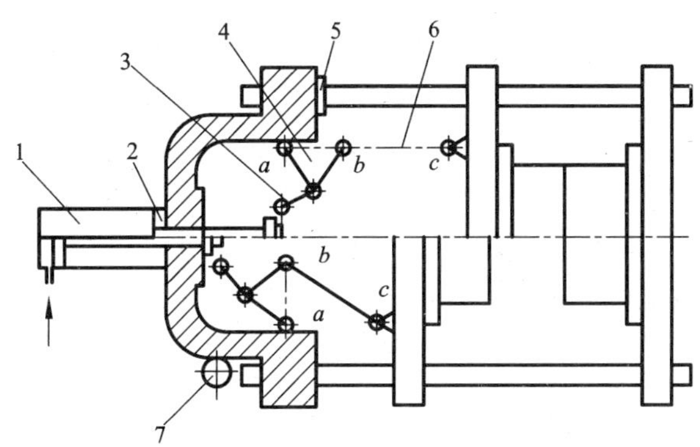

图 3－11　液压－曲肘式合模机构示意图

1—液压合模缸；2—合模活塞；3—连杆；4—三角形铰链；5—螺母；6—力臂；7—齿轮齿条

当压力油进入合模缸 1 时，推动合模活塞 2 带动连杆 3，使三角形铰链 4 绕支点 a 摆动，通过力臂 6 将力传给动模安装板，产生合模动作。为了适应不同厚度的压铸模，用齿轮齿条 7 使动模安装板与动模作水平移动，进行调整，然后用螺母 5 固定。要求压铸模闭合时，a、b、c 三点恰好成一直线，亦称为“死点”，即利用这个“死点”进行锁模。

曲肘合模机构的优点是：

①可将合模缸的推力放大(放大 16～26 倍)，因此与液压合模机构相比，其合模缸直径可大大减小，同时压力油的耗量也显著减少。

②该机构运动性能良好。在肘杆离死点愈近时，动模移动速度愈低，两半模可缓慢闭合。同时在刚开模时动模移动速度也较低，这对于推出压铸件和借助于斜拉杆实现机械抽芯都是有利的。

③曲肘合模机构开合速度快，合模时刚度大而且可靠。

④控制系统简单，使用维修方便。

但是这种合模机构存在如下缺点：不同厚度的模具要调整行程比较困难；曲肘机构在使用过程中，由于受热膨胀的影响，合模框架的预应力是变化的，这容易引起压铸机拉杆过载；肘杆精度要求高，使用时其铰链内会出现高的表面压力，有时因油膜破坏，产生强烈的摩擦。

综上所述，曲肘合模机构是较好的，特别适用于中型和大型压铸机，况且现代压铸机已为弥补调整行程困难的缺点，增加了驱动装置，通过齿轮自动调节拉杆螺母，从而达到自动调整行程的目的。

(2)压射机构

压铸机的压射机构是将金属液推送进模具型腔填充成型为压铸件的机构。不同型号的压铸机有不同的压射机构，但主要组成部分都包括压室、压射冲头、压射杆、压射缸及增压器等。压射过程的压力、速度等主要工艺参数都是由它而产生的。具有优良性能的压射机构的压铸机，是获得优质压铸件的可靠保证。

压射力等于管路中工作液压力与压射冲头截面积的乘积。不同型号的压铸机，其压射力的大小是不同的。冷压室压铸机压射机构能使作用在压室中合金液的比压在$(400\sim2000)\times10^5$Pa 范围内调整，都具有三级或四级压射速度，以满足不同压射阶段的需要。压射速度可根据需要单独调整。

压射机构有气动和液压两种，气动仅在热压室小型机上使用，而大多数压铸机采用液压传动。

立式冷压室压铸机的压射机构如图 3－12 所示。压射机构主要由压射缸和活塞(冲头)、压室、反料活塞(冲头)等组成。内缸腔 6 中充满工作液，平时活塞(冲头)7 和 8 保持在提起位置，接通管路 3 和 4 或同时接通两个管路可得三级压射力，以满足压铸工艺的要求。将工作液通入液压缸 11 可使反料活塞 10 压射时下降，切除余料和推出余料时上升，或保持在中间堵住浇道口的位置。卧式冷压室压铸机的压射机构比立式压铸机简单，主要由压射缸和压射缸活塞、压射冲头和压室等组成。

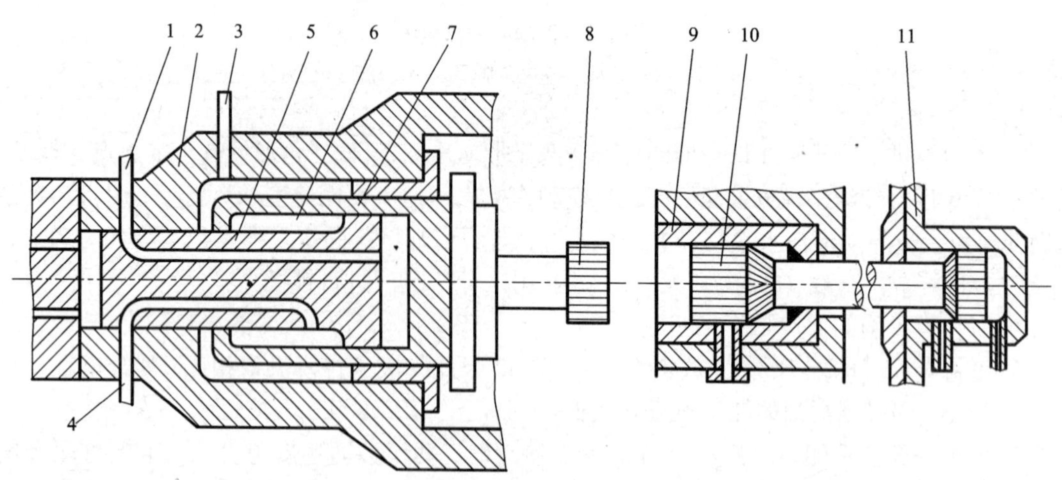

图 3－12　立式冷压室压铸机压射机构原理图

1、3、4—管路；2—压射缸体；5—内活塞；6—内缸腔；7—外活塞；8—压射活塞；9—压室；10—反料活塞；11—液压缸

3.2.3　压铸机的选用

压铸机投资大，使用周期长，选用压铸机需要认真论证。压铸机选用包括四项内容：①压铸机类型（热室压铸机或冷室压铸机）；②压铸机档次（压铸机的质量与性能）；③压铸机大小（吨位）；④压铸机技术参数核算。

（1）压铸机类型选择

压铸机的类型一般根据产品状况确定，首先要考虑铸造合金种类，其次要考虑压铸件特征及质量要求等。

热室压铸机仅适于锌合金、镁合金、铝合金，而铜合金不能采用热室压铸。薄壁、尺寸不太大、对强度要求不很高的压铸件倾向于热室压铸。热室压铸质量较为稳定，生产效率高。

冷室压铸机可压铸铝合金、锌合金、镁合金、铜合金。但锌合金采用热室压铸优势比较大，一般不采用冷室压铸机生产。冷室压铸机具有增压机构，对压铸件具有高压压室的效果，所以致密性较好，压铸件强度较高。对于厚大压铸件及结构件，一般应采用冷室压铸机生产。

（2）压铸机档次选择

选择压铸机档次主要与以下两点有关：

①产品要求。产品要求主要考虑压铸件的复杂性或成型难度以及对压铸件的质量要求。压铸工艺基本是在压铸机上完成，压铸件质量与压铸机的性能有较为明显的依赖关系。应该说，目前档次不同的压铸机的质量和性能存在较大差异，价格存在较大差异，生产出的压铸件质量也存在差异。

②企业目标与经济状况。选用压铸机档次还与企业目标及经济状况相关。如果企业具有长远压铸目标，生产持久，以生产高端优质压铸件为主，宜选用高档次压铸机。

（3）压铸机吨位确定

当压铸机的类型选定后，即可根据压铸件的投影面积及压射比压计算所需合模力。

1）锁模力的计算

锁模力的作用主要是为了克服压铸时与分型面上金属的投影面积有关的胀型力和由侧面胀型力引起锁模方向上的分力，以锁紧模具的分型面防止分型面处在压铸时分开，产生金属液飞溅，造成事故或影响压铸件质量。确定压铸机吨位的基本原则是必须保证锁模力大于胀型力。锁模力通常按公式（3－1）计算：

$$F_{锁} = kF_{胀} \tag{3-1}$$

式中　$F_{锁}$——锁模力（kN）；

$F_{胀}$——胀型力（kN）；

k——安全系数，冷室压铸机一般取 1.2，热室压铸机应取 1.3～1.5。

2）型腔胀型力的计算

胀型力由投影面积及压射比压大小确定。投影面积由三个基本部分组成，即压铸件投影面积、浇注系统及溢流系统投影面积、斜滑块形成的投影面积。

对于投影面积除要考虑其大小以外，还要考虑其所处位置。投影面积位置不同，压铸模具的各个锁紧点受力状况将不同。因此，计算胀型力时可分为两种情况：投影面积对称分布和偏心分布。投影面积对称分布表明该投影面积形成的胀型力平均分配给各个锁紧点，即各个锁紧点受力相等。因此投影面积对称分布的胀型力可按公式(3－2)计算：

$$F_{胀} = AP \tag{3-2}$$

式中 $F_{胀}$——胀型力(N)；

A——总投影面积(mm^2)；

P——作用于金属液上的压力(MPa)。

投影面积偏心分布时偏心胀型力计算比较复杂、有无侧向斜滑块锁紧机构时胀型力的计算也不同，具体计算公式和方法请查阅有关设计手册。

(4)压铸机技术参数核算

压铸机的吨位确定后，如果需要，还应对压铸机的某些技术参数进行核算，核算的内容一般包括压室容量、压铸模具厚度、开合模行程等。

1)压室容积核算

对于冷室压铸，金属液浇入压室后，压室的充满度既不能太低，也不能过高。太低导致气体占用压室容积过多，容易造成卷气及金属液氧化，还会导致金属液热损失过多，容易形成压铸件冷缺陷，太高则容易导致金属液由浇料口喷溅。工艺上认为，压室的充满度为60%～80%较为适宜。

压室的充满度用公式(3－3)校核：

$$V_{压室}60\% \leqslant V_{浇注} \leqslant V_{压室}80\% \tag{3-3}$$

式中 $V_{浇注}$—金属液的总浇注体积(mm^3)，包括压铸件、浇注系统(含余料)及排溢系统体积；

$V_{压室}$—压室容量(mm^3)；

$$V_{压室} = \pi D^2 L/4$$

其中 D——压室直径(mm)；

L——压室长度(从复位后的压射冲头端面至浇口套端面)(mm)。

如果金属液的浇注量与压室充满度要求相差过大，则应考虑更换不同尺寸的压室。

2)压铸模具厚度校核

压铸模具厚度可用公式(3－4)进行校核：

$$H_{min} < H < H_{max} \tag{3-4}$$

式中 H——压铸模具厚度(mm)；

H_{min}——压铸机限定的最小压铸模具厚度(mm)；

H_{max}——压铸机限定的最大压铸模具厚度(mm)。

如果压铸模具厚度不能满足要求，一是尝试改变压铸模具结构，二是另外寻求合适的压铸机。

3)开合模行程核算

开合模行程实际上就是压铸机开模后，动、定模分型面之间的距离。如果压铸件的高度尺寸(在开合模方向)过大，应该核算压铸机的开合模行程，以便保证压铸件在开模后能够方便取出。

开合模行程可用公式(3－5)进行校核：

$$H \geqslant H_{芯} + H_{件} + 2\delta \tag{3-5}$$

式中　H——开合模行程(mm)；

$H_{芯}$——动模型芯高度(mm)；

$H_{件}$——压铸件及浇注系统的总高度(mm)；

δ——取件时压铸件与动、定模之间的最小距离，一般不小于 10 mm。

上述各尺寸意义如图 3－13 所示。在核算时应注意并不是式中所有尺寸都要出现，或者还有其他因素要考虑，但间距尺寸无论在任何情况下都要保证。

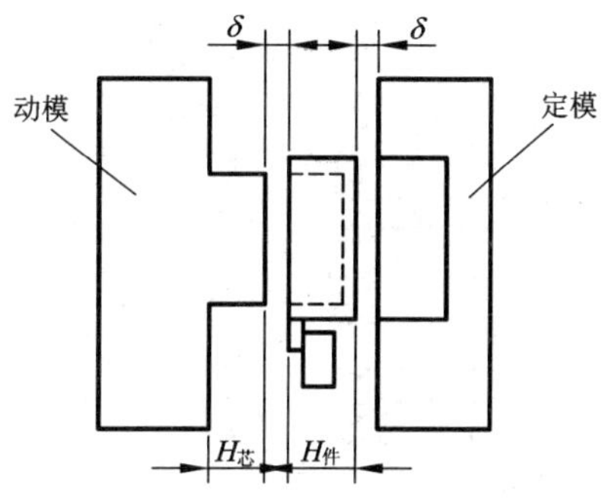

图 3－13　开合模行程核算

3.3　压铸件工艺设计

[学习目标]

1. 掌握压铸件结构工艺分析的基本方法；
2. 掌握压铸件铸造工艺设计的基本原则和基本方法。

鉴定标准：应知：压铸件工艺分析、铸造工艺设计(确定分型面、浇注系统、排溢系统)的基本原则和方法；应会：简单压铸件铸造工艺分析和工艺设计。

教学建议：1. 教学重点在基本概念、基本原则、基本方法；2. 用举例分析、计算过程讲解。

压铸件的工艺设计是压铸生产中极为重要的组成部分。一个合理的工艺方案能缩短压铸型投产前的试制周期，提高压铸型的使用寿命，保证压铸件的质量。本节重点讨论压铸件的结构工艺性、分型面的确定、浇注系统的结构和开设，以及排气槽和溢流槽的设置问题。

3.3.1　压铸件的结构工艺

压铸件的质量除受到各种工艺参数的影响外，压铸件的结构工艺性也是重要的。合理的铸件结构形状、合适的壁厚能使压铸型结构简单，加工制造方便，不易形成铸件缺陷。对机构不合理的部分，在不影响零件使用的前提下，应给予必要的改进。图 3－14 及图 3－15 为改进前后的铸件结构图。

(1) 对压铸件形状和结构的要求

①尽量消除侧凹，深腔。在无法避免时，也应便于抽芯，保证铸件能顺利地从压铸型中取出。

②避免或减少活动型芯，避免有交叉型芯。

③消除尖角以减少铸造应力。

④利用筋消除应力变形，保证铸件精度。

⑤为尽量使铸件壁厚均匀，应利用筋减少壁厚使壁厚均匀化、利用镶块消除厚截面等，以防止铸件缩孔和缩松，提高铸件致密性。

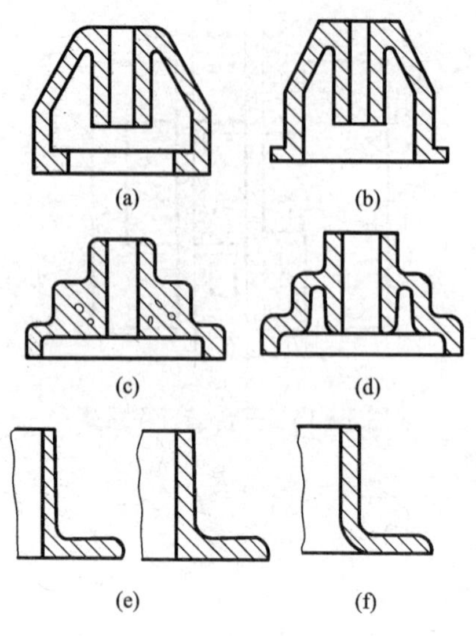

图 3-14　改进铸件结构

(a)、(c)、(e)不合理；(b)、(d)、(f)合理

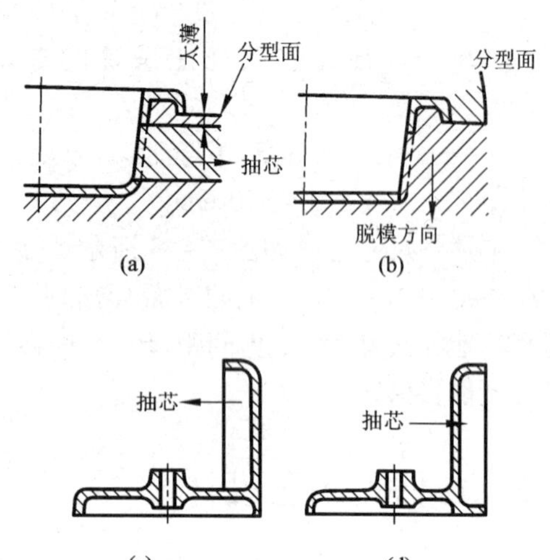

图 3-15　改进铸件结构从而简化压铸型的结构

(a)、(c)不合理；(b)、(d)合理

(2)对压铸件壁厚的要求

压铸件特点之一是壁薄，壁厚会使压铸件力学性能明显下降。薄壁压铸件致密性好，铸件强度也相对提高了，但铸件壁不能太薄，太薄会造成金属熔接不良、易产生缺陷，各种压铸合金合理的壁厚见表 3-1。最大壁厚一般不超过 6 mm。

表 3-1　压铸件最小壁厚和正常壁厚

	壁厚处的面积 $a \times b/\mathrm{cm}^2$	壁厚 s/mm							
		锌合金		铝合金		镁合金		铜合金	
		最小	适宜	最小	适宜	最小	适宜	最小	适宜
	≤25	0.5	1.5	0.8	2.0	0.8	2.0	0.8	1.5
	>25~100	1.0	1.8	1.2	2.5	1.2	2.5	1.5	2.0
	>100~500	1.5	2.2	1.8	3.0	1.8	3.0	2.0	2.5
	>500	2.2	2.5	2.5	3.5	2.5	3.5	2.5	3.0

3.3.2　压铸件分型面的确定

将模具适当地分成两个或两个以上可以分离的主要部分，可以分离部分的接触表面分开时能够取出压铸件及浇注系统，成型时又必须紧密接触，这样的接触表面称为模具的分型面。

(1)分型面的形式

分型面的形状基本上有以下几种形式：

①平直分型面。分型面为一平面，且平行于压铸机动、定模安装板平面。如图3－16(a)所示。

②倾斜分型面。分型面与压铸机动、定模安装板成一角度，如图3－16(b)所示。

③阶梯分型面(又称折线分型面)。整个分型面不在同一平面上，由几个阶梯(折线)平面组成，如图3－16(c)所示。

④曲面分型面。分型面由压铸件外形圆弧面或曲面构成，如图3－16(d)所示。

⑤垂直分型面。分型面垂直压铸机动、定模安装板平面。如图3－16(e)所示有两个分型面，分型面A与动、定模安装板平行，分型面B则垂直于它们。

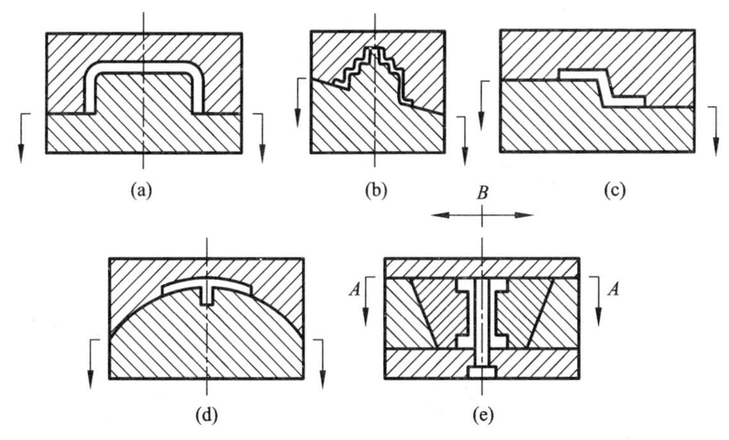

图3－16　分型面形式

(a)平直分型面；(b)倾斜分型面；(c)阶梯分型面；(d)曲面分型面；(e)垂直分型面

(2)分型面选择原则

模具设计中要划分动、定模各自包含型腔的哪些部分及位置，图3－17为三种基本划分方法，图中(a)是压铸模型腔全部在定模内，(b)是型腔分别布置在动模和定模内，(c)则是型腔全部处于动模内。

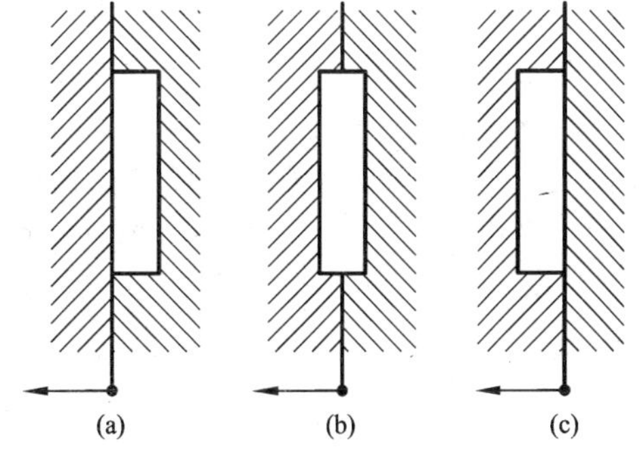

图3－17　分型面与型腔相对位置

(a)型腔全部在定模内；(b)型腔分别在定模与动模内；(c)型腔全部在动模内

对压铸件而言，主要问题是如何进行分割，确定动、定模中各容纳压铸件的哪些部分，它的哪个面位于压铸模分型面处。压铸件上位于模具分型面处的面也就是压铸件上的分型面。在选择分型面时应遵循以下原则。

①压铸件优先采用规则取向。规则取向是指要将压铸件的主要特征规则放置，如主要轴线、大平面、大横断面等与分型方向或者一致，或者垂直。尽量不要倾斜放置，这样可以使分型面及压铸模具结构简单。

②分型面置于具有最大投影面积的平面或断面。分型面应置于压铸件具有最大投影面积或轮廓线的平面或断面上，这样可以减小型腔深度，压铸件容易脱出，且易于布置浇注及排

溢系统。

③尽量使用平直分型面。平直分型面加工简单，压铸模具操作及维护方便。

④应使型腔具有良好的溢流排气条件。方便设置溢流及排气系统，并尽量减小型腔深度，避免充型及排气困难。

⑤尽量少使用侧抽芯。侧向抽芯会使压铸模具结构和压铸模具操作复杂、压铸件相关位置的尺寸精度降低，而且还会增加循环时间。如果可能，尽量减少侧抽芯数量，尽量将尺寸大的内腔用固定型芯形成，小的内腔使用活动型芯，且优先使用动模抽芯。

⑥开模时保证压铸件随动模移动。开模时应保证压铸件随动模移动脱出定模型腔，然后由顶出机构将其从动模中顶出。否则，需要采用额外方法使压铸件脱出定模。保证压铸件随动模移动脱出定模的通常做法是将金属液产生较大包紧力的型芯置于动模上。

⑦避免分型面影响压铸件精度。分型面会影响压铸件精度，所以尽量避免分型面穿过有精度要求的部位，尽量将精度要求高的部位置于同一个半模内，同时避开活动型芯。

⑧压铸件基准面尽量避免与分型面重合。压铸件基准面是重要部位，应避免分型面对其精度产生影响，但可将机械加工面作为分型面，有利于保证压铸件精度。

⑨有利于布置浇注及排溢系统。浇注及排溢系统大多布置在分型面上，因此在选择分型面时要保证有足够的布置空间。

⑩不影响压铸件外观及便于压铸件清理。分型面尽量不穿过压铸件的重要表面，以免飞边及分型面痕迹影响压铸件外观。另外，还应考虑方便压铸件的清理。

对某一具体铸件而言，分型面要全部满足上述条件是很难的，设计者应在全面考虑、权衡轻重后选择铸件的分型面。

3.3.3 压铸件浇注系统设计

(1)压铸件浇注系统概述

浇注系统是金属液进入型腔的通道，主要功能是导入金属液及传递压力。浇注系统设计是压铸工艺及压铸模具设计中的关键内容。

类型不同的压铸机上有压射系统的不同布置方案，因此引起了浇注系统结构的不同，图3－18示出了同一种铸件在不同类型压铸机上的浇注系统结构。

在立式冷压室压铸机上的浇注系统中，直浇道由两段组成，较细靠近压射余料的一段由压铸机上的浇口套(见图3－8)形成，而较粗的一段由定型上的相应通孔形成。直浇道底部的锥形小孔由动型上分流锥形成(见图3－8)，分流锥主要起导引金属流转向90°流往型腔和减小高速金属流对铸型的冲击作用，同时在动型开型时可把直浇道从浇口套和定型一起带出。热压室压铸机上直浇道的底部也有分流锥形成的锥形孔，但其长度相对较长[图3－18(a)]。

在卧式冷压室压铸机和全立式压铸机的浇注系统结构中都没有直浇道，压射余料兼起直浇道的作用，因此卧式冷压室压铸机和全立式压铸机的浇注系统消耗的金属液就比另两类型压铸机少。

浇注系统设计的目标是要形成良好的充型模式、减少或避免气体卷入、减少动能及热量损失、生产质量合格的压铸件。由于压铸件结构千差万别，工艺因素多，浇注系统并无精确的设计规则或计算公式。进行浇注系统设计，经验仍然是非常重要的。

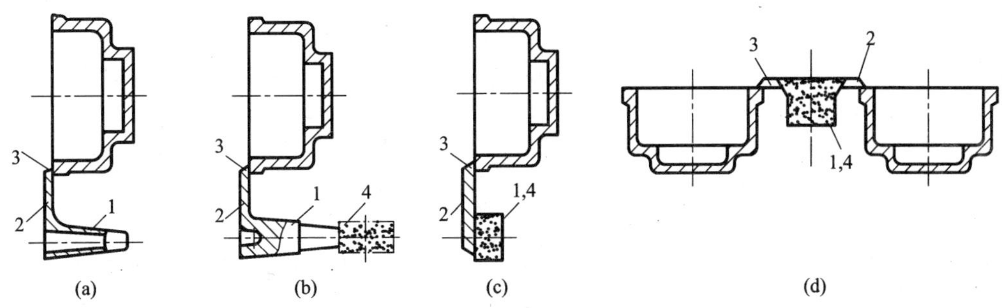

图 3－18　不同压铸机上铸件浇注系统的结构

(a)热压室压铸机上的浇注系统；(b)立式冷压室压铸机上的浇注系统；
(c)卧式冷压室压铸机上的浇注系统；(d)全立式压铸机上的浇注系统
1—直浇道；2—横浇道；3—内浇道；4—压射余料

(2)直浇道设计

直浇道的结构因压铸机的类型不同，可分立式冷压室、卧式冷压室和热压室三种浇道。

1)立式冷压室压铸机用直浇道

立式冷压室压铸机用直浇道如图 3－19 所示，主要由压铸机上的喷嘴和模具上的浇口套、分流锥等组成，其设计要点如下：

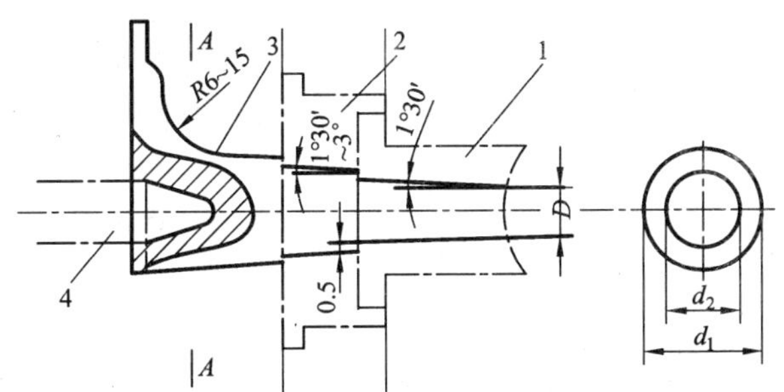

图 3－19　立式冷压室压铸机用直浇道的主要尺寸

1—喷嘴；2—浇口套；3—直浇道；4—分流锥

①根据压铸件的质量 m 和合金种类，选择喷嘴导入口直径 D，D 一般为(8～22)mm，具体尺寸可查阅有关铸造设计手册。

②直浇道上每段对接处后一段的直径总比前一段的直径大 1～2 mm。

③喷嘴部分的脱模斜度取 1°30′，浇口套的脱模斜度取 1°30′～3°。

④直浇道与横浇道连接处要求圆滑过渡，通常其圆角半径 $R=6\sim15$mm，以便金属液流动顺畅。

⑤包围分流锥处的直浇道环形断面的尺寸，应同时满足公式(3－6)、(3－7)的要求：

$$\pi(d_{12}-d_{22})/4=(1.1\sim1.3)\pi D^2/4 \tag{3-6}$$

并且

$$(d_1-d_2)/2\geqslant3 \tag{3-7}$$

此两式指出，直浇道的断面是逐渐增大的，并且直浇道环形断面的厚度应保证自定型拔出直浇道时，环形断面应有足够的强度，不被拉断。

2）卧式冷压室压铸机用直浇道

卧式冷压室压铸机的压铸件上浇注系统的直浇道与压射余料合二为一。在定型上作为压室的延长段用专门的浇口套形成（见图3－20）。卧式冷压室压铸机直浇道的设计要与浇口套及横浇道尺寸相匹配。

卧式冷压室压铸机用直浇道设计要点如下：

①浇口套直径D：由压室直径确定，压室直径依据所需的压射压力及压室充满度确定。

②浇口套的长度L：由定模厚度确定，最好小于压射冲头的跟踪距离，以能够将余料饼完全推出。

③为使压射余料易自浇口套中取出，也可在靠近分型面的一端（长度H为15～25 mm处）做出1°30′～2°的铸造斜度。

④直浇道位置：尽量保持低位，避免金属液自行进入横浇道，提前凝固。

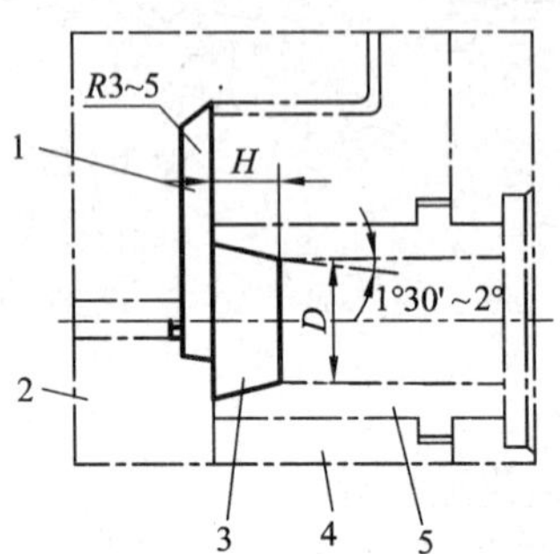

图3－20　卧式冷压室压铸机用直浇道结构

1—横浇道；2—动型；3—直浇道；4—定型；5—浇口套

3）热压室压铸机用直浇道

热压室压铸机用直浇道结构如图3－21所示，主要由浇口套和分流锥组成，其设计要点如下：

①根据压铸件结构和质量m选择压室、喷嘴和浇口套的尺寸。

②分流锥较长，用于调整截面积，改变熔融合金的流向和减小合金的消耗量。

③直浇道的尺寸。分流锥脱模斜度$\alpha=4°\sim6°$，长度$L=50\sim70$ mm，端面至分流锥顶端的距离$l=10\sim22$ mm，$d=12\sim14$ mm，$R=4\sim5$ mm，$h=2.5\sim3.5$ mm，其他尺寸参考图3－21。

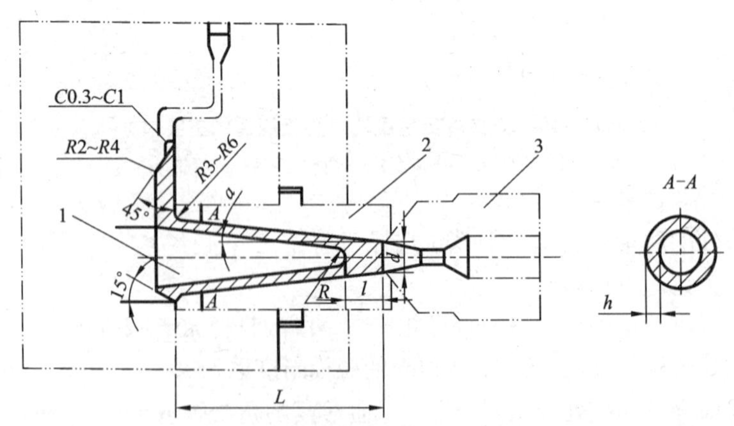

图3－21　卧式热压室压铸机用直浇道

1—分流锥；2—浇口套；3—喷嘴

④为适应热压室压铸机高效率生产的要求，通常在浇口套及分流锥的内部设置冷却系统。

4）分流锥的作用和结构形式

分流锥是热压室、立式压铸机直浇道中的重要组成部分，在卧式冷压室压铸机用直浇道中也有采用。分流锥的作用如下：

①将熔融合金平稳地从直浇道引入横浇道和内浇口，特别是有90°转向的分流锥可使熔融合金平稳转向流动。

②借助于分流锥形状和尺寸的变化，可调整浇注系统的截面积。

③增加熔融合金对分流锥的包紧力，在开模时能拉住直浇道余料。

分流锥的结构形式可有多种，如图3－22所示。圆锥形分流锥使用较普遍，其结构简单，适用于把金属液向四方分流。偏心式分流锥主要用来把金属引向铸型的一个方向。带圆环槽的分流锥的头部有 $R=0.5$ mm 的圆环槽，便于从定型带出直浇道，所以此分流锥的工作部位没有圆柱面，但圆环槽对分流锥的金属流导向不利，这种分流锥只在必要时使用。带顶杆的分流锥中心设有顶杆[见图3－22(d)的虚线所示]，在自动型中顶出铸件时，顶杆可平稳地顶出夹住分流锥的直浇道，而且顶杆与分流锥间的间隙还可起排气的作用。当动型较厚时，可用螺纹固定的分流锥，以缩短分流锥零件的整体长度，其圆柱部位应埋入型内2～5 mm，以免产生垂直于开型方向的钻进分流锥圆柱端面与动型平面间缝隙的飞刺，妨碍直浇道离开动型。大量生产时，为防止分流锥的过热，也可采用水冷分流锥。

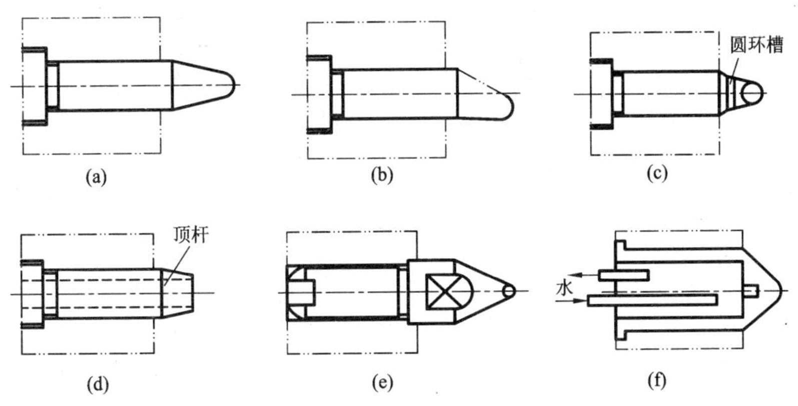

图3－22　立式冷压室压铸机上不同结构形式的分流锥

(a)圆锥形分流锥；(b)偏心式分流锥；(c)带圆环槽分流锥；(d)带顶杆分流锥；(e)螺纹固定分流锥；(f)水冷分流锥

(3)内浇口设计

设计压铸件浇注系统时很重要的一点是选择内浇口的设置点，即选择铸件上金属液的流入处。一般在大多数压铸型中，内浇口都设置在分型面上，所以在决定压铸件的分型面时就应考虑内浇口的设置。

选择内浇口设置点时应注意以下几点：

①为缩短金属液在充填型腔时的流动距离，最好把内浇口设置在铸件的较长一边，或把浇口设在铸件的中央。

②内浇口设置应尽可能减少金属液充型过程中可能遇到的阻碍，如直冲型壁、型芯，进入型腔后两个内浇口流入的金属流就相互冲撞，这不但会使金属液充型不畅，而且冲撞飞溅

的金属液还可能卷进型腔中的气体，增加铸件内出现气孔的可能性。受剧烈冲刷的型壁、型芯还易过热，提前破坏，甚至使铸件与之粘连，如图 3－23 中(b)，(c)，(d)，(e)所示。在压铸螺纹时，应使浇口方向顺着螺纹方向[见图 3－23(g)]。

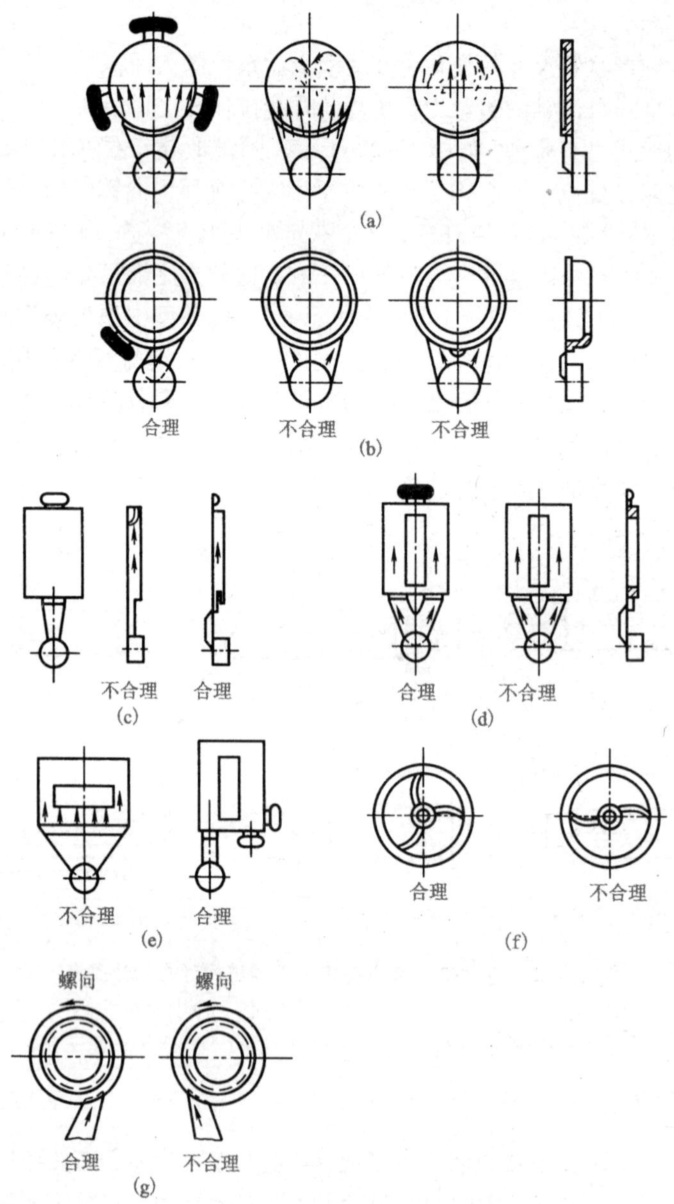

图 3－23　压铸件内浇道开设位置方案示例

③设置内浇口应设法避免金属流在型腔内对撞，最好让各股金属流从铸件一侧平行充填型腔，或对圆环形铸件采用切向浇口[见图 3－23(b)]。如把浇口设在铸件的中央，最好只用一个浇口。

④内浇口一般设在金属难以充填的铸件部位，但当铸件的壁较厚，当采用勃兰特形式充

填型腔时，则浇口宜设在铸件壁厚处，以便利用压射终了时的增压进行补缩。当铸件上有几个局部壁厚时，浇口应设在它们之间的一段铸件壁上。

⑤设置内浇口位置时应注意使金属流的方向与型腔排气方向一致，不要过早封闭型腔排气系统。如图3－23(a)，(b)，(c)，(d)，(e)上的溢流槽的设置。

⑥内浇口设置不应引起铸件变形，如图3－23(f)所示的有三个浇口的浇注系统可使铸件圆环收缩均匀，最后仍能保持圆形，而两个浇口的浇注系统会使圆环在左右方向收缩受阻较大，铸件将呈椭圆形。

内浇道截面积的大小 F 可根据通过内浇口金属液的质量 m、铸件结构形状所要求的内浇口处金属液的线速度 v 和充型时间 t 决定，即

$$F = m/\rho vt \tag{3-8}$$

式中 ρ——金属液的密度。

用式(3－8)计算得到的内浇口截面积只是一个参考数值，需在压铸型的试型和应用过程中加以修正。

内浇口的厚度比其设置处的铸件壁厚度要小。对于薄壁形状复杂的铸件，充填成形是主要矛盾，故应采用较薄的内浇口，以提高金属液在浇口处的流速，使能获得轮廓清晰、表面光洁的铸件。但太薄的内浇口会使金属液流动所遇阻力增得很大，金属液充型时压力急剧升高，使进入型腔的金属液产生喷雾现象，铸件表面会形成麻点，或使排气通道被堵塞。

对于厚壁且形状简单的铸件，需利用压射最终压力加强对铸件的补缩，故常取较厚的内浇口。较厚的内浇口还允许采用较低的浇注温度，有利于减少铸件内气孔。但厚的内浇口会使清除铸件上的浇注系统时增加难度。

一般设计时，先把内浇口做得薄些，然后在新压铸型试浇时进行修正，同时修正内浇口的截面积。表3－2提供了一些内浇口厚度的经验数据。

表3－2 压铸件内浇口厚度经验数据

铸件合金	铸件壁厚/mm						
	0.6～1.5		1.5～3		3～6		>6
	铸件结构复杂程度						为铸件壁厚(%)
	简单	复杂	简单	复杂	简单	复杂	
锌合金	0.4～1.0	0.4～0.8	0.8～1.5	0.6～1.2	1.6～2.0	1.0～2.0	20～40
铝合金 镁合金	0.6～1.2	0.6～1.0	1.0～1.8	0.8～1.5	1.8～3	1.5～2.5	40～60
铜合金	0.8～1.2		1.0～2.0	1.0～1.8	2.0～4.0	1.8～3	40～60

内浇口在离开铸件方向上的长度不能太大，因金属液在流经内浇口时能量会损失太多；也不能太短，这样压铸型内浇口易被冲蚀。一般为2～3 mm。

一些有关文件上有多种供设计内浇口的图表，国内也曾出现过设计压铸件内浇口的计算尺，都可参考。

(4)横浇道设计

横浇道是直浇道的末端到内浇口前端的连接通道，它的作用是将金属液从直浇道引入内浇口，并可以借助横浇道中的大体积金属液来预热模具，当铸件冷却收缩时用来补缩和传递静压力。图3-24表示出了几种横浇道的形式。

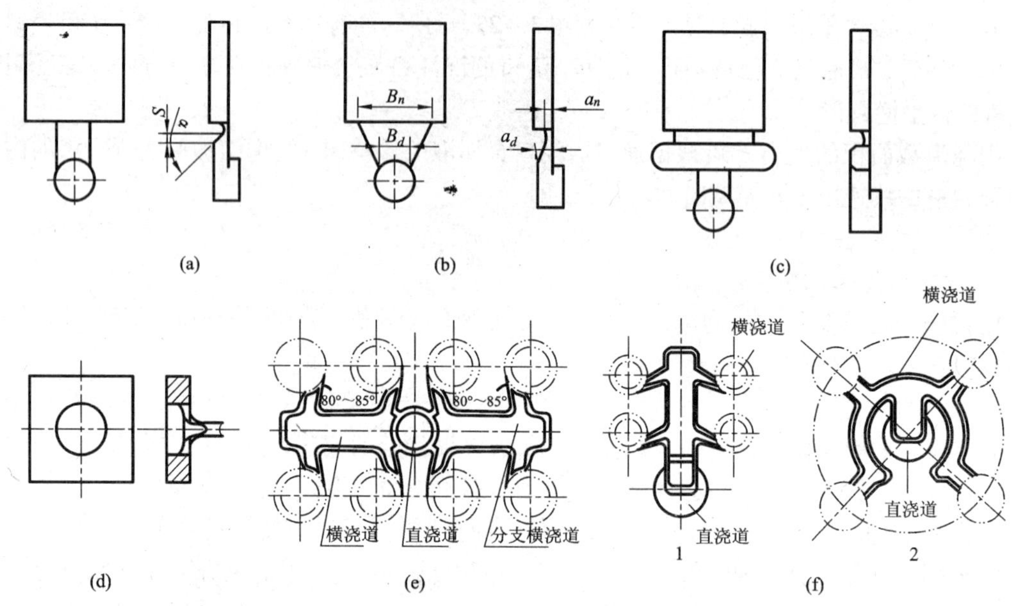

图3-24 横浇道的一些形式

(a)等宽横浇道；(b)扇形横浇道；(c)T形横浇道；(d)圆形横浇道

(e)立式冷压室压铸机用分支横浇道；(f)卧式冷压室压铸机用的两种分支横浇道

1)横浇道设计原则

①横浇道的截面积应从直浇道到内浇口保持均匀或逐渐缩小，不允许有突然的扩大或缩小现象，以免产生涡流。一般出入口截面积比在1∶(1.1~1.3)之间为宜。对于扩张式横浇道，其入口处与出口处的比值一般不超过1∶1.5，对内浇口宽度较大的铸件，可超过此值。

②横浇道截面积要大于内浇口截面积，在压射过程中浇注系统呈充满状态，内浇口为控制金属液流量的部位，否则用压铸机的压力-流量计算无效。多腔压铸模主横浇道截面积大于各分支横浇道截面积之和，且保证分支浇道过渡缓慢平滑。对于冷室压铸，推荐横浇道截面积为内浇道截面积的3~4倍；热室压铸机，推荐横浇道截面积为内浇道截面积的2~3倍。

③应尽量避免或减少横浇道转折，并使横浇道保持最短，防止卷气与温度下降及压力损失过大。当必须转折时，应保持足够的转角及相应的截面面积减小。

④金属液通过横浇道时热损失尽可能小，保证横浇道比压铸件和内浇口后凝固。

2)横浇道的截面形状和尺寸

横浇道的截面形状应有利于充型、压力的传递和减小包气，使熔融合金流动平稳、热量损失小、摩擦阻力小以及制造方便。通常横浇道的截面形状有两种基本形式，圆形和梯形。圆形截面横浇道热损失小，对金属流动有利，但加工不方便，有时会造成冷却时间过长，所以不常使用，除非横浇道很长。而梯形截面横浇道加工方便，又有较小的热损失，脱模容易，使用普遍。其形状和尺寸的确定见表3-3。

表 3－3　横浇道尺寸的选择

横截面积	计算公式	说　　明
α　b　h　r	$b=3F/h$(一般) $b=(1.25\sim1.6)An/h$(最小) $h\geqslant(1.5\sim2)\times S$ $\alpha=15°$ $r=2\sim3$ mm	b——横浇道长边尺寸(mm) F——内浇口截面积(mm^2) h——横浇道深度(mm) s——铸件平均壁厚(mm) α——脱模斜度(°) r——圆角半径(mm)

横浇道的长度(见图 3－25)可按公式(3－9)计算:

$$L=0.5D+(25\sim35) \qquad (3-9)$$

式中　L——横浇道长度，mm；

D——直浇道导入口处直径，mm。

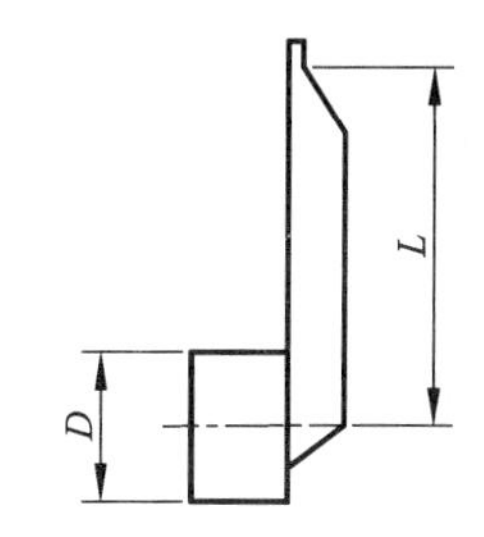

图 3－25　横浇道长度计算

横浇道的长度一般取 30～40 mm，L 过大消耗压力，降低金属液温度影响成型并易产生缩松。L 过小则金属液流动不畅，在转折处容易产生飞溅，导致铸件内形成硬质点。

(5)排溢系统设计

1)排溢系统的组成

排溢系统由排气槽和溢流槽两大部分组成，其常见结构如图 3－26 所示。排溢系统包括排气槽、溢流道(或溢流口)和溢流槽(也称集渣包)等部分。

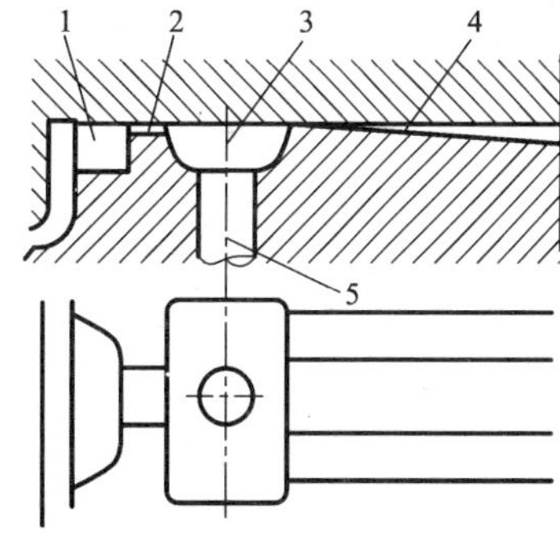

图 3－26　排溢系统的组成

1—型腔；2—溢流道；3—溢流槽；4—排气槽；5—推杆

2)排溢系统的作用

排溢系统在压铸模具中不可缺少，其主要作用是排出、储存型腔中的气体、涂料残余物、前端污冷金属，达到转移或减少压铸件中的缩孔、缩松、裹气及氧化夹杂以及冷隔缺陷等。其次，利用大容量排溢系统可以调节模具局部温度，改善压铸模具热平衡状态，或者控制局部流动状态。当压铸件上无法设置顶出位置，或者在压铸件表面不允许留有顶杆痕迹时，排溢系统还可作为压铸件的顶出位置。有资料介绍排溢系统还可以减轻充型结束时的压力冲击作用，从而减少飞边形成。

3)溢流槽设计

选择溢流槽应注意下列几项原则：

①金属液流入型腔后最先冲击的部位。

②受金属液冲击的型芯后面或多股金属液相汇合处容易产生涡流、卷气或氧化夹杂的部位。

③金属液最后充填的部位。

④型腔温度较低的部位。

⑤内浇口两侧或其他金属液不能直接充填的“死角”部位。

⑥其他需要控制局部金属液流动状态以消除缺陷的部位。

为使溢流槽能充分发挥作用达到其应有的效果，不致消耗过多的金属、加大投影面积，影响铸件尺寸精度，降低充填型腔的有效压力，甚至影响和打乱充填形态或引起其他不良作用等，应在布置溢流槽时慎重考虑。一般在模具设计时，事先在准备设置溢流槽处保留一定的余地。试压验证后，观察铸件上金属液的流痕和缺陷产生的形态，最后确定合理的布局和容量。

溢流槽的截面形状常有三种形式，如图 3－27 所示。一般情况下采用Ⅰ型。Ⅱ型和Ⅲ型的容积较大，常用于改善模具热平衡或其他需要采用大容积溢流槽的部位。

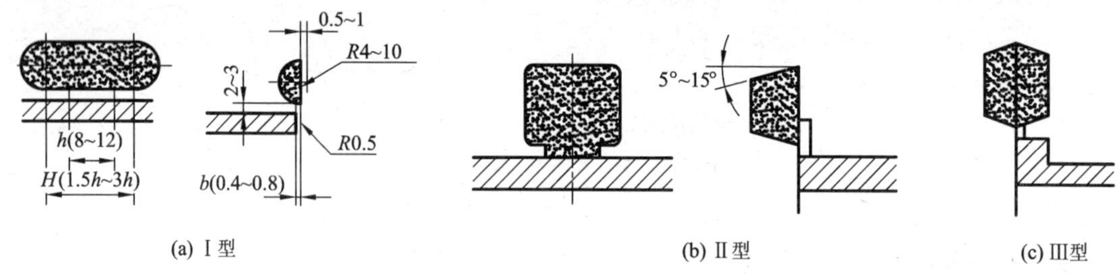

图 3－27　溢流槽的截面形状和尺寸

溢流槽的体积要根据估计的冷金属量或温度情况予以考虑，太小会影响效果，太大则增加回炉料。根据经验，溢流槽总体积可以达到压铸件体积的 10% ~30% 。溢流槽的数量根据需要位置的多少而定。溢流槽的主要设置目的、作用不同其体积大小也不同，一般情况有下列原则：

①作为冷污金属液的储存器，容量大的溢流槽比容量小的效果好。但容量过大，增加了回炉料量，使压铸件成本提高。

②以改善模具温度场为目的而设计的溢流槽，其容量要通过计算来确定。

③作为消除局部热节处缩孔、缩松等缺陷而设计的溢流槽，其容积应为热节部位体积的 3 ~4 倍或为缺陷部位体积的 2 ~2. 5 倍。

4）排气槽设计

排气槽一般与溢流槽配合，布置在溢流槽后端以加强溢流和排气效果，也可在型腔的必要部位单独布置排气槽。其作用是为了排除浇道、型腔及溢流槽内的混合气体，有利于充型，减少和防止压铸件中产生气孔或浇不足等缺陷。

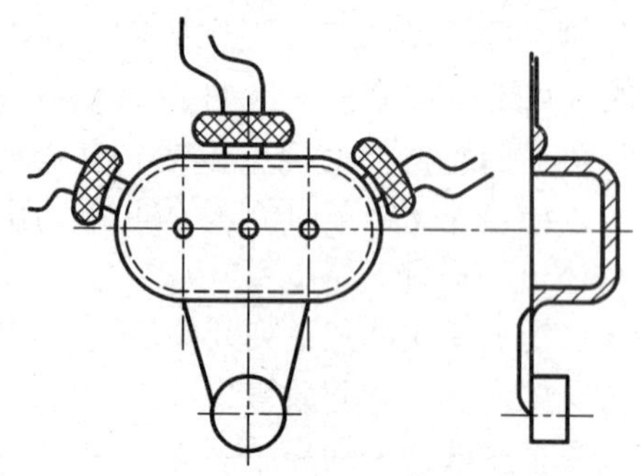

图 3－28　溢流槽后端开设的排气槽

①排气槽位置选择。排气槽尽可能设在分型面上，以便脱模；为了便于模具的制造，排气槽应设在动模或定模的同一侧；为了防止金属液向外喷溅的可能性，可在溢流槽后端开设曲折的排气槽，如图 3－28 所示。

②排气槽的形状和尺寸。排气槽的形状有曲折形、直通阶梯形、直通斜度形和喇叭形结构等，如图 3－29 所示。

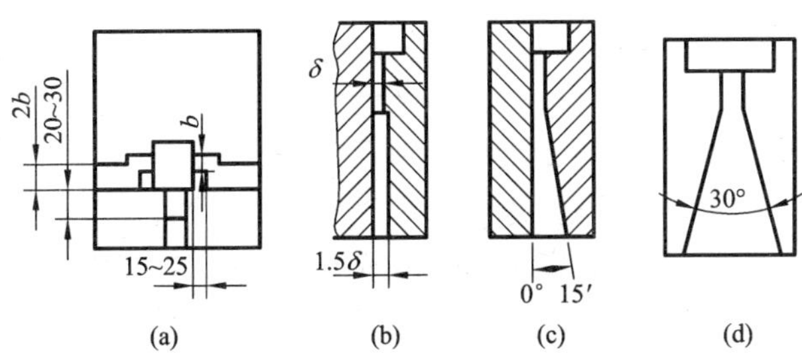

图 3－29　排气槽的结构形式和尺寸

(a)曲折形排气槽；(b)直通阶梯形排气槽

(c)直通斜度形排气槽；(d)喇叭形排气槽

正常排气槽的长度不小于 15 ~25 mm；其宽度 b 为 8 ~25 mm；深度 δ 为 0.05 ~0.20 mm，对锌合金可取低值、铜合金取高值、铝合金和镁合金取中间值。排气槽深度较小时，会增加空气流动阻力，降级排气效果，过深则有可能造成金属液喷出的危险。排气槽在离溢流槽 20 ~30 mm 后，可将其深度增加到 0.3 ~0.4 mm，加强排气效果，排气槽总截面积可达内浇口截面积的 20% ~50%，在需要增加排气槽面积时，以增大排气槽宽度和数量为宜，不宜过分增加其深度，以防金属喷出。

3.4　压铸模

[学习目标]

1. 掌握压铸模的基本组成和基本结构；
2. 熟悉压铸模常用机构的工作原理；
3. 了解压铸模设计、计算的原则和方法。

鉴定标准：应知：压铸模的组成和基本结构；压铸模常用机构的工作原理和特点；应会：简单模具机构和尺寸的检测。

教学建议：模具模型、真实模具拆装进行教学或多媒体教学。

压铸型是实现压力铸造的主要工艺装备，它的设计质量和制造质量与铸件的形状精度、表面质量和内部质量以及生产操作的顺利程度有直接的关系，更为重要的是，压铸型制造好以后，再修改的可能性已不大了，而且它的价格又很高，制造周期又长，所以在压铸型设计时必须细致分析铸件的结构和工作性能的要求，充分考虑生产现场的操作过程和工艺参数可实施的程度，才能设计出结构合理、切合实用并能满足生产要求的压铸型。

3.4.1 压铸模的基本结构

压铸模由定模和动模两部分组成。定模固定在压铸机定模安装板上，定模上有形成直浇道的浇口套，浇口套与压铸机的喷嘴或压室相接；动模固定在压铸机动模安装板上，并随动模安装板做开合模移动。合模时，动模与定模闭合构成型腔和浇注系统，金属液在高压下充满型腔。开模时，动模与定模分开，借助设在动模上的推出机构将压铸件推出。

压铸模的结构组成较复杂，结构形式多种多样，图 3－30 所示模具为典型压铸模的结构组成，根据模具上各个零件所起的作用，压铸模可分为以下几个部分：

①成型零件。成型零件是决定压铸件几何形状和尺寸精度的零件。成型压铸件外表面的称为型腔，成型压铸件内表面的称为型芯。例如，图 3－30 中的定模镶块 13、动模镶块 12、15、型芯 14 和滑块 7 上的侧型芯 11 等都是成型零件。

②结构零件。结构零件包括支承固定零件与导向合模零件。支承固定零件是将模具各部分按一定的技术要求进行组合和固定，并使模具能够安装到压铸机上，如图 3－30 中的定模座板 17、动模座板 36、定模套板 9、动模套板 20、支承板 25 和垫块 35 等。导向合模零件是保证压铸模动模与定模合模时正确定位和导向的零件，如图 3－30 中的导柱 19、导套 21。

③浇注系统。浇注系统是引导熔融合金从压铸机的压室流到模具型腔的通道。它由直浇道、横浇道、内浇口和分流锥等组成，如图 3－30 中的浇口套 18、浇道镶块 22 等。

④排溢系统。排溢系统一般包括排气槽和溢流槽，根据熔融合金在模具内的充填情况而开设。排气槽是排除压室、浇道和型腔中的气体通道，而溢流槽是储存冷合金和涂料余烬的地方，一般开设在成形零件上。

⑤侧向抽芯机构。压铸件的侧面有凸台或孔穴时，需要用侧向型芯来成形。在铸件脱模之前，必须先将侧向型芯从压铸件中抽出，这个使侧向型芯移动的机构称为侧向抽芯机构。侧向抽芯机构的形式很多，图 3－30 所示的模具为斜销抽芯机构，由斜销 6，滑块 7、楔紧块 8、限位块 1、弹簧 3、螺栓 4 等组成。开模时，由斜销 6 带动滑块中的侧向型芯移动完成侧抽芯。

⑥推出与复位机构。推出机构是将压铸件从模具的成形零件上脱出的机构；复位机构是指在模具合模时，将推出机构回复到原始位置的机构。它包括推出、复位和先复位、限位及导向零件，如图 3－30 中的推杆 24、26、29、推杆固定板 34、推板 33、复位杆 30、推板导柱 32 和推板导套 31 等。

⑦加热与冷却系统。因压铸件的形状、结构和质量上的需要，在模具上常需设置冷却和加热装置，以达到压铸模的热平衡。

⑧其他。除前述结构组成外，模具内还有其他如紧固用的螺钉、销钉，以及定位用的定位件等。

3.4.2 压铸模成型零件的结构

压铸模结构中构成型腔以形成压铸件形状的零件称为成型零件。多数情况下，浇注系统、排溢系统也在成型零件上加工而成。这些零件直接与金属液接触，承受高速金属液流的冲刷和高温、高压的作用。成型零件的质量决定了压铸件的精度和质量，也决定了模具的寿命。

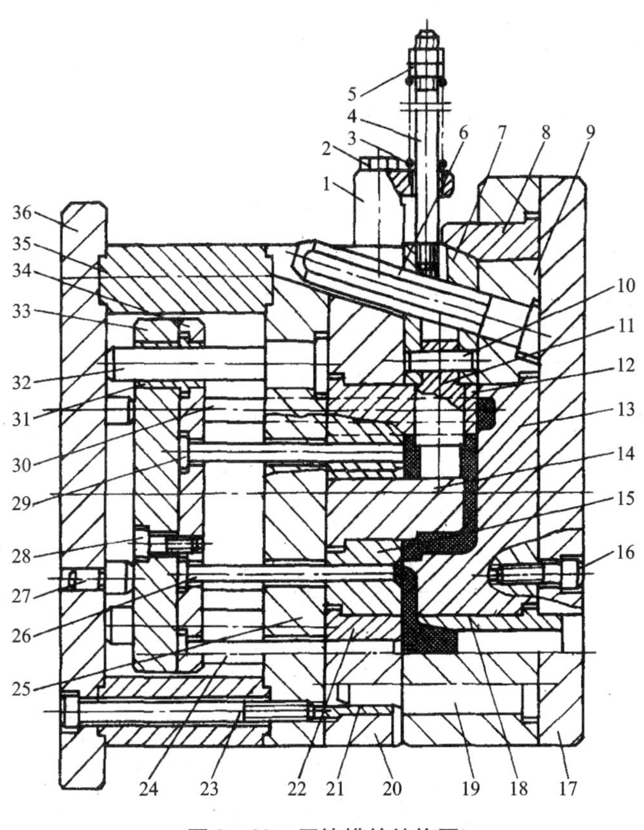

图3-30 压铸模的结构图

1—限位块；2、16、23、28—螺钉；3—弹簧；4—螺栓；5—螺母；6—斜销；7—滑块；8—楔紧块；9—定模套板；10—销钉；11—侧型芯；12、15—动模镶块；13—定模镶块；14—型芯；17—定模座板；18—浇口套；19—导柱；20—动模套板；21—导套；22—浇道镶块；24、26、29—推杆；25—支承板；27—限位钉 30—复位杆；31—推板导套；32—推板导柱；33—推板；34—推杆固定板；35—垫块；36—动模座板

压铸模的成型零件主要是指型芯和镶块。模具所必要的其他零部件统称结构零部件。

成型零件在结构上可分为整体式和镶拼式两种。

(1)整体式结构

整体式结构如图3-31所示，其型腔直接在模块上加工成型，使模块和型腔构成一个整体。

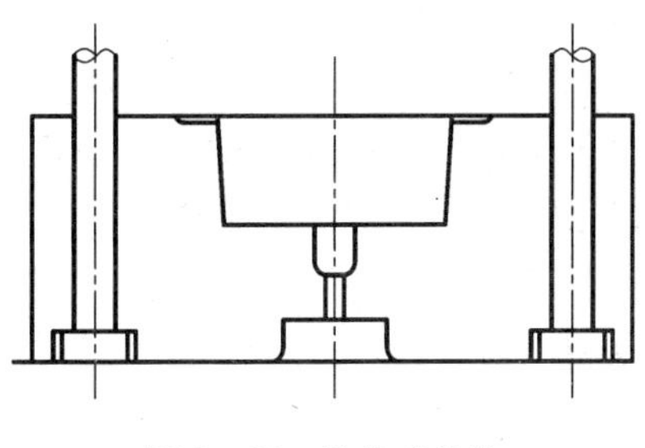

图3-31 整体式结构

1)整体式结构的特点

①强度高，刚性好。

②与镶拼式结构相比，压铸件成型后光滑平整。

③模具装配的工作量小，可减小模具外形尺寸。

④易于设置冷却水道。

⑤可提高压铸高熔点合金的模具寿命。

2)整体式结构适用的场合

①型腔较浅的小型单型腔模或型腔加工较简单的模具。

②压铸件形状简单、精度要求低的模具。

③生产批量小的模具。

④压铸机拉杆空间尺寸不大时，为减小模具外形尺寸，可选用整体式结构。

(2)镶拼式结构

镶拼式结构如图3-32所示，成型部分的型腔和型芯由镶块镶拼而成。镶块装入模具的套板内加以固定，构成动(定)模型腔。镶拼结构又分为整体镶块式[图3-32(a)]和组合镶块式[见图3-32(b)]。整体镶块式应用较广，几乎已属标准化，它具有整体式的优点，强度、刚度好，不易变形，铸件上无拼缝溢流痕迹，节省优质钢材。

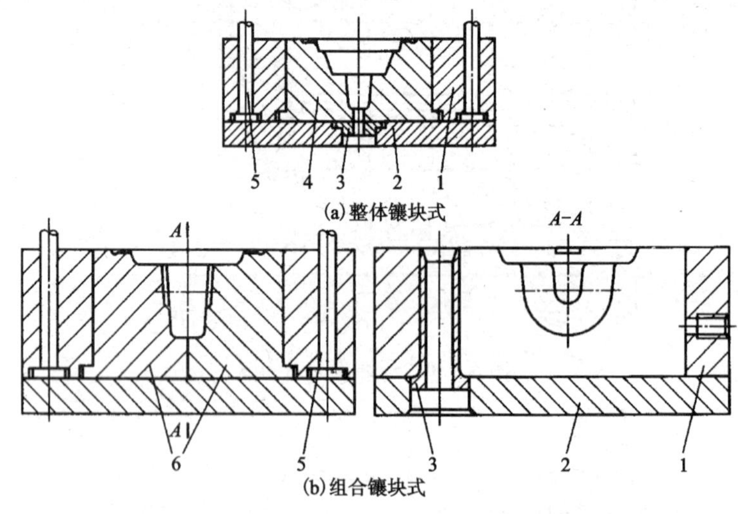

图3-32 镶拼式结构

1—定模套板；2—定模座板；3—浇口套；4—整体镶块；5—导柱；6—组合镶块

镶拼式结构通常用于多型腔或深型腔的大型压铸模及压铸件表面复杂做成整体结构不易加工的压铸模。随着电加工、冷挤压、陶瓷型精密铸造等新工艺的不断发展，在加工条件许可的情况下，除为了满足压铸工艺要求排除深腔内的气体或便于更换易损部分而采用组合镶块外，其余成型部分应尽可能采用整体镶块。设计镶拼式结构时，要保证镶块定位准确、紧固，不允许发生位移。镶块要便于加工、保证压铸件尺寸精度和脱模方便。

(3)镶块的固定形式

镶块固定时，必须保持与相关的构件有足够的稳定性，并要便于加工和装卸。

镶块常安装在动、定模套板内，其形式有通孔和不通孔两种形式，如图3-33所示。

①不通孔形式。套板结构简单，强度较高，可用螺钉和套板直接紧固，不用座板和支承板，节约钢材，减轻模具重量。但当动、定模均为不通孔时，对多型腔模具要保证动、定模镶块安装孔的同轴度和深度尺寸全部一致比较困难。不通孔形式用于圆柱形镶块或型腔较浅的模具，如为非圆形镶块，则只适用于单腔模具。

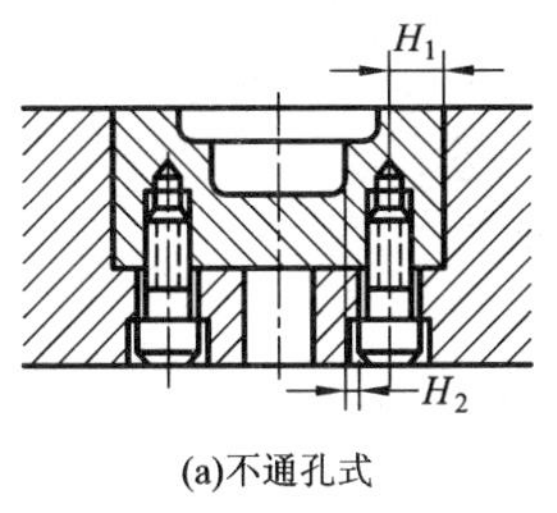

(a)不通孔式

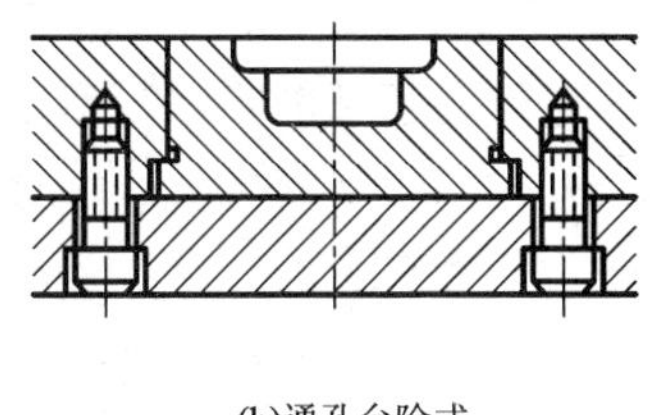
(b)通孔台阶式

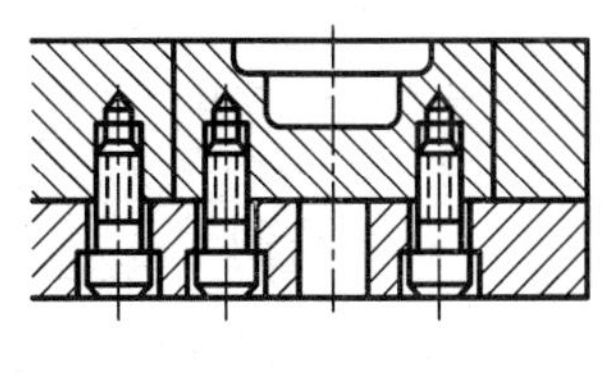
(c)通孔无台阶式

图 3－33 镶块的固定形式

②通孔形式。套板用台阶固定或用螺钉和座板紧固。在动、定模上，镶块安装孔的形状和大小应一致，以便加工和保证同轴度。

③通孔台阶式。用于型腔较深的或一模多腔的模具，以及对于狭小的镶块不便使用螺钉紧固的模具。通孔无台阶式用于镶块与支承板(或座板)直接用螺钉紧固的情况。

3.4.3 成型尺寸计算

形成压铸件的成型零件尺寸称为成型尺寸。压铸件素以尺寸精密著称，但在压铸模具设计中，准确的设计成型尺寸并非易事。压铸件尺寸精度受诸多因素影响，如压铸件结构，压铸模具设计及制造精度，合金凝固及收缩特性，压铸工艺和生产操作因素，压铸机性能等。并且这些因素的影响程度难于准确估测，所以要对成型尺寸进行精确计算比较困难。通常成型尺寸的确定是根据经验公式进行估算，之后进行必要的修正。

设计成型尺寸时，一般要考虑压铸件给定的尺寸公差、压铸件综合收缩率、压铸模具修正系数、压铸模具制造公差等，压铸件结构及合金收缩因素通过综合收缩率考虑。由于压铸件不同特征部位的尺寸形成机理不同，成型尺寸计算方法也有差别。一般将成型尺寸分为型腔、型芯及位置距离三种类型，分别用下面三个计算式进行计算：

型腔尺寸

$$Y^{+\delta} = (Y_0 + KY_0 - n\Delta)^{+\delta} \tag{3-10}$$

型芯尺寸

$$Y_{-\delta} = (Y_0 + KY_0 + n\Delta)_{-\delta} \tag{3-11}$$

位置距离尺寸

$$Y \pm \delta = (Y_0 + KY_0) \pm \delta \tag{3-12}$$

式中 Y——成型尺寸(mm)；

Y_0——压铸件给定部位的极限尺寸(mm)；

K——综合收缩率(%)；

n——压铸模具修正系数；

Δ——压铸件给定部位的尺寸公差(mm)；

δ——压铸模具成型部分的制造公差(mm)。

以下将就各参数取值范围及方法进行说明：

①为了简化成型尺寸计算，压铸件和成型尺寸公差采用单向偏差标注。型腔尺寸规定采用下偏差，当不是下偏差标注形式时，应在不改变压铸件尺寸极限值的条件下，将公称尺寸及偏差值变换为下偏差形式，例如：

$$\phi 60 \pm 0.2 \Rightarrow \phi 60.2^{0}_{-0.40} \qquad \phi 60^{+0.04}_{0} \Rightarrow \phi 60.4^{0}_{-0.40}$$

$$\phi 60^{-0.20}_{-0.60} \Rightarrow \phi 59.8^{0}_{-0.40} \qquad \phi 60^{+0.50}_{+0.10} \Rightarrow \phi 60.5^{0}_{-0.40}$$

型芯尺寸规定采用上偏差，当不符合规定时也要进行变换，例如：

$$\phi 60 \pm 0.2 \Rightarrow \phi 59.8^{+0.40}_{0} \qquad \phi 60_{-0.40} \Rightarrow \phi 59.6^{+0.40}_{0}$$

$$\phi 60^{+0.50}_{+0.10} \Rightarrow \phi 60.1^{+0.40}_{0} \qquad \phi 60^{-0.20}_{-0.60} \Rightarrow \phi 59.4^{+0.40}_{0}$$

中心距离位置尺寸的偏差规定为双向等值，不符合规定时也要进行变换，例如：

$$\phi 60_{-0.40} \Rightarrow \phi 59.8 \pm 0.20 \qquad \phi 60^{-0.40}_{0} \Rightarrow \phi 60.2 \pm 0.20$$

$$\phi 60^{0.50}_{+0.10} \Rightarrow \phi 60.3 \pm 0.20 \qquad \phi 60^{-0.20}_{-0.60} \Rightarrow \phi 59.6 \pm 0.20$$

②压铸件的极限尺寸 Y_0 按下述规则确定。型腔取最大极限尺寸，型芯取最小极限尺寸，位置距离取基本尺寸加上公差平均值。

③压铸件的综合收缩率 K 包括了压铸件的收缩及压铸模具成型零件的膨胀因素。压铸件的不同结构，会导致综合收缩率的不同。根据压铸件在压铸模具中的收缩条件，综合收缩率可从表 3－4 中选取。表中尺寸 L_1 为阻碍收缩类型，对应压铸件部分的收缩完全受型芯阻碍。L_3 为自由收缩尺寸类型，该尺寸上的压铸件部分凝固收缩时不存在任何阻碍。而尺寸 L_2 即包含了阻碍收缩尺寸，也包含了自由收缩尺寸，所以称为混合收缩尺寸。表中数据为正常工艺状态时的综合收缩率，可以根据压铸件结构特点、收缩条件、压铸件壁厚及合金成分进行适当增减。

表 3－4　压铸件的综合收缩率推荐值

L_3 L_1 L_3 L_2		尺寸类型		
		L_1：阻碍收缩	L_2：混合收缩	L_3：自由收缩
		综合收缩率（%）		
合金类型	锌合金	0.3～0.4	0.4～0.5	0.5～0.6
	铝硅合金	0.3～0.5	0.4～0.6	0.5～0.7
	铝硅铜合金 铝镁合金 镁合金	0.4～0.6	0.5～0.7	0.6～0.8

④压铸模具补偿或磨损系数 n 表示压铸模具的型腔或型芯在正常使用过程中的修正量，n 值一般可在 0.5～0.8 范围内选取，正常情况下可取 0.7 左右。但对于中心距之类的尺寸，不存在修正量的问题。

⑤压铸模具成型部分的制造公差是成型部分在进行机械加工过程中允许的误差。其值 δ 越大，则占用压铸件尺寸公差 Δ 就越大，由工艺控制尺寸精度的难度就越大。δ 值过小，加工制造困难，加工费用高。通常 δ 值可以根据压铸件要求的精度等级选取，也可根据压铸件 Δ 值的大小选取。一般情况下，δ 值可取为 Δ 值的 1/4～1/5。当 Δ 值较大时，可取为 1/6～1/8。

3.4.4 抽芯机构

如果压铸件存在侧凹区域，必须使用侧向型芯。侧向型芯必须能够滑动抽出，以便能够取出压铸件。如果侧向型芯在定模上，则必须在开模之前抽出型芯，以便压铸模具能够打开。完成侧向型芯抽出及复位功能的机构称为抽芯机构。

抽芯机构按驱动方式可分为机械式和液压式两种。机械式抽芯主要通过开合模过程中，斜销、弯销、齿轮齿条等实现抽芯与复位。液压抽芯机构是利用液压缸，通过活塞的往复运动实现抽芯与复位。

(1)斜销抽芯机构

斜销抽芯机构是机械式抽芯机构中最常用的形式，其结构及组成如图3－34所示。斜销抽芯机构的抽芯过程见图3－35。开模：定模、动模分开，滑块随动模做水平运动，与此同时滑块被强制地沿斜销做向上运动，将型芯从压铸件的侧孔内抽出来。随着开模过程的进行，动、定模之间的距离愈来愈大。当滑块脱出斜销之时，亦即完成了抽芯动作。随后是推出机构推出压铸件及清理模具、喷刷涂料等合模前的准备工作。合模：开模结束时由于限位块的作用，使滑块停留在与斜销脱离时的位置上，因此，在合模过程中，斜销就会很顺利地插入滑块的导滑孔中，强制滑块在合模过程中向下运动，当动、定模合拢时，滑块也就恢复到开模抽芯之前的位置。

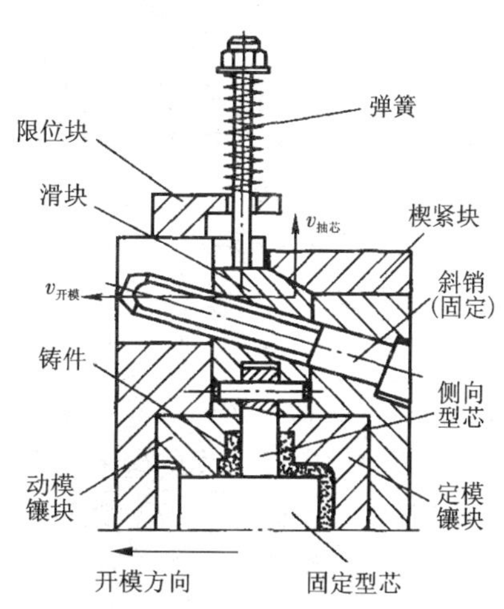

图3－34 斜销抽芯机构

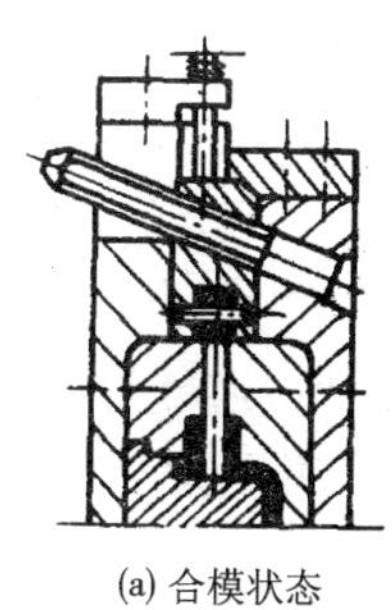

(a) 合模状态

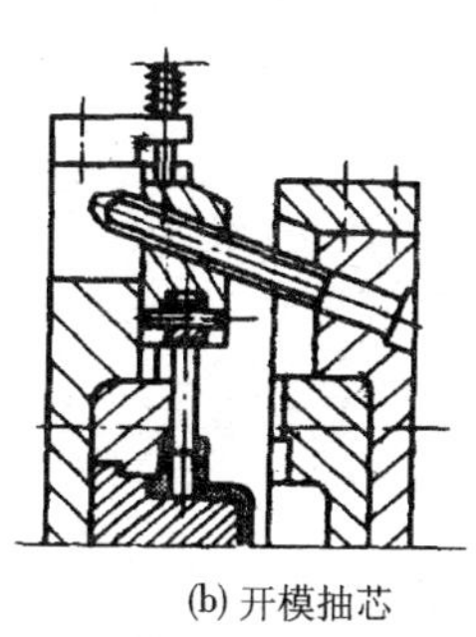

(b) 开模抽芯

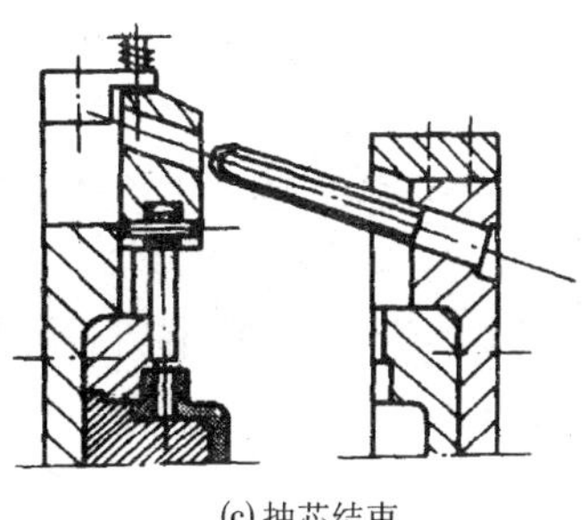

(c) 抽芯结束

图3－35 斜销抽芯动作过程

①斜销基本形状及尺寸。销大多用圆形截面，但在工作段，一般将两侧加工出平面，以减小摩擦阻力，如图3－36所示。

斜销直径一般在10～40 mm之间选择，视受力情况而定，也可根据公式(3－13)进行估算：

$$d \geqslant \sqrt{\frac{Fh}{3000\cos^2\alpha}} \tag{3-13}$$

式中　d——斜销直径(cm)；

F——抽芯力(N)；

α——斜销斜角(°)；

h——安装板端面至受力点的距离，一般取滑块中间点(cm)。

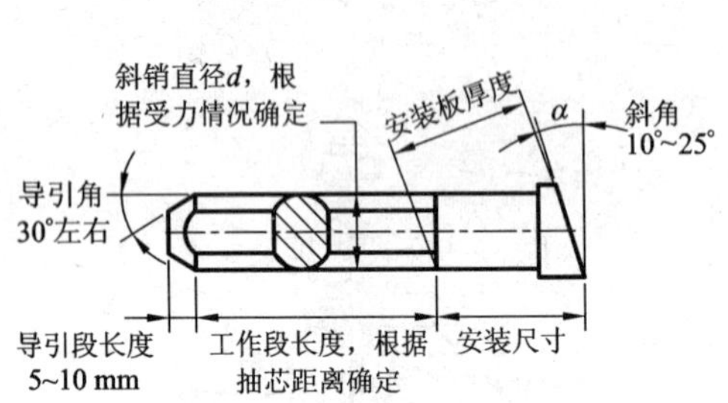

图 3－36　斜销基本形状及尺寸

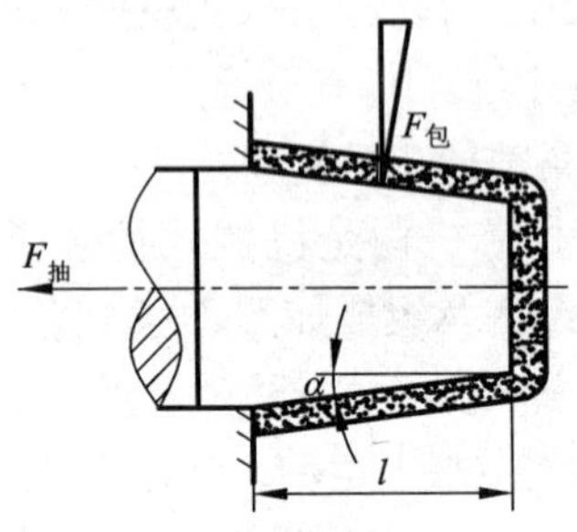

图 3－37　抽芯力分析图

②抽芯力估算　金属液充填型腔，冷凝收缩后，对型芯的成型部分产生包紧力，抽芯时需克服由压铸件收缩产生的包紧力和抽芯机构运动时所受的各种阻力，两者的合力即为抽芯力。在开始抽芯的瞬间，所需抽芯力最大，为起始抽芯力。而后继续抽芯时，只需克服机构及型芯运动时的阻力，为相继抽芯力。抽芯时型芯受力的状况见图 3－37。影响抽芯力的因素很多，精确计算困难，抽芯力一般按公式(3－14)进行估算：

$$F = pA(\mu\cos\alpha - \sin\alpha) \tag{3-14}$$

式中　F——抽芯力(含阻力)(N)；

A——压铸件包紧型芯的表面积(mm^2)；

p——单位面积的包紧力(MPa)，锌合金取 6～8 MPa；铝合金取 10～12 MPa；铜合金取 12～16 MPa；

μ——压铸件和型芯间的摩擦系数，取 0.2～0.25；

α——型芯脱模斜度(°)。

③抽芯距离。设计斜销抽芯机构时，要注意抽芯距离核算，保证型芯能够完全抽出。抽芯距离与滑块在开模方向的行程及斜销斜角有关，如图 3－38 所示，并可按下式计算：

$$h = S \cdot \tan\alpha \tag{3-15}$$

式中　h——抽芯距离(cm)；

S——滑块行程(cm)；

α——斜销斜角(°)。

上式表明通过增加滑块行程 S(增加斜销工作段长度 L)，可以增加抽芯距离 h。在相同行程的情况下，增加斜销角度 α，可以增加抽芯速度和抽芯距离 h。因此在开模行程较小的情况下，可采用较大的斜销角度增加抽芯距离，但注意受力情况变差。此外，通过确定抽芯距离 h，可以确定滑块行程 S 以及斜销工作段长度 L。应该注意，抽芯距离 h 包括将型芯抽出型腔和附加距离 w，以便于压铸件安全顶出。通常，附加距离 w 应在 3 mm 以上。此外，对于

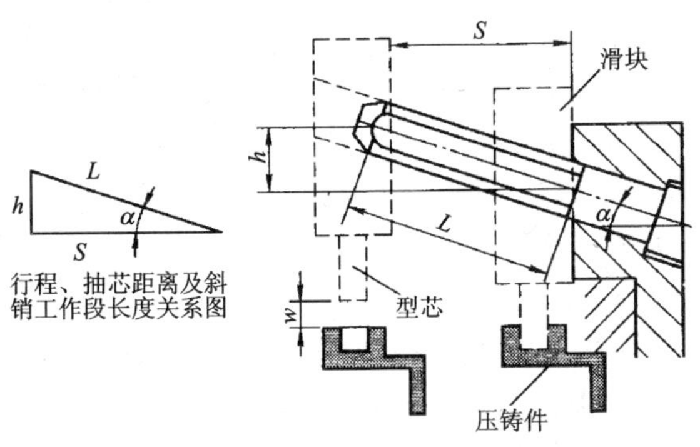

图3－38　斜销抽芯距离参数关系图

侧腔较深的压铸件，要核算开模行程和抽出距离，保证足够的抽出距离。

④斜销角度。斜销角的选择与抽芯力的大小、滑块行程的长短以及斜销承受的弯曲应力等有关。通常，斜销斜角采用10°、15°、20°、25°等。当抽芯距离短而抽芯力大时，斜角宜取小值。当抽芯距离长、抽芯力小时，斜角可取大值。虽然较大斜角对抽出距离有利，但会导致斜销受力状况变差。所以，斜角最大通常不超过25°。

⑤斜销抽芯机构特点及应用。斜销抽芯机构具有结构简单的特点，但抽芯需要一定的开模距离。斜销抽芯机构普遍用于中小型芯，或抽芯力不太大的场合。此外，最好型芯接近分型面，抽出方向与分型面平行。

(2)液压抽芯机构

液压抽芯机构的工作原理比较简单，直接利用液压缸进行抽芯及复位动作，其结构如图3－39所示。液压抽芯机构可以根据抽芯力的大小及抽芯距离的长短选择液压缸的尺寸，大、中、小型压铸模具均可使用，因此液压抽芯机构应用范围较广。由于使用额外的抽芯液压缸，抽芯力不依赖开模力，不存在斜销或弯销等强度问题，抽芯距离也与开模行程无关，可以灵活确定，对抽拔方向限制较小。而且，液压抽芯动作独立于开合模动作，可以灵活设置抽芯时间及抽芯速度。目前大部分压铸机都配置或选项配置液压抽芯机构，可联机程序控制抽芯动作，自带楔紧机构等。自行设计液压抽芯机构时，液压缸已成为通用系列化产品，根据需要选用即可。但在机构设计时，应注意连接器、楔紧块、固定支架等装置的安全可靠性。

应该注意，液压抽芯机构不应设在操作者一侧，以免影响操作及人身安全。

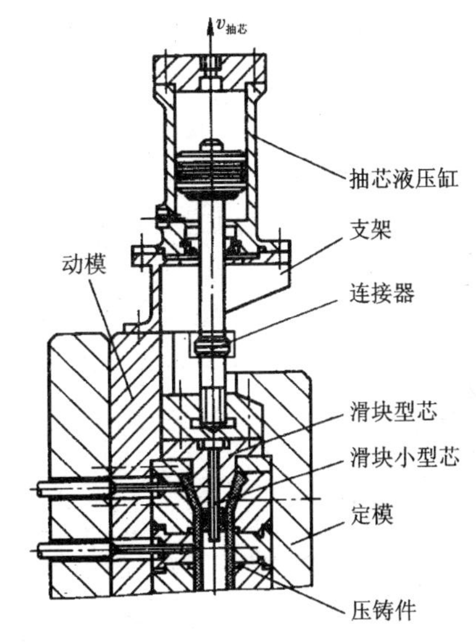

图3－39　液压抽芯机构

3.4.5 顶出机构设计

顶出机构的作用是将压铸件从压铸模具中顶出。当压铸件凝固完成并冷却一定时间后，压铸模具打开，压铸件随动模移动。附于动模之上的压铸件需要借助顶出机构将其推离动模，以便取出。因此，顶出机构都设置在动模上。

(1)顶出机构的驱动方式

顶出机构的驱动方式也有机械式和液压式两种，如图 3－40(a)所示。机械驱动方式也是利用开模动作完成顶出过程。当压铸模具打开，顶出系统随动模一起向后移动。当推板接触到静止的压铸机推杆时，推板移动受阻停止，动模继续后移，推板与动模之间产生相对运动，顶杆将压铸件顶离动模，实现顶出动作。机械式顶出系统顶出行程固定，必须提前调整好顶出位置。顶出时，由于推板突然停止，对压铸件有所冲击，但在正常情况下，不会产生不良后果。

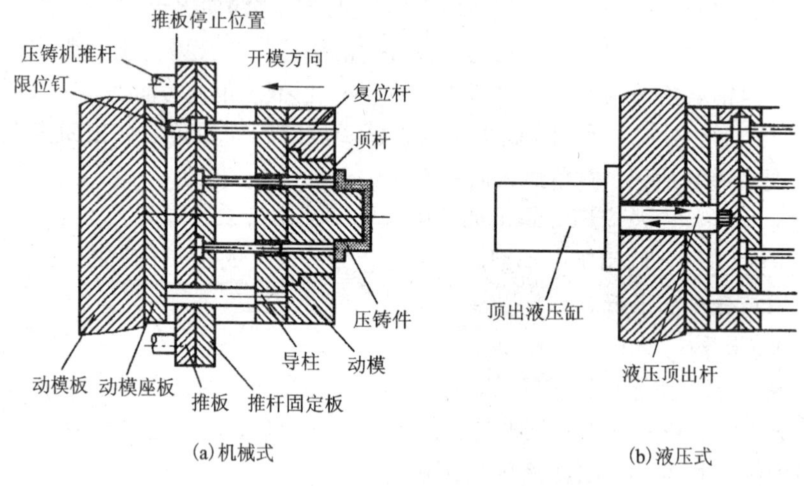

图 3－40 顶出机构驱动方式及组成

如图 3－40(b)所示，液压驱动方式是利用液压顶出缸的活塞杆直接驱动推板，带动顶杆顶出压铸件。现代压铸机大都提供了液压顶出机构，顶出行程、顶出速度可调，并且可多次顶出，顶出动作平稳，目前液压顶出机构应用广泛。

(2)顶出机构设计要点

①顶出距离确定。压铸件的顶出距离应该保证压铸件能够完全脱离动模型腔，方便取出。如有旋转取件，还应额外考虑。

②顶出力确定。由于压铸件收缩对型芯产生包紧力以及压铸件和型芯之间的摩擦力，顶出压铸件需要一定的力，才能克服上述包紧力和摩擦力，将压铸件顶出。顶出力的大小一般以包紧力的 1.2 倍为宜。

③顶杆截面面积确定。顶杆设计除去要考虑直径大小，保证具有足够的强度和刚度外，还必须具备足够的截面面积，以保证压铸件的顶出部位能够承受顶出压力。如果顶杆截面面积过小，作用于压铸件顶出部位的压力(压强)过大，或者压铸件高温强度低，容易导致压铸件顶出部位出现顶坑，甚至损坏。

④顶出位置选择。必须考虑顶出平衡，顶出位置应均匀分布，最好对称布置，受力均匀。顶出位置应设置在不易脱模之处，或在压铸件强度较佳之处，避免顶出部位使压铸件受弯曲、剪切或拉伸应力，如图 3－41 所示。

⑤斜面或曲面顶出对顶杆工作状况不利，所以尽量避免斜面或曲面顶出。

⑥考虑压铸模具成型零件结构及工艺问题。如图 3－42 所示，图中 s 应大于 3 mm，保证型芯边缘具有足够强度。顶杆直径 d 应比成型零件直径 d_0 小 0.4～0.6 mm，顶杆接近型芯应有一小段距离 δ，避免金属液窜入顶杆与成型件之间的间隙。

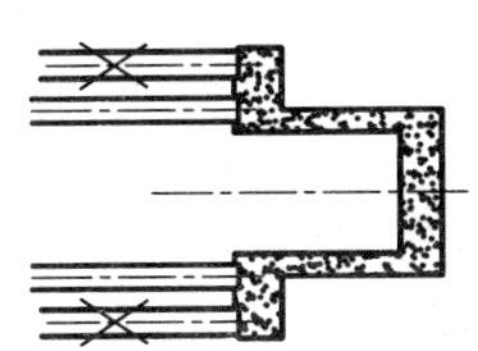
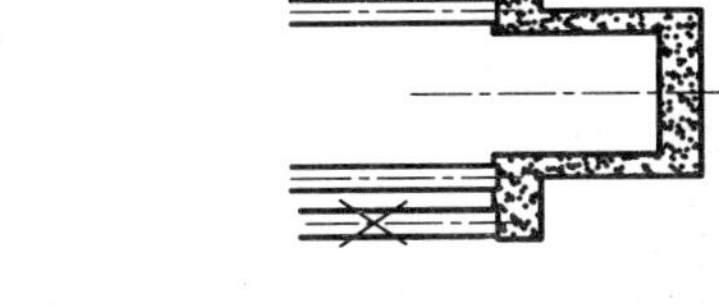

图 3－41　顶出位置设置在不易脱模及强度较高之处

图 3－42　顶杆位置边距设置

⑦应适当确定顶杆滑动配合长度。若滑动配合长度过长，会增加滑动摩擦力。尤其对受力较大的细顶杆，易产生动作故障。过短时，会使滑动过程不稳定。一般取顶杆直径的 2～4 倍。大直径取低倍数，小直径取高倍数。

(3) 常用顶杆的形式

顶杆的断面形状以圆形最为方便，根据特殊要求，顶杆断面形状还可以做成半圆形、扇形、椭圆形等。顶杆的顶出端形状除去平面外，也可以做成圆锥形、凹面形、凸面形、扁形或斜钩形等。实际上，目前顶杆属于普通的标准件，当确定基本要求后，可直接从市场购买，所以在进行顶杆设计时，应尽量采用标准件。

(4) 常用推管、推板的形式

对于某些结构特殊或有特别技术要求的压铸件，顶杆顶出不能满足要求，因此需要采用推管或推板顶出机构。推管顶出原理与顶杆推出大致相同，其结构如图 3－43 所示，主要差别在于将顶杆换成推管而已。推管主要用于不便使用顶杆，薄壁、易变形的筒形压铸件。另一种常用的顶出机构称为推板，其结构如图 3－44 所示。推板顶出机构的特点是作用面积大、顶出均匀、动作稳定、在压铸件表面不留顶痕，比较适合薄壁大面积的压铸件。

3.4.6　压铸模具常用材料及热处理

(1) 压铸模具成型零件材料要求

压铸循环中，由于高速、高压金属液的强烈热冲击和冲蚀作用，成型零件最容易损坏，损坏形式多为腐蚀、磨损、裂纹乃至整体开裂。因此，对成型零件的材料有以下要求：

①在高温下，具有较高的强度、硬度、抗回火的稳定性和热冲击韧度。

②应具有较好的导热性和抗热疲劳性。

③在高温下不易氧化，能抵抗液态金属的粘附和腐蚀。

④材料热膨胀系数较小。

⑤材料热处理变形较小，淬透性良好。

⑥可锻性能良好，切削加工性能良好。

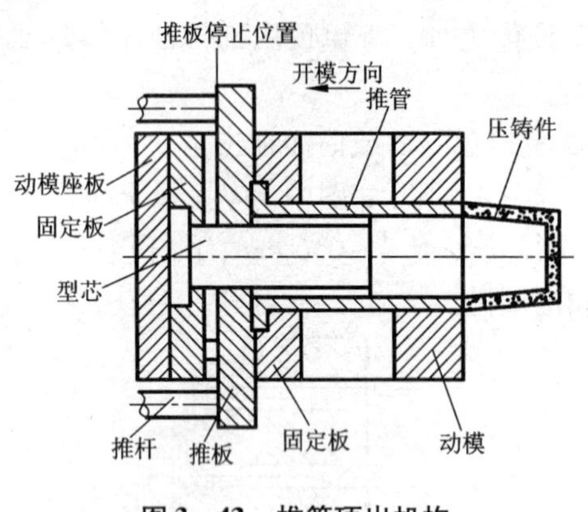

图 3－43　推管顶出机构

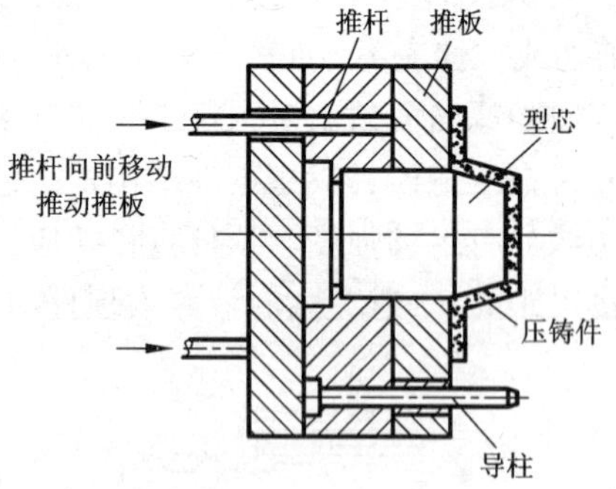

图 3－44　推板顶出机构

⑦修复或修改时能熔焊。

(2)压铸模具主要零件的材料及热处理要求

压铸模具主要零件常用材料及热处理要求如表 3－5 所示。

表 3－5　压铸模具主要零件常用材料及热处理要求

压铸模具零件类别	零件的材料	热处理要求	备　注
镶块、型芯等成型零件，浇口套、分流锥或压室	4Cr5MoSiV19，3Cr2W8V（3Cr2W8），(5CrNiMo)，4CrW2Si（限于锌合金成型零件）	淬火回火 42～47HRC、氮化 470～530HV	渗氮前应有调质工序
导柱、导套、拉杆、斜销、复位杆	T10A（或 T8A）	淬火回火 50～55HRC	
顶杆	4Ci5MoSiV1（3Cr2W8V）	淬火回火 45～50HRC	
模框、模座、垫块、挡板、顶杆固定板、推板、压板、垫块等结构件	45#钢或 Q235－A		

注：括号内牌号目前已较少采用。

3.5　压力铸造工艺

[学习目标]

1. 明确压铸工艺基本参数的概念；
2. 掌握压铸工艺参数选择的方法和原则。

鉴定标准：应知：压铸工艺参数选择的基本原则和基本方法。应会：会简单压铸件工艺参数的选择。

教学建议：课堂教学和生产现场教学相结合的教学方法。

压铸机、压铸模及压铸合金是压铸生产的三大“硬件”要素，压铸工艺是压铸生产的“软

件"要素。压铸工艺是把压铸合金、压铸模和压铸机这三个压铸生产要素有机组合和运用的过程。压铸时，影响金属液充填成型的因素很多，其中主要有压铸压力、压射速度、充填时间和压铸模温度等。这些因素是相互影响和相互制约的，调整一个因素会引起相应的工艺因素变化，因此，正确选择与控制工艺参数至关重要。

3.5.1　压铸压力

压力是使压铸件获得致密组织和清晰轮廓的重要因素，压铸压力有压射力和压射比压两种表示形式。压射压力的单位为牛顿，其大小随压铸机的规格不同而不同，压射比压是液体金属所受的压强，可用公式(3－16)表示。

$$p = P/A = 4P/\pi d^2 \qquad (3-16)$$

式中　p——压射比压，Pa；

P——压射压力，N；

A——压射冲头截面积(即近似压室截面积)，m^2；

d——压射冲头直径，m。

从式中可以看出压射比压与压铸机的压射压力成正比，而与压射冲头的截面积成反比。所以压射比压可以通过调整压射压力和压室内径来实现。

在压铸过程中，作用在液体金属上的压射比压并非一个常数，而是随着压射阶段的变化而改变，液体金属在压室与压铸型中的运动可分解为四个阶段，图 3－45 表示在不同阶段，压射冲头的运动速度与液态金属所受的压力(比压)曲线。

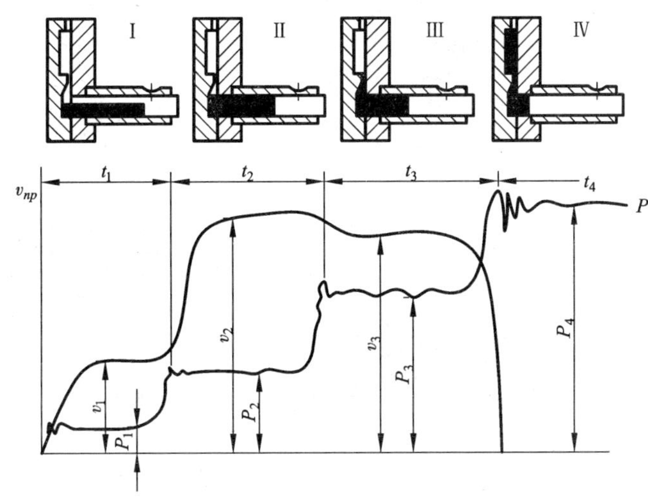

图 3－45　压铸不同阶段，压射冲头的运动速度与金属所受压力变化的情况

t——压铸的各个阶段；v——压射冲头的运动速度；P——液态金属所受的压力

第一阶段 t_1：压射冲头以慢速 v_1 前进，封住浇口，液态金属被推动，其所受压力 P_1 也较低，此时 P_1 仅用于克服压室与液压缸对运动活塞的摩擦阻力。

第二阶段 t_2：本阶段在压射冲头作用下，金属将完全充满压室至浇口处的空间，压射冲头的速度达到 v_2，压力 P_2 也由于压射室中金属的反作用而超过 P_1。

第三阶段 t_3：液体金属充填浇注系统和压铸型型腔，因为内浇口面积急剧缩小，故使金属流动速度 v_3 下降，但压力则上升至 P_3。在第三阶段结束前，液态金属因压射机构的惯性关系，而发生水锤作用，使压力增高，并发生波动，待波动消失之后，即开始压铸的第四阶段。

第四阶段 t_4：本阶段的主要任务是建立最后的增压，使铸件在压力 P_4 下凝固，而达到使铸件致密的目的。所需最终压力 P_4 的大小与合金的种类、状态（黏度、密度）和对铸件的质量要求有关。P_4 一般为 $5\times10^4\sim5\times10^5$ kPa。如果在最终压力达到 P_4 时，浇注系统中的金属仍处于液态或半固态，则压力 P_4 将传给凝固中的铸件，缩小铸件中的缩孔、气泡、改善铸件表面质量（特别是在半固态压铸时）。

上述过程称为四级压射。根据工艺要求，压铸机均应实现四级压射。但目前使用的压铸机多为三级压射（这种机构是把四级压射中的第二和第三阶段合为一个阶段）。从 $t_1\sim t_4$ 为一个压铸周期，其中 P_3 愈高所得的充填速度愈高，而 P_4 愈大则愈易获得外廓清晰、表面光洁和组织致密的铸件。在整个过程中 P_3 和 P_4 是最重要的。但要达到这一目的必须具备以下条件：铸件和内浇口应具有适当的厚度，具有相当厚度的余料和足够的压射压力，否则效果不好。

上述的压力和速度的变化曲线，只是理论性的，实际上液态金属充填型腔时，因铸件复杂程度不同，金属充填特性、操作不同等因素，压射曲线也会出现不同的形式。

通常情况下，压铸压力主要通过压射比压的不同选择来调整。提高比压有利于提高铸件的密度。但比压过高会降低压铸型的寿命，而过低又会导致铸件组织不致密和轮廓不清晰。一般根据铸件结构和合金种类来选择，表 3-6 为推荐的经验数据。

表 3-6　压铸合金常用比压

比压（MPa）／铸造结构／合金种类	铸件壁厚 <3 mm		铸件壁厚 >3 mm	
	结构简单	结构复杂	结构简单	结构复杂
锌合金	20 ~ 30	30 ~ 40	40 ~ 50	50 ~ 60
铝合金	25 ~ 35	35 ~ 45	45 ~ 60	60 ~ 70
铝镁合金	30 ~ 40	45 ~ 55	50 ~ 60	65 ~ 75
镁合金	30 ~ 40	40 ~ 50	50 ~ 60	60 ~ 80
铜合金	40 ~ 50	50 ~ 60	60 ~ 70	70 ~ 90

注：表内数据在压铸机条件可能时，可增大一些。

3.5.2　充填速度的选择

充填速度与压铸压力一样是主要工艺参数，它直接影响铸件的内部质量和外表质量。一般遵循这样的原则来选择：对薄壁复杂件或对表面质量要求高的铸件，应采用高充填速度、高比压；而对壁厚或内部质量要求高的铸件，宜采用高比压低充填速度。常用的充填速度见表 3-7。

表3-7　常用充填速度

充填速度(m/s)／铸造结构／合金种类	结构简单	一般壁厚条件	薄壁复杂件
锌合金	10~15	15	15~20
铝合金	10~15	15~25	25~30
镁合金	20~25	25~35	35~40
铜合金	10~15	15	15~20

3.5.3　浇注温度及铸型温度

压铸过程中，压铸温度对充填成型、凝固过程以及压铸模寿命和稳定生产等方面都有很大影响。压铸温度规范主要是指合金的浇注温度和模具温度。

(1)合金浇注温度

合金浇注温度是指金属液自压室进入型腔的平均温度。由于对压室内的金属液温度测量不方便，通常用保温炉内的金属液温度表示。浇注温度高，虽能提高金属液流动性和压铸件表面质量。但浇注温度过高，会使压铸件结晶组织粗大，凝固收缩增大，产生缩孔缩松的倾向也增大，使压铸件力学性能下降。并且还会造成黏模严重，模具寿命降低等后果。因此，压铸过程中金属液的流动性主要靠压力和压射速度来保证。

选择浇注温度时，还应综合考虑压射压力、压射速度和模具温度。通常在保证成型和所要求的表面质量的前提下，采用尽可能低的浇注温度。甚至可以在合金呈黏稠"粥"状时进行压铸。一般浇注温度高于合金液相线温度20℃~30℃。但对含硅量高的铝合金不宜采用"粥状"压铸，因为硅晶粒将会大量析出，并以游离状态存在于压铸件中，使加工性能恶化。各种压铸合金的浇注温度见表3-8。

表3-8　各种压铸合金的浇注温度　　（单位：℃）

合金		铸件壁厚≤3 mm		铸件壁厚>3~6 mm	
		结构简单	结构复杂	结构简单	结构复杂
锌合金	含铝的	420~440	430~450	410~430	420~440
	含铜的	520~540	530~550	510~530	520~540
铝合金	含硅的	610~630	640~680	590~630	610~630
	含铜的	620~650	640~700	600~640	620~650
	含镁的	640~660	660~700	620~660	640~670
黄铜	普通黄铜	850~900	870~920	820~860	850~900
	硅黄铜	870~910	880~920	850~900	870~910
镁合金		640~680	660~700	620~660	640~680

应当注意的是，金属液流经内浇口进入型腔后，流速骤减直到型腔流速将为零，这部分动能大部分经摩擦而转换为热能，使合金的温度升高。当内浇口速度为40 m/s时，铝合金进入型腔的温度将增加8℃，因此充填速度大时，可适当降低浇注温度，以保证压铸件质量。

(2)压铸模温度

模具温度是影响压铸件质量的一个重要因素，形状简单、压铸工艺性好的压铸件对模具温度控制要求不高，模具温度在较大范围内变动仍可生产出合格的压铸件。但是，生产某些复杂压铸件时，只有当模具温度控制在某一范围内时，才能生产出合格的压铸件，且此温度范围又较窄，此时，必须严格控制模具温度。

压铸模在压铸生产前应预热到一定温度，在生产过程中要始终保持在一定的温度范围内，这一温度范围就是压铸模的工作温度。

压铸模温度过高，容易导致黏模、压铸件顶出变形、压铸模具活动部件卡死、开模时间延长等。通常压铸模温度控制在浇注温度的1/3左右。压铸模的工作温度可由表3-9查得。

表3-9　压铸不同合金时的压铸型温度　　（单位：℃）

压铸合金	温度种类	铸件壁厚≤3 mm		铸件壁厚>3 mm	
		结构简单	结构复杂	结构简单	结构复杂
锌合金	预热温度	130~180	150~200	110~140	120~150
	连续工作保持温度	180~200	190~220	140~170	150~200
铝合金	预热温度	150~180	200~230	120~150	150~180
	连续工作保持温度	180~240	250~280	150~180	180~200
铝镁合金	预热温度	170~190	220~240	150~170	170~190
	连续工作保持温度	200~220	260~280	180~200	200~240
镁合金	预热温度	150~180	200~230	120~150	150~180
	连续工作保持温度	180~240	250~280	150~180	180~220
铜合金	预热温度	200~30	230~250	170~200	200~230
	连续工作保持温度	300~330	330~350	250~300	300~350

3.5.4　压铸用涂料

压铸过程中，需要在模具型腔、型芯、冲头和压室等工作表面，以及滑块、推出元件等运动零件的摩擦部位喷涂润滑材料与稀释剂的混合物，此混合物统称为压铸涂料。

(1)涂料的作用

①避免金属液直接冲刷型腔、型芯表面，改善模具工作条件。

②防止黏模(特别是铝合金)，提高铸件表面质量。

③减少模具的导热率，保持金属液的流动性能，改善合金的充填性能，防止铸件过度激冷。

④减少压铸件脱模时与模具成型部分尤其是与型芯之间的摩擦，延长模具寿命，提高铸

件表面质量。

⑤保证压室、冲头和模具活动部分在高温时仍能保持良好的工作性能。

(2)对涂料的要求

鉴于涂料所起的作用，选用的涂料应满足以下性能要求：

①挥发点低，在 100℃ ~150℃时稀释剂能很快挥发。

②高温时润滑性能好。

③对模具和铸件材料没有腐蚀作用。

④性能稳定。高温时不分解出有害气体，也不会在型腔表面产生积垢。常温下，稀释剂不易挥发，保持涂料的使用黏度。

⑤涂敷性能好，配制工艺简单，来源丰富，价格便宜。

此外，希望涂敷一次涂料能压铸多次。一般要求能压铸 8 ~10 次，即使易黏模的铸件也能压铸 2 ~3 次。

(3)常用涂料及使用

压铸涂料的种类很多，常用的涂料配方和适用范围见表 3 – 10。使用涂料时应特别注意用量。不论是涂刷还是喷涂，要避免厚薄不均或太厚。因此，当采用喷涂时，涂料浓度要加

表 3 – 10　常用压铸涂料

序号	名　称	质量配比%	配制方法	适用范围
1	胶体石墨 (水剂、油剂)	–	成品	用于铝合金防黏模 用于压射冲头、压室及易咬合部位
2	天然蜂蜡或石蜡	–	成品	用于各种压铸合金、型腔及浇口部位
3	DFY – 1 型水基涂料	–	成品加水稀释：配比 1∶15，稀释比 1∶10	用于压射冲头及压室型防黏模
4	DFY – 1 型油基涂料	–	成品，手工涂刷不稀释	用于压射冲头和压室润滑
5	30#或 40#锭子油	–	成品	用于压铸锌合金润滑
6	聚乙烯 煤油	3 ~5 95 ~97	将聚乙烯小块泡在煤油中加热至 80℃左右溶化而成	用于铝合金、镁合金成型部分
7	氧化锌 水玻璃水	4 ~6 1 ~2 92 ~94	将热水与水玻璃搅拌均匀再倒入氧化锌，搅拌均匀	用于大中型铝合金、锌合金压铸件
8	甲基硅橡胶 铝粉汽油	3 ~5 1 ~3 余量	硅橡胶溶于汽油中使用时加入铝粉	铝合金压铸件表面要求光洁
9	黄血盐[$K_4Fe(CN)_6$]	–	成品	压铸铜合金铸件清洗模具型腔

以控制。用毛刷涂刷时，在涂刷后应用压缩空气吹匀。喷涂或涂刷后，应待涂料中稀释剂挥发后，才能合模浇铸，否则，将在型腔或压室内产生大量气体，增加铸件产生气孔的可能性。甚至由于这些气体而形成很高的反压力，使成型困难。此外，喷涂涂料后，应特别注意模具排气道的清理，避免被涂料堵塞而排气不畅，对转折和凹角部位，应避免涂料沉积，以免造成铸件轮廓不清晰。

在生产中，应对所操作的压铸机和使用的模具探索其规律，根据铸件质量要求，采取正确的喷涂方法和喷涂次数。一般压射冲头和压室每压铸 3 ~5 次后应喷涂料一次，浇注系统和成型部分压铸 3 ~8 次后喷涂一次。大中型压铸件生产时，每次压铸后应喷涂一次。

3.5.5 充填、持压和开型时间

合金液自开始进入型腔到充满时所需的时间为充填时间。充填时间与充填速度和内浇道截面积三者间有密切联系。在压铸生产中，不论铸件合金种类和大小形状，充填时都是极短的。试验表明，中小型铝合金铸件的充填时间仅为 0.1 s 左右。

持压时间是指合金液充满型腔到内浇道完全凝固时，在压力状态下持续的时间。持压的作用是压射冲头有足够的时间将压力传递给未凝固的合金液，保证铸件在压力下结晶，以获得组织致密的铸件。对于熔点高、结晶温度范围宽的厚壁铸件，持压时间应长些。对熔点低、结晶温度范围小的薄壁铸件，持压时间可短些。生产上常用持压时间列于表 3 – 11。

表 3 – 11 生产上常用的持压时间 （单位：s）

铸件壁厚(mm) \ 合金种类	锌合金	铝合金	镁合金	铜合金
<2.5	1 ~2	1 ~2	1 ~2	3 ~5
2.5 ~6	3 ~4	3 ~5	2 ~3	5 ~7

开型时间即铸件在压铸型中的停留时间，是指从压射终了到压铸型打开的时间。停留时间短，由于铸件强度低，可能在铸件顶出时或从压铸型上落下时引起变形，对强度低的合金还可能因内部气孔膨胀而产生表面气泡。但停留时间长，合金收缩大，对抽芯和顶出铸件的阻力大。一般停留时间按铸件壁厚 1 mm 需 3 s 计算，然后经试压调整。

3.6 压力铸造特殊工艺

[学习目标]

1. 了解特殊压铸工艺的基本原理和应用特点；
2. 了解特殊压铸工艺工装设备的原理和特点。

鉴定标准： 应知：特殊压铸工艺的基本原理和应用特点。

教学建议： 实际生产录像或多媒体教学方式。

压铸件的主要缺陷之一是气孔和疏松。气孔、缩松等缺陷的存在不但使压铸件的力学性

能（尤其是延伸率）和气密性降低，而且也使得压铸件不能进行焊接和热处理，这样就限制了压铸件的使用。为解决气孔、缩松问题，国内外采用一些特殊的压铸工艺，主要有真空压铸、充氧压铸、精速密压铸、半固态压铸等。

3.6.1 真空压铸

真空压铸是抽出压铸模型腔内的气体，建立一定的真空度后注入金属液的压铸方法。真空压铸主要用于生产要求耐压、强度高或要求进行热处理的高质量铸件。

(1)真空压铸的特点

与普通压铸相比，真空压铸的特点是：

①消除或减少了压铸件内部的气孔，使铸件组织致密，提高了强度，压铸件可进行热处理。

②镁合金压铸件在型腔排气困难部位易形成裂纹的倾向减小了。提高了力学性能，尤其是塑性。

③金属液充填型腔时受到的反压力减小，可以用较低的压射比压压铸较大的薄壁铸件，成型性好，铸件表面质量提高。

④压铸时型腔内的真空降低了浇注系统和排溢系统对铸件质量影响的程度，从而可减少或不设排气系统。

⑤真空压铸密封结构复杂，制造安装较困难，如果控制不当，效果不明显。

(2)真空压铸的密封

真空压铸需要铸型型腔在很短的时间内达到预定的真空度，因此要设计好真空系统，并对压铸模密封。真空压铸密封方法很多，常用的有两种：

①利用真空罩密封压铸模（见图3-46）。金属液浇到压室，待压射冲头越过加料口将压室密封后，即可抽出真空罩内空气，然后进行压铸。真空罩有通用的和专用的。通用真空罩可用于不同厚度的压铸模，专用真空罩只适用于某一种压铸模。用真空罩密封的方法抽气量大，不适用带液压抽芯的压铸模，目前已很少采用。

②借助分型面抽真空（见图3-47）。压铸模排气槽经分型面上的总排气槽与真空系统连通，待压射冲头越过加料口后，由行程开关6打开真空阀5开始抽真空，金属液充满型腔后由小液压缸关闭总排气槽，防止金属液进入真空系统。这种方法抽气量少而且压铸模制造维修简单。

真空压铸需注意的是：因型腔内气体少，压铸件易激冷，为有利补缩，内浇口厚度要比普通压铸加大10%~50%。此外，因压铸件冷却快，晶粒细密，合金收缩率小于普通压铸。

3.6.2 充氧压铸

充氧压铸又称无气孔压铸，主要用于铝合金压铸。它是在压铸前用氧气置换出型腔中的气体，再将金属液压入型腔的方法。型腔里的氧与铝合金反应，即$4Al+3O_2=2Al_2O_3$，形成数量不多（总质量的0.1%~0.2%）的小微粒（1 μm以下）。这些微粒弥散在铝合金中，不影响加工。

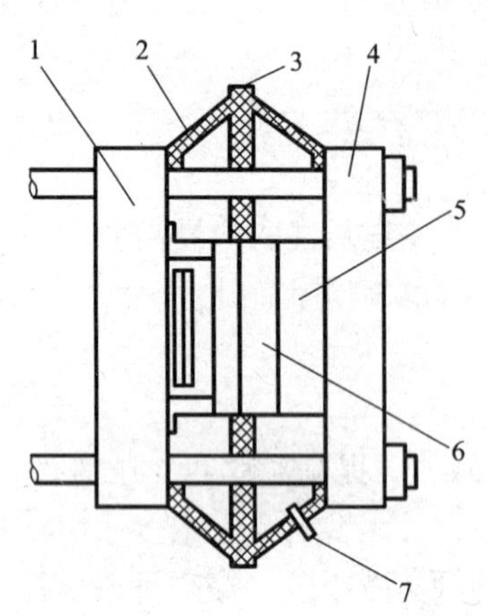

图 3-46　真空罩安装示意图

1—动模安装板；2—真空罩；3—弹簧垫衬；
4—定模安装板；5—定模；6—动模；7—抽气孔

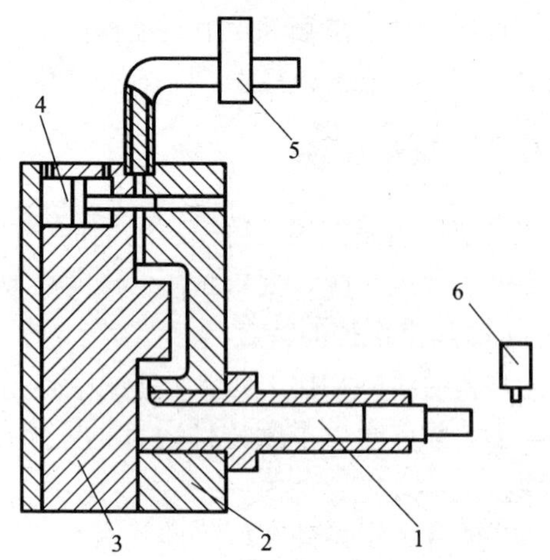

图 3-47　分型面抽真空示意图

1—压室；2—定模；3—动模；
4—小液压缸；5—真空阀；6—行程开关

(1)充氧压铸的特点

①消除或大大减少压铸件内部气孔，组织致密，使压铸件强度提高 10%，延伸率提高 0.5% ~1%。

②可对充氧压铸的铸件进行热处理，力学性能提高。

③铸件可在 200℃ ~300℃的环境中工作，而且可以焊接。

④与真空压铸相比，装置结构简单，操作方便，投资少。

(2)充氧压铸装置

充氧压铸要求型腔和压室中的空气最快、最彻底地由氧气代替。

充氧压铸装置如图 3-48 所示。氧气加入方法很多，一般有压室加氧和模具上加氧两种。立式冷压室压铸机多从反料冲头处充氧，如图 3-49 所示。它结构简单，密封可靠，易保证质量，适合于中心浇口铸件。卧式冷压室压铸机采用在压铸模上设充氧孔充氧的方法，充氧后压室中铝合金液与氧气接触面积大，容易氧化。

(3)充氧压铸工艺参数

①应在合模还有 2 ~3 mm 间隙时开始充氧，此时合模动作停留 1 ~2 s，然后，再继续合模或减慢合模速度，以保证留在型腔中的空气排清。合模后仍要继续充氧一段时间，充氧最佳时间根据压铸件大小、复杂程度及充氧孔位置而定，一般为 3 ~6 s。

②充氧压力一般为 0.4 ~0.7 MPa。充氧结束后应立即压铸。

③充氧压铸的压射速度、压射比压与普通压铸相同。

④模具预热温度略高，一般为 250℃，以便使涂料中的气体尽快挥发排除。

充氧压铸要注意加氧口和排气口的选择和设计，避免加氧不足或与金属液氧化后剩余的氧在压铸时排不出而会造成气孔。

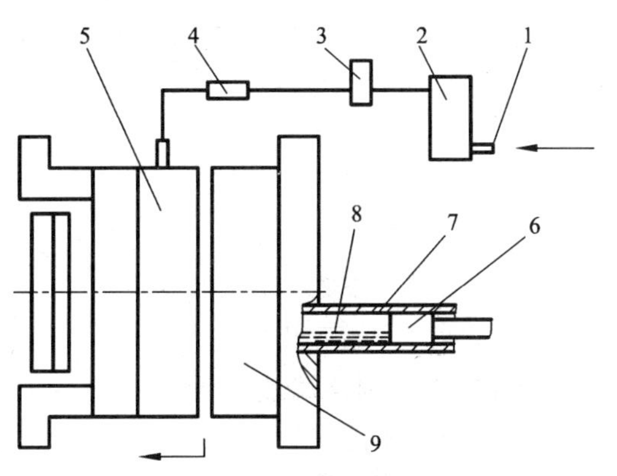

图 3－48　充氧压铸装置示意图

1—氧气进口；2—干燥器；3—电磁阀；4—节流阀；
5—动模；6—压射冲头；7—压室；8—金属液；9—定模

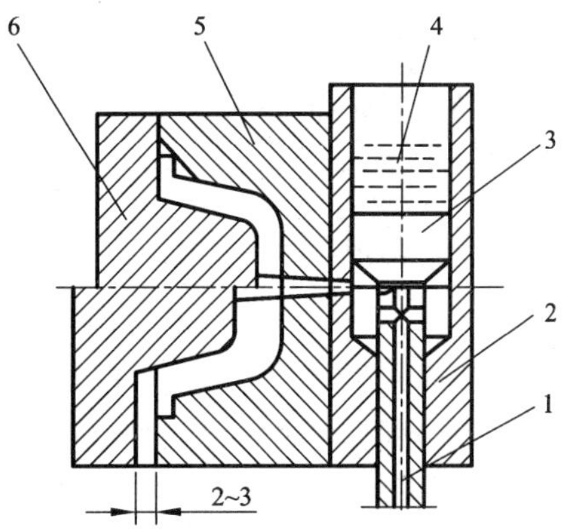

图 3－49　立式冷压室压铸机充氧结构示意图

1—充氧孔；2—压室；3—反料冲头；
4—金属液；5—定模；6—动模

3.6.3　精速密压铸

精速密压铸是精密、快速、密实压铸的简称，又称双冲头(或称套筒双冲头)压铸。它的压射冲头由两个套在一起的筒形外压射冲头和中心柱状内压射冲头组成。压射初期，内外冲头一起动作。当充填结束铸件外壳凝固，型腔达到一定压力后，中心内冲头继续前进，推动压室内的金属液补充压实铸件。双压射冲头结构如图 3－50 所示。

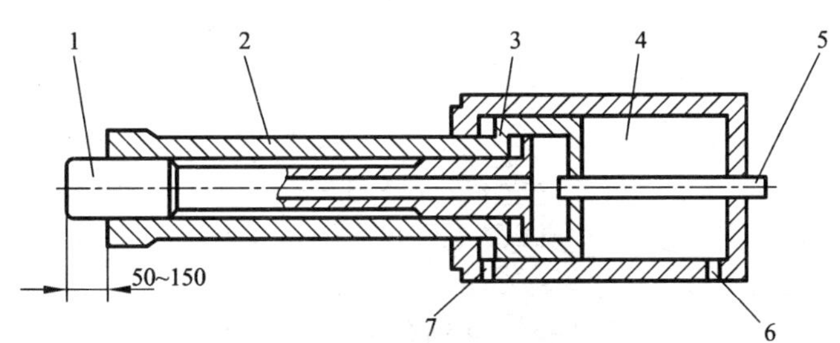

图 3－50　双压射冲头结构示意图

1—内冲头；2—外冲头；3—内冲头后退回油孔；4—外液压缸；
5—内冲头进油孔；6—外冲头前进油孔；7—内外冲头后退油孔

精速密压铸工艺控制如下：

①根据压铸件为顺序凝固这个原则确定内浇口位置，使金属液由远及近向内浇口方向凝固，以利于内冲头补压时能起补缩、压实作用。

②内浇口厚大，一般与铸件壁厚相当，为 5～15 mm，其截面积大约是普通压铸内浇口的 10 倍左右。

③压射冲头的速度限定在最低的范围，为普通压铸的 1/10 或更低。内浇口速度是普通压铸的 1/5，充型平稳，避免或减少了金属液涡流和喷射现象，减少气体卷入。

④内压射冲头补充压实时比压为 3.5～100 MPa，行程为 50～150 mm。

精速密压铸件减少或消除了气孔和缩松，与普通压铸件相比，致密度提高3% ~5%，强度提高20%以上，铸件精度高，飞边少，可以热处理和焊接。但内浇口较厚，需用专用设备切除。又因低速压射，充填性能差，不宜压铸薄壁件(一般适用于壁厚在4 ~5 mm以上)。不适合在小型压铸机上使用，通常用于锁模力4000 kN以上的压铸机。

3.6.4 半固态压铸

普通压铸是金属液温度在液相线以上进行压铸的。随着温度下降，金属液中逐渐产生固相树枝状初晶，黏度随之增大。当固相达到20%时，树枝状晶开始互相连接形成网状，金属液流动受阻，不能压铸成型。如固相的树枝状晶成为球状晶，则金属液的流动性能有所改善，即便固相比例更高一些，在一定压力下也能流动。半固态压铸就是在金属液凝固过程中进行搅拌，使固体质点成为颗粒状悬浮在金属液中，用这种金属浆料进行压铸的方法。

半固态压铸工艺通常有两种：一种是流变压铸。它是将上述半固态浆料直接加入压室压铸成型。另一种是触变压铸，又称搅溶压铸。它是使半固态浆料先凝固，制成一定大小的锭块，压铸前将锭块重新加热到固相含量一定的半固态温度，再加入压室进行压铸。图3 -51所示为半固态压铸的工艺过程。

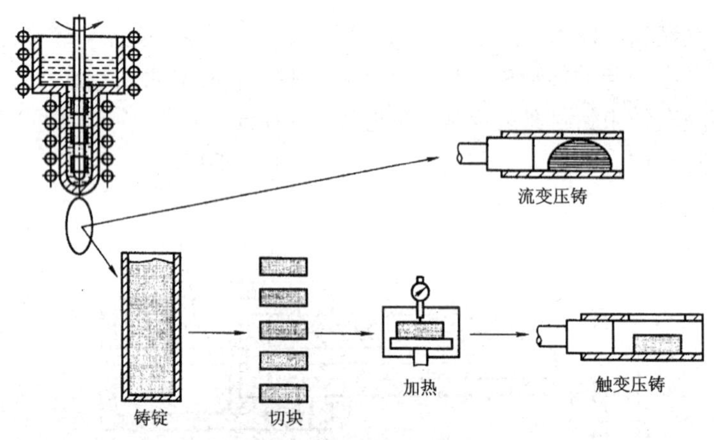

图3 -51　半固态压铸工艺流程

与普通压铸相比，半固态压铸优点是：

①半固态金属浆料黏度大、充型平稳、不易卷入气体。同时，固相比例高(可达50% ~60%)，凝固收缩小，铸件不易有气孔、缩松，力学性能好，可热处理。

②带入压铸模的热量小，对模具热冲击小，因而提高了模具使用寿命。半固态压铸工艺的出现，为解决高熔点合金压铸模寿命问题带来了希望。

3.7 压铸工艺及模具设计实例

[学习目标]

1. 了解模具设计的基本要求、设计依据和基本设计步骤；

2. 了解压铸工艺、模具设计过程。

鉴定标准：应知：模具设计的基本要求、设计依据、设计步骤。

教学建议：多媒体教学。

3.7.1 模具设计要求

压铸模设计的基本要求有如下几点：

①能获得符合图样要求的压铸件。

②能适应压铸生产的各种工艺要求，并在保证质量和安全生产的前提下，尽量采用先进和简单的模具结构，这样，既可减少操作程序，提高生产率，又使模具动作准确可靠。

③模具所有零件都应满足各自的机械加工工艺和热处理工艺的要求，选材要适当，尤其是成型工作零件和其他与金属液接触的零件，应具有足够抵抗热变形的抗力和疲劳强度、硬度、机械强度和较长的使用寿命。

④模具构件的刚性良好；模具零件间的配合精度选用合理；易损的模具零件拆换要方便，便于维修；模具造价低廉。

⑤浇注系统设计和计算是压铸模设计中一项十分重要的工作，应引起高度重视。在获得优质压铸件的同时，还应注意减少压铸件浇注系统合金的消耗量，并易于将压铸件从其浇口上取下而不损伤压铸件。

⑥在条件许可时压铸模应尽可能实现标准化，以缩短设计和制造周期，使管理方便。

3.7.2 模具设计依据

进行压铸模具设计之前，必须掌握设计所需的信息，即设计依据。其主要内容为：

①压铸件零件图。全面了解压铸件结构，是进行压铸模具设计的基础。

②压铸件技术要求。清楚对压铸件的各种要求，在设计时予以相应考虑。

③压铸件材料。了解压铸件材料的收缩性等工艺性能，正确确定缩尺等。

④压铸机状况。了解压铸机模板尺寸、压射位置、压室尺寸及压铸机性能等，保证压铸模具与压铸机匹配并能够进行有效生产。

⑤加工设备状况。了解加工设备的加工能力是否满足压铸模具的加工要求。

⑥压铸现场状况。了解现场生产及作业水平、习惯以及辅助设备情况，使压铸模具设计尽量符合实际生产状况。

⑦压铸件的生产量。了解生产批量，合理选择压铸模具结构、材料、热处理措施等，保证生产经济性。

3.7.3 模具设计步骤及其内容

压铸模具设计大致可以分为以下几个步骤：

①压铸件工艺性分析。在进入设计之前，首先应对压铸件进行工艺性分析，清楚压铸件是否符合压铸工艺及存在的工艺难点。

②压铸方案设计。压铸方案设计是压铸模具设计的规划性工作，主要涉及分型方案、型腔布置、浇注系统位置与形式、压铸机类型及吨位选择等。

③浇注及排溢系统设计。浇注及排溢系统的形状及尺寸确定。

④压铸模具结构及机构设计。压铸模具结构设计主要涉及压铸模具的动、定模尺寸、模框结构、镶块构造、定位导向装置、安装固定方式、冷却管道布置等。机构设计包括顶出及抽芯机构设计等。

⑤总装图绘制。按照各个零件的位置及尺寸以一定比例绘制压铸模具总装图。

⑥压铸模具零件设计。压铸模具零件设计是压铸模具设计的最后阶段，即详细设计阶段。在这一阶段，要将所有压铸模具零件具体化，包括形状、尺寸及公差、材料及技术要求等。

3.7.4 应用举例

图 3-52 为屏蔽盒零件图，其材料为 YZAISil2，合金代号为 YL102，压铸件未注尺寸精度 IT14 级，未注铸造圆角为 $R1.5$ mm。

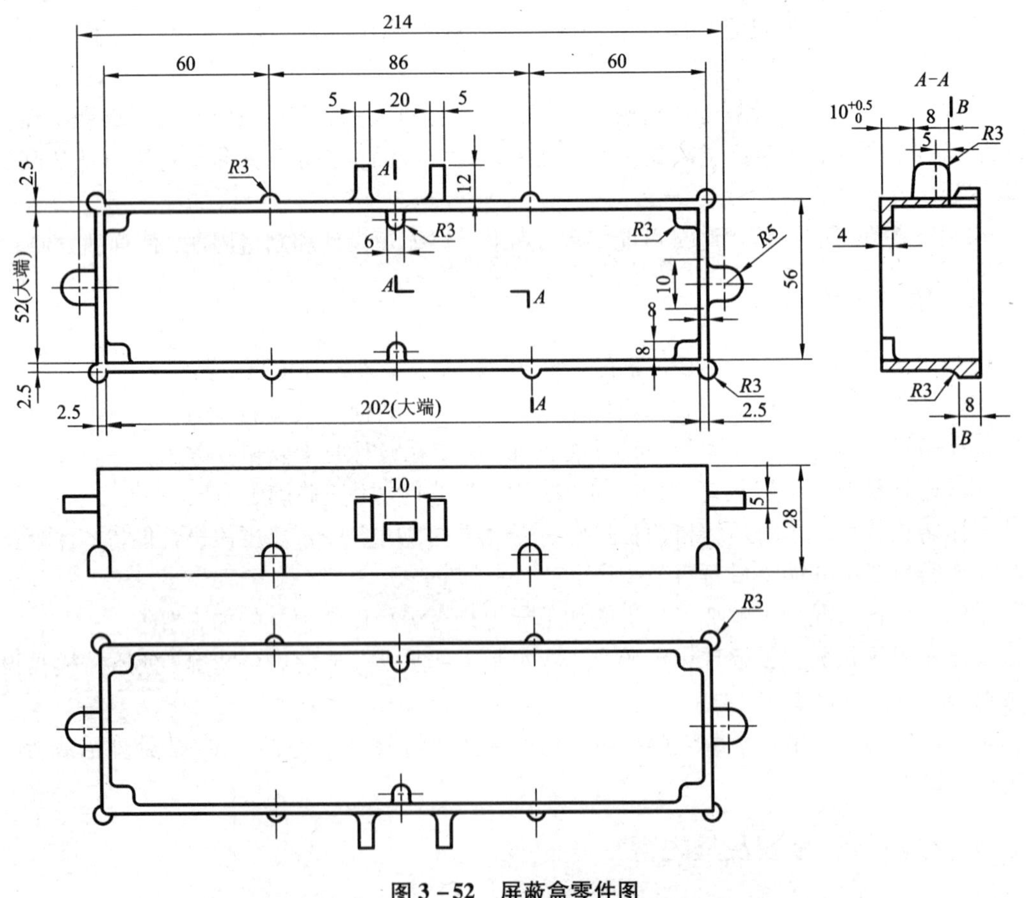

图 3-52　屏蔽盒零件图

(1)压铸件的工艺分析

屏蔽盒的最小壁厚为 2.5 mm，符合压铸件最小壁厚的工艺要求，方孔 5 mm×10 mm，也符合工艺要求。尺寸 10 mm 接近 IT15 级，其余为 IT14 级均符合工艺要求，铸造圆角 $R3$ mm、

$R5$ mm 和未注铸造圆角 $R1.5$ mm 均符合工艺要求，因此，屏蔽盒符合压铸工艺要求。

(2)工艺规程制定

工艺规程制定主要是确定压铸生产时的工艺参数，屏蔽盒的压铸工艺规程见表3－12。

表3－12 屏蔽盒压铸工艺卡

<table>
<tr><td colspan="4">压力铸造工艺卡</td><td colspan="3">产品名称</td><td colspan="2">压铸件名称屏蔽盒</td></tr>
<tr><td rowspan="2">材料</td><td>牌号</td><td>YZAlSi12</td><td>铸件质量/kg</td><td colspan="2">浇注系统质量</td><td>每模件数</td><td rowspan="2">铸件</td><td>数量</td></tr>
<tr><td>新旧料比</td><td>2:1</td><td>0.28</td><td colspan="2">0.14</td><td>1</td><td>预热温度</td></tr>
<tr><td rowspan="11">工艺规程</td><td colspan="2">模具预热温度/℃</td><td>230～240</td><td rowspan="2">涂料</td><td>名称</td><td>胶体石墨</td><td colspan="2">方法和次数</td></tr>
<tr><td colspan="2">压铸温度/℃</td><td>650～680</td><td>牌号</td><td></td><td colspan="2">刷涂、一件一次</td></tr>
<tr><td colspan="2">压力/MPa</td><td>57～60</td><td rowspan="2">设备</td><td colspan="2">型号</td><td colspan="2">压室直径/mm</td></tr>
<tr><td colspan="2">压射速度/$m.s^{-1}$</td><td>3.0～5.0</td><td colspan="2">J116D</td><td colspan="2">35或40</td></tr>
<tr><td colspan="2">保压时间/s</td><td>1.5～2.0</td><td colspan="5" rowspan="4">工艺说明</td></tr>
<tr><td colspan="2">冷却方式</td><td>自然冷却</td></tr>
<tr><td colspan="2">留模时间/s</td><td>6.5～8.0</td></tr>
<tr><td colspan="2">铸件投影模具/mm^2</td><td>13408</td></tr>
<tr><td colspan="2">冷却方式</td><td>自然冷却</td><td colspan="5" rowspan="3"></td></tr>
<tr><td colspan="2">留模时间/s</td><td>6.5～8.0</td></tr>
<tr><td colspan="2">铸件投影模具/mm^2</td><td>13408</td></tr>
</table>

(3)分型面选择

根据盒形件的结构特点，屏蔽盒分型面选择在图3－53所示的 $B-B$ 面上。

(4)确定浇注系统

由于屏蔽盒长宽相差悬殊，壁厚又较薄，为防止冷隔和保证模具热平衡，浇注系统采用金属液从铸件的长边两侧同时流入，且在金属液汇合或有可能产生涡流处采用较大的溢流槽，这一方面可兼排气作用，另一方面用于集渣和有利于模具热平衡。采用侧浇口，如图3－53所示。

(5)压铸机的选用

此压铸件无嵌件，可选用卧式冷室压铸机，根据生产实际情况，选用J116D型压铸机生产。

(6)压铸模总装图设计

由于屏蔽盒有一侧方孔，需抽侧型芯，采用单侧斜销抽芯机构，由于侧向抽芯时有斜滑块，为简化模具结构，可采用推杆推出机构。考虑到屏蔽盒壁薄，溢流槽放大，因此主要推杆可设置在溢流槽和分流道上，同时在屏蔽盒壁上设置8个扁推杆，以顺利推出屏蔽盒，如图3－53所示。考虑到模具搬运和安装的方便性，在动、定模板上安有吊钩。屏蔽盒模具总装图如图3－53所示，其明细表见表3－13。

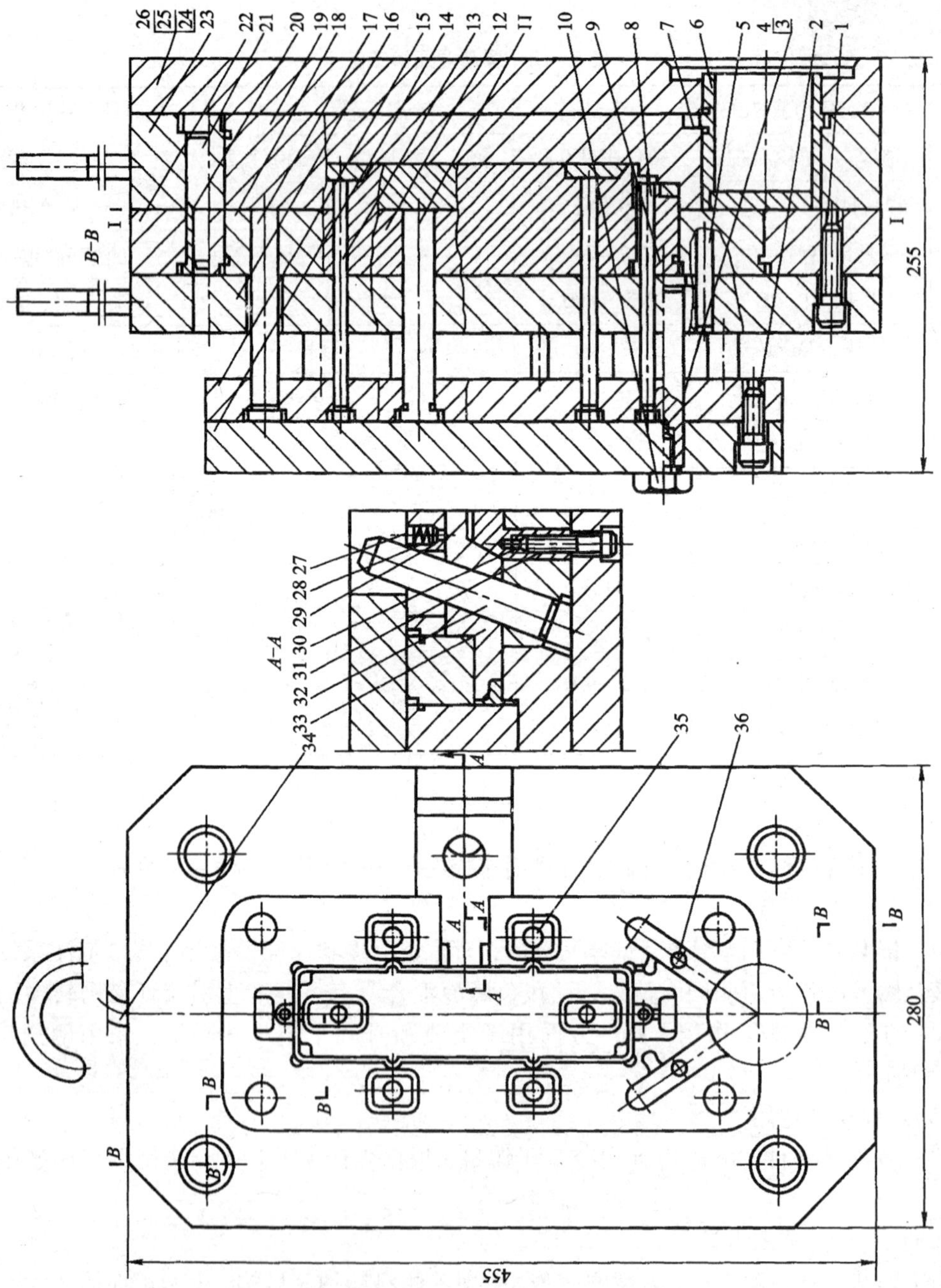

图 3－53　屏蔽盒压铸模总装配图(图中零件号的名称见明细表)

表 3－13　屏蔽盒压铸模零件明细表

序号	名称	数量	标准代号	材料	热处理硬度	备注
1	内六角螺钉	4	GB70－85			M12×45
2	内六角螺钉	6	GB70－85			M12×40
3	弹簧垫圈	2	GB94.1－87			弹簧垫圈 16
4	推板导杆	2		T10A	45～50HRC	
5	销钉	2	GB119－86			销 16×45
6	浇口套	1		3Cr2W8V	45～50HRC	表面氮化
7	定位块	1		T10A	50～55HRC	
8	推杆	2		T10A	50～55HRC	
9	镶块	2		3Cr2W8V	45～50HRC	表面氮化
10	六角螺钉	2		45	35～40HRC	
11	扁推杆	8		T10A	50～55HRC	
12	动模型芯	1		3Cr2W8V	45～50HRC	表面氮化
13	推杆	2		T10A	50～55HRC	
14	推板	1		Q235		
15	推杆固定板	1		Q235		
16	动模固定板	1		Q235		
17	复位杆	4		T10A	50～55HRC	
18	动模镶块	1		3Cr2W8V	45～50HRC	表面氮化
19	定模镶块	1		3Cr2W8V	45～50HRC	表面氮化
20	带头导套	4		T10A	50～55HRC	
21	有肩导柱	4		T10A	50～55HRC	
22	动模套板	1		45		
23	定模套板	1		45		
24	定模固定板	1		Q235		
25	内六角螺钉	4	GB70－85			M12×45
26	销钉	2	GB119－86			销 16×45
27	螺塞	1		45	30～35HRC	
28	弹簧	1		4Cr13	30～35HRC	
29	定位钉	1		T10A	50～55HRC	
30	楔紧块	1		T10A	50～55HRC	
31	内六角螺钉	2	GB70－85			M8×40
32	斜导柱	1		T10A	50～55HRC	
33	滑块	1		3Cr2W8V	45～55HRC	表面氮化
34	吊钩	2		45		
35	推杆	4		T10A	50～55HRC	
36	推杆	2		T10A	50～55HRC	

【思考题】

1. 何谓压铸？金属压铸有何特点？压铸工艺主要应用于那些生产场合？
2. 压铸金属填充理论主要有哪几种理论？
3. 压铸机如何选择？
4. 什么是压射力？什么是压射比压？
5. 什么是压射速度？压射过程中压射速度有何变化？
6. 合金浇注温度对压铸件质量有何影响？
7. 压铸涂料有何用处？
8. 什么是真空压铸？真空压铸有什么特点？
9. 什么是充氧压铸？充氧压铸有什么特点？
10. 什么是精速密压铸？精速密压铸有什么特点？
11. 半固态压铸原理是什么？它有哪几种？

第 4 章 离心铸造

4.1　概　述

［学习目标］

1. 掌握离心铸造的概念和特点；
2. 熟悉离心铸造的分类及应用。

鉴定标准：应知：1. 离心铸造的概念和特点；2. 离心铸造方法的分类。

教学建议：1. 放映离心铸造生产录像；2. 多媒体方式。

4.1.1　离心铸造的实质及分类

（1）离心铸造的实质

离心铸造是将液态金属浇入旋转的铸型中，使液态金属在离心力作用下充填铸型并凝固成型的铸造方法。离心铸造属于特种铸造。其特点就在于金属液浇入旋转的铸型中，在离心力的作用下成型、凝固而获得铸件。

（2）离心铸造分类

为实现离心铸造工艺，必须采用离心铸造机以创造铸型旋转的条件，实际生产中，根据铸型旋转轴在空间的位置不同或者根据铸件成型时的条件不同可对离心铸造进行分类。

1）根据铸型旋转轴在空间的位置不同进行分类

根据铸型旋转轴在空间位置的不同，常用的有立式离心铸造机和卧室离心铸造机两种。相应的工艺也称为立式离心铸造和卧室离心铸造。

①立式离心铸造。立式离心铸造时，铸型绕垂直轴旋转（见图 4－1，图 4－2），此工艺主要用来生产高度小于直径的圆环形铸件（见图 4－1）。有时也用来生产异形铸件（见图 4－2）。

②卧式离心铸造。卧式离心铸造时，铸型绕水平轴旋转（见图 4－3），主要用来生产长度大于直径的套筒、管类铸件。

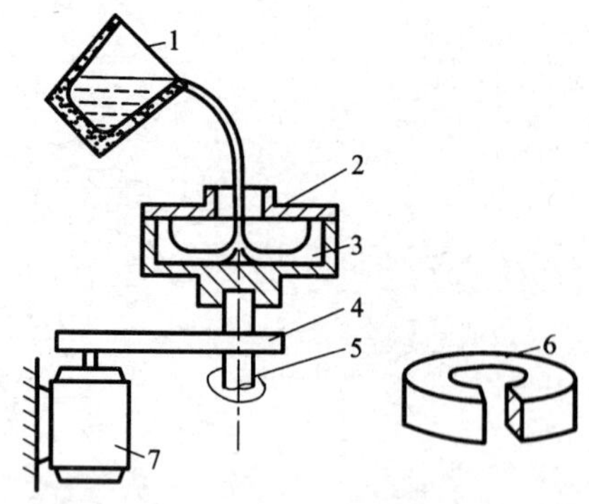

图4-1　立式离心铸造圆环示意图

1—浇包；2—铸型；3—金属液；4—皮带和皮带轮
5—轴；6—铸件；7—电动机

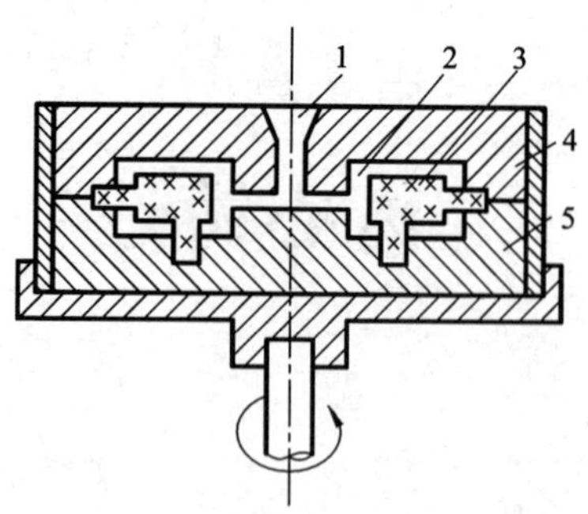

图4-2　立式离心铸造异形铸件示意图

1—浇道；2—型腔；3—型芯；4—上型；5—下型

有时在生产壁较薄、细长的管状铸件时，铸型的旋转轴与水平线呈3°～5°的夹角，这是为了使金属液能很好地均匀分布于整个铸型长度上，这也应属于卧式离心铸造范围。

2）根据铸件成型时的条件不同进行分类

按铸件成型时的条件不同，又把离心铸造法分为：

①真离心铸造。回转形铸件的轴线与铸型旋转轴重合，铸件内表面借离心力形成（见图4－1，图4－3）。

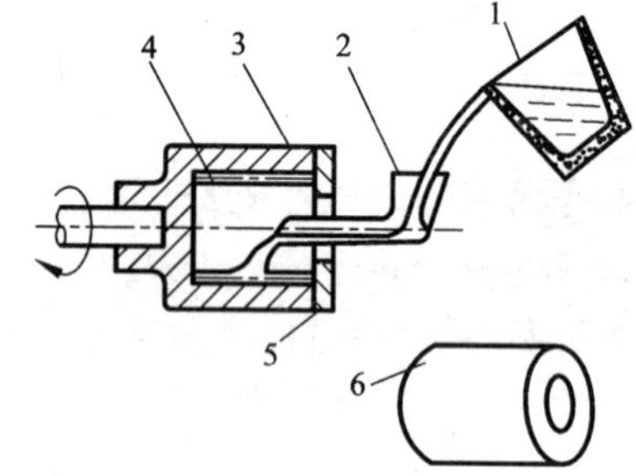

图4-3　卧式离心铸造示意图

1—浇包；2—浇注槽；3—铸型；
4—金属液；5—端盖；6—铸件

②半真离心铸造。回转形铸件的轴线与铸型旋转轴重合，铸件各表面全由铸型壁形成（见图4－4）。

③加压离心铸造。铸件形状不规则，成型时绕铸型轴线旋转，铸件轮廓全由铸型壁形成（图4－2）。

4.1.2　离心铸造的特点

（1）离心铸造的优点

和其他铸造工艺方法相比，利用旋转产生离心力的离心铸造有其独特的优点。

①不用砂芯即可铸出中空筒形和环形铸件及不同直径和长度的铸管，生产效率高、生产成本低。

②某些铸件不需任何浇冒口，提高了金属液的利用率。以离心球墨铸铁管为例，1 t铸管仅消耗1040 kg铁液，即出品率超过了96%（包括废品的损失在内）。

③金属液在离心力作用下凝固，组织细密。较轻的渣、氧化物等夹杂在离心力作用下将浮出金属液本体，留在内表面，能用机械加工方法除掉，从而能确保发动机缸套等铸件的高性能要求。

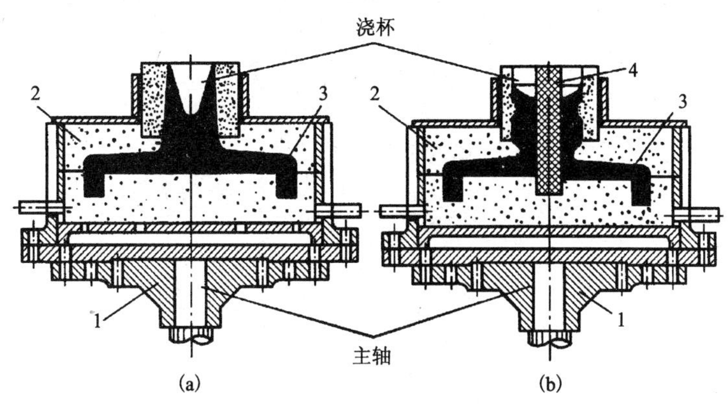

图 4－4　半真离心铸造

(a)无内孔的铸件；(b)内孔由型芯形成

1—机台；2—铸型；3—铸件；4—型芯

④调整金属型的冷却速度，在确定的铸件壁厚范围内，能获得从外壁到铸件内壁定向凝固的组织。

⑤可浇注不同金属的双金属铸件，例如轧辊、面粉机磨辊等，使零件有外硬内韧，具有更好的使用性能。图 4－5 为使用离心铸造方法在零件上再敷一层材料，以获得双金属铸件。

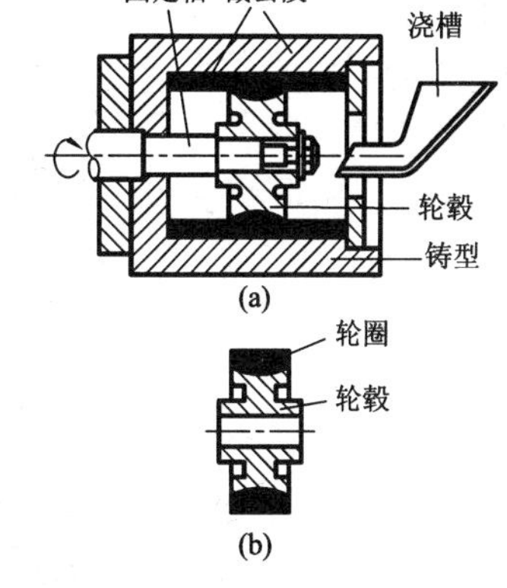

图 4－5　离心铸造双金属铸件

(a)铸型；(b)双金属铸件

(2)离心铸造的局限性

①真正离心铸造工艺仅适用于中空的轴对称铸件，而这类铸件的品种并不很多。

②离心铸造要使用复杂的离心铸造机，一般其价格比较昂贵，故离心铸造车间的投资要比其他铸造方法要多。

③由于离心力的作用，容易使某些金属液在凝固过程中产生密度偏析。离心球墨铸铁管在浇注时，如碳当量过高就会造成石墨向内偏析。

④靠离心力形成的内表面比较粗糙，往往不能直接应用。

4.1.3　离心铸造的应用

从上述离心铸造的优点及局限性可以看出，离心铸造适用于特定的、大批量生产的铸件。

目前在我国，离心铸造已成为一种应用较广泛的铸造方法，特别在生产一些管、筒类铸件如铸铁管、铜套、缸套、双金属钢背铜套等方面，离心铸造几乎是一种主要的方法。此外在耐热钢辊道，一些特殊的无缝钢管的毛坯，造纸机干燥滚筒等生产方面，离心铸造法也用得卓有成效。几乎一切铸造合金都可用离心铸造法生产铸件，离心铸件的最小内径为 8 mm，最大外径可达 3 m，铸件最大长度达 8 m，铸件的重量范围从零点几千克至十多吨。

我国已生产出机械化、自动化程度很高的离心铸造机，并已建起许多大量生产的机械化离心铸管车间。

4.2 离心铸造原理

[学习目标]

1. 掌握离心铸造原理；
2. 掌握有关离心铸造原理概念。

鉴定标准： 应知：1. 离心铸造的原理；2. 离心铸造原理有关概念。

教学建议： 多媒体教学方式。

离心铸造过程中离心力的作用决定了离心铸造的特点。只有正确地理解离心力的作用，才能掌握离心铸造的实质和工艺特点。下面介绍离心力对金属液充型、形成铸件内表面形状、金属液的凝固和结晶，以及去除气孔和夹杂的作用。

4.2.1 离心力场和离心压力

(1) 离心力场

离心铸造时，液态合金做圆周运动，若在旋转的液态合金中，取一任意质点，其重量为 m，它的旋转半径 r，旋转角速度为 ω，则该质点会产生一离心力为 $m\omega^2 r$，离心力的作用线通过旋转中心，指向离开中心的方向，它有使液态合金质点做离开中心的径向运动的作用。如果把旋转着的液态合金所占的体积看做一个空间，在这一空间中，每一个质点都受到 $m\omega^2 r$ 那样的离心力，这样便可把这种空间称为离心力场。如图 4－6 所示。这种力场与地球表面上的地心引力场有很多相似之处，地心引力场内每一质点都能产生重力，其大小为 mg，方向指向地球中心；而在离心力场内每一个质点都经受到一个离心力，其大小为 $m\omega^2 r$，其方向为离开旋转中心的方向，重力 mg 中的 g 为重力加速度，离心力 $m\omega^2 r$ 中的 $\omega^2 r$ 为离心加速度。

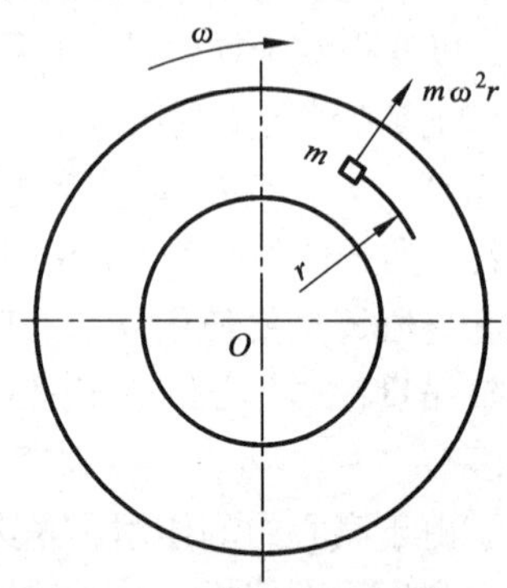

图 4－6 离心力场示意图

如果在离心力场内取单位体积的液态合金，其单位体积的质量应为密度 ρ，则由此物质所产生的离心力为 $\rho\omega^2 r$，它与单位体积液态合金处于地心引力场中的重力 ρg 相似。在地心引力场中称 ρg 为重度 γ，即 $\gamma=\rho g$。故可把离心力场中的单位体积液态合金所产生的离心力称为"有效重度"γ'，即 $\gamma'=\rho\omega^2 r$。为分析问题方便起见，我们把有效重度与重度之比称为重力系数（重力倍数）G。

$$G=\frac{\gamma'}{\gamma}=\frac{\rho\omega^{r}}{\rho g}=\frac{\omega^2 r}{g}=\frac{1}{g}\left(\frac{\pi n}{30}\right)^2 r=0.112\left(\frac{n}{100}\right)^2 r \tag{4-1}$$

式中 n——铸型的转速（r/min）；

r——合金液中任意一点的旋转半径(cm)。

在离心铸造时，重力系数 G 可以从几倍到几十倍，也就是说合金液“加重”了几十倍。G 对铸件中的夹杂和气体的去除以及合金的凝固等都有很大的影响。一般情况下，在合金液的自由表面上，其有效重度为 $(2 \sim 10) \times 10^6$ N/m^3。

(2)离心压力

在重力场中，由于液体重力的作用，故在静止液体的不同高度上，液体质点上便会经受(或表现出)一定的压力。同样，离心铸造时，旋转的液体在离心力的作用下，在其内部各点上也会产生压力，此种压力称为离心压力。这种离心压力对铸型、铸件凝固都有作用。计算离心压力的公式可推导如下。

如图 4－7 所示，截取卧式离心铸造时金属液的横断面，液体金属的外径为 R，自由表面的半径为 r_0(不考虑重力场的影响)，它的旋转角速度为 ω，在此断面的半径 r 处，取一微小单元，其厚度为 dr，外边的边长为 rdα，内边的边长为 $(r-\mathrm{d}r)\mathrm{d}\alpha$，计算该单元的面积时，可取其平均宽度 $[r-(\mathrm{d}r/2)]\mathrm{d}\alpha$。此单元在轴向上的长度为 d$z$，所以这一微小单元的体积为 $[r-(\mathrm{d}r/2)]\mathrm{d}\alpha\mathrm{d}r\mathrm{d}z$。如金属液的密度为 ρ，则该单元体积金属的质量为 $m=\rho[r-(\mathrm{d}r/2)]\mathrm{d}\alpha\mathrm{d}r\mathrm{d}z$，其质量中心应处于旋转半径为 $[r-(\mathrm{d}r/2)]$ 的弧上，因此该微小单元金属产生的离心力为 $\rho[r-(\mathrm{d}r/2)]^2\mathrm{d}\alpha\mathrm{d}r\mathrm{d}z\omega^2$。此离心力作用在微小单元的外径为 r 处的金属液面上，该面的面积为 rdαdz，所以由微小单元金属离心力引起的离心压力 dp 为

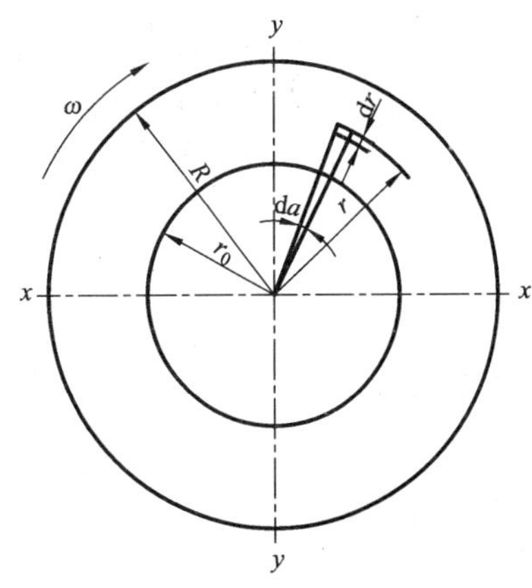

图 4－7　卧式离心铸造时离心压力的确定

$$\mathrm{d}p=\rho[r-(\mathrm{d}r/2)]^2\mathrm{d}\alpha\mathrm{d}r\mathrm{d}z\omega^2/r\mathrm{d}\alpha\mathrm{d}z=\rho\omega^2[r-(\mathrm{d}r/2)]^2\mathrm{d}r/r \tag{4-2}$$

此式中的 d$r \ll r$，故可把小括号内的 dr/2 忽略不计，则上式为

$$\mathrm{d}p=\rho\omega^2 r\mathrm{d}r \tag{4-3}$$

将此式由自由表面 $r=r_0$ 处向半径为 r 处积分，得

$$\int_{p_{r0}}^{p}\mathrm{d}p = \rho\omega^2\int_{r_0}^{r} r\mathrm{d}r \tag{4-4}$$

式中，p_r 和 p_{r_0} 各为半径为 r 处和自由表面上的离心压力，而 $p_{r_0}=0$，所以

$$p_r=\rho\omega^2(r^2-r_0^2)/2 \tag{4-5}$$

此即为旋转金属液中旋转半径为 r 处的金属液中的离心压力计算式。如果计算液体金属外径 R 处(即铸型内壁上的离心压力，只需将 R 替代式(4－5)中的 r)可得

$$p_R=\rho\omega^{(}R^2-r_0^2)/2 \tag{4-6}$$

立式离心铸造时，离心压力的计算式仍与式(4－5)，式(4－6)一样，仅需注意 r_0 值随铸件高度而变化，并非定值。因此在绕垂直轴旋转的金属液中的同一回转面上，离心压力值是随高度而变化的，在上部，压力值较小(因 r_0 值较大)，在下部，压力值较大。通过计算上、下两点的压力差的数值表明，可发现此值刚好等于上、下两点的重力场压力差，即

$$p_1 - p_2 = \rho gh \tag{4-7}$$

式中 p_1——同一回转面上部某点处的离心压力；

p_2——同一回转面下部某点处的离心压力；

h——下两点间的高度差。

由式(4-7)也可理解，立式离心铸造时自由表面之所以为抛物线回转面，就是由于重力场和离心力场质量力联合作用的原因。

4.2.2 离心力场中液态合金自由表面的形状

在重力场中，向铸型中浇注金属液，其自由表面总呈水平状态，如果不考虑凝固收缩的因素，型中与空气接触的铸件上表面也应该是平面。

离心铸造时，通常不用型芯铸出中空的回转体铸件，其内表面是在离心力的作用下所形成的，液态金属的自由表面形状决定了铸件内表面的形状，所以很有必要研究离心铸造时液态合金自由表面的形状。

(1)立式离心铸造液态合金自由表面形状

图4-8为立式离心铸造时液态合金径向断面上的自由表面示意图。

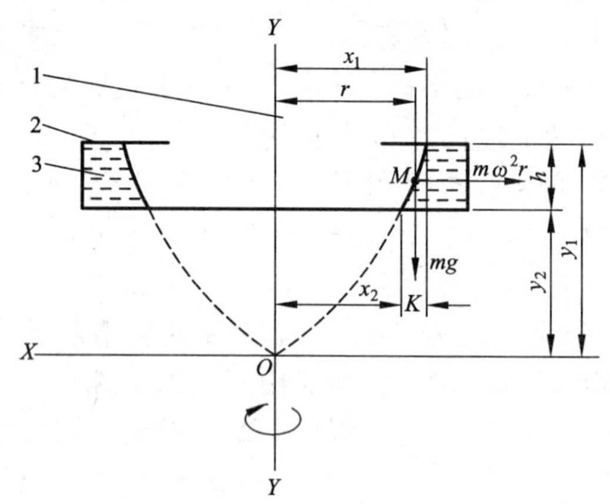

图4-8 立式离心铸造时液态合金径向断面上的自由表面形状示意图

1—旋转轴；2—铸型；3—液态合金

在旋转的铸型中，浇注到铸型中的液态合金经过一定时间后就获得了与铸型相同的角速度而处于相对静止状态。由于自由表面上的每一点都与大气接触，各点所受的压力都为一个大气压，因此自由表面为等压面。根据流体静力学原理，处于静止的液体中等压面上的液体质点，应满足下述条件：

$$X\mathrm{d}x + Y\mathrm{d}y + Z\mathrm{d}z = 0 \tag{4-8}$$

式中 X、Y、Z——自由表面上质点 M 在 x、y、z 轴向上所受力的投影；

$\mathrm{d}x$、$\mathrm{d}y$、$\mathrm{d}z$——M 质点在 x，y、z 轴上微小位移的投影。

由图4-8可知，自由表面上质点 M 受一离心力 $X = m\omega^2 x$ 和一重力 $Y = mg$，因自由表面为回转面，故可以不考虑 Z 轴上的分力，所以此时的微分方程为：

$$m\omega^2 x\mathrm{d}x - mg\mathrm{d}y = 0$$

积分后得

$$y = \frac{\omega^2}{2g}x^2 + c$$

当坐标原点在曲线顶点时，$C = 0$，因此得

$$y = \frac{\omega^2}{2g}x^2 \tag{4-9}$$

由式(4-9)可以看出，液态合金的自由表面形状为一旋转抛物面，所获得的铸件是上部

壁薄，下部壁厚。当铸件高度愈小，内径愈大，转速愈高时，铸件上下部位壁厚差愈小；反之，壁厚差愈大。所以立式离心铸造多用来浇注高度不大于内孔直径的铸件。

(2)卧式离心铸造时液态合金自由表面的形状

卧式离心铸造时，如图4-9所示为截取液态合金的横断面，在液态合金的自由表面上任取一质量为 m 的质点 M，如果只考虑离心力场的作用，而不考虑重力场的影响，则该质点所受离心力在 X 轴方向上的分力为 $x = m\omega^2 r_0\cos\alpha = m\omega^2 x$，离心力在 Y 轴方向上的分力 $y = m\omega^2 r_0\sin\alpha = m\omega^2 y$，离心力在旋转方向(即 Z 轴)上的分力为 $z=0$。同前面一样，将 x，y 代入式(4-8)得

$$m\omega^2 x\mathrm{d}x + m\omega^2 y\mathrm{d}y = 0$$

积分后得

$$x^2 + y^2 = C$$

当 $x = r_0$，$y = 0$ 时，积分常数 $C = r_0^2$，于是液态合金自由表面的曲线方程式为

$$x^2 + y^2 = r_0^2 \qquad (4-10)$$

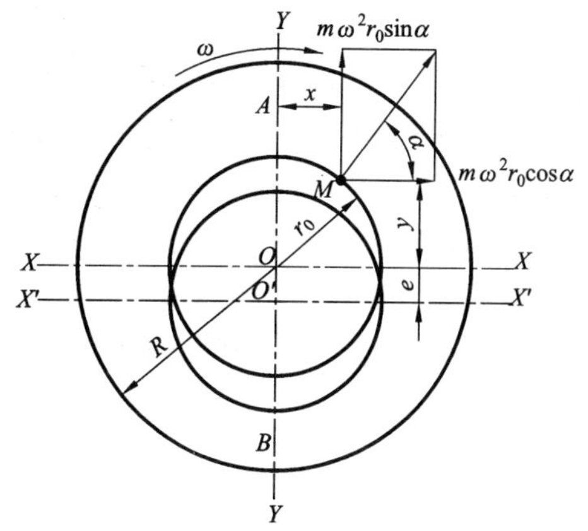

图4-9　卧式离心铸造时液态合金横断面上的自由表面示意图

此式为一圆方程式，也就是说卧式离心铸造时，如果不考虑重力场的影响，液态合金的自由表面应以旋转轴为轴线的圆柱面。

其实，卧式离心铸造时，由于重力场的影响，液态合金的自由表面必然会下移，从而出现了液态合金的圆柱形内表面向下偏移 e 距离的现象。但在铸件凝固过程中，四周的冷却条件相同，每旋转一周，铸型内靠近型壁的各点均需经过圆周上的所有位置，机会是相等的。这样，铸件外圆的凝固层厚度是均匀的。随着铸件凝固层的增长和液态合金黏度的增大，使偏心值 e 逐渐减小，直至完全消失，最终获得的仍是圆柱形表面内孔铸件。

在实际生产中另一影响铸件壁厚差的因素是铸型的跳动。如果铸型不能始终在一根轴线上旋转而有所跳动，则铸件，尤其是长的铸管壁厚会严重不均匀，在拔管后冷却过程中可使铸管产生弯曲，严重时可断裂。根据有关资料，对长的金属型，要求径向跳动应小于0.3~0.5 mm。此外，托棍与金属型相滚的表面，其粗糙度要小于 $Ra1.6$ μm。

4.2.3　离心力场中金属液内异相质点的径向移动

进入铸型中的金属液常常不是均匀单一组成的液体，金属液中常会夹有固态的夹杂物、不能与金属液共溶的渣液和气态的气泡。对不能相互共溶的多组元合金而言，不同的组元机械地混合在一起，很不均匀。铸型中金属液在凝固过程中也会析出固态的晶粒和气态的气泡，这些夹杂、气泡、渣液、晶粒，它们都可被称为异相质点。这些异相质点被金属液的主体所包围，由于它们的密度与金属液主体部分的密度不一样，在重力场中，它们就会上浮或下沉，一般重力场情况下，异相质点的上浮或下沉的速度 v_z 可用斯托克斯公式表示，即

$$v_z = d^2(\rho_1 - \rho_2)g/18\eta \qquad (4-11)$$

式中　d——异相质点的直径；

ρ_1、ρ_2——异相质点和金属液主体的密度；

η——金属液的动力黏度系数；

g——重力加速度。

如 $\rho_1 > \rho_2$，v_z为正值，它是异相质点的下沉速度；如 $\rho_1 < \rho_2$，v_z为负值，它是异相质点的上浮速度。

离心铸造时所形成离心力场中，与重力场中的情况相似，密度比金属液主体密度小的异相质点会向自由表面作径向移动；而密度比金属液密度大的异相质点则向金属液的外表面移动，其移动速度 v_l也可用斯托克斯公式计算。但需注意的是：在重力场中异相质点的上浮下沉是由重力质量力作用而发生，在斯托克斯公式中以 g 表示；而在离心力场中，异相质点的"内浮"和"外沉"是由离心力质量力作用而产生，即一切质点的重度都增加了 $G(G=\omega^2 r/g)$ 倍，故可得离心力场中异相质点的内浮、外沉速度 v_l的斯托克斯公式：

$$v_l = d^2(\rho_1 - \rho_2)\omega^2 r/18\eta \tag{4-12}$$

将式(4－12)除以式(4－11)，得

$$v_l/v_z = \omega^2 r/g = G \tag{4-13}$$

由此式可知，离心铸造时异相质点在金属液中的沉、浮速度比在重力铸造时大 G 倍。因此，那些密度比金属液低的夹杂物、渣液、气泡等将易于自旋转的金属液中内浮至自由表面，所以离心铸件中的夹杂物、气孔缺陷比重力铸件中少得多。而且由于离心铸件的凝固顺序主要由铸件外壁向铸件内表面进行，因为旋转铸型外壁上的散热很强，而铸件内表面只与对流较弱的空气接触，能带走一部分热量，并且不易辐射散热。所以这种离心铸件的凝向顺序更利于夹杂、渣液、气孔等有害异相质点自铸件内部逸出。

对在凝固时析出的晶粒而言，在大多数场合，它们的密度都会大于金属液的密度，这样离心铸造时，在金属液凝固时析出的晶粒便有比重力铸造时大得多的趋势移向铸件外壁；同理，金属液中较冷的金属液集团也较易向铸件外壁集中。再结合前面已经谈到的离心铸造时的金属散热主要通过铸型壁进行的特点，所以离心铸件由外向内的定向凝固特点很是突出。使晶体由外向内生长的速度加剧，缩小了结晶前沿前的固液相共存区，很易在钢铸件、铝合金铸件中形成柱状晶，顺序凝固的金属层容易得到补缩，离心铸件内不易形成缩孔、缩松的缺陷。因此离心铸件的组织致密度较大。

离心铸件的较大组织致密度还与离心力场中金属液具有较大的有效重度(即离心力)有关，这促使金属液具有更大的流动能力，通过凝固晶粒间的细小缝隙，对在晶粒网间的小缩松进行补缩。当金属液在细小补缩缝隙中流动时(见图 4－10)，其旋转半径 r 随着向外补缩流动而增大，离心力也越来越大，克服晶粒间缝隙阻力进行流动的能力也越来越大，移动速度加快，为随后进入晶间缝隙的金属液流动创造了更好的条件，这也是离心铸件内缩松少、组织致密的重要原因。

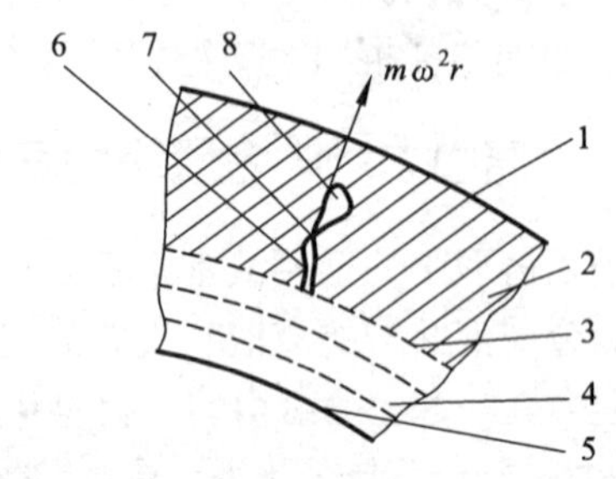

图 4－10 离心铸件缩松补缩过程示意图

1—铸件外表面；2—凝固层；3—结晶前沿；4—金属液；5—自由表面；6—补缩缝隙；7—补缩金属液；8—缩松处

但离心铸造时异相质点径向移动的加剧也会给

铸件质量带来坏处，它能增强铸件的重度偏析，如铅青铜离心铸件上常出现的铅易在铸件外层中集聚的偏析现象；而在铸钢、铸铁的离心铸件横断面上，易出现碳、硫等元素在铸件内层含量较高的偏析现象。

如果金属凝固时析出的晶粒的密度比金属液小，析出的晶粒会以较大的速度向自由表面移动，使金属液自由表面上出现从自由表面开始的凝固顺序，而在已出现凝固层的铸件内表面的外侧铸件体积中，还有液态的金属，这部分金属液凝固时由于体积收缩而形成的空间便无法得到金属液的补缩，便会在铸件内表面下形成缩孔、缩松。有时，当已凝固的离心铸件内表面下的金属液凝固收缩形成的空间较大，已凝固的内表面层如同悬空的圆环，在里层金属液上“滚动”，受本身离心力的作用影响，或其他如冲击的外力影响，此内表面凝固层会开裂，最后在离心铸件的内表面上出现纵横交差，宽度不一、深浅不同的裂纹。在情况严重时，甚至会使铸件内表面出现高低不一，与铸件连在一起的碎块，如同黄河凌汛时形成的冰冻河面。如离心铸造球铁管的内表面，尤其是砂型离心铸造球铁管的内表面上常会出现上述的现象。

离心铸造时铸件内表面的提前凝固也与自外表面的定向凝固速度太小，在内表面上的散热速度太大(如大直径的铸件自由表面和铸型两端都有空气对流的孔)有关。这种既有自铸件外壁向内的凝固顺序，又有自铸件内表面向外的凝固顺序现象称为双向凝固，离心铸造时不希望出现双向凝固。而防止离心铸件重度偏析及双向凝固的有效工艺措施为降低浇注温度和加强对铸型的冷却(即加速铸件的凝固)。

4.2.4 合金凝固特点

离心力对合金液的凝固有着重要的影响，从而使得离心铸件的晶粒较细，组织比较致密，力学性能明显提高。离心力对其有利的影响可归纳为三个方面。

(1)离心力有利于液态合金的顺序凝固

离心力的作用使液态合金中的对流作用加剧，把析出的晶粒(重度比液态大)带向铸件的外壁，而自由表面则集聚着较轻的合金液，这样使铸件的凝固由外壁向内层顺序进行。所以在铸造空心铸件时，若铸型转速选择适当，则合金液有足够大的有效重度，使合金液的凝固按照一定的方向进行，确保自由表面最后凝固。因此，离心铸件内一般不会有缩松和缩孔等缺陷，合金收缩最终表现为自由表面半径 r_0的扩大。

但对于先析出的晶粒，当其重度小于液态合金时(例如过共晶铝硅合金)。其结果常常相反。这类合金在离心铸造中先析出的固相集中于自由表面，结晶凝固是由内、外两面同时进行的。夹在两凝固层中的合金液在离心力作用下向外圆集中，因而在内表层下有可能产生缩孔和缩松。转速愈高，这种现象愈显著。对于这类合金应尽可能采用较低的浇注温度、浇注速度和铸型转速。

(2)离心力能增强液态合金的补缩作用

在离心力场中液态合金具有较大的有效重度以及较大的活动能力，有可能克服凝固晶粒间的毛细管阻力，对显微缩松进行补缩，从而可获得致密的铸件。

(3)离心铸型横断面上液态合金的相对运动有利于晶粒细化

液态合金浇注到旋转的铸型以后，由于惯性的作用，液态合金不能以相同的转速随铸型旋转而落后于铸型。越是靠近自由表面的液态合金层(内层)。其转速越小，从自由表面至型壁间各层液态合金就有一个速度差。结果使得内外层液态合金间产生相对滑动。尤其是用金属型浇注，在浇注过程中就有结晶发生，那么在结晶生长面上相对滑动的液态合金就阻碍了树枝状结晶的发展，从而能使晶粒细化。浇注后经过一段时间，液态合金得到与铸型相同的转速，此时内、外层的相对滑动消失，细化晶粒的作用就停止。

但在铸型转速愈高，离心力愈大时，液态合金的相对运动愈小，因而晶粒细化作用很小。若在可能情况下使铸型转速适当低一些，冷却速度大一些，将对晶粒细化有利。

由以上分析可知，离心铸件的结晶组织，除决定于合金的性质以外，还决定于铸型的转速和冷却速度。适当地调整转速和冷却速度，可以改善铸件的结晶组织。对容易产生重度偏析的合金如铅青铜等，在采用离心浇注时，必须采用低的铸型转速和加强冷却，才能避免产生重度偏析。

4.3 离心铸造机

[学习目标]

1. 掌握离心铸造机的组成、分类；
2. 熟悉离心铸造铸型的特点及应用。

鉴定标准：应知:1. 离心铸造机的组成、分类；2. 离心铸造铸型的特点

教学建议：参观性学习、多媒体教学方式

离心铸造机主要由四部分组成，即机架、传动系统、铸型和浇注装置。按生产对象，离心铸造机可分为通用性离心铸造机和专用性离心铸造机两类，前者适用于生产多种类型和尺寸特点的铸件，后者只适用生产某一尺寸范围的一种形状特征的铸件。离心铸造机按铸型旋转轴在空间的位置分立式、卧式和倾斜式三类。而卧式离心铸造机又有单头悬臂式、双头悬臂式、滚筒式等种类。生产中最常用的是立式、卧式悬臂式和卧式滚筒式离心铸造机，下面简要介绍这三种离心铸造机。

4.3.1 立式离心铸造机

图4－11所示为一种中型立式离心铸造机，图4－12所示为一种小型立式离心铸造机。由此两种离心铸造机可见，立式离心铸造机的传动和机架部分都主要设在地坑中，这是为了操作方便。电动机可为变速的(见图4－11)，也可为不能变速的(见图4－12)。对后者而言，为了满足生产不同尺寸铸件的需要，采用了一对塔形三角皮带轮，以满足调节改变铸型转速的目的。电动机通过皮带轮带动与铸型(或铸型套)连接在一起的主轴旋转。为了降低图4－11中一组轴承的工作温度，可在轴承座中放置冷却水套。

在中、大型立式离心铸造机的铸型套中可设置不同尺寸的铸型，以满足浇注的不同尺寸铸件之用。而在小型立式离心铸造机上，直接把铸型固定在主轴上，这会使更换铸型费时，只适用于金属型铸件的离心铸造。对立式离心铸造机进行浇注时，必须把铸型罩住(见图4－12)，以防金属液的飞溅伤人。这在图4－11上没有示出。

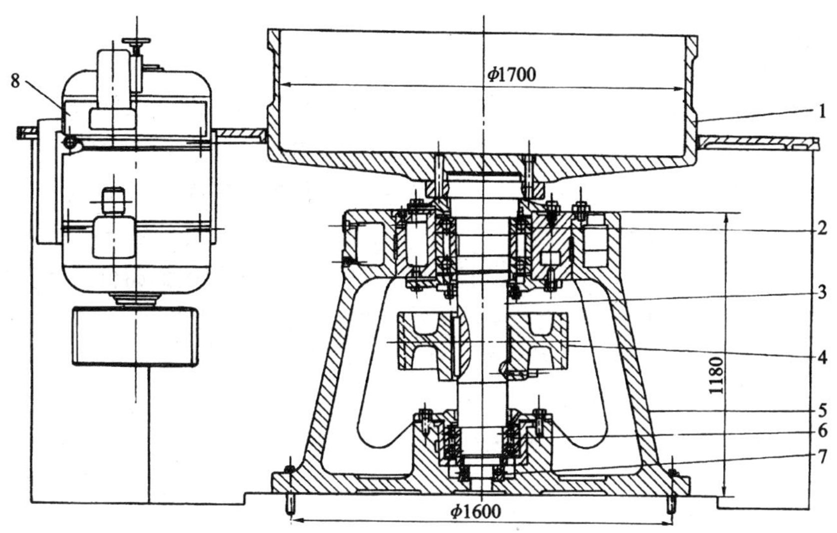

图4-11　中型立式离心铸造机结构

1—铸型套；2—轴承；3—主轴；4—皮带轮；5—机座；6、7—轴承；8—电动机

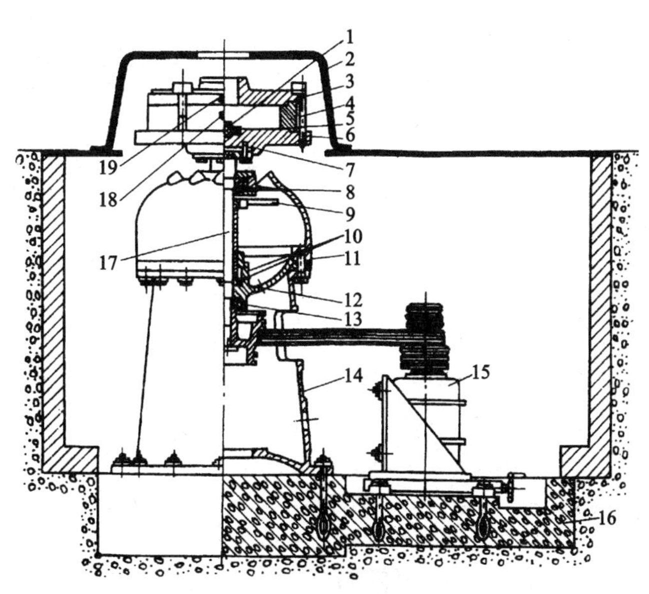

图4-12　小型立式离心铸造机

1—型芯；2—防护罩；3—型盖；4—压杆；5—型体；6—型底；7—螺栓；
8—轴承；9—风扇；10—支承环；11—上座壳；12—下座壳；13—轴承；
14—机座；15—电动机；16—地基；17—主轴；18、19—型体和型盖上的把手

在立式离心铸造机上只能浇注矮而粗的圆环形、圆筒形和异型铸件，可浇注圆筒形铸件其外径在200～3000 mm范围，铸件的高度一般小于500 mm，铸件最大重量可达3 t。

4.3.2 卧式悬臂离心铸造机

卧式悬臂离心铸造机，铸型固定在主轴端部，适于生产短的中、小直径的套筒类铸件。

图4－13所示为单头卧式悬臂离心铸造机的整体结构图。所谓单头就是指在这个机器上只有一个铸型。在这种机器上浇注的铸件直径较小，长度较短，如小型铜套、缸套等。工作时电动机2通过塔形三角皮带轮和中空主轴10带动铸型7、8旋转。金属液由牛角式浇槽4引入型的内腔旋转成形。铸件凝固后，主轴停止转动，可通过主轴右端处设置的汽缸13的活塞杆推动主轴内的顶杆16，在取走铸型端盖5的情况下，顶出型内的铸件。当汽缸活塞杆回复至原始位置后，顶杆在弹簧15的作用下可回复原位。浇槽支架3可绕轴转动，以便使浇槽在浇注时就位，浇注完毕后离开铸型前端，便于取铸件、清理铸型等的操作。铸型用钢板罩罩住，以防浇注时金属液外溢飞溅伤人。在罩内铸型的上方或下方还可设置沿铸型长度上的喷水管（图上没示出）冷却铸型。为使铸型很快停止转动，可用闸板11下压制动轮12，实现快速刹车。铸型根据塔形皮带轮的结构可以有两种转速。此种机器可实现半自动控制，生产效率较高。

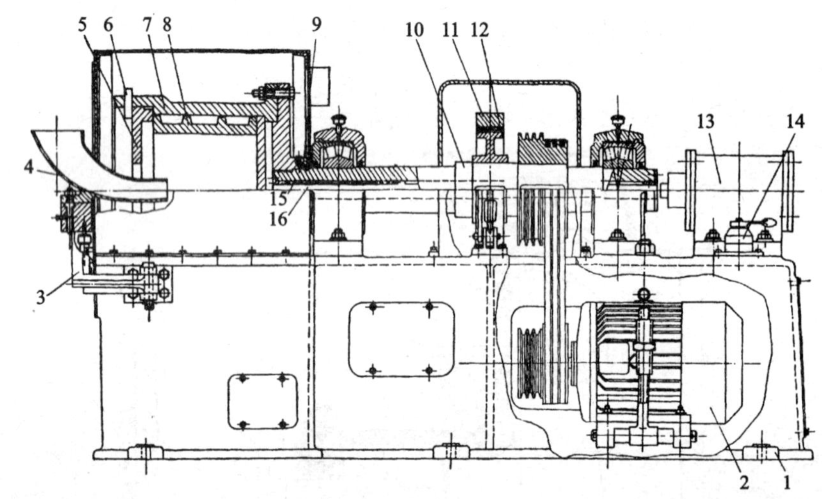

图4－13 单头卧式悬臂离心铸造机

1—机座；2—电动机；3—浇槽支架；4—牛角浇槽；5—端盖；6—销子；7—外型；8—内型；9—保险挡板；10—主轴；11—闸板；12—制动轮；13—顶杆汽缸；14—三通气阀；15—复位弹簧；16—顶杆

图4－14示出了双头卧式悬臂离心铸造机的结构，在此机器的主轴两端各装有一个铸型，其优点是占地面积小，可一次浇注两个铸件，但铸件的内径尺寸不能相差太大，因两个铸型的转速是一样的，对生产组织的要求较高。在一些工厂中用来生产中等直径的铜套。

卧式悬臂离心铸造机上的铸型有单层和双层的两种，图4－13和图4－14上的铸型都是双层的，由外型和内型组成，其优点是在生产不同外径和长度的套、筒形铸件时，不用装卸和更换外型，只要装上不同尺寸的内型和不同厚度的型底板即可，操作方便，还可节省铸型的加工费用，适用于批量生产。

单层铸型用来专门生产一种外径和长度的套筒类铸件，适用于大量生产。

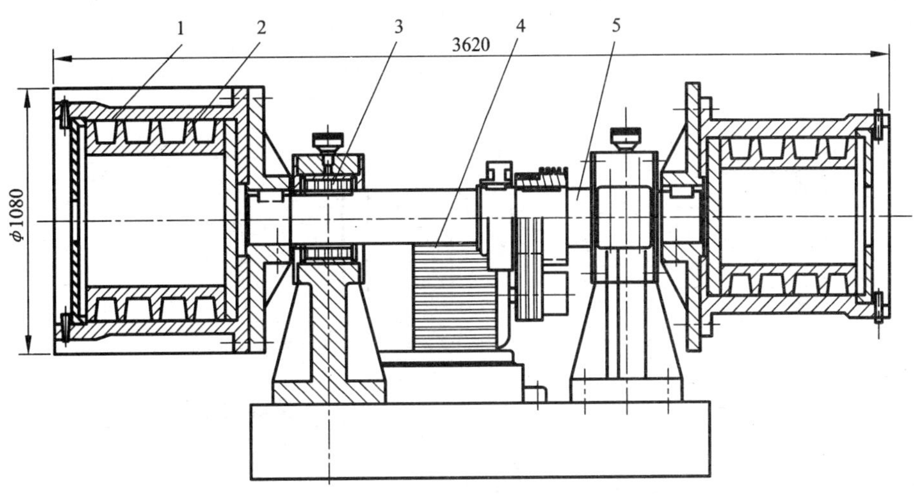

图 4－14　双头卧式悬臂离心铸造机

1—外型；2—内型；3—轴承；4—电动机；5—主轴

4.3.3　卧式滚筒式离心铸造机

滚筒式离心铸造机，铸型水平地搁在四个支承轮上。适用于生产长的管类、筒状铸件。图 4－15 所示为一种用得较普遍的滚筒式离心铸造机结构形式。铸型水平地放在两对支承轮 3 上(另有一对支承轮与机轴对称地设置在铸型的另一边，图上见不到)。图上可见的一侧支承轮与主动轴 2 相连，并用变速电动机 1 带动转动，支承轮相应地把压在它们上面的铸型带动旋转。另一侧的两个支承轮是被动的，只起支承铸型的作用。铸型可暴露在空气中，但在浇注端必须有保护罩，以防浇注时金属液从型中飞出伤人。有时也常用罩子把整个铸型罩上，内放沿铸型长度上的喷水管，冷却铸型。浇槽放在小车上，在浇注后被移开，以便操作。为防止铸型在轴向上的窜动，故此图中所示的铸型的滚道两侧做出凸缘。

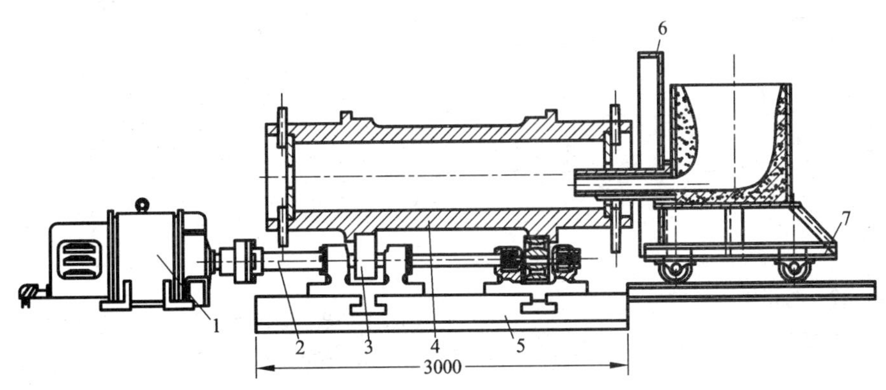

图 4－15　滚筒式离心铸造机

1—变速电动机；2—主动轴；3—支承轮；4—铸型；5—机座；6—防护罩；7—浇注小车

图 4 – 16 表示出了可同时浇注两个铸型的滚筒式离心铸造机。主动支承轮有四个，设置在机座的中央，两旁设被动支承轮，一个电动机同时带动两个铸型转动。

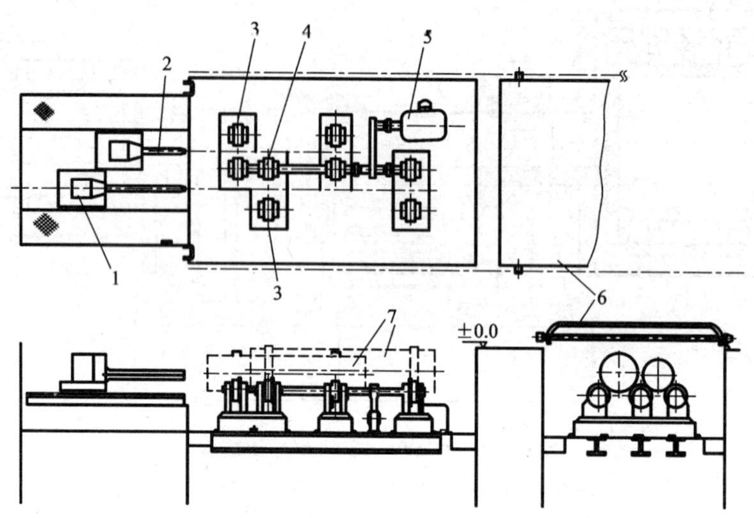

图 4 – 16　可同时浇注两个铸件的滚筒式离心铸造机

1—浇斗；2—浇注槽；3—被动支承轮；4—主动支承轮；5—电动机；6—可轴向移动的机罩；7—铸型

防止铸型轴向移动的方法除了图 4 – 15 所示的方案外，还可用如图 4 – 17 所示出的两个方案。利用支承轮凸缘防止铸型轴向移动可使铸型加工简化，但铸型所用毛坯较粗。在铸型上做下凹的滚道可使铸型的毛坯直径较小，在小型的滚筒式离心铸造机上甚至只用一个下凹的滚道就可达到防止铸型轴向移动的目的。

在水冷金属型离心铸管机上，滚筒式铸型浸泡在水箱中，此时铸型两端被套上轴承支承在机架上，轴承同时起防止铸型轴向窜动的作用。此种结构较复杂，只在特殊情况下使用。

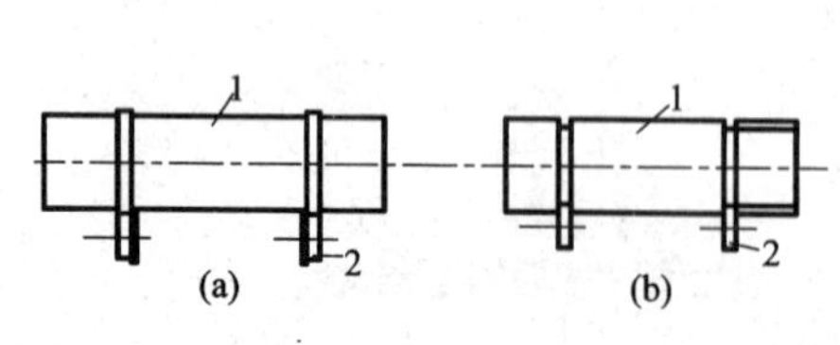

图 4 – 17　防止铸型轴向移动的方法

(a)利用支承轮的凸缘；(b)利用铸型上内凹的滚道

1—铸型；2—支承轮

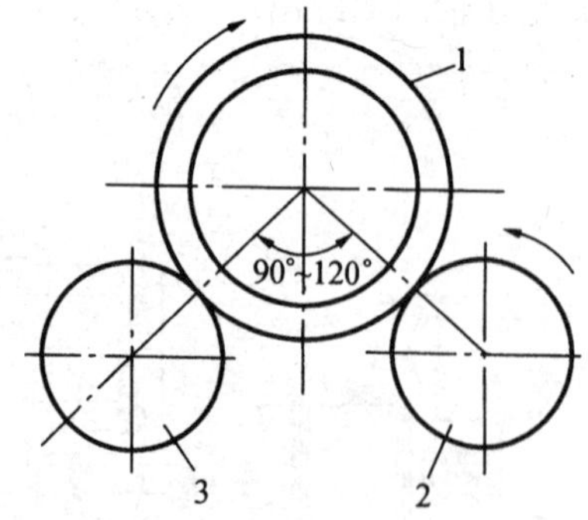

图 4 – 18　滚筒式铸型与支承轮间的相对位置

1—铸型；2—主动支承轮；3—被动支承轮

为使滚筒式铸型转动时能很平稳，铸型与支承轮之间的位置必须满足如图 4 – 18 的要求。铸型轴心与支承轮轴心连线的夹角如果太小，转动的铸型就可能自支承轮上滚下来；如

果夹角太大，则支承轮与铸型滚道上的摩擦力会太小，主动支承轮无法靠摩擦力带动铸型旋转。

滚筒式铸型既可为金属型，也可为砂型、树脂砂型（在型内铺一层热硬性树脂砂）。但砂型、树脂砂型的外型必须是金属的，并且在外型上要有通气孔。

4.4　离心铸造铸型

离心铸造时，铸型在浇注时要高速旋转，同时要承受金属液产生的离心力和热冲击，因而离心铸造用铸型和重力砂型铸造相比，对铸型有更严格的要求。

离心铸造时所用的铸型有金属型和非金属型（砂型、壳型、熔模型壳等）两类。金属型在成批、大量生产时具有一系列特点，应用较广。

4.4.1　金属型

离心铸造用金属型一般由型体、端盖及端盖夹紧装置组成。图 4－19 为常用的金属型。选用或设计金属型时，主要考虑铸型材料和型体结构、型腔尺寸、端盖与夹紧结构。

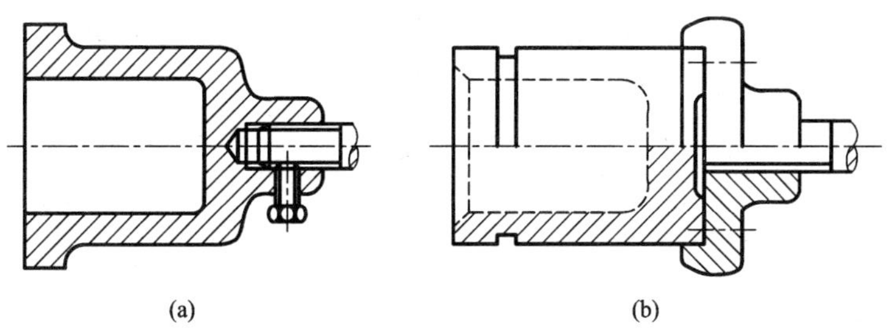

图 4－19　离心铸造常用的金属型

（a）固定在转轴上的金属型；（b）固定在转盘上的金属型

（1）铸型材料和结构

大批量生产用的铸型可用铸铁和钢来制造，在浇注低熔点的轻合金时也常用铜合金来制造。筒形的金属型在普通砂型铸造时会产生缩松等不良缺陷，故推荐用离心铸造方法来制造筒形铸铁金属型。由于铸铁金属型在喷水急冷时，容易发生脆断和开裂，所以要用喷水冷却的金属型建议使用铸钢制造。在铸件尺寸不大时，铸钢金属型的制造成本比铸铁会高，但其寿命长，综合成本比铸铁金属型低。铸钢金属型的材料一般推荐使用45 钢，在粗加工后进行正火和高温回火，消除内应力处理。

新金属型制好后，还必须进行一次预备处理：即把金属型加热到95℃～150℃，然后喷一层饱和过硫酸铵，经过一定时间后再用清水冲洗干净。这样处理的目的在于去掉金属型表面的油污，使金属型内表面受轻微腐蚀变粗糙，从而使涂料有更好的附着力。

在立式离心机上使用金属型时，铸型的设计与制造和卧式离心机相同。此时要注意的是立式回转轴轴承的冷却，因为浇注金属时会直接浇到和回转台相连的底板上，轴承的工作温度会很高。如有可能，应使用循环水进行冷却。

常用离心铸造用的金属铸型，其型体分单层和双层两种。单层金属型结构见图 4－20

(a)，这种结构简单，在此型中只能浇注一种规格的铸件。多用于滚轮式离心机上浇注大件或成批生产小件专用离心机上。单层金属型的材质常用 HT200、QT500－7、ZG230－450 或 ZG270－500，大量生产大口径管件时需用耐热合金钢。其壁厚一般取铸件壁厚的 1.2～2.0 倍。另外，对于各种合金大件的铸型，如连续生产，铸件出型较早，型腔可适当设锥度，若铸件是低温出型，则可不设锥度。对铸铁小件和铜合金中小件，其型腔的锥度取值范围为 1∶25～1∶150，铸铁件取大些，铜合金件取小些。

双层金属型如图 4－20(b)所示，由外层型体和内层型体即内外两层组成。内层型可以更换使用，更换结构简单的内型可以在同一离心机外型(机头)上生产不同规格的铸件，同时更换内型也便于调整铸型工作温度。它多数用于生产铜合金等套、筒类铸件。

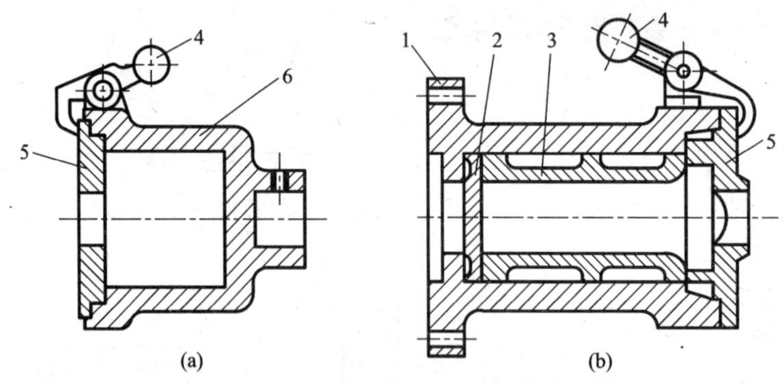

图 4－20　单层和双层金属铸型结构简图

(a) 单层金属铸型；(b) 双层金属铸型

1—外型；2—后端盖；3—内型体；4—离心锤；5—前端盖；6—单型体

设计外层型体时，要考虑有足够的强度以承受浇注时离心力的作用。外型壁厚、材质及技术要求见表 4－1。

表 4－1　双金属铸型外型壁厚、材质及技术要求

外型内径(大端)/mm	100～200	200～300	300～400	400～500	500～600	600～700	700～900
壁厚/mm	20～25	20～30	25～35	30～40	35～45	40～50	45～65
材质	ZG230－450 或 ZG270－500,QT400－15,QT500－7						
表面粗糙度 *Ra*/μm	内表面	6.3～3.2					
	外表面	12.5～6.3					
内圆锥度	长度/mm	<200		200～400		400～600	
	锥度	1∶25～1∶50		1∶25～1∶75		1∶50～1∶100	

注：1. 外型材质如用铸铁，应设加强筋或适当加厚，并进行热处理以消除应力。

2. QT500－7 应经过退火处理，以求铁素体达 50% 以上和消除其内应力。

内型要求热变形小，耐用，一般做成带筋的圆筒体。为了更换内型方便，要有一定的间隙与外型体相配合。设计内型时，内型壁厚、材质及技术要求参考表4－2。

表4－2　双层金属内型技术要求

<table>
<tr><td colspan="2">材　质</td><td colspan="4">HT200　HT150</td></tr>
<tr><td rowspan="2">表面粗糙度 Ra/μm</td><td>内表面</td><td colspan="4">6.3～1.6</td></tr>
<tr><td>外表面</td><td colspan="4">12.5～3.2</td></tr>
<tr><td rowspan="2">内型内圆锥度</td><td>内面长度/mm</td><td>200以下</td><td colspan="2">200～400</td><td>400～600</td></tr>
<tr><td>锥度</td><td>1∶25～1∶100</td><td colspan="2">1∶75～1∶150</td><td>1∶100～1∶300</td></tr>
<tr><td rowspan="2">内型外圆锥度</td><td>外面长度/mm</td><td>200以下</td><td colspan="2">200～400</td><td>400～600</td></tr>
<tr><td>锥度</td><td>1∶25～1∶50</td><td colspan="2">1∶25～1∶75</td><td>1∶50～1∶100</td></tr>
<tr><td rowspan="2">内外型配合间隙</td><td>内型外径/mm</td><td>100以下</td><td>100～200</td><td>200～400</td><td>400～600</td></tr>
<tr><td>间隙/mm</td><td>1～1.5</td><td>1.2～2.0</td><td>1.5～2.5</td><td>2.0～3.0</td></tr>
<tr><td colspan="2">内型壁厚δ型/δ件</td><td colspan="4">0.8～1.4(δ型－内型壁厚,δ件－铸件壁厚)</td></tr>
</table>

注：如用水冷型，壁厚应取下限。锥度和间隙均按直径(包括双面)。

(2)铸型内腔尺寸计算

离心铸造时其内腔尺寸按公式4－14进行计算。

$$D = d(1+\varepsilon) + 2b + 2\Delta\delta \qquad (4-14)$$

式中　D——铸型内径；

d——铸造零件外径；

ε——铸造收缩率；

b——加工余量；

$\Delta\delta$——涂料层厚度。

用公式(4－14)计算时，ε，b 和 $\Delta\delta$ 参数的选取可查阅有关手册。

(3)端盖和紧固装置

离心铸造用金属铸型的前后端盖是使套筒类铸件两端成型的模具。端盖不仅要挡住合金液，而且要保证铸件质量及装卸方便和安全。端盖板一般设计成可双面使用的形式。当一端损坏或变形时可使用另一面。这时往往也能校正原先的变形。铸型的固定要简单可靠，如果用螺纹固定时，螺纹部分必须要涂二硫化钼，以便在旋转台达到较高温度时更换能方便地拧下来。用于非铁合金铸件的离心铸造的端盖，材质为HT250。有耐火衬材料的端盖，适用于铁碳合金铸件，材质为HT200。

离心浇注时，铸型端盖的紧固有三种方法，即螺栓、销钉和离心锤紧固。离心锤紧固方法，见图4－21。在用离心锤紧固时，离心锤压钩对端盖的压力必须大于离心压力对端盖的作用力；为了安全的需要，用此方法必须用较坚固的罩子把铸型罩好。

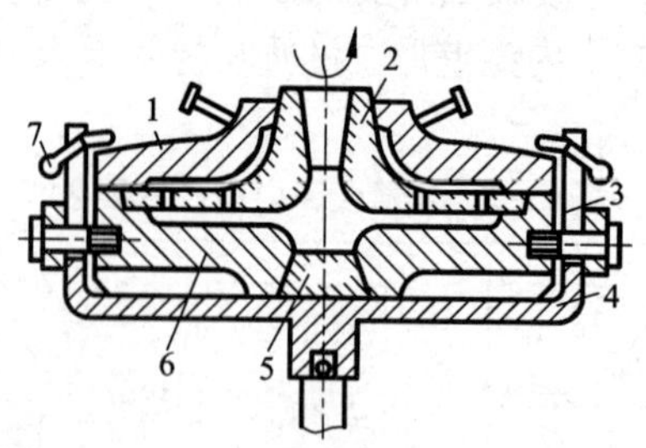

图 4－21　立式离心铸造机安装的金属型

1—型盖；2—型芯；3—空槽；4—转台；
5—型芯；6—下半型；7—离心锤

4.4.2　其他离心铸造用铸型

离心铸造也可以使用一次性的铸型，如砂型、组芯造型、石膏型以及熔模铸造型壳等一次性铸型。表 4－3 是几种铸型的比较。

表 4－3　几种铸型的比较

铸型种类 / 比较项目	砂型	金属型	树脂型	石墨型
初始成本	低	高	低	中
工作效率	允许使用各种砂箱	高的重复性， 每小时可生产 60 件	10 次以上	好
劳力消耗	多	少	少	少
灵活性	高	无	低	高
铸型寿命	一次	2000～30000	中	5～100
冷却速度	低，铸铁件无需退火	高	中，铸铁件需退火	高
应用	厚壁管、辊子、各种铸件	适合于各种断面工件	适于薄壁管	不复杂件

（1）砂型

离心铸造中使用的砂型、组芯造型、石膏型以及熔模铸造型壳都和普通重力铸造时所用的制造方法相同，但使用时要注意几点：

①由于离心力的作用，砂型应有更高的紧实度，防止冲砂；砂芯应注意使用芯铁增加强度。

②不能使用无箱造型。即使是无箱或组芯造型也要放在铰接的砂箱或套箱中浇注。

③砂型和砂芯表面最好应用涂料，防止被冲刷或粘砂。

④设计时要确保旋转平衡，任何不平衡引起的振动都会导致铸件壁厚不匀。包括砂箱在

内的铸型做不到满意的平衡，所以有必要时可降低旋转速度。

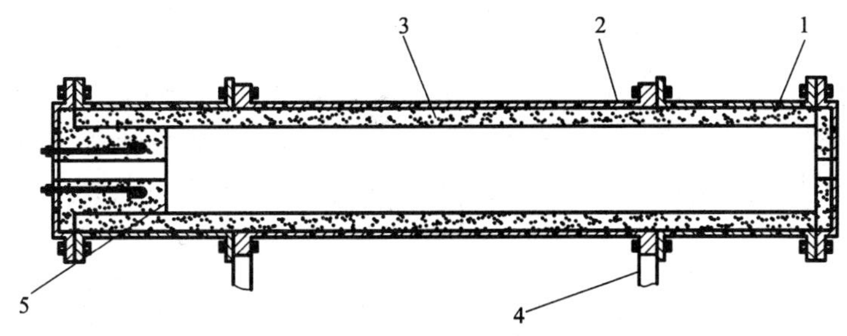

图4－22　卧式离心铸造用砂型

1—砂衬；2—金属型；3—出气孔；4—离心机托辊；5—堵头

⑤要使用专用底板，以便和离心机固定。

对于批量小的筒形件，使用衬有砂子的金属型。此时金属型的作用和砂箱一样，仅增加了能旋转的功能。图4－22是在卧式离心机上浇注圆筒的砂型。为确保铸型平衡，使用加工过的金属型。此时的造型如图4－23所示，使用中间胎模来进行。

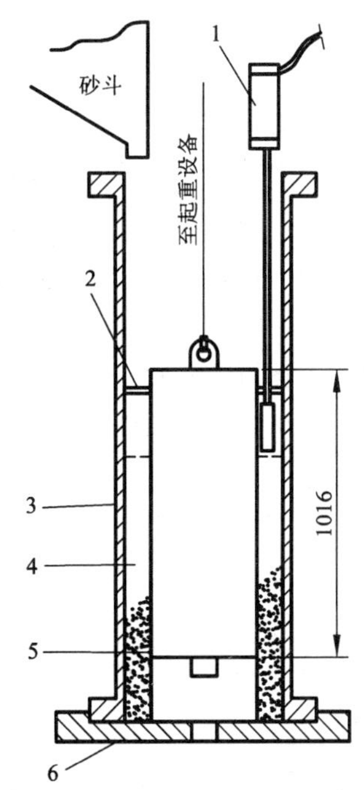

图4－23　金属型衬砂造型方法

1—风冲；2—对中块；3—金属型；4—砂衬；5—胎模；6—底板

(2)石墨型

石墨型的材料包括石墨和碳棒，但主要是石墨。石墨也比碳棒具有更高的导热能力。在铸造厂为降低成本多使用废电极做铸型，因为用来专制石墨型的成本很高。选用石墨棒或电极，经机械加工成形可使其成本大幅下降。石墨型正常的寿命在50～100件，也有少数情况下超过100件。石墨型耐热性能优良，它的损坏原因是机械强度和硬度低，在取出凝固后的铸件时引起的磨损是影响其寿命的主要因素。另外，当操作者不小心提取铸件，有时会严重损坏铸型甚至报废，所以工艺规程应规定出必要的操作注意事项。

4.5　离心铸造工艺

[学习目标]

1. 掌握离心铸造工艺的内容；
2. 熟悉离心铸造工艺选择。

鉴定标准：应知：1. 离心铸造工艺的内容；2. 离心铸造工艺的基本原理。

教学建议：多媒体教学、参观实践教学方法。

在离心铸造生产过程中，离心铸造工艺规范制订合理与否，直接影响到铸件的质量及经济效益。离心铸造工艺内容较多，本节介绍铸型转速的确定，涂料和覆料的应用，浇注温度和速度的选择，浇注合金液定量以及合金液导入铸型方向等问题。

离心铸造的工艺过程见图4－24，离心浇注时一定要注意以下的工艺操作要点：

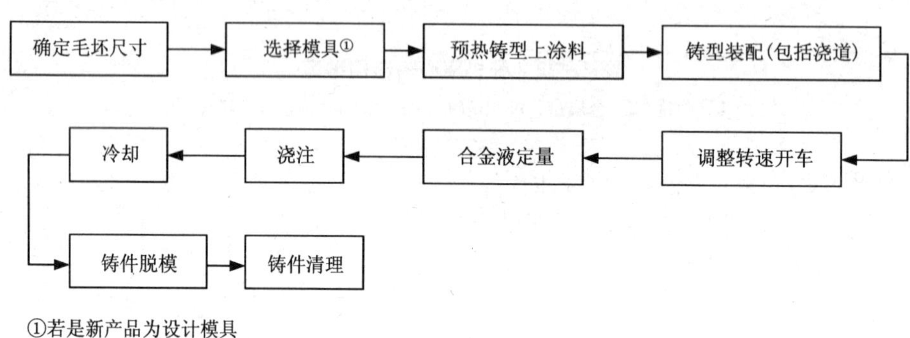

图4－24　离心铸造工艺过程

①首先根据铸件要求确定好铸型转速。操作前调整好转速，浇注过程中严格控制变速范围。

②铸型在上涂料前要经过清理和预热，上涂料时要严格控制铸型温度和涂料层厚度。

③浇注时按照要求掌握好合金液的温度，定量要准确，掌握好浇注速度。

④铸件冷却要严格掌握自然冷却或水冷的时间和冷却强度。

⑤铸件取出后，检查铸型，控制铸型工作温度，准备好浇注下一个铸件的工作。

在生产过程中和操作之前都要检查机器运转是否正常，铸型和用具是否齐备，安全设施是否完好。

4.5.1　铸型转速的确定

离心铸造铸件是依靠铸型旋转产生离心力，使浇入铸型内的金属液克服自身的重力充满铸型，最终在离心压力作用下凝固而成的铸件。为克服重力，铸型必须要有一定的转速：当金属液自由表面上最高点 a 处(见图4－25)的金属质点产生的离心力 $m\omega^2 r_0$ 小于它的重力 mg 时，则 a 点处的金属液在重力作用下最易使质点下掉，该点的圆周线速度可能最小，如果 $m\omega^2 r_0 \geq mg$ 的条件不能被满足，则在浇注时会出现金属液滞留在铸型底部滚动[见图4－26(a)]，或出现雨淋现象[见图4－26(b)]，不能成形。铸型转速低，铸件也易出现疏松、夹渣、内表面凹凸不平等缺陷；但过高的转速，除能产生很大

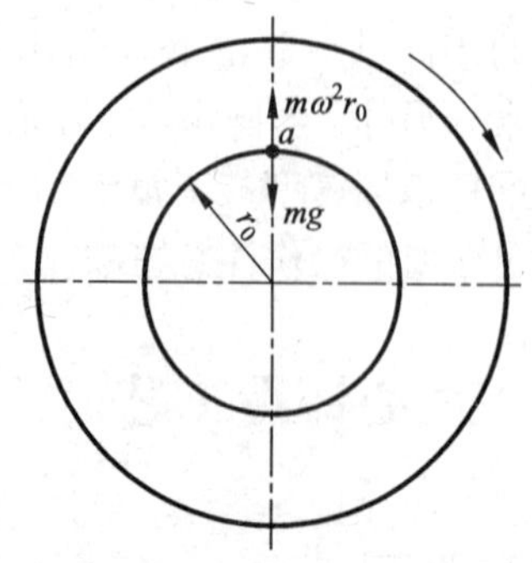

图4－25　金属液成形条件

的凝固压力外，会带来许多负面效应，如增加能耗、提高了对铸型和离心机设计制造的要求、使铸件产生纵向裂纹、金属液更易偏析、使用砂型时更易产生粘砂、胀砂等缺陷。因此在确定离心铸造铸型的转速时，其原则是在保证铸件质量前提下，选取最低的铸型转速。

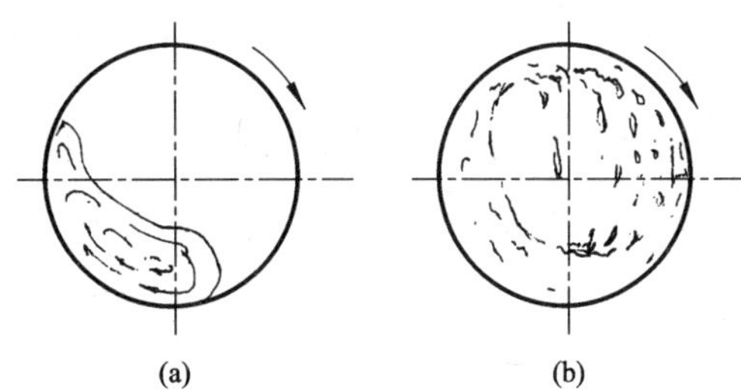

图4－26　铸型转速不够大时金属液不能成形
(a)金属液滞留在底部滚动；(b)出现雨淋现象

在实际生产中可采用各种经验公式和图表来确定铸型的转速。但由于产生条件不同(指生产铸件种类不同)，各经验数据都有较大的局限性。故在实际生产时可参考选用，并根据所生产出的铸件实际情况，进行调整。

(1)根据铸件内表面有效重度计算铸型转速

Л·С·康斯坦丁诺夫认为，不管液体金属种类如何，只要铸件内表面有效重度达到3.4×10^6 N/m，就能保证得到组织细密的离心铸造件。铸型转速用下式计算：

$$n=\beta\frac{55200}{\sqrt{\gamma R}} \tag{4-15}$$

式中　n——铸型转速(r/min)；
R——铸件内表面半径(m)；
γ——合金重度(N/m^3)；
β——调整系数(按表4－4选取)。

此公式适用于水平离心铸造，且铸件$R_{外}/R_{内}$比值应不大于1.5。

表4－4　调整系数β

种类	β	种类	β
铜合金水平离心铸造套类件	1.2～1.4	铸钢套类件	1.0～1.3
铜合金立式离心铸造环类件	1.0～1.6	铝合金套类件	0.9～1.1
铸铁套类件	1.2～1.5		

(2)根据重力系数计算铸型转速

根据重力系数计算铸型转速，计算公式为：

$$n=29.9\sqrt{\frac{G}{R}} \tag{4-16}$$

式中　n——铸型转速(r/min)；
R——铸件内半径(m)；
G——重力系数，可按表4－5选取。

表 4-5 重力系数 *G* 的选用

铸件名称	*G*	铸件名称		*G*
中空冷硬轧辊	75~150	轴承钢圈		50~65
内燃机汽缸套	80~110	铸铁管	砂型	65~75
大型缸套	50~80		金属型	30~60
钢背铜套	50~60	双层离心铸管		10~80
铜管	50~65	铝硅合金套		80~120

理论上 20G 就能使筒、管形铸件成形，但实际选用值都远高于此数，如铸铁管为 40~60G，高合金的黏性金属液可选 100G 以上。

(3)根据综合系数计算铸型转速(L. Cammen 公式)

其计算公式为：

$$n=\frac{C}{\sqrt{R}} \tag{4-17}$$

式中 n——铸型转速(r/min)；

R——铸件内表面半径(m)；

C——综合系数，见表 4-6。

此计算公式适用于铸件 $R_{外}$ 比 $R_{内}$ 其比值不大于 1.15 时的情况。

表 4-6 常见离心铸造的综合系数值

铸件合金	合金密度/($g \cdot cm^{-3}$)	铸件名称	离心铸造方式	综合系数
铸铁	7.2	管子、涨圈	水平	9000~12500
		汽缸套	水平	10750~13650
铸钢	7.85	-	水平	10000~11000
黄铜	8.20	圆环	水平	13500
铅青铜	8.8	ϕ90~ϕ120 mm 轴承	水平	9500
	9.5~10.5		水平	8500~9500
铝合金	2.65~3.10	-	水平	13000~17500
青铜	8.4	-	立式	17000

(4)根据非金属铸型可能承受的最大离心力计算铸型转速

此时主要考虑非金属铸型离心铸造时，铸型不因离心力而受损。其计算公式为：

$$n=42.3\sqrt{\frac{P}{\gamma(R_W^2-R_N^2)}} \tag{4-18}$$

式中 n——铸型转速(r/min)；

P——非金属铸型能承受的最大离心压力(MPa)，可按表 4-7 选取；

γ——合金密度(kg/m^3)；

R_W、R_N——铸件外径和内半径(m)。

表 4-7　非金属铸型的最大离心压力 p 值　　(单位：MPa)

砂型	组芯造型	陶瓷型
0.003 ~ 0.004	0.004 ~ 0.006	0.006 ~ 0.008

(5)根据铸件内孔上下允差计算铸型转速

如前所述，当立式离心铸造对内孔半径差有要求时，就可按公式 4-19 计算铸型转速：

$$n = 42.3\sqrt{\frac{h}{D^2 - d^2}} \qquad (4-19)$$

式中　n——铸型转速(r/min)；

h——铸件高度(m)；

D、d——立式离心铸造时铸件内孔允许的最大和最小直径(m)。

为确保铸件内孔公差的要求，实际采用的转速要大于所计算的转速。当铸件内表面的重力系数达到 75G 时，则上下径的差别不再能用肉眼看出。

应该指出，除了公式(4-19)是精确推导出来外，其他都是特定的经验公式，其假设和系数选择中有很大的余量，故离心铸造时铸型转速在小于 15% 偏差时，一般不会对浇注过程和铸件质量产生明显的影响。

在实际生产中要注意的是铸型的真正转速。许多离心机都安装有转速表，但往往它的指示值和实际铸型转速有差别，尤其在水平离心滚胎式铸造时更是如此。电动机通过带轮→v 带→带轮→托辊进行驱动，托辊外径和铸型外径有差别，加之托辊和铸型间常有丢转的情况，故铸型转速和托辊或带轮转速完全不一样。实际操作时应注意具体机型转速差别的规律。

4.5.2　涂料工艺

(1)应用涂料目的

离心铸造用铸型一般都使用涂料。砂型使用涂料是为增加铸型表面强度，改善铸件表面质量，防止铸件粘砂等缺陷。金属型使用涂料的目的在于以下五点。

①使铸件脱模容易。

②防止铸件金属的激冷。这对于铸铁件特别重要。涂料可防止铸件表面因激冷而产生白口，免去热处理工序和便于机械加工。

③减少金属液对金属型的热冲击，降低金属型的峰值温度，从而能有效地延长金属型的寿命。

④改变铸件表面的粗糙度。应用涂料在大部分情况下可获得表面光洁的铸件。有时故意应用增加铸件表面粗糙度的涂料，使铸件表面变粗糙。这对镶进铝汽缸体的汽缸套特别有利，高的粗糙度可有效地增加和铝合金的结合力。

⑤增加与液体金属的摩擦力，缩短浇入金属液达到铸型旋转速度所需的时间。

(2)对涂料的要求

对涂料的要求可归纳为以下几点。

①所用原材料易得，且便宜。

②涂料的混制或制备容易。

③有足够的绝热能力（涂料材料本身的绝热能力以及涂料的厚度），可防止金属液凝固激冷及降低金属型的峰值温度，延长金属寿命。

④涂料稳定，贮存方便，不易沉淀。

⑤加有悬浮剂，使涂料适合在管中的输送，同时对喷涂设备没有强的腐蚀。

⑥喷涂后容易干燥以缩短工序时间和防止缺陷的产生。

⑦涂料和金属型有合适的粘着力，它在干燥后既不能被金属液冲走，而失去涂料的作用，又能在铸件脱模时，涂层能随铸件一起带出而不留在铸型内。

⑧涂料要有好的透气性，如果涂料或某组分存在自由结晶水，在浇注过程释放的气体能向铸型方向逸出，并通过型壁排气孔排放，避免在铸件内形成针孔、气孔和气坑。

(3)涂料的组成及制备

涂料的基本组成和重力铸造相似，但金属型离心铸造时，涂料的加入方法主要是定量一次性倒入旋转铸型和移动喷涂法，因此涂料的组成与品种不如重力铸造时多。

离心铸造用涂料大多用水作载体，有时也用干态涂料如石墨粉，以使铸件能较容易地从型中取出。表4－8列出了一些离心铸造用涂料配方举例。

表4－8　离心铸造用涂料配方举例

合金种类	涂料配方/%			备　注
锡青铜	松香粉 10～20	滑石粉 75～80	水玻璃 5～10	外加水适量
铸铁	石英粉 90	膨润土 10	外加水	表面再涂石墨粉涂料总厚度23 mm
铸钢	石英粉 93～94	水玻璃 6～7	外加水	涂料厚度13 mm

喷刷涂料时应注意控制金属型的温度。在生产大型铸件时，如果铸型本身的热量不足以把涂料烘干，可以把铸型放在加热炉中加热，并保持铸型的工作温度，等待浇注；生产小型铸件时，尤其是采用悬臂离心铸造机生产时，希望尽可能利用铸型本身的热量烘干涂料，等待浇注。

对铸型的工作温度要求与金属型铸造相同，这里不多赘述。

(4)涂料的涂敷方法

立式离心铸造用的砂型与泥芯，可和往常一样使用刷涂、浸涂、喷涂等各种方法。对于金属型离心铸造则不再用刷、浸，而使用下述三种方法。

1)撒铺法

在使用干粉状涂料时，如浇注铜合金套筒类铸件时所使用的高温焙烧过的石墨粉，常采用往旋转铸型中撒涂料的方法，粉状涂料自动铺开在金属型的表面上。

2)喷涂法

用压缩空气或其他动力将悬浮液类涂料驱赶至喷嘴处，以雾状形式喷涂在预热至150℃~250℃的旋转铸型的工作表面上，利用铸型热量干燥涂料层，可获得厚度均匀的涂料层。在生产细长的铸件(如铁管)时，细的涂料输送管较易悬臂式地弯曲，出现很大挠度，此时可将喷嘴一端的背面直接搁置在旋转铸型的内壁底部，喷嘴向上，并且轴向等速移动，由铸型的一端向另一端进行涂料的喷涂。但这种喷涂法只能一次性地喷涂，不能在铸型中来回反复移动喷涂，以控制涂料层的厚度，因为紧贴铸型的喷嘴端在已有涂料层的表面移动时，会破坏喷上的涂料层。有时也把喷好涂料的铸型放到加热炉中在200℃左右继续干燥、保温。待浇注前再自炉中取出，置于铸造机的支承轮上准备浇注。

喷涂法在金属型离心铸造时使用很广泛，涂料中的耐火粉料最好事先经高温焙烧，除去其中的结晶水(黏土、膨润土不能焙烧，它们在焙烧后便成死土，失去黏结性)，以防在浇注金属后，涂料产生太多的气体，进入正在凝固的铸件中，使铸件产生针状气孔[见图4-27(a)]，或使铸件外表面出现凹坑[见图4-27(b)]。有时压力较高的气体还可能穿透内凹的凝固薄层，窜出里面的金属液层，在铸件内表面上出现明显由液滴凝成的球状金属颗粒[见图4-27(c)]。如果内凹被气体穿透凝固层的凹坑中又被内层金属液充满[见图4-27(d)]，则在铸件外表面上常可见点点斑斑的金属痕迹或直径较大扁平形(似蘑菇盖状)的冷隔块，这些金属斑迹、冷隔块常与铸件主体结合不牢，可用机械力量除去，在铸件外表面上形成凹坑。

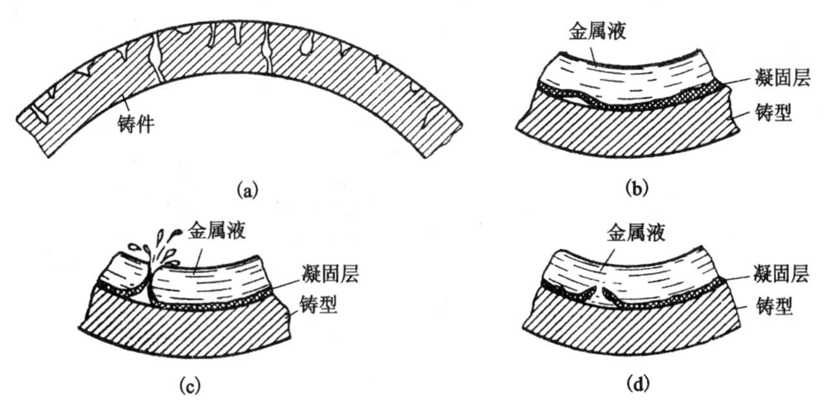

图4-27　由涂料气体引起的铸件上气体性缺陷

(a)针孔；(b)铸件外表面凝固薄层被气体压出的凹坑；
(c)气体穿透凝固薄层窜出金属液自由表面；(d)凹坑中进入金属液

喷涂法是金属型离心铸造中用得很广泛的方法。

3)U形槽倾倒法

把定量涂料装在水平U形槽中，把U形槽伸入铸型中，让预热至200℃左右的金属型转动，倾翻U形槽，让涂料均匀地铺开在铸型工作面的长度上，开始时铸型低速旋转，涂料在铸型底部翻滚、变稠(因水分蒸发)，而后提高铸型转速，涂料均匀分布在铸型表面，并利用铸型热量干燥涂料层。浇注前，把铺涂好涂料的铸型放入加热炉中在约200℃的环境中保温干燥。

此法适用于中、大直径铸件的小批量离心铸造。

4.5.3 离心浇注

离心铸造时，浇注工艺有其自身的特点，首先由于铸件的内表面是自由表面，而铸件厚度的控制全由所浇注液体金属的重量决定，故离心铸造浇注时，对所浇注金属的定量要求较高。此外由于浇注是在铸型旋转情况下进行的，为了尽可能地消除金属飞溅的现象，要很好地控制金属进入铸型时的方向。

(1)浇注温度选择

离心铸件大多为形状简单的管状、筒状或环状件，多用充型阻力较小的金属型，离心力又能加强金属的充型性，故离心铸造时的浇注温度可较重力浇注时低5℃～10℃。

对于用金属型离心铸造有色合金件，例如轴瓦等，尽管有色金属熔点较低，金属型寿命长，但较高的浇注温度会使轴承合金冷却速度减慢而易产生偏析缺陷，因而必须严格控制浇注温度。

对于铸铁管及铸铁汽缸套，由于合金的熔点和金属型相近，过高的浇注温度会降低金属型寿命，也会影响生产率，但过低的温度也会造成冷隔、不成形等缺陷(尤其是铸管)，所以必须严格控制浇注温度。普通灰铸铁汽缸套，浇注温度为1280℃～1330℃；合金灰铸铁则建议为1300℃～1350℃。

(2)金属液的定量

重力铸造时，一般不需要特意控制浇入铸型中金属液的多少，因为可由铸型浇口处判断铸型是否浇满。而在离心铸造时，铸件的内表面常为自由表面，浇入铸型中金属液的多少直接决定铸件内表面直径的大小，所以离心铸造浇注时，对所浇注金属的定量要求较高。

立式离心铸造异型铸件的浇注和重力铸造一样，铸型浇口完全充满就算完成浇注，一般也不必定量。离心铸管的国内外标准都规定有重量公差，汽缸套等筒形件在铁液量不准确时会造成机加工余量过大或过小，因此都要求在浇注前对所浇铁液有所定量。做好工艺控制，在保证铸件质量的前提下尽量减少重量，可达到降低机加工工时或充分利用标准中的重量负公差，取得明显的经济效益。

离心铸造时浇注金属的定量原则有三种，即体积定量法、重量定量法和自由表面高度定量法。

1)重量定量法

按铸件毛坯重量，将待浇的金属进行称量，然后一次倒入，获得合格内径的铸件。这种方法的优点是重量准、尺寸精确，但需要在离心机前有台秤。浇包及其转动机构都支撑在秤上，按秤所示对中间包浇入必需量的合金。生产大型汽缸套以及离心灰铸铁下水管多用这种方法，此时都用短流槽，快速浇入后铁液流动距离仅3m或更短，金属型是热模并表面喷有涂料。当铸件毛坯重量有变化时，仅需改动秤的指示值，操作也方便。

2)体积定量法

体积定量法是用内腔形状一定的浇包，在浇包内壁高度上做出一记号，或认定一定的高度，以接受一定体积的金属液，一次性地浇入旋转中的铸型，达到定量浇注的目的。这种方法简易方便，但定量精度较差，在大量生产时需经常根据浇出铸件的重(质)量，对浇包接受的金属液体积进行调整。为保证定量准确，防止每次修包后液面有变带来的麻烦，可设计类似图4-28的浇包。它根据铸件重量计算出同体积的模型，然后以此为胎打结出浇包，只要铁液面达到台阶时就为合格重量。这种定量浇包使用较方便，定量也比较准确，可随时更换新包，重复性好。

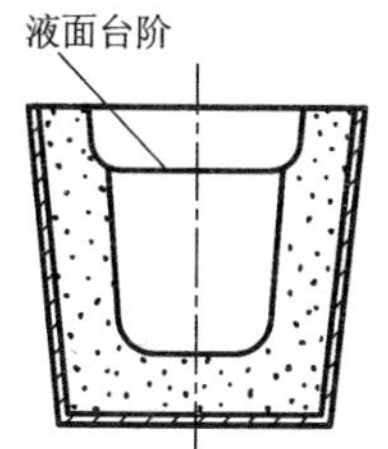

图4-28 定量浇包

也可用金属保温炉中电磁泵的开动时间控制浇入铸型(或浇包)中的金属液体积，但这需要特殊装置，只能在大量生产中应用。

3)高度定量法

高度定量法，采用电信号装置，当铸件浇注到已够壁厚时，电路接通，电流信号发出，立刻停止浇注。此法定量方便，但定量不准确，在生产大型铸件时可以考虑应用。

(3)液体金属进入铸型的方向

为尽可能地消除浇注时金属的飞溅现象，要控制好液体金属进入铸型时的流动方向，如图4-29、图4-30所示给出了立式离心铸造和卧式离心铸造时液体金属流动方向与消除飞溅之间的关系。由此两图可以看出，液体金属自浇注槽流入时的运动方向最好与铸型壁的旋转方向一致，此时金属的飞溅最少。

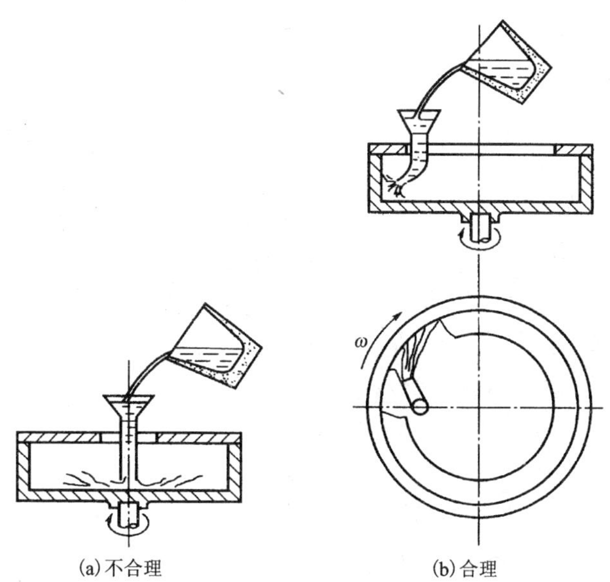

图4-29 立式离心铸造浇注时液体金属液流动方向

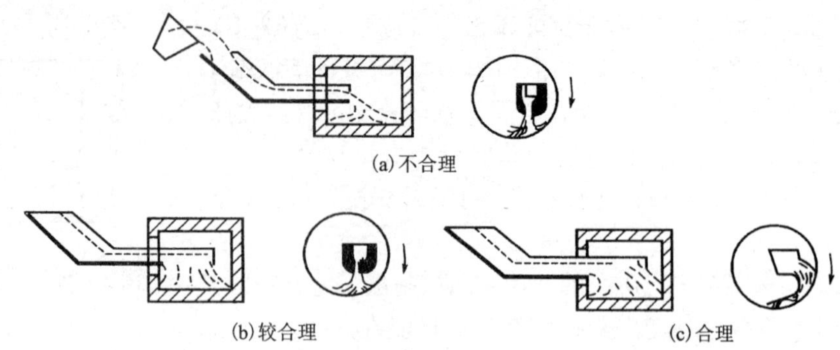

图 4-30 卧式离心铸造浇注时金属液流动方向

4.6 离心铸造工艺举例

前面已经讨论了离心铸造的一般工艺知识，在不同铸件的生产中又有一些特殊工艺，下面介绍几种生产量较大，铸造工艺较成熟的离心铸件的生产情况。

4.6.1 小型汽缸套的离心铸造

小型缸套是内燃机上的易磨损件，需要量很大。由于汽缸套是圆筒形的铸铁件，所以主要采用离心铸造法生产。

用离心铸造法生产的小型汽缸套毛坯内径为 90 ~ 200 mm，铸件重量 13 ~ 52 kg。采用的材料为耐磨灰口铸铁。铸件铸态金相组织中，应以中、细片状珠光体和索氏体型珠光体为基体。小块铁素体应分布均匀，数量不超过 5%；小块游离渗碳体数量不超过 1%。不允许有大块分枝状磷共晶体，二元磷共晶体应为细小及中等断续网状，呈均匀分布。石墨应为中、细片状、菊花状，并分布均匀，不允许有大片及枝状石墨。

在我国，主要用金属型离心铸造法生产小型缸套。为防止白口，在金属型内表面喷刷厚层(1 ~ 2 mm)涂料。所采用的一种涂料配方为石英粉 68%、陶土 12%、石墨粉 20%、外加肥皂粉 0.5%，用水作为涂料的载体。为增强涂料的绝热性能，也可在涂料中加石棉粉。铸型的端盖上也要喷涂料或贴上石棉片，防止铸件两端产生白口。

计算铸型转速时，可选有效重度为 $(4 \sim 8) \times 10^6\ N/m^3$。

浇注时，铸型的工作温度为 200℃ ~ 400℃，浇注温度为 1290℃ ~ 1340℃。

也可用砂型离心铸造法生产小型缸套，即每次在浇注之前，在金属型内放一圆筒形的砂套，然后盖上端盖，进行浇注。铸件在砂套内壁成型。采用砂型离心铸造生产缸套可消除白口和金相组织中出现过冷石墨的缺陷，并且铸件的外表面也可根据零件形状的需要做成高低不平的形状，以节省机械加工工时。如图 4-31 所示为砂型离心铸造缸套毛坯的断面，点划线所表示的为机械加工后的缸套零件形状。如果采用金属型离心铸造，则毛坯的外层表面形状只能是平直的圆筒面。由此可见采用砂型离心铸造生产缸套在节省机械加工工时方面可发挥很大的作用。但砂型离心铸造工艺复杂，生产效率较低。

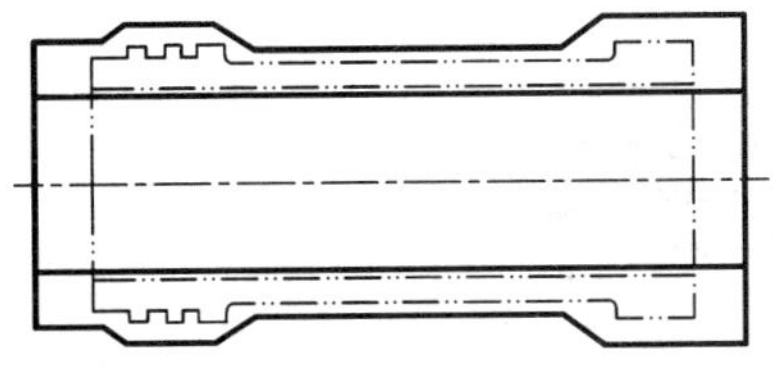

图 4－31　砂型离心铸造缸套毛坯图

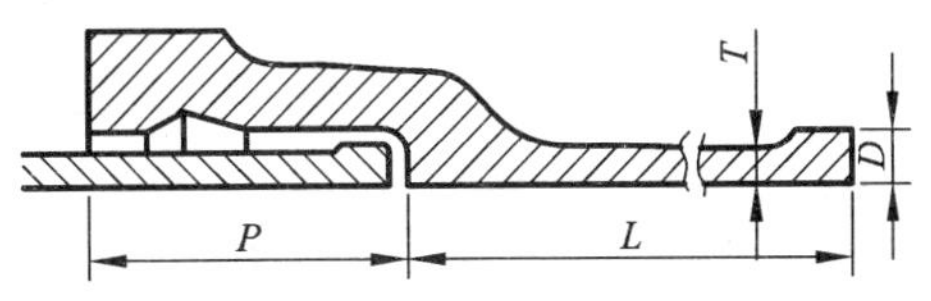

图 4－32　砂型离心铸造承插管的结构

4.6.2　离心铸造铁管

铁管是基本建设中大量需要的铸件，在本节中主要介绍承插管的离心铸造工艺。

离心铸造承插铁管的直径为 50～900 mm，其长度为 1～6 m，主要用作上下水道和输送煤气。它们可用离心铸造法进行大量生产。如图 4－32 所示为砂型离心铸造承插铁管的结构。

可用砂型、金属型和表面涂料金属型离心铸造生产铁管。

(1)砂型离心铸造铸铁管

离心铸铁管用砂型是在筒形的金属型中制出厚度为 30～60 mm 的砂层，在砂层工作表面上刷石墨粉涂料，而后对它进行表面干燥。将铸型吊放在滚筒式离心铸造机的托轮上，装上承口砂芯，便可开动机器进行浇注。铸型转速计算时可取有效重度值为 4×10^6 N/m^3，铁水浇注温度为 1300℃～1360℃。

砂型离心铸造铁管具有较好的力学性能，无白口，故铁管不需退火，但制造砂型的工序过于繁重，工作条件也不易改善。

(2)金属型离心铸造铁管

金属型离心铸造铁管的工序如图 4－33 所示。在此机器上铸型外壁用水冷却。为使液体金属能均匀地分布在金属型的内表面上，特采用长浇注槽，如图 4－33(a)所示。在浇注前，浇注槽伸入金属型中，使金属出口刚好位于承口型芯 2 的前端。浇注开始前，先把铁水按定量倒入扇形浇包 7 中，浇注开始，如图 4－33(b)所示。扇形浇包等速旋转，均匀地将铁水注入浇注槽 6 中，在浇注槽前端流出的铁水先充填承口处的型腔，待承口型腔充满后，铸型 9 往左等速移动，浇注继续进行。扇形浇包中铁水浇完时，浇注槽的前端出口刚好移至金属型的前端，如图 4－33(c)所示。待铸管 10 凝固后，铸型停止旋转，用钳子伸入铸管的承口端内表面，卡住铸件，离心铸造机往右移动，铸件自金属型中取出，如图 4－33(d)所示。

用此方法能高效率地生产铁管，生产过程易于自动化，但铸件力学性能稍差，有白口，故铸件自型中取出后，需立刻进行高温退火。

为了既免除制造砂型的繁杂工序，又能得到无白口、力学性能良好的铸铁管，厚涂料金属型离心铸铁管的工艺便因此获得了发展。

(3)金属型喷涂料离心铸造铁管

即在预热的金属型内表面用喷雾器喷涂一层厚度为 2～4 mm 的涂料层，涂料中含有石英粉、硅藻土、黏土、水玻璃、硅铁粉等成分，待涂料干燥后，开动机器往型内浇注铁水，生产铁管。

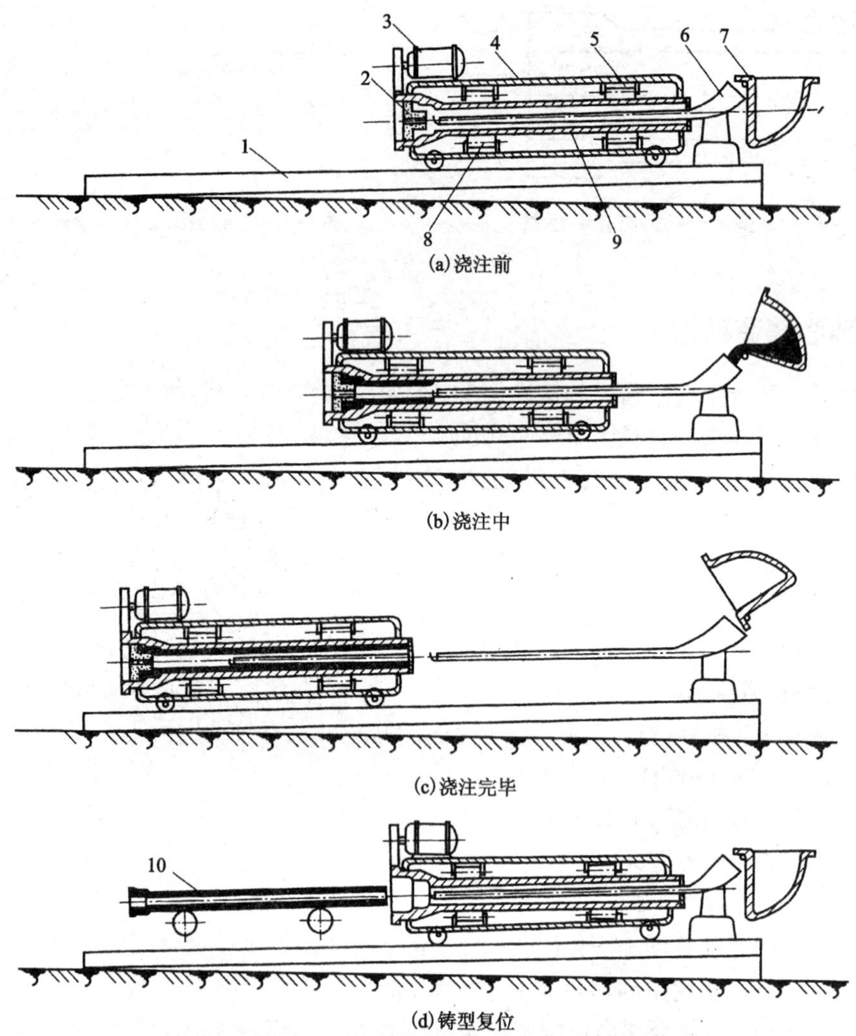

图 4－33　金属型离心铸造铁管工序示意图

1—导轨；2—承口型芯；3—电动机；4—机罩；5—压轮；6—浇注槽；7—扇形浇包；8—托轮；9—铸型；10—铸管

4.6.3　离心铸造水泵叶轮

如双进水叶轮，它的结构如图 4－34(a)。它是泵的主要零件，要求有好的耐酸耐蚀性，其材料为铝青铜，形状复杂，尺寸精度要求高。

采用立式离心铸造法生产此异型铸件。利用金属型形成铸件的外表面，利用油砂型芯形成铸件的内表面，以保证型芯有较高的强度。轴孔由机械加工形成。型芯表面刷石墨粉涂料以降低铸件的粗糙度，铸型的结构示意图见图 4－34(b)。

浇注此铸件时应特别注意利用离心力场改善液体金属的充型能力，并保证获得健全的铸件。

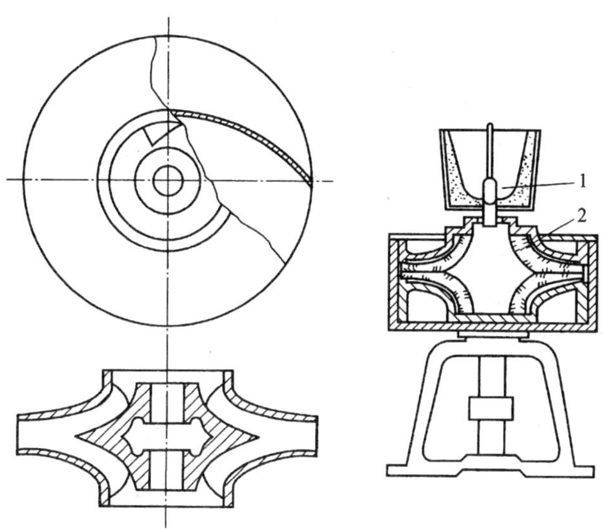

图4－34　双进水叶轮离心铸造简图

1—中间包塞头；2—型芯

4.6.4　离心铸造双金属轴瓦

要使轴瓦满足既具有高耐磨性又具有高强度的要求，那么钢背铜衬双金属轴瓦是一种应用得比较广泛的结构。图4－35便是这种轴瓦的结构图，外层的钢套具有较高的强度，内层的铜合金具有较好的耐磨性能。这两层应该粘合牢固。

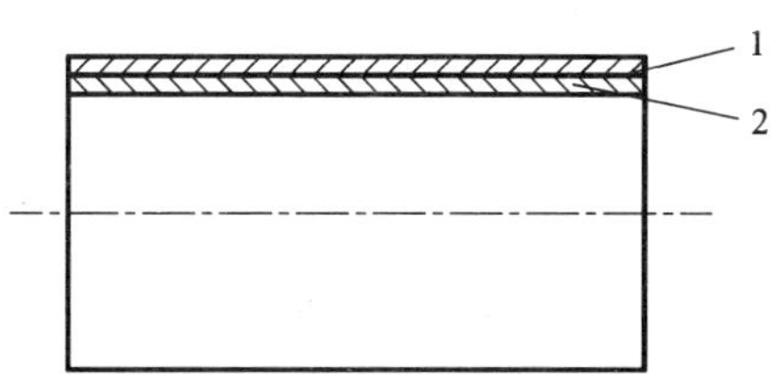

图4－35　钢背铜衬双金属轴瓦铸件

1—钢套；2—铜合金层

内层铜合金主要为锡青铜、铅青铜、巴氏合金等。钢套的内径为30～300 mm。常用离心铸造法铸造出钢套衬铜。

在我国主要采用两种离心铸造方法制作钢套铜衬件，第一种方法的工艺流程如图4－36所示。加工好的钢套用20%～30%的苛性钠溶液在温度为70℃～90℃情况下进行浸洗除油，然后用清水冲洗干净，再在浓盐酸中浸洗除锈，继用1%～5%的硼酸热水清洗。将钢套放在温度为120℃～200℃的烘箱中加热，最后在钢套内表面涂刷饱和硼砂溶液。将处理好的钢套一端焊上钢底板，在钢套内按一定重量放入铜合金的小块或切屑、0.2%～0.4%的磷铜、并加覆盖剂木炭、硼砂等。在钢套的另一端焊上盖板，盖板中央钻有直径为3～4 mm的小孔。图4－37为装好料、焊好盖的钢套示意图。

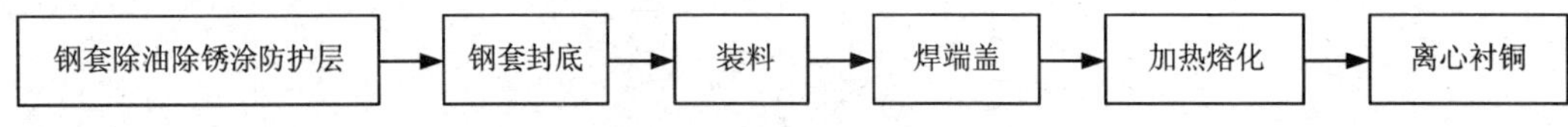

图 4-36　第一种钢背衬铜离心铸造工艺流程

将钢套放入加热炉内加热，使钢套内铜料全部熔化，此时的炉温为 1180℃～1200℃。如见盖孔处冒出蓝色火苗，说明钢套内铜料已经全部熔化。

将装有熔融铜合金的钢套水平地安装在离心铸造机卡头上，迅速开动机器，使钢套转动，铜液立刻均匀地分布在钢套内表面。在钢套外表面用水雾强制冷却，防止铜层内产生偏析。铜水凝固后，即可取出衬好铜的钢套。

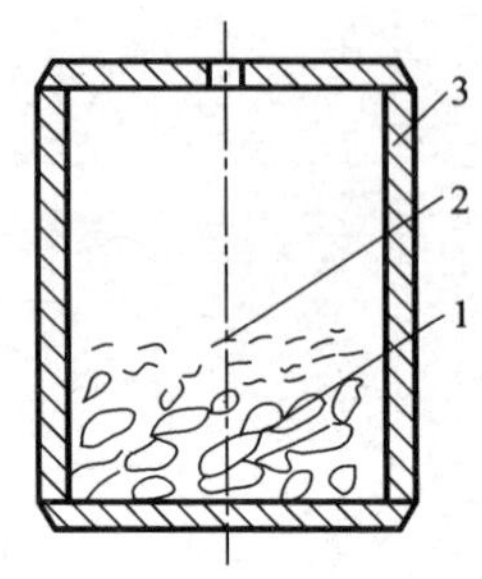

图 4-37　装好料、焊好盖的钢套

1—铜合金料块；2—覆盖剂；3—钢套

第二种方法是将铜合金单独放在坩埚炉中熔化，同时熔化一炉硼砂。在铜料熔化完以前，先将除完油和锈的钢套利用熔化炉加热至红色。浇注前，先将热的钢套在融熔硼砂液内浸一下，迅速放到离心铸造机的卡头上，使钢套绕水平轴旋转，向钢套内浇入一定量的铜液，钢套外面用水迅速冷却，达到衬铜的目的。

第二种方法工序较简单，但技术要求较高。

4.6.5　离心铸造双金属轧辊

在橡胶、粮食等工业中常使用轧辊，对这种轧辊的要求是外表面硬度较高，具有较好的耐磨性，而轧辊的内层应有较好的韧性和强度，如图 4-38 所示。为此可用离心铸造法生产外层为白口铁或耐磨合金铸铁，内层为孕育灰口铸铁的双金属轧辊毛坯以满足这种特殊的要求。

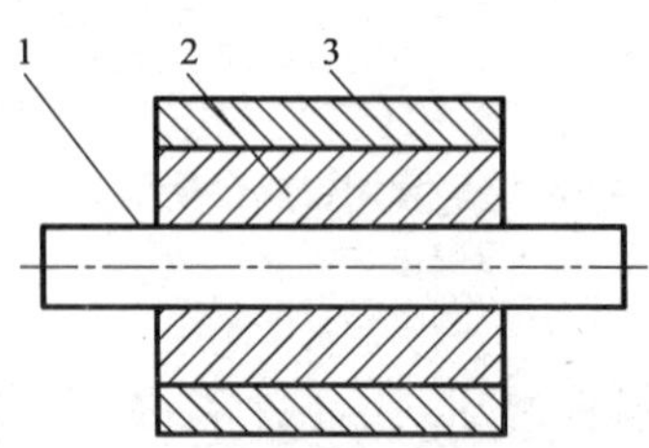

图 4-38　双金属离心铸造轧辊结构图

1—钢轴；2—内韧层；3—外硬层

生产此种铸件的工艺为先转动离心铸造机上的铸型，按定量要求先向铸型内浇注外层材料所要求的铁水，待外层铁水稍凝固后，立刻浇入内层材料所要求的铁水，使两层铁水既不混合，又能紧密地结合在一起。将此种铸件内孔加工后，装上钢轴，即可装机使用。

【思考题】

1. 离心铸造的实质、基本特点及应用范围是什么？
2. 离心力场、有效重度及重力系数的物理意义是什么？
3. 离心力场对离心铸件成型过程有什么影响？
4. 为什么离心铸件的内部质量比较好？
5. 常用的离心铸造机有哪些？其特点及其应用场合如何？
6. 铸型转速对离心铸件生产和质量有什么意义？如何确定？
7. 试叙述离心铸型的材质及寿命对离心铸造生产的意义？
8. 离心铸造浇注工艺参数有哪些？
9. 生产离心铸管有哪些方法？各用于什么范围？
10. 离心铸造用涂料有哪些特点？

第 5 章

消失模铸造

消失模铸造，是由美国人 H. F Shroyer 1956 年首先试验成功，应用于金属雕像等艺术铸件的生产。前联邦德国亚琛工业大学教授 A. Witmoser 与 Hardman 公司合作于 1962 年开始在工业上应用。初期消失模铸造主要是应用于单件大型铸件的生产，20 世纪 60 年代至 70 年代，人们借助磁场"固化"铁丸开发磁型铸造方法，20 世纪 80 年代以来，基本确立了以真空负压、干砂造型为特征的第三代消失模铸造。

我国从 20 世纪 60 年代中期，开始了对消失模铸造的研究及生产试验。早期主要是应用泡沫塑料板型材，加工成模样进行消失模铸造的生产。进入 20 世纪 90 年代，我国掀起了消失模铸造研究和应用的热潮，对消失模铸造的模样材料、成型工艺、涂料技术、工装设备等各个环节进行了大量的研究，取得了一定的成就。1999 年，科技部把消失模铸造技术列为国家重点推广的高新技术，近年来，消失模铸造技术在国内外已经成为改造传统铸造产业应用最广的高新技术，被国内外铸造界誉为"21 世纪的铸造技术"、"铸造工业的绿色革命"。综上所述，消失模铸造符合当今铸造技术发展的总趋势，有着广阔的前景。与传统铸造技术相比，消失模铸造技术具有无与伦比的优势。本章就消失模铸造原理、消失模铸造的模样材料、消失模铸造用涂料、消失模铸造专用设备、干砂造型工艺、浇注与落砂清理及消失模铸造工艺设计等几个方面的内容做基本的介绍。

5.1 概　　述

[学习目标]

1. 掌握消失模铸造的特点、适应范围及铸造工艺；
2. 了解消失模铸造工艺特征。

鉴定标准： 应知：1. 消失模铸造的实质和特点；2. 消失模铸造的工艺特征与其他铸造的显著区别。

教学建议： 消失模铸造车间参观性学习；放映消失模铸造录像或多媒体教学方式。

5.1.1　消失模铸造的实质与工艺流程

消失模铸造是将与铸件尺寸形状相似的泡塑模型，刷涂耐火涂料并烘干后，埋在干石英砂中振动造型，在负压下浇注，使模型气化，液体金属占据模型位置，凝固冷却后形成铸件的新型铸造方法，见图 5－1。这种铸造工艺又被称为“气化模铸造”、“泡沫聚苯乙烯塑料模造型”及“实型铸造”等。美国铸造协会采用了“消失模铸造”作为该工艺的名称，本书采用消失模铸造这一名称。

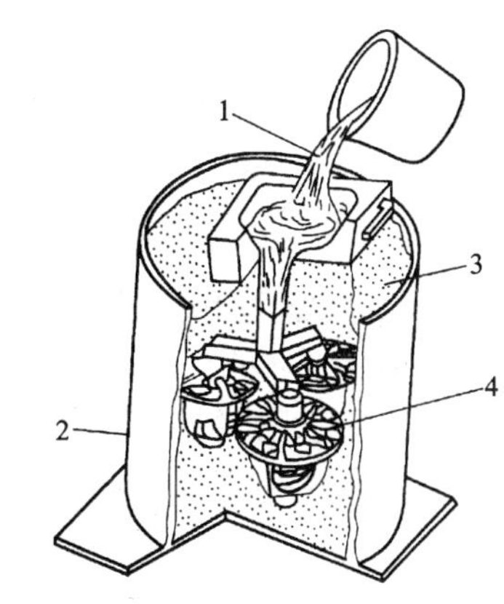

图 5－1　消失模铸造原理

1—金属液；2—砂箱；3—干砂；4—发泡聚苯乙烯

近年来采用干砂造型的消失模铸造发展迅速，图 5－2 是干砂消失模铸造工艺流程图。该流程的主要工部有：熔化工部；制模工部；模型组合及涂层烘干工部；造型浇注工部；落砂清理等几个基本工部。

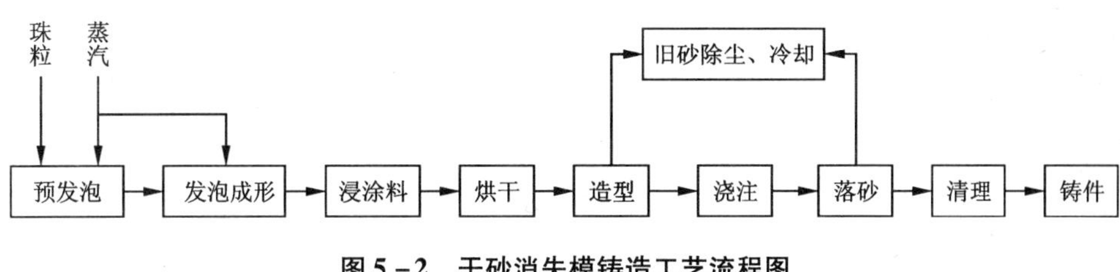

图 5－2　干砂消失模铸造工艺流程图

5.1.2　消失模铸造工艺特点

(1)消失模铸造工艺特征

与传统砂型铸造相比，大量生产的消失模铸造有如下工艺特征：

①实型型腔，铸型中有泡塑模型。传统工艺型腔是空的。

②铸造是由无黏结剂、水分和附加物的干石英砂形成的。

③浇注时，液体金属和泡塑模型产生物理化学作用：泡塑模型软化、溶化、分解、气化，液体金属不断占据模型的位置，为金属和模型的置换过程，而传统工艺，浇注时为填充空型型腔。

④泡塑模型可以是整体的，也可以分块制作后胶合成一体，其形状不受限制，适合做很复杂的铸件。

(2)消失模铸造的主要优点

①铸件精度高。该工艺无需取模、无分型面、因而铸件没有飞边、毛刺和拔模斜度，并减少了由于型芯组合而造成的尺寸误差。铸件表面粗糙度可达 $Ra3.2 \sim Ra12.5$ μm；铸件尺寸精度可达 CT7 ~ CT9；加工余量最多为 1.5 ~ 2 mm，可大大减少机械加工的费用。无传统铸造中的砂芯，取消了制芯工部，根除了由于制芯、下芯造成的铸造缺陷和废品。

②设计灵活。为铸件结构设计提供了充分的自由度。可以通过泡沫塑料模片组合铸造出高度复杂的铸件。

③降低了废品率，提高了生产率。采用无黏结剂、无水分、无任何添加物的干砂造型，根除了由于水分、添加物和黏结剂引起的各种铸造缺陷和废品；大大简化了砂处理系统，型砂可全部重复使用，取消了型砂制备工部和废砂处理工部；落砂极其容易，大大降低了落砂的工作量和劳动强度；简化了工艺操作，对工人的技术熟练程度要求大大降低。

④便于设置冒口。可在理想位置设置合理形状的浇冒口，不受分型、取模等传统因素的制约，减少了铸件的内部缺陷。

⑤提高了铸件的质量。负压浇注，更有利于液体金属的充型和补缩，提高了铸件的组织致密度。

⑥易于实现机械化、自动化。组合浇注，一箱多件，大大提高了铸件的工艺出品率和生产效率，易于实现机械化自动流水线生产。

⑦金属模具寿命高。使用的金属模具寿命可达 10 万次以上，降低了模具的维护费用。

⑧投资量少。简化了工厂设计，固定资产投资可减少 30% ~40%，占地面积和建筑面积可减少 30% ~50%，动力消耗可减少 10% ~20%。

(3)消失模铸造存在的不足

①制作泡沫塑料模的模具设计及生产周期长，成本较高，特别是一次投资较多。因而要求产品有相当的批量才合算。

②一个泡沫模样只能浇注一次，制泡沫塑料模的周期较长。

③尺寸大的模样较易变形，须采取适当的措施 。铝合金铸件易产生冷隔、皱皮缺陷，铸钢件易产生增碳现象。

④泡沫塑料摸的气化产物对环境的污染问题。泡沫塑料是一种热塑性的合成树脂，是碳氢化合物。在浇注过程中，受高温全属液的作用要气化和燃烧，产生大量的分解产物(气体，烟雾和火焰)。这种分解产物经有关部门化验，虽对人体无害，但影响浇注条件和环境卫生。所以，必须加强车间的通风排气，采用暗冒口及抽真空等措施。

5.1.3 消失模铸造的应用

消失模铸造工艺与其他铸造工艺一样，有它的缺点和局限性，并非所有的铸件都适合采用消失模工艺来生产，要进行具体分析。

(1)采用消失模铸造应满足的条件

实际生产中，主要根据以下一些因素来考虑是否采用这种工艺。

①适应铸件大批量的生产，批量越大，经济效益越好。

②适用各种材质的铸件，铸件材质顺序大致是：灰铸铁—非铁合金—普通碳素钢—球墨铸铁—低碳钢和合金钢。

③铸件的大小 主要考虑相应设备的使用范围(如振实台，砂箱)。

④铸件结构越复杂就越能体现消失模铸造工艺的优越性和经济效益。

(2)消失模铸造在实际生产中的应用

经过多年的实践，成功的典型铸件如下：

①抗磨铸件——磨球、衬板、锤头。

②缸体、缸盖铸件——压缩机缸体、单缸机缸体、缸盖、汽车 4 缸缸体。

③管件——各种规格($\phi25 \sim \phi1200$)的灰铸件、球墨铸铁管件。

④阀类铸件——铸钢阀体、阀盖、球铁阀体、阀盖。

⑤工程机械件——斗齿、齿轮、齿条、叉车铸钢件。

⑥箱(壳)体铸件——变速箱壳体、差速器壳体，转向器壳体、电机壳体、消防栓壳体、炮弹壳体等。

⑦汽车制动系统铸件——刹车鼓、刹车盘。

⑧曲轴——压缩机曲轴、汽车发动机曲轴。

⑨进、排气管——铝进气歧管，球墨铸铁 4 缸汽车排气管，灰铸铁 6 缸柴油机排气管。

⑩支架类铸件——铁路 25 钢支板，汽车弹簧支架等。

图 5－3 为消失模模型和铸件。

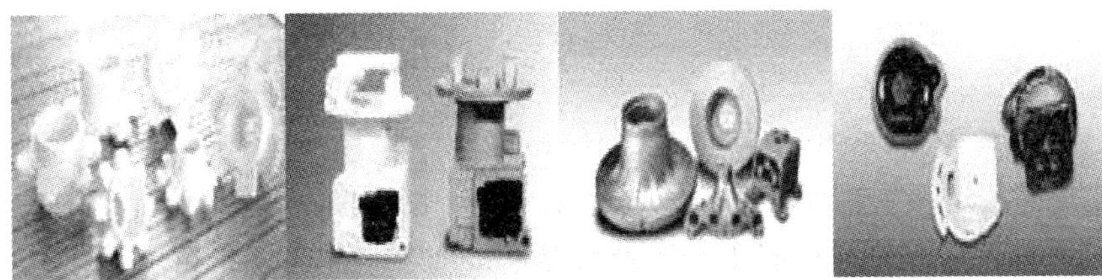

图 5－3　消失模模型和铸件

5.2　消失模铸造用模样材料

[学习目标]

1. 掌握消失模铸造用模样材料的要求；
2. 掌握消失模铸造用模样材料的种类及优缺点。

鉴定标准：应知：三种可发性树脂珠粒的含义及性能。应会：可发性树脂珠粒的选择。

教学建议：跟其他模样材料比较式教学。

采用消失模铸造法时，每浇注一个铸件，就要消耗一个模样. 模样材料及成模技术已成为消失模铸造法特殊要求的关键技术之一。因此选择什么样的原材料及制造工艺是获得优质铸件的前提。

5.2.1　消失模铸造对泡沫模型原材料的要求

①密度小，气化速度快，发气量和残留物少。密度小的泡沫塑料在浇注时能迅速地全部气化，所产生的气体量少，能较快地从铸型排除出去，金属液能迅速地充满型腔，防止铸件产生浇不足、冷隔等缺陷。泡沫塑料气化后的残留物少，铸件产生皱皮等缺陷的可能性就小。

②气化温度低，气化时所需要的热量少。

③强度及表面刚性较好，模样在制造、搬运、保管和造型的过程中不易损伤或变形，能保持原来的尺寸及形状。

④泡沫塑料的组织尽量细密、均匀，加工性能好，制造出来的模样表面光洁、平整。

⑤泡沫塑料模样表面易于涂料，烘干后涂料层能牢固地粘附在模样表面上。

⑥来源丰富，价格便宜。

5.2.2 模样材料

模型是用泡沫塑料制成的，它是以合成树脂为母材制成的内部具有无数微小气孔结构的塑料。泡沫塑料模型质地轻，铸造模型材料的密度为166～250 kg/m^3，是同体积钢铁铸件重的1/350～1/250，铸铝件的1/100。另外，其泡孔互不连通，热导率低，仅为铸铁的1/1429。泡沫塑料的种类很多，但选作铸造模型用的泡沫塑料必须是发气量较小，热解残留物少的泡沫塑料。现生产中用作铸造模型的泡沫塑料有可发泡聚苯乙烯 EPS、可发泡聚甲基丙烯酸甲酯 EPMMA 和共聚料 STMMA。

(1)可发泡聚苯乙烯 EPS

聚苯乙烯是原油和天然气制成的碳氢聚合物，由92%碳和8%氢组成的长链状分子。铸造发泡模型用的聚苯乙烯珠粒属于一种高发泡、硬质、闭孔结构的泡沫塑料，其基本要求如下：

①发泡剂含量的质量分数在6.0%～6.5%较合适，最少不得低于5.5%。发泡剂含量是影响铸件质量的关键指标。发泡剂含量低，得不到密度低的预发泡珠粒，成型时模型表面不光，珠粒不能充分膨胀和融合，模型强度低易折断。模型密度大是造成铸件皱皮、浇不足和炭黑等缺陷以及浇注时反喷断流的主要原因。

②剩余苯乙烯单体质量分数含量不大于0.5%，剩余苯乙烯单体含量使聚苯乙烯珠粒的塑性增加，但当质量分数超过0.5%时，会使预发泡阶段出现不希望的黏结现象。此外，苯乙烯单体含有毒性。因此，应将珠粒中剩余苯乙烯单体含量质量分数控制为不大于0.5%。

③珠粒粒度及均匀度。为得到光洁、平整的发泡模型，要求珠粒粒度要小而均匀，使模型最小断面上有3颗以上的预发珠粒。如壁厚3～4 mm的薄壁模型，必须采用ϕ0.3～ϕ0.4 mm的小珠粒。

④相对分子质量。一般来说，相对分子质量大的珠粒发泡成型的模型强度和刚度、抗蠕变能力更好，线收缩相应减少并趋稳定，发泡剂不易逸散。因而，相对分子质量应为18万～27万较合适。

EPS在加热较充分时不同温度下的热相变状态见表5－1。在实际生产中，EPS加热是不充分的，与表5－1中所列的状态有差别。如当750℃～800℃浇注铝合金铸件时，金属液流动前沿聚苯乙烯分解的主要产物是液体，燃烧只是有限地进行，液态物蒸发后被气流带走，并凝结在型砂粒间隙中；在1350℃～1600℃浇注铸铁件和铸钢件时，聚苯乙烯气化、裂解比较充分，发气量大大增加，裂解产物碳大量产生。

表 5－1 EPS 热相变状态

温度/℃	热转变点	热转变区域	状态现象
105	热变形	高弹态 （软化区域）	泡沫塑料开始变软，立即从玻璃态进入高弹态并膨胀变形。随即泡孔内的空气和发泡剂开始逸散，体积逐渐收缩，直至泡孔组织消失，同时开始产生黏流状聚苯乙烯液体
165～396	熔融	粘流态 （液态区域）	失去发泡剂和空气的聚苯乙烯立即由高弹态转入黏流态，这时相对分子质量保持不变。
396～576	解聚	气化区域	在重量开始变化的同时，长链状高分子聚合物断裂成短链状低分子聚合物，此时气化反应开始，产生苯乙烯单体和它的小分子衍生物组成的蒸汽产物
576～700	裂	气化和部分燃烧区域	析出的气体量显著地增加，低分子聚合物裂解成少量氢、CO_2、CO 和小相对分子质量的饱和和不饱和碳氢化合物
700～1550	－	完全气化燃烧，充分裂解区域	这时低分子聚合物逐步裂解完全，碳氢化合物分解成氢和碳，同时燃烧过程更加剧烈，并析出大量的游离碳和由挥发性气体产生的火焰

表 5－2 是国产 EPS 珠粒规格，表 5－3 是国产聚苯乙烯泡沫塑料的性能。预发泡后泡沫材料像蜂窝状组织，可以认为是以气体填充的复合材料。表 5－4 列出了 EPS 密度和空隙各占的体积分数。泡沫塑料的强度是模型搬运过程中不发生断裂的主要性能指标，为减少模型的破损要求模型有一定的密度，但这必须兼顾到由于密度增大引起热解残留物增多对铸件质量带来的影响，一般取保证模型不发生断裂的最小密度。除强度外另一项重要的性能指标是抗变形能力，决定抗变形能力的两个主要性能是刚度和抗蠕变能力。对大多数铸件来说蠕变是不能接受的。因此，除刚度外要注意控制模样的热蠕变。

表 5－2 国产 EPS 珠粒规格

型 号	目 数	粒径/mm	性 能
301A	13～14	1.25～1.6.	密度 1.03 g/cm^3 假密度 0.6 g/cm^3 发泡剂的质量分数 6%～8% 残留单体的质量分数小于 0.1% 含水量（体积分数）小于 0.5% 最大发泡氯 40%～60%
301	15～16	0.90～1.60	
302A	17～18	0.8～1.0	
302	19～20	0.71～0.88	
401	21～22	0.3～0.8	
402	23～24	0.25～0.6	
501	25～26	0.2～0.4	

表 5-3　国产聚苯乙烯泡沫塑料的性能

珠粒密度/(kg·cm^{-3})	0.02	0.03	0.04	0.05
抗拉强度/MPa	>0.29	>0.29	>0.29	>0.29
抗弯强度/MPa	0.296	-		
抗压强度/MPa	0.12	-		
冲击韧度/(J·cm^{-2})	4.53	-		
冲击弹性/%	28	-		
热变形温度/℃	75	-		
耐寒值(不变性、不发脆)/℃	-80	-		
介电常数(102~107 周)	-	1.05		
吸水性/(kg·m^{-3})	<1	<1	<1	<1
线胀系数[cm·(cm·℃)$^{-1}$]	7×10^{-5}	7×10^{-5}	7×10^{-5}	7×10^{-5}

表 5-4　发泡 EPS 中 EPS 的空隙率

预发泡密度/(kg·m^{-3})	EPS 体积分数/%	孔隙体积分数/%	预发泡密度/(kg·cm^{-3})	EPS 体积分数/%	孔隙体积分数/%
20	3.2	96.8	28	4.4	95.6
24	3.8	96.2	32	5.0	95.0

(2)可发泡聚甲基丙烯酸甲酯(EPMMA)和共聚料(STMMA)

由于 EPS 分子中含碳量高，热解后产生的炭渣多，易引起铸钢件增碳和铸铁件出现炭黑缺陷。针对上述问题研制出可发泡聚甲基丙烯酸甲酯 EPMMA。图 5-4 是 EPS 和 EPMMA 的分子结构式。在 EPMMA 中碳质量分数只占 60%，每一个甲基丙烯酸甲酯中含两个氧原子。因此，EPMMA 高温分解充分，分解产物主要为气体，总发气量较大，但液相、固相产物很少，即残留物很少，有利于消除碳质缺陷。同时 EPMMA 的发泡剂储存期也长，模型收缩小于 EPS 模型，制模后尺寸会迅速稳定，从而使模型在干燥后可马上组装使用。

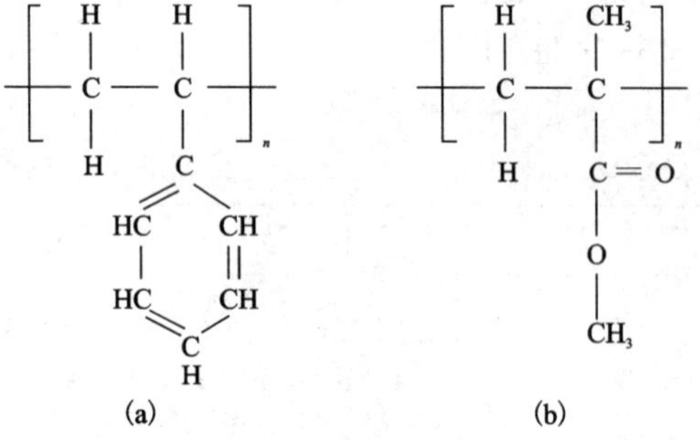

图 5-4　EPS 和 EPMMA 的分子结构式

(a)EPS；(b)EPMMA

但 EPMMA 的发气量和发气速度都比较大，浇注时容易产生反喷。经研制用 EPS 和 EPMMA 以一定比例配合的共聚料 STMMA(ST—苯乙烯，MMA—甲基丙烯酸甲酯)，在解决碳缺陷和发气量大引起的反喷缺陷两方面都取得较好的效果，成为目前铸钢和球墨铸铁件生产

中广泛采用的新材料。但由于 EPMMA 和 STMMA 发气量均大于 EPS，工艺上也应有所不同，需作一些调整。

5.2.3　模样材料的选用

表 5－5 是国产的三种珠粒的性能指标及应用范围，三种珠粒的选用原则是：

表 5－5　三种国产珠粒的性能指标及应用范围

性能指标＼珠粒种类	EPS	STMMA	EPMMA
外观	无色半透明珠粒	半透明乳白色珠粒	乳白色珠粒
珠粒粒径/mm	1 号(0.60～0.80)；2 号(0.40～0.60)；3 号(0.30～0.40)；4 号(0.25～0.30)；5 号(0.20～0.25)		
表观密度/($g \cdot cm^{-3}$)	0.55～0.67		
发泡倍数	≥50	≥45	≥40
应用范围	铝、铜合金、灰铸铁及一般铸钢件	灰铁、球铁、低碳钢及低合金钢	球铁、低碳钢及低合金钢及不锈钢铸件

注：1. 每一粒径范围的过筛率≥90%。
2. 发泡倍数系指在热空气中用 3 号料，测试条件分别为：EPS，110℃；STMMA，120℃；EPMMA，130℃，各 10 min。

①对于增碳量没有特殊要求的铝、铜、灰铸铁铸件和中碳钢以上的钢铸件，可采用 EPS 珠粒，而对表面增碳有严格要求的低碳钢铸件通常最好采用 STMMA，对表面增碳要求特高的少数合金钢件可选用 EPMMA。

②性能要求较高的球墨铸铁件对卷入炭黑夹渣比较敏感，通常也采用 STMMA。此外，对要求表面光洁的薄壁铸件不论是灰铸铁、球墨铸铁还是钢件，须用最细的珠粒，最优的发泡倍数，也需采用 STMMA。

③珠粒大小的选择。根据模型的壁厚选择珠粒大小，应保证铸件最小壁厚 δ_{min} 处模型发泡后有三颗珠粒，使此处模型无明显颗粒网纹，见图 5－5。珠粒发泡 30～40 倍，因此，原始珠粒大小应为铸件最小壁厚 δ_{min} 的 1/10～1/9。

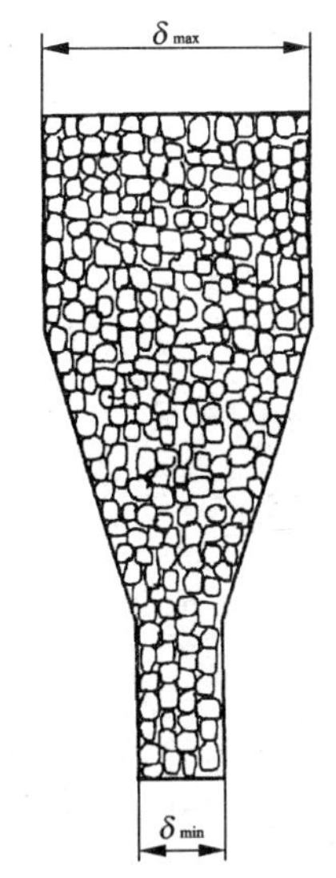

图 5－5　最小壁厚与珠粒个数

实际上珠粒越小，预发泡倍率越低，泡沫塑料模型的密度越大。因此为控制模型密度，不能选择过小的珠粒原料。根据理论计算，并结合实际经验，将原始珠粒大小、预发后珠粒大小、模型壁厚以及密度的对应估算值列入表 5－6，供参考。

表 5-6　珠粒大小、泡沫模型壁厚以及密度的对应估算值

原始泡沫珠粒			控制预发倍率 K 范围	预发后泡沫粒径/mm	泡沫模型最小壁厚/mm	泡沫模型密度范围/($kg\cdot m^{-3}$)
粒度级别	目数	粒径/mm				
超细料	50~48	0.2~0.3	28~30	0.8~1.2	3	28~26
细料	48~35	0.3~0.4	30~32	1.2~1.8	4	26~24
小号料	35~28	0.4~0.6	32~34	1.8~2.5	5	24~22
中号料	35~28	0.6~0.8	34~36	2.5~3.2	7	22~20
大号料	28~20	0.8~1.0	36~38	3.2~3.9	9	20~18

5.3　消失模铸造泡沫模样的生产

[学习目标]

1. 了解消失模的制造工艺过程；
2. 了解压型发泡成型方法。

鉴定标准：应知：珠粒的预发泡及熟化过程。

教学建议：实际生产录像或多媒体教学方式。

消失模的制造方法可分为用压型发泡成型和用泡沫板加工制造两种。一般说来，对于大量和成批生产用的中、小型消失模，采用压型发泡成型方法；对单件和小批生产用的大、中型消失模，采用泡沫板加工方法制造。消失模的制造工艺过程如图 5-6 所示。

本节重点介绍压型发泡成型方法。压型发泡成型方法的制造主要分为两个步骤，第一步是珠粒的预发泡及熟化，获得所需的容积密度，第二步是发泡成型。预发泡是一个关键的操作，基本确定珠粒的容积密度和成型。预发泡工艺控制得不合适，聚苯乙烯的容积密度和尺寸精度就会受到影响。

5.3.1　预发泡

(1)可发性树脂珠粒的选择

目前我国生产 EPS(可发性聚苯乙烯)原始珠粒的厂家大部分都集中在江苏、浙江等省。生产 EPMMA 树脂的原始珠粒厂家有杭州，宁波等市。这些生产厂家都有自己的标号和工艺。应根据它们的规定进行操作。在购买珠粒时，一定要看好生产日期和有效期，超过有效期的珠粒是不能用的。珠粒购回后要按要求保存，不用时就不要开箱，若要开箱发泡，最好一次把它用完，用不完要把剩下的包装好存放，以备下次再用。用户根据自己铸件的大小、壁厚、几何形状选择珠粒，其目的是减轻泡沫模样质量，从而减少遇到金属液时的发气量。为使模型表面网纹细小，轮廓清晰，只能用较小的珠粒，如 T 型和 X 型珠粒，原始珠粒的尺寸越小，就越有利于生产出壁厚较薄的模型，珠粒的膨胀倍率一般为 20~50 倍，密度达

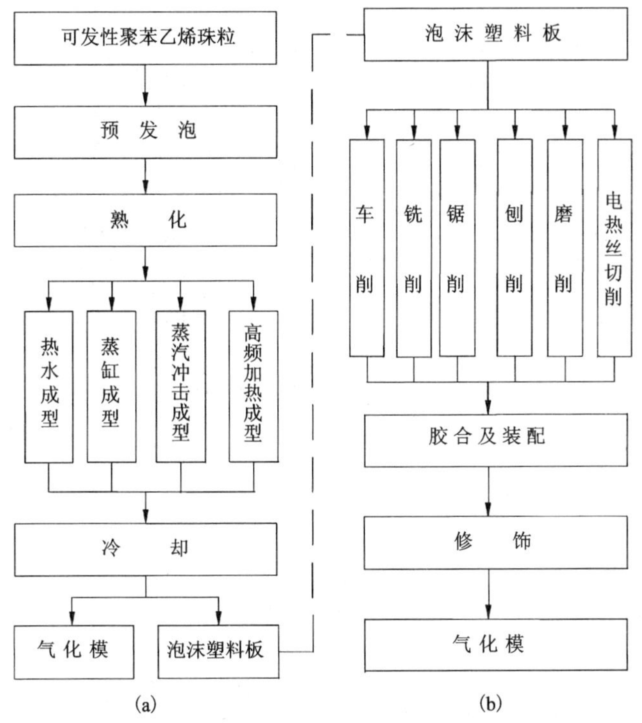

图 5－6　消失模的制造工艺过程

(a)压型发泡成型；(b)用泡沫板加工制造

到19～27 g/L。

一般珠粒戊烷含量为4%，即能成功地预发泡。预发泡过程中损失 1%～2%的戊烷，剩下2%～3%。成型过程中仍要损失一定的戊烷，这样，模型中仅剩下 1.5%～2.0%的戊烷，模型储存 30 天以后，戊烷的含量一般降到 0.5%，戊烷的挥发率越低，越有利于预发泡和成型。

(2)预发泡

预发泡决定着模型的密度、尺寸稳定性及尺寸精度，是得到合格消失模模型的关键工序。预发泡的原理是当温度高于 80℃时聚苯乙烯开始软化，戊烷形成气泡核心，一旦泡孔形成，蒸汽就向泡内渗透，泡孔内压力逐渐增加，孔涨大。

消失模铸造模型所需珠粒量远比泡沫板材少，通常都采用间歇式预发机。主要有真空预发和蒸汽预发两种形式。真空预发可以使预发珠粒达到比较低的预发密度，例如 EPS 密度可达 16 kg/m^3，EPMMA 密度可达到20 kg/m^3。同时，预发珠粒含水量少、发泡剂损失小。国内现普遍采用间歇式蒸汽预发机，EPS 预发泡温度 100℃左右；EPMMA 预发泡温度高些，为120℃～130℃；STMMA 介于两者之间，预发泡温度为105℃～115℃。蒸汽预发后，预发珠粒水分含量的质量分数高达 10%左右，制料后必须经过干燥处理。

5.3.2 预发珠粒的熟化处理

经过预发泡的珠粒，由于骤冷造成泡孔中发泡剂和渗入蒸汽的冷凝，使泡孔内形成真空。如果立即送去发泡成型，珠粒压扁以后就不会再复原，模样质量很差，必须贮存一个时期，让空气渗入泡孔中，使残余的发泡剂重新扩散、分布均匀，这样就可以消除泡孔内部分真空，保持泡孔内外压力的平衡，使珠粒富有弹性，增加模样成型时的膨胀能力和模样成型后抵抗外压变形、收缩的能力，这个必不可少的过程叫做熟化处理。熟化处理合格的珠粒是干燥而有弹性，同时残存发泡剂的含量要符合要求(质量分数为3.5%以上)。

最合适的熟化温度是20℃～25℃，温度过高，发泡剂的损失增大；温度过低，减慢了空气渗入和发泡剂扩散的速度。最佳熟化时间取决于熟化前预发珠粒的湿度和密度。一般来讲，预发珠粒的密度越小，熟化时间越长；预发珠粒的湿度越大，熟化的时间也越长。

5.3.3 模型成型

经过预发泡的珠粒要先进行稳定化处理，然后再送到成型机的料斗中，通过加料孔进行加料，模具型腔充满预发的珠粒后，开始通入蒸汽，使珠粒软化、膨胀，挤满所有空隙并且黏合成一体，这样就完成了泡沫模型的制造过程，此阶段称为蒸压成型。

成型后，在模具的水冷腔内通入大流量水流对模型进行冷却，然后打开模具取出模型，此时模型温度提高且强度较低，所以在脱模和贮存期间必须谨慎操作，防止变形及损坏。

5.3.4 模型簇组合

较复杂的泡沫模型若不能在一副模具内成型，须先将其分片，各片单独用模具成型，然后用粘结方法将分片泡沫模型组合成整体泡沫模型，这样的工艺路线，可充分体现消失模铸造工艺的灵活性。

模型在使用之前，必须存放适当时间使其熟化稳定，典型的模型存放周期多达30天。而对于用设计独特的模具所成型的模型仅需存放2 h，模型熟化稳定后，可对分块模型进行胶黏结合。

分块模型胶合使用热熔胶在自动胶合机上进行。胶合面接缝处应密封牢固，以减少产生铸造缺陷的可能性。

生产中不少废品是由黏结缝质量引起的。对黏结剂有下列要求：黏结剂应有足够的强度，且用量要少，不对铸件质量产生有害影响；黏结胶应能快干等，现用的有热粘胶和冷粘胶两类。

5.3.5 模型簇浸涂

为了使每箱浇注可生产更多的铸件，有时将许多模型胶接成簇，把模型簇浸入耐火涂料中，然后在30℃～60℃的空气循环烘炉中干燥2～3 h。干燥之后，将模型簇放入砂箱，填入干砂振动紧实，这时必须使所有模型簇内部孔腔和外围的干砂都得到紧实和支撑。

5.3.6 浇注

模型簇在砂箱内通过干砂振动充填坚实后，铸型就可浇注，熔融金属浇入铸型后(铸铝的浇注温度约在 760℃，铸铁约在 1425℃），模型气化被金属所取代形成铸件。

在消失模铸造工艺中，浇注速度比传统砂型铸造更为关键。如果浇注过程中断，砂型就可能塌陷造成废品。因此为减少每次浇注的差别，最好使用自动浇注机。

5.3.7　落砂清理

浇注之后，铸件在砂箱中凝固和冷却，然后落砂。铸件落砂相当简单，倾翻砂箱，铸件就从松散的干砂中掉出。随后将铸件进行自动分离、清理、检查并放到铸件箱中运走。

干砂冷却后可重新使用，很少使用其他附加工序，金属废料可在生产中重熔使用。

5.3.8　常见的泡沫模样缺陷及形成的原因和防止措施

原材料粒度的选择和模样质量相关。对可发性聚苯乙烯而言，生产厚壁泡沫模样，应该选择粒度大一些的 EPS 原料，选择这种原料，一般都能够预发至 $\phi 2.5 \sim \phi 3.5$mm 的珠粒；生产薄壁泡沫模样，应该根据它的几何形状和尺寸选择小一些的珠粒，以防止变形；若泡沫模样的壁厚相差大，应以薄壁处的尺寸为准，选择小的珠粒。为了得到光滑无缺陷的薄壁泡沫模样，根据实践经验推荐在薄壁处至少应该有 3 个预发泡的珠粒占据该处的空间。

在生产泡沫模样的过程中，如果对于材料的质量、水、气等选择和掌握的不当，会产生如下缺陷。

①充填料不足。充填料不足会给泡沫模样造成局部地区或者整体的缺陷，其主要原因有：充料口位置设计不符合充填料时珠粒的流动方向，因而使珠粒达不到模具最小的空间处。如果是此种原因，就应该增加充料口。

②泡沫模样出现局部缺陷。此种现象的产生，往往是出现在泡沫模样的薄壁处。若是此种原因，应在薄壁处加开排气孔。

③泡沫模样变形。特别是生产较长而薄的泡沫模样时会出现变形现象。根据变形的规律，应在模具上考虑反变形的设计和制作。

④气压不足。气压是充填珠粒的动力，模具合在一起时，模具的型腔里有能够向里通气的气孔塞，因阻力很大，没有足够的气压就无法将珠粒充填至理想程度。一般讲，空气压缩机所设定的压力根据模具型腔的空间尺寸确定在 4 ~ 8 MPa。

⑤泡沫模样夹生。在成型时会出现泡沫模样夹生或者全生的现象。它的形貌为原有的珠粒状，甚至和原来形态一样。产生此种现象的原因是模具没有预热到一定程度，蒸汽压力不足，热量不够，送蒸汽时间过短等。

⑥泡沫模样烧过火。在成型的过程中，有时会出现泡沫模样部分的形态就像干的树枝和干胶一样，属于泡沫模样局部或者整体都被烧过火。产生这种毛病的原因是送蒸汽的时间太长；薄的地方的气孔塞分布得太密，或者蒸汽停时没有及时通入足够的水，冷却泡沫模样等。

⑦泡沫模样产生飞翅。这种缺陷经常出现在模具的接缝处及砂芯处。产生飞翅会使泡沫模样精度出现误差，同时增加了不应有的修理工作量。产生这种毛病的主要原因是砂芯没有插到位及模具没有合好。

5.4 消失模铸造用涂料

[学习目标]

了解消失模铸造用涂料与其他涂料的不同。

鉴定标准： 应知：消失模铸造用涂料的作用及组成。

教学建议： 跟其他铸造涂料、材料比较组织教学。

5.4.1 涂料的作用及要求

消失模铸造涂料与砂型铸造的一个显著不同点是将涂料涂刷在消失模表面上，而不是涂刷在铸型的型腔表面上。涂料的主要作用是防止铸件表面粘砂，提高消失模的表面强度和刚度，防止造型时产生变形。消失模铸造用的涂料必须满足以下要求。

①耐火度高，热稳定性好。金属液浇入型腔至凝固的过程中，始终与高温的液体金属接触的是涂料。要求涂料在高温液体金属的作用下，不熔化，不烧结，不与金属及铸型发生化学反应，防止铸件产生粘砂等缺陷。

②发气量少，透气性好。由于消失模本身不透气，模样气化时所产生的气体大部分通过涂料层排出型外。如果涂料层的透气性低，使铸件容易产生气孔、冷隔及浇注不足等缺陷。因此，必须根据合金种类、铸件尺寸与结构特点，对透气性提出合适的要求。

③涂料的悬浮性和涂挂性好。涂料在使用过程中，要求涂料能很好地粘附在气化模表面上，干燥后不分层、不剥落。

④强度高。涂料应具有一定的常温强度性能，保证消失模在搬运、造型过程中不损坏不变形。浇注时，应具有良好的高温强度，在高温液体金属的静压力和动压力以及气体压力的作用下不破坏，不会因涂料层的破裂引起铸型崩溃。

⑤吸湿性小，保存性好。涂料应易干燥，烘干温度不宜过高，最好为50℃～60℃。在烘干过程中，不会因脱水使涂料层表面开裂。干燥后吸湿性小，易于保存。

⑥无毒、无味、来源广、价格便宜。

5.4.2 涂料的成分

消失模铸造涂料通常包括耐火填料、黏结剂、悬浮剂、稀释剂等组分。它以耐火材料为主，并且悬浮于水或酒精稀释剂中。涂料的透气性由涂料中耐火材料的粒度和粒形所控制。

(1)耐火填料

耐火填料是涂料的重要组成部分，涂料性能的优劣在很大程度上取决它的性能。常用的耐火填料有石英粉、刚玉粉、镁砂和锆英砂等。各种填料的主要物理、化学性能如表5－7所示。

表5-7　常用几种耐火填料的物理化学性能

材料名称	分子式	化学性质	熔点/℃	密度/(g·cm^{-3})	线膨胀系数/(1/℃)		导热系数/(W/m·℃)	
					温度/℃	数值	温度/℃	数值
石英砂	SiO_2	酸性	1718	2.7	300～1100	30×10^{-6}	1100	1.59
刚玉粉	Al_2O_3	两性	2050	4.0	20～1000	8.6×10^{-6}	1200	5.28
镁砂	MgO	碱性	2800	3.57	20～1000	13.5×10^{-6}	1200	2.93
锆砂	$ZrO_2\cdot SiO_2$	弱酸性	2420	4.6	20～1200	5.5×10^{-6}	1000	2.09
石墨粉	C	中性	8850	2.23	30	4×10^{-6}	1500	117.32

①石英砂。石英砂的主要化学成分为SiO_2，常为六方晶形。二氧化硅在不同温度下具有不同的晶形变化，并伴随有体积和密度的变化，在一定程度上影响了它的使用价值。石英砂的耐火度和在高温下的化学稳定性，一般可满足有色合金、铸铁和普通碳钢件涂料的要求。

②刚玉粉及高铝矾土粉。刚玉的化学成分为$\alpha-Al_2O_3$。它具有很高的耐火度，化学稳定性好，在高温下不易与金属及其氧化物发生作用。主要用于尺寸精度和表面光洁度要求高的合金钢铸件。

刚玉价格贵，对普通铸钢件的耐火填料常采用高铝矾土粉。它是由铝矾土经高温焙烧而成的，具有热膨胀系数较小、高温抗变形能力较强和化学稳定性好等优点。

③锆砂。锆砂包括二氧化锆(ZrO_2)和硅酸锆($ZrSiO_4$)两种。由于二氧化锆的来源少、价格昂贵，因此，一般采用价格较低廉的硅酸锆。硅酸锆又称锆英石，我国的蕴藏量十分丰富。

纯硅酸锆具有导热性好，蓄热能力大，耐火度高，浇注后脱壳性能好，且大部分能回收等优点。纯的锆英石加热到1540℃开始缓慢分解，随着加热温度升高而加快；当温度升高到1760℃时，分解速度显著加快。分解时产生的SiO_2有较活泼的化学性能，易与金属及金属氧化物发生作用。因此，采用锆砂粉作为耐火填料，对于浇注温度低于1540℃的合金，将得到满意的结果。

④镁砂。镁砂的主要化学成分为MgO，它是由菱镁矿焙烧而成的。纯的MgO为无色。用镁砂作为耐火填料，具有耐火度高，烘干后易吸潮的特点，主要用于铸钢件。

⑤石墨粉。铸铁件常用石墨粉作为涂料的耐火填料，它具有耐火度高、化学性能稳定，与铸铁不润湿的特点。石墨有磷片状和粉状两种，磷片状石墨为银白色，含固定碳多，耐火度高，但涂料不易均匀。主要用于大型铸铁件。粉状石墨为黑色，含固定碳较低，加工容易，使用方便，故经常采用。由于石墨涂料容易引起铸钢件表面增碳和产生气孔，故铸钢件不采用。

⑥滑石粉。滑石粉的熔点为1600℃，不易与金属氧化物起化学反应。常用于有色合金铸件涂料。

(2)黏结剂

为了提高涂料层的强度，加强涂料层与气化模表面的结合强度，涂料中必须加入黏结剂。黏结剂的加入量和耐火填料细度有关，颗粒越细，表面积增加，则黏结剂加入量要增加。黏结剂加入量要适当，太少了则附着强度不够，太多了则使涂层易于开裂或脱落。

(3)悬浮剂

为了防止涂料溶液中的固相颗粒沉淀，保持涂料的均匀性，提高涂挂能力，在涂料中经常加入悬浮剂。涂料中使用的耐火填料一般密度都比悬浮剂的密度大得多，故涂料中必须使用悬浮剂才能使耐火填料悬浮在黏结剂中并保持均匀弥散状态。悬浮剂的选择要根据液体黏结剂种类和耐火填料的不同而不同。悬浮剂的另一重要作用是使涂料润湿泡沫模样，易于涂敷。

常用的悬浮剂有活化膨润土，CMC 纤维素和聚乙烯醇缩丁醛等。

(4)稀释剂

稀释剂的作用是稀释黏结剂，使涂料保持合适的黏度和密度，便于涂刷或喷涂。常用的稀释剂有水和有机溶剂如乙醇、甲醇、丙酮等。用水作为稀释剂的涂料在涂刷后应烘干，操作的时间长，但成本低；用有机溶剂作为稀释剂的快干涂料，涂挂后不必烘干，操作方便，时间短，但成本较高。选择稀释剂时首先要考虑水，水是最便宜、最常用的载体。安全可靠、无毒无味。

(5)其他附加物

涂料中除了上述耐火填料、黏结剂、悬浮剂和稀释剂外有时为了改变某些性能需要加入一些特殊附加物。附加物种类很多，如表面活性剂、增稠剂、消泡剂、防腐剂、防潮剂、着色剂、芳香剂等。

5.4.3 涂料的配方

根据涂料成分组成，可分为水基和有机涂料两大类。消失模铸造用的有机涂料的黏结剂和稀释剂均系有机物质，故又称有机耐火涂料。

(1)聚乙烯醇缩丁醛快干涂料

这种涂料是以聚乙烯醇缩丁醛为黏结剂，用乙醇作稀释剂配制成的。其特点是悬浮性及涂挂性好，干燥速度快，涂料层的强度及透气性高但价格较贵，主要用于技术条件要求较高的大中型铸件。

(2)树脂系快干涂料

这种涂料是以酚醛树脂为黏结剂，以有机溶剂为稀释剂配制成的。这种涂料的性能良好，使用方便，但价格较贵。主要用于技术条件要求较高的中小型铸件。

(3)水溶性涂料

以水为稀释剂，以糖浆、纸浆废液和黏土为黏结剂的耐火涂料，其缺点是烘干时间较长，性能较差。优点是工艺简单、成本较低，目前国内广泛采用。

消失模用的涂料配方如表 5－8 和表 5－9 所示。

5.4.4 涂料的涂敷方法

(1)涂刷法

用钢板焊成大于泡沫模样的槽，或者从市场买回塑料浴盆。把混制好的涂料放入槽中，使用毛刷涂刷均匀。通常涂刷两遍，要求把涂料涂刷得均匀不露“白”(泡沫)。

表 5－8　消失模铸造用聚乙烯醇缩丁醛快干涂料配方

序号	耐火填料/%								黏结剂/%	稀释剂/%	应用
	石英粉	锆英粉	刚玉粉	铝矾土	镁砂粉	石墨粉		滑石粉	缩丁醛聚乙烯醇	乙醇	
						黑铅粉	白铅粉				
1	40～50			10～20					3.0～3.5	35～45	普通碳钢件
2		40～50		10～20					3.0～3.5	35～45	厚大的碳钢件及合金钢件
3			40～50	10～20					3.0～3.5	35～45	厚大的碳钢件及合金钢件
4				10～20	40～50				3.0～3.5	35～45	高锰钢件
5						40～50	10～20		3.0～3.5	40～50	铸铁件
6		10～20	15～20	25～40		5～10			3.0～3.5	30～40	厚大的铸铁件
7								42	2.5	55.5	有色合金铸件

表 5－9　消失模铸造用水溶性涂料配方

序号	成分/%															应用
	石英粉	锆英粉	铝矾土	刚玉粉	黑铅粉	白铅粉	铅粉膏	膨润土	纸浆	糖浆	白胶	洗涤剂	木案碳酸钙	石棉纤维	水	
1	20～30						70～80						3		适量	铸钢件
2	10						90		10							
3	10				80	10		6						2		
4			70～80		10～20			6～8								
5			10		60～70	20～30		4～6								
6		100						1.5	6							铸铁件
7		100						2		4～5		0.5				
8		80		10				4		5	1					

注：配方中以耐火材料为 100%。

（2）喷涂法

制作喷雾器，用压缩空气通过喷雾器，将涂料喷在泡沫模样的表面和内腔上，要喷均匀，不许露“白”。

(3)自动机械化法

为了满足大量生产的需要，设计制造专门的机械手进行涂料涂挂。把涂挂好的泡沫模样放置在特制的架子上，从入窑到出窑，自动把他放入烘干室，自动在托板上运转。涂料就烘干了。采用此方法浸涂涂料时，因为夹具都是特制的、所以不会损坏泡沫模样簇。此方法最适用于铸件大批量生产。

5.4.5 涂料的烘干

已涂涂料的泡沫模样簇，通常在循环通风室中，在50℃左右的温度下进行干燥(3～10 h)。烘干温度过高，泡沫模样会发生收缩。烘干时要使气流通畅，湿气及时排出室外。烘干的模样簇应及时装箱浇注，以免回潮。

5.5 消失模铸造专用设备

[学习目标]

掌握消失模铸造专用设备特点。

鉴定标准：应知：消失模铸造白区和黑区用途。

教学建议：多媒体教学。

消失模铸造设备与其他铸造方法的设备主要区别是他所特有的白区和黑区部分。白区指制模工部及涂料工部，黑区指造型浇注工部。消失模铸造的专用设备有以下几类。

①制模工部：预发机、蒸缸、成型机、模型干燥室、热胶合机等。

②涂料工部：涂料研磨机、涂料混制滚筒、模型烘干设备等。

③造型浇注工部：造型振实台、真空系统、砂处理系统、砂箱、雨淋加砂装置、砂箱运输系统等。

5.5.1 制模工部设备

(1)预发机

消失模铸造模样所需珠粒量要比泡沫板材少，通常都采用间歇式预发机，主要有真空预发和蒸汽预发两种。

1)蒸汽预发

据相关资料报道，水蒸气对聚苯乙烯薄膜的渗透速度是氮气的4000倍，是二氧化碳的136倍，是空气的120倍。实践证明，获得低密度预发珠粒最好的发泡介质是蒸汽。蒸汽介质伸入珠粒内部，帮助预发剂使预发珠粒获得更低的发泡密度。

图5－7是ZC－YF型间歇式蒸汽预发机设备图，它的主要机构有传动部分、搅拌叶片、筒体和支架等。

其工艺流程为：入料、预发、出料、清理。

这种预发泡机不是通过时间而是通过预发泡的容积定量(亦即珠粒的预发密度定量)来控制预发质量，使用效果不错，受到工厂的普遍欢迎。

其主要性能参数如下。

预发桶尺寸：ϕ500 mm × 600 mm

一次投料量：1 ~ 2 kg

搅拌机转速：30 ~ 250 r/min

最大蒸汽压力：0.03 MPa

最高温度：145℃

发泡倍率：40 ~ 60 倍

适应粒度：0.2 ~ 1.0 mm

适用材料：EPS、EPMMA、STMMA

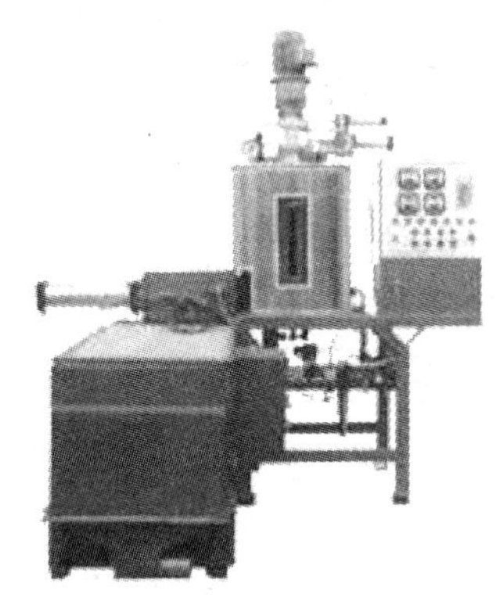

图 5－7　ZC－YF 型间歇式预发泡机

蒸汽预发设备的关键是：蒸汽进入不宜过于集中，压力和流量不能过大，以免造成结块、发泡不均匀、甚至部分珠粒过度预发破裂的现象；另外，因为珠粒直接与水蒸气接触，预发珠粒水分含量的质量分数高达 10% 左右，因此卸料后须经过干燥处理。

2）真空预发泡机

图 5－8 是典型的真空预发泡机的结构示意图，筒体带夹层，中间通蒸汽或用油加热，筒体内加入待预发的原始珠粒，加热搅拌后抽真空，然后喷水雾化冷却定型。

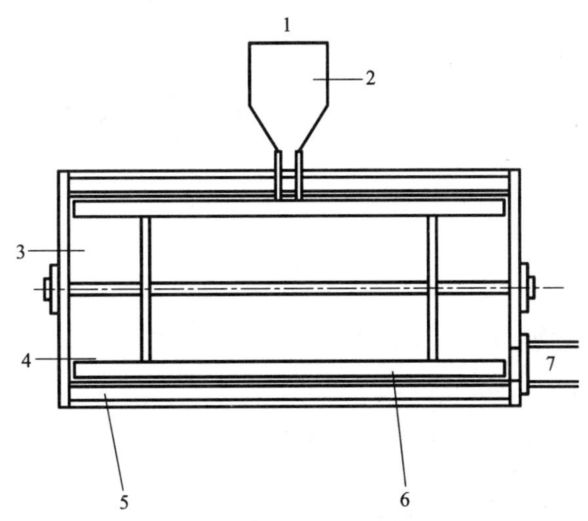

图 5－8　真空预发机示意图

1—原料入口；2—加料斗；3—加水；4—抽真空

5—双层壁加热膨胀；6—搅拌叶片；7—卸料

由于真空预发泡机的加热介质（蒸汽或油）不直接接触珠粒，珠粒的发泡是真空和加热的双重作用而使发泡剂加速气化逸出的结果。因此，预热温度和时间、真空度的大小和抽真空的时间是影响预发珠粒质量优劣的关键控制因素，必须进行优化组合。一般真空度设定为 0.06 ~ 0.08 MPa，抽真空时间 20 ~ 30 s，预热时间和温度由夹层蒸汽压来控制。真空预发能够使预发珠粒达到比较低的预发密度，如 EPS 可以达 16 kg/m^3，EPMMA 可以达到 20 kg/m^3。

(2)发泡成型设备

发泡成型设备主要有两大类：一类是将发泡模具安装到机器上成型，称为成型机；另一类是将手工拆卸的模具放入蒸汽室成型，称为蒸缸成型。一般而言，对于大批量、大中型泡沫模样，多采用成型机成型；中小批量、小型模样，则常采用蒸缸成型。

1)成型机

成型机有立式和卧式之分，如图 5－9 所示。

立式成型机的开模方式为水平分型，模具分为上模和下模。

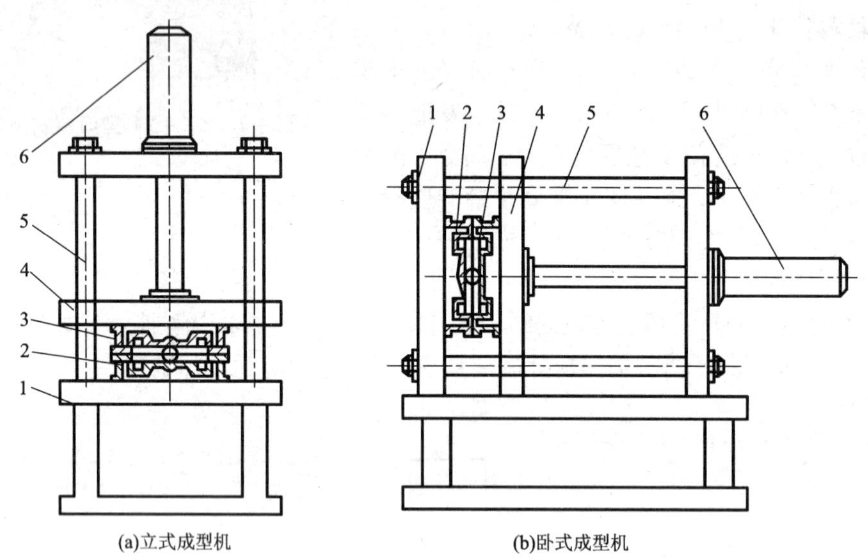

图 5－9 成型机示意图

1—固定工作台；2—固定模；3—移动模；4—移动工作台；5—导杆；6—液压缸

其特点为：

①模具拆卸和安装方便；

②模具内便于安放嵌件(或活块)；

③易于手工取模；

④占地面积小。

立式成型机又分为简易立式成型机和自动控制成型机。国内包装行业用的简易立式成型机用液压缸或电动丝杆控制模具开合，因其价格较低，被许多消失模铸造工厂选用，生产不太复杂的泡沫模样，见图 5－9(a)。

卧式成型机的开模方式为垂直分型，模具分为左模和右模，见图 5－9(b)。其特点为：

①模具前后上下空间开阔，可灵活设置气动抽芯机构，便于制作有多抽芯的复杂泡沫模样；

②模具中的水和气排放顺畅，有利于泡沫模样的脱水和干燥；

③生产效率高，易实行全自动控制；

④结构较复杂，价格较高。

2)蒸缸(蒸汽箱)成型装置

手动蒸缸（蒸汽箱）结构简单、投资少、可自制、由人工控制成型工艺，但制模劳动强度较大。手动蒸缸（蒸汽箱）分为立式和卧式两种，见图 5－10。

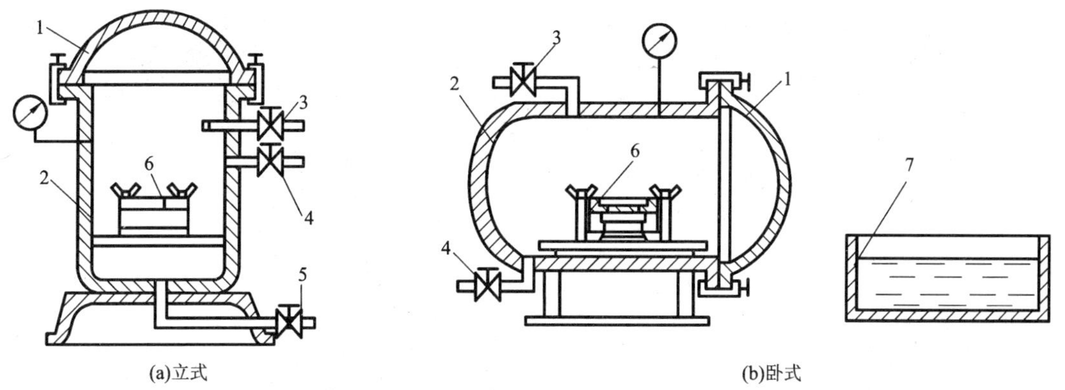

图 5－10　手动蒸缸（蒸汽箱）

1—缸盖；2—缸体；3—进气阀；4—排气阀；5—排空阀；6—模具；7—冷却水箱

机械蒸缸（蒸汽箱）也分立式和卧式，立式机械蒸缸可用立式成型机改建而成，见图 5－11。其工作过程如下：

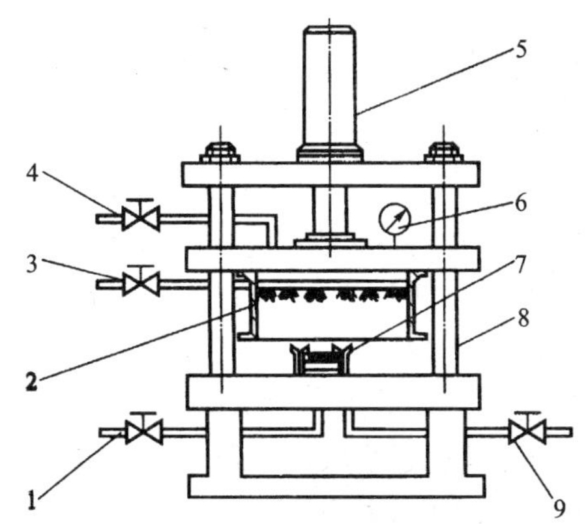

图 5－11　立式机械蒸缸

1—进气阀；2—蒸缸；3—冷却水塔；4—排气阀；
5—液压缸；6—压力表；7—模具；8—导杆；9—排水阀

先将几副模具同时放入工作台上，关闭蒸缸，启动控制程序，完成加热、喷水冷却以及抽真空干燥等工序；然后开启蒸汽箱，手工取模。立式机械蒸汽箱适合生产较大批量的小型泡沫模样和泡沫浇道。蒸缸成型工艺与成型机成型工艺相比有其不足之处：蒸汽对模具的加热是从外向里，难以形成穿透泡沫模样的蒸汽流，易在厚实的断面中心处产生冷凝水，故而影响珠粒的融合。因此，蒸缸（蒸汽箱）成型适宜生产小型泡沫模样。一般蒸缸的发泡时间比带气室的成型机制模要长得多，后者只需几十秒钟到几分钟，前者往往需要几分钟到几十分钟。

3)热胶合机

模型的黏结常常采用热胶合机。图5-12是热胶合机工作示意图。

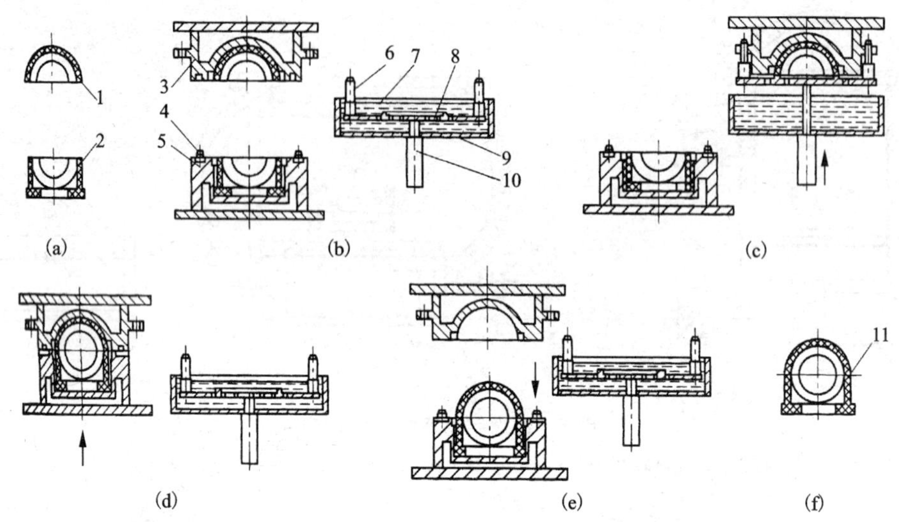

图5-12 热胶机械黏合泡沫模片工作示意图

(a)泡沫塑料模片上、下模片;(b)分别放入上、下胎膜中;(c)上胎膜移动到热熔池上;(d)涂胶印刷板落回到熔池中、升举下胎模,使上、胎模合模;(e)下胎模回位;(f)黏结后的整体模样

1—上模片;2—下模片;3—上胎模;4—胎模定位;5—下胎模;6—印刷版定位销;7—热熔池;8—印刷版;9—熔池;10—升降缸;11—泡沫模样

图5-12是热胶合机工作示意图。图5-12(b)将需黏结的两个模片1、2分别放入上、下胎模3和5中。图5-12(c)上胎模移动到热熔池上后,提升胶印刷板8将热熔胶印刷到上模片1的黏合面上。涂胶印刷板落回到熔池中,同时上胎模移回原位。图5-12(d)升举下胎模,使上下胎模合模,完成黏结。图5-12(e)下胎模回位,手工取出黏合模样。热熔胶具有黏结速度快,初黏强度高的优点,应用较广。但热黏接工艺不适用于起伏较大的曲面黏结,机器耗电量较大,烟气影响环境,更换涂胶印刷板较麻烦等。针对以上问题,德国研制开发出冷胶黏合机,涂胶线路由机械手来执行。

5.5.2 涂料制备工部设备

涂料制备非常重要,根据不同铸造合金种类确定待制备涂料的性能,然后选择耐火粉料、稀释剂、黏结剂、悬浮剂及助剂进行配置。混制已配好的涂料常采用以下设备:

①滚筒式涂料制备机。这种机器为滚筒内装钢球,在运转时钢球对涂料进行研磨,把数种料混制均匀。制备出的涂料细腻,在泡沫模样涂刷时效果不错。

该机采用机械传动,使用可靠。适用于消失模铸造涂料原材料的溶解、混合、搅拌。机器可实现手动控制升降、回转,可采用一机多桶使用。

②立式搅料机。它的搅料过程是先加入稀释剂,后加入黏结剂、悬浮剂,进行搅拌,再加入耐火粉料进行搅料。其搅料时间为8 h以上。搅料器有叶片式或圆盘式两种。叶片式搅料力比较大,能把物料搅得上下翻动,但是转动速度高会引起物料飞溅。圆盘式的盘齿上下

交错分布，对物料有较强的剪切作用，可平稳地高速转动，分散效果较好，常用于涂料的制备。

③叶片式和滚筒式双联涂料制备机。该种双联机是利用立式叶片机在搅拌时涂料分散性好的优点，用于初期制备，用它在作预制（一般搅 2 ~ 3 h）后把涂料转入滚筒制备中（2 ~ 3 h）。双联机制备出的涂料，涂料中各组元物质分散均匀，悬浮性好，不宜沉淀，涂敷性能好。

5.5.3　造型浇注工部设备

造型浇注工部设备主要包括造型振实台、负压系统、砂处理系统、砂箱、雨淋加砂装置、砂箱运输系统等。

（1）造型振实台

消失模铸造用造型振实台叫三维振动台，消失模铸造用振动台分一维、二维、三维等，图 5 – 13 表示它们的外形，本振动台有六位振动方位，为 g、X'、F、Y'、Z、Z'。这六方位的振动都能把砂子充填到铸件的空腔部位。到底采用一位或二位至六位，需看铸件的空腔而定。

图 5 – 13　振实台外形

调频气垫振动台是无级变速，它的频率范围在 10 ~ 80 Hz，在此之间可以根据铸件（泡沫模样）大小的需要选择频率。在停止振动时，它会逐渐停止下来，保证了振实后被包围在干砂中的泡沫模样的稳定性。

变频振动台则可以气垫悬浮，台面可调整高度，可在流水线上使用。它的基本工艺参数为：振动频率 10 ~ 80 Hz，振动加速度 1 ~ 2 m/s^2，振幅 0.5 ~ 2 mm，气囊充气 0.3 ~ 0.7 MPa。

（2）消失模铸造专用砂箱

消失模铸造用砂箱是由箱体、抽气室（管）、起吊或行走运送结构及与振动台定位卡紧结构（也可以不卡紧）等部分组成。根据抽气室的结构特点可分以下三种：

①底抽式砂箱［图 5 – 14（a）］。抽气室设在底部，结构简单、制作容易、维修方便，可满足一般生产需要（高度小于 1 m 的砂箱）。抽气时真空度分布沿高度方向有一定的梯度，底部高，上部低一些，单方向排气。

②侧抽式［图 5 – 14（b）］。抽气室设在一个侧面，铸型横向形成一定真空梯度，但真空室筛网容易损坏。

③双层砂箱［图 5 – 14（c）］。抽气室设在砂箱的底面及四周侧面上，且互相连通，使真空度上下均匀，浇注时排气更为通畅，砂箱刚度好，但加工费用高，侧面真空室筛网易损坏，一般使用较少。

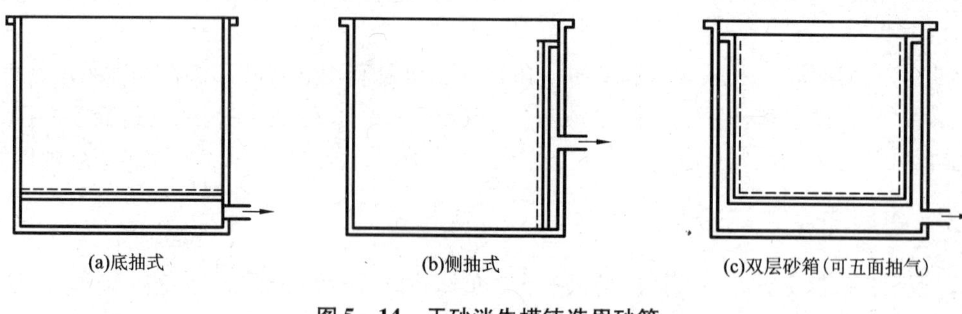

图5－14 干砂消失模铸造用砂箱

(3)负压系统主要设备

负压系统的主要设备：湿除尘(把浇注时金属液将消失模铸造泡沫模样气化产生的烟进行过滤)、水环式真空泵(抽负压用)、负压罐(稳定负压用)、气水分离气(把气和水分开、并进一步除去灰尘)、废气净化(通过它把废气进行处理，使排入空气中的气体达到国家标准)、管路(连接上述各个部分设备成为一个完整的负压系统)和分配器(浇注时连接专用砂箱用)。ZC－SK20～40型负压系统设备见图5－15。

图5－15 ZC－SK20～40型负压系统

负压系统优点：

①过滤效果好，粉尘和废气经过水浴后，有害物质含量大大降低。

②大容积的负压罐，有充足的负压度，使浇注过程中产生废物，能瞬间排出型砂，减少因此而产生的废品；浇注过程中，有充足的负压度，保证铸型刚度，防止铸件变形。

③气水分离后的废气中的有害气体，通过处理，大大低于国家标准含量，减少环境污染。

(4)浇注工装及方法

目前所使用的浇注方法分为三类：第一类是日产量少，而且铸件又不大的，都采用抬包浇注。第二类是日产量较多，而且铸件较大的，采用桥式起重机吊包浇注。第三类日产量大，而且铸件品种专一的，都用轨道式运输砂箱浇注。被浇注的砂箱在一定的速度下运转至落砂工位，由翻箱机翻箱，被翻后的砂箱运转至装箱工位装箱，如此进行循环。

(5)砂处理系统设备

砂处理系统的主要作用：高温砂降到50℃以下；除去砂中涂料带入的灰尘；提供连续装箱使用的砂子；磁选混入砂中的金属物等。本系统包括的主要有落砂装置、振动输送机、提升机、砂塔(储砂斗)、输送床、水冷却螺旋给料器、雨淋式加砂器等。

目前消失模铸造砂处理生产线有两大类，一是采用水平式冷却处理高温砂子，二是立式冷却砂子。其方式分为：一冷一提(一次冷却一次提升)；双冷三提(两次冷却、三次提升)；三冷四提(三次冷却、四次提升)等，根据日产量的大小而决定采取哪种类型和方式。沈阳中世电器设备厂已在全国供应各种冷却方式的生产线全套消失模铸造设备，在生产中应用良好。

5.6　干砂造型工艺及浇注与落砂清理

[学习目标]

1. 掌握干砂造型工艺流程；
2. 掌握消失模铸造的浇注工艺。

鉴定标准： 应知：干砂造型工艺流程；应会：会消失模铸造的浇注工艺的选择。

教学建议： 课堂教学和生产现场教学相结合的教学方法。

5.6.1　干砂造型工艺流程

其造型工艺过程如下：干砂造型是将模型埋入到砂箱中，在振动台上进行振动紧实，保证模型周围干砂充填到位并获得一定的紧实度，使型砂具有足够的强度抵抗金属液的冲击和压力。

从造型方法知道干砂，干砂的填充、紧实、砂箱、振动、负压等因素对消失模铸造都有不同程度的影响，合理地控制这些因素对稳定铸造工艺及提高铸件质量是非常重要的。

（1）干砂的选择

消失模铸造工艺使用的干砂，其中有圆粒砂和多角形砂。尽管干砂的圆整度和光滑度对流动性有一定影响，但是这两种干砂在消失模铸造工艺中都有应用。

①生产铸铁件可以用天然砂，SiO_2含量最好大于 90%（质量分数）以上，并且经过水洗，灰粉含量小于 3% 以下。砂子绝对不允许有水分，通常采用 40～70 目或 20～40 目为宜。

②生产铸钢件时，最好采用水洗石英砂，含 SiO_2大于 95% 以上；其大小为 40～70 目或 20～40 目。洛阳几个厂生产的宝珠砂是圆形的，耐火度高、透气性好，是较理想的消失模铸造用砂。

③砂子使用一段时间以后，涂料和粉尘增多，应清理，通常采用过筛、水洗、烘干最有效。干砂浇注后，再使用时，温度必须降至 50℃ 以下，若温度过高会使泡沫模样软化变形。干砂经过使用后，灼烧量是干砂性能的一个重要参数。它反映了泡沫模样热解残留物沉积在干砂上的有机物的数量。这种碳氢残余物的积累降低了干砂的流动性和透气性。尤其是干砂的灼烧量超过 0.25%～0.50% 时更为明显。为了能够测定灼烧的精确度值，被测试的干砂应是单一筛号，因为有机物易集中于颗粒小的砂粒上。碳氢化合物在粒度较小的干砂上的积累很明显，这些细小的颗粒必须清除，以减少它的危害。

（2）充填紧实工艺

干砂的填充、紧实一定要保证泡沫模样不变形。干砂必须流到模样空腔、眼孔和外部凹陷部位，因此，掌握干砂的填充、紧实工艺是非常重要的。

填砂要求：按金属种类，铸件大小，砂箱底部一般预填干砂厚度在 100 mm 以上。便于模型安放、防止砂箱底部筛网损坏。根据工艺要求，由人工或机械手放置模型并用干砂固定，模型放置的方向(填砂方向)应符合工艺要求(填充和紧实要求)。

加砂方法：由砂斗向砂箱内加砂有三种方法：

①柔性加砂法。人为控制砂子落高，不损坏模型涂层，方便灵活，仔细按工艺要求操作，可达到良好效果。但速度慢，效率低。

②螺旋给料器加入砂箱中(如同树脂砂)，可移动达到砂箱各部位，但落高不能调整。

③雨淋式加砂。加砂斗底部有定量的料箱，抽掉阀板后，通过均匀分布的小孔流入砂箱，加料箱尺寸基本与砂箱尺寸相近，加砂均匀，冲击模型力最小，并可密封、定量加砂、效果好，改善环境，结构稍复杂。适于单一品种、大量流水生产线上使用。

填砂与振动配合方式可按照填砂过程砂箱不振动，全部加完干砂后再振动。模型顶部干砂比底部干砂下降快，这样做会肯定造成细长复杂模型的变形。但此种方法，操作简单，对厚实而刚性较好的模型可满足要求。或边填砂、边振动；填砂、紧实过程互相匹配效果优于前者，尤其对于复杂模型，必须边加砂、边振动，才能均匀充填模型的各个部分，显著减少模型变形。这种方法是生产上大多采用的方法。

(3)微振造型技术

无论是水平振动还是垂直振动，都必须使干砂迅速流到泡沫模样的周围。绝大多数“砂流”只出现于砂箱中干砂表面 10 mm 左右的部位，越靠近砂箱深处，干砂流动性越差，因为随着深度的增加，砂粒之间的摩擦力增加。振动的目的就是要克服砂粒之间的静摩擦力，使干砂流到泡沫模样周围各个部位。

①振动参数选择。应根据铸件结构和模型簇形式进行选择，对于多数铸件，一般应采用垂直单向振动；对于结构比较复杂的铸件，可考虑采用单向水平振动或二维和三维振动。

②振动强度的选择。用振动加速度表示振动强度，振动强度大小对干砂造型影响很大。对于一般复杂程度的铸件和模型簇，振动加速度为 10 ~ 20 m/s^2。而振幅是影响模型保持一定刚度的重要振动参数，消失模铸造振幅一般在 0.5 ~ 1 mm。振动时间的选择比较微妙，应结合铸件和模型簇结构进行选择。但总体上振动时间控制在 1 ~ 5 min 为宜。同时底砂、模型簇埋入一半时的振动时间尽量要短，可选择 1 ~ 2 min，模型簇全部埋入后的振动时间一般控制在 2 ~ 3 min 即可。

(4)专用砂箱

砂箱的尺寸要尽可能的小，以降低干砂的用量，减少紧砂能源消耗，抑制砂流的形成，缩短充型和紧实时间，常用的砂箱尺寸为 750 mm × 750 mm 或直径为 750 mm 的圆形砂箱，高度为 1000 mm，容量约为 900 kg，可以有足够的空间将铸件布置在以直浇道为中心的 360°范围内。

5.6.2 浇注工艺

当泡沫和浇注系统都在砂箱中装好紧实以后。紧接着就是最后一关——浇注。浇注这一关如果掌握不当，就会前功尽弃。

(1)浇注温度的确定

由于模型气化是吸热反应，需要消耗液体金属的热量，浇注温度应高一些，虽然负压下浇注，充型能力大为提高，但从顺利排除 EPS 固、液相产物也要求温度高一些，特别是球铁件为减少残碳、皱皮等缺陷，温度偏高些对质量有利。一般推荐浇注温度应比砂型高 30℃ ~

50℃，对铸铁件而言，最后浇注的铸件应高于1360℃，表5－10推荐的浇注温度范围。

表5－10　采用消失模铸造工艺时合金浇注温度

合金种类	铸钢	球墨铸铁	灰铸铁	铝合金	铜合金
浇注温度/℃	1450～1700	1380～1450	1360～1420	700～750	1200～1500

(2)浇注操作

消失模铸造浇注操作最忌讳的是断续浇注，这样容易造成铸件产生冷隔缺陷，即先浇入的金属液温度降低，导致与后浇注的金属液之间产生冷隔。另外，消失模铸造浇注系统多采用封闭式浇注系统，以保持浇注的平稳性。对此，浇口杯的形式与浇注操作是否平稳关系密切。浇注时应保持浇口杯内液面保持稳定，使浇注动压头平稳。消失模铸造工艺中浇注时多使用较大的浇口杯防止浇注过程中出现断流而使铸型崩散，达到快速稳定浇注并保持静压头。浇口杯多采用砂型制造，生产铸件还常采用过滤网。它有助于防止浇注时直浇道的损坏并起滤渣的作用。

5.6.3　负压范围和时间的确定

负压是黑色合金消失模铸造的必要措施。负压的作用是增加砂型强度和刚度的重要保证措施，同时也是将模型气化产物排除的主要措施。

(1)负压范围

负压大小及保持时间与铸件材质和模型簇结构以及涂料有关。对于透气性较好、涂层厚度小于1 mm的涂料，对铸铁件负压大小一般在0.04～0.06 MPa，对于铸钢件取其上限。对于铸铝件负压大小一般控制在0.02～0.03 MPa。铸件较小负压可选低些，重量大或一箱多铸可选高一些，顶注可选高一些，壁厚或瞬时发气量大也可选略高一些。浇注过程中，负压会发生变化，开始浇注后负压降低，达到最低值后，又开始回升，最后恢复到初始值，浇注过程负压下降最低点不应低于(铸铁件)100～200 mmHg，生产上最好控制在200 mmHg以上，不允许出现正压状态，可通过阀门调节负压，保持在最低限以上。根据合金种类，选定负压范围(见表5－11)。

表5－11　采用消失模铸造工艺时负压范围

合金种类	铸铝	铸铁	铸钢
负压范围/mmHg	50～100	300～400	400～500

(2)负压保持时间

负压保持时间依模型簇结构而定，每箱中模型簇数量较大的情况，可适当延长负压保持时间。一般是在铸件表层凝固结壳达到一定厚度即可卸去负压。对于涂层较厚铸件凝固，形成的外壳足以保持铸件时即可停止抽气，一般为5 min左右(根据壁厚定)。为加快凝固冷却速度也可延长负压作用时间。

5.6.4 落砂清理

浇注结束后要让铸件簇在落砂前在砂箱中凝固冷却，铸件落砂工作比较简单，只要将砂箱翻倒，从流态的松砂中取出铸件即可。干砂冷却以后只要稍加处理甚至无需处理就能够回用。铸件清理明显比传统砂型铸件容易，消失模铸造工艺生产的铸件无飞边，清理时不用打磨，外形轮廓一致，有时清理车间的操作代之以简单的压缩空气喷嘴就行了，铸件空腔不是由含化学黏结剂的砂芯形成的，而是松散的干砂，因此很容易清理。消除浇注时模型分解产物对铸件的质量是重要的。

5.7 消失模铸造工艺设计

[学习目标]

1. 了解消失模铸造工艺设计需考虑的主要问题；
2. 了解消失模铸造模具设计与制作。

鉴定标准：应知：了解消失模铸造模具设计基本要求、设计依据、设计步骤。

教学建议：多媒体教学。

消失模铸造的消失模没有分型面，没有活块，造型时不起模，在一般的情况下也不用砂芯，因而使铸型工艺设计简化。设计时，需考虑的问题主要有：

①选择铸件的浇注位置。

②决定铸件工艺设计有关的工艺参数。

③设计浇冒口系统及冷铁。

④设计有关的工装模具，主要是消失模压型的设计。

⑤编制有关工艺规程及工艺卡片。

决定消失模铸造工艺方案的原则，很多方面与砂型铸造相同。但有些方面与砂型铸造完全不同，有它自己的设计特点。必须很好地加以考虑，否则，将使铸件产生有关缺陷。本节重点对铸件的浇注位置、浇冒口系统设计、消失模模具的设计进行讲解。

5.7.1 铸件浇注位置的选择

铸件浇注位置正确与否关系到液态金属能否顺利充型，并将气化产物及浮渣排除到冒口里，以获得优质铸件的重要问题。在选择时，应注意以下几点 ：

①尽量立浇、斜浇，避免大平面向上浇注，以保证金属有一定上升速度。

②浇注位置应使金属与模型热解速度相同，防止浇注速度慢或出现断流现象，而引起塌箱、对流缺陷。

③模型在砂箱中的位置应有利于干砂充填，尽量避免水平面和水平向下的盲孔。

④重要加工面处在下面或侧面，顶面最好是非加工面。

⑤浇注位置还应有利于多层铸件的排列，在涂料和干砂充填紧实的过程方便支撑和搬运，使模型某些部位可以加固，防止变形。

⑥便于开设浇冒口系统和除渣排气道。

5.7.2　浇注系统设计

浇注系统在消失模铸造工艺中具有十分重要的地位，是铸件生产成败的一个关键。在浇注系统设计时，应考虑到这种工艺的特殊性，由于模型簇的存在，使得金属液浇入后的行为与砂型铸造有很大的不同。因此浇注系统设计必定与砂型铸造有一定的区别。在设计浇注系统各部分截面尺寸时，应考虑到消失模铸造金属液浇注时由于模型存在而产生的阻力，最小阻流面积应略大于砂型铸造。

(1)浇注系统类型

浇注系统的类型应尽量采用开放式的底注浇注系统，在一般的情况下，很少采用从铸件顶部引入。只有在浇注某些形状简单、壁厚均匀的小型铸件时，才酌情考虑采用顶注式烧注系统。

(2)浇注系统组成单元及金属引入位置

①浇注系统的结构力求简单，长度尽量短些，弯道尽量少，以减小金属液的热量损失，提高金属的充型能力。

②浇注系统应具有较强挡渣能力，在一般的情况下，应采用带塞子或闸门式的浇口杯，并在横浇道中设置集渣包等。

③内浇道不宜过于集中，应均匀地分布。对于大中型的铸件，内浇道之间的距离不宜太大，一般为 200 ~400 mm。要防止金属充填铸型时存在死角。

④对于形状复杂的薄壁铸件，液体金属不要直接冲击型壁，而应沿着型腔引入。

(3)浇注系统的尺寸

为了获得健全铸件，消失模铸造的浇注系统尺寸应比普通砂型大：铸钢件一般大 10% ~20%，铸铁件大 20% ~50%。同时要注意液体金属在铸型型腔中的上升速度，既不宜太快、也不宜过慢。对于铸铁件，当浇注温度为 1320℃ ~1380℃，气化模的密度为 0.01 ~0.024 g/cm^{3}时，液体金属在型腔中的上升速度控制在 8 ~5 cm/s 为宜。对铸钢件的上升速度应比铸铁件大些，对铝合金铸件应比铸铁件的上升速度小些。

5.7.3　冒口及除渣排气道

普通砂型铸造冒口的设计原则及方法，一般也适用于消失模铸造，所不同的是消失模铸造的冒口形状及安放位置所受限制较少，基本上可以根据铸件结构特点和工艺技术的需要设置，而不必考虑如何取出冒口模样等问题。

在普通砂型铸造中，冒口除起补缩作用外，同时还有除渣排气的作用。但在消失模铸造时，却不完全如此。在普通砂型铸造时，由于受分型面和起模的限制，采用半球形冒口难以实现。消失模铸造为半球形冒口的推广应用提供了方便条件。目前半球形冒口在消失模铸造中广泛采用。

消失模在液体金属的热作用下分解破坏，产生大量的烟气，其中一部分从型砂空隙逸出，另一部分从冒口排出。当型砂的透气性较差时，大量的烟气将从冒口排出，影响浇注工的操作，污染车间的环境卫生，因此，最好采用暗冒口。

5.7.4 消失模铸造模具设计与制作

消失模铸造模具的质量是生产模型质量的一个主要因素。模型成型过程中产生的变形和裂纹与模具质量关系密切，由于孔洞和夹杂而产生的热斑或冷斑也影响着模型的表面质量，要严格控制模具的尺寸公差，以防止模具在分型面处产生飞边，模具表面抛光处理可以大大提高模型的表面光洁度。

(1)模具的结构形式

气化模模具根据结构的特点可分为蒸缸发泡模具和压机气室发泡模具两大类。

①蒸缸发泡模具。这种模具的结构如图5－16所示。型芯一般固定在底板上，外框和盖板是活动的。制造消失模，将泡沫聚苯乙烯珠粒填满型腔后，合上盖板并用螺栓固紧，发泡冷却后，拆去盖板及模框，取出消失模。蒸缸发泡成型采用手工操作，生产周期较长，效率较低，劳动强度较大，一般用于制造批量小的消失模。

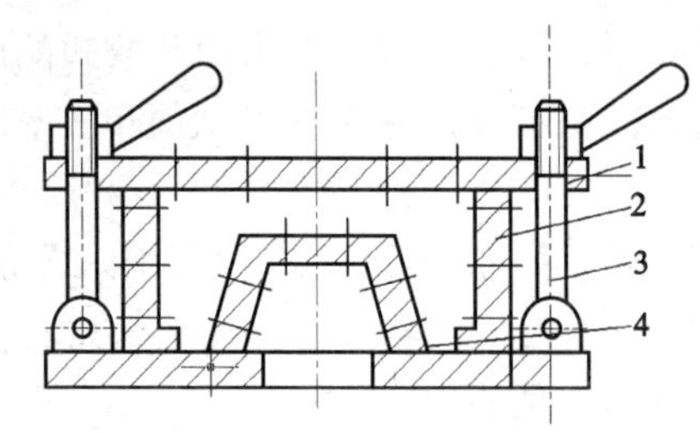

图5－16　蒸缸发泡压型结构

1—上盖板；2—外框；3—紧固螺栓；4—下底板及型芯

②气室发泡模具。这种模具的结构如图5－17所示。

气室模具常采用上下或左右开型的结构形式。型芯与模框可分别固定在上下气室上，并在模框的适当位置开设加料口，使泡沫塑料珠粒能顺利地进入型腔，上下气室均设有进出气孔。气室的外形一般有两种，即方形与相似形。方形气室制造方便，成本便宜，应用较广，相似形的形状与消失模相似，体积较小，消耗能量较少，加热速度快，但制造成本高，主要用于制造批量大或形状特殊的消失模。

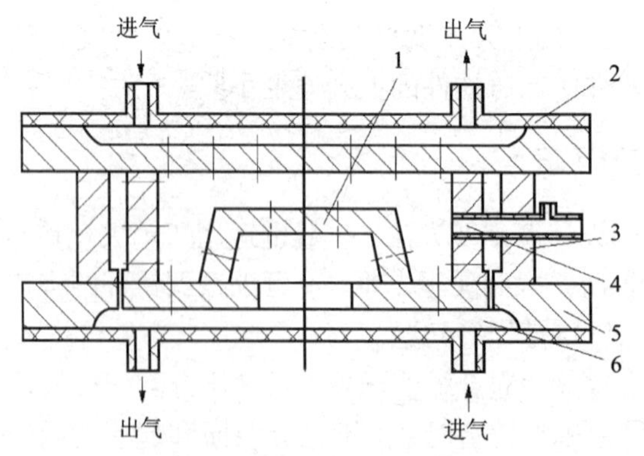

图5－17　气室发泡压型结构

1—型芯；2—上盖板；3—模框；4—进料口；5—下底板；6—气室

(2)分型面及加料口位置

消失模模具分型面的选择原则与熔模精铸压型的原则基本相同。分型面应使模具的安装、拆卸容易，操作方便；有利于开设加料口，便于泡沫塑料珠粒填满模具和从模具中取出消失模；尽量减少型芯及活块的数量，在一般的情况下尽量采用整体的消失模。对于形状复杂的消失模可分为几个部分，分别制造后再黏合装配成整体的消失模。对于模型的某些孔洞部分，模具上要设置活块或其他可移动的装置。

加料口位置选择是否合理。将直接影响消失模的质量，决定时应注意以下几点：

①尽量使珠粒充型时所受的阻力最小，不会产生涡流现象，避免将加料口与型芯或型壁相垂直。

②对于形状复杂的消失模，加料口的数量应增加，并选择一个作为主加料口，其余为辅助加料口。

③对于薄壁的消失模，加料口的断面积大于消失模的壁厚时，可将该处的消失模断面积局部增大，以利于泡沫塑料珠粒的充型。所增大的消失模厚度，可在修整气化模时刮除掉。

(3)模具上的拔模斜度

消失模工艺突出优点是干砂造型，无需起模，下芯、合箱等工序，不需设计拔模斜度，但在制作 EPS 模型过程中，模具与模型间起模时有一定的摩擦阻力，在模具设计时可考虑 0.5°拔模斜度。但 EPS 模型有一定弹性，对于小尺寸也可以不考虑斜度，成型过程抽真空的模具设计一般可以不用拔模斜度。

(4)模具必须设计加填装置。

向型腔充填细小、低密度的预发珠粒是有一定困难的，应使用加料枪以均匀充填型腔的各个部位。距离加料枪比较远并且壁厚较薄的部分，其断面至少容纳三个珠粒，根据目前可以使用珠粒的情况，模型壁厚一般最小为 3.5 mm，而常用的为 4.5 mm，珠粒越小充填性能越好，模型表面越光洁，但是如果使用这种细小的低密度珠粒，在预发泡和成型过程中会有更多的困难。

(5)模具上要设置一定的排气孔或缝隙(排气槽)

为使加料过程中带进的气体及型腔内的气体能够及时排除，模具上要设置一定的排气孔、缝隙或排气槽。

排气孔的截面积一般为型腔总表面积的 2%。排气孔可以每 25 mm 中心线距离放置一个，模型壁两侧的排气孔应偏离，防止在分型面上彼此贯通。排气孔多用衬套制成。如果有必要，模具上还可以开设细缝以有助于气体的排出，常用缝隙或排气槽的厚度为 0.25 mm，加料完毕闭合模具时，与模具分型面平行的表面上有些珠粒会被压碎，排气孔的缝隙应该尽量小，以防止模型上产生飞边，最终导致铸件缺陷。

(6)压力加料

珠粒储存容器内的空气压力可辅助填料，这种工艺在欧洲应用较为普遍称为压力加料，成型机上也可以配置真空装置辅助加料。加料过程能够引起模型密度的变化，例如，靠近加料枪处的密度比模型的容积密度高，有时可高 20%，远离加料枪处的薄壁部分密度低，而蒸汽先到达的地方密度低，模型的密度不均匀影响尺寸，并有可能使铸件中产生气体缺陷。

(7)模具的壁厚及加强筋

为了减少蒸汽用量，提高制模效率，减轻压型重量，降低制造成本，压型的壁厚应尽量小。考虑到压型须承受泡沫聚苯乙烯珠粒发泡时产生的膨胀压力，其压力一般为 0.17 ~ 0.20 MPa，最大不超过 0.68 MPa。为了保证压型在发泡时有足够的强度和刚度，要求压型应有合适的壁厚。压型的壁厚与材质有关，铝制压型的壁厚一般为 8 ~ 15 mm，铜合金为 5 ~ 10 mm，钢材为 1.5 ~3 mm。若采用上述壁厚难以满足强度及刚度的要求时，可采用加强筋或圆柱桩的办法加以解决。

(8)模具材料

模具在加热发泡成型过程中，承受迅速加热及冷却的周期变化，加热温度一般为 105℃ ~110℃。因此，要求压型材料应具有良好的导热性能，能迅速地将热量传给聚苯乙烯珠粒；对水及水蒸气有良好的耐腐蚀性；有足够的强度及刚度，能承受发泡时所产生的压力；加工容易，价格便宜。

常用的压型材料有铝合金、不锈钢、碳素钢以及低熔点合金等。

5.8 消失模磁型铸造

［学习目标］

1. 掌握消失模磁型铸造的实质及特点；
2. 熟悉磁型铸造所用的材料与要求。

鉴定标准：应知：消失模磁型铸造的实质与干法磁型铸造不同点；应会：磁型铸造的浇注工艺及铸件质量的控制。

教学建议：多媒体教学。

5.8.1 消失模磁型铸造的实质及特点

消失模磁型铸造的实质：在消失模铸造的基础上发展起来的，利用磁丸(又称铁丸)代替干砂，并微震紧实，再将砂箱放在磁型机里，磁化后的磁丸相互吸引，形成强度高、透气性好的铸型，浇注时气化模在液体金属热的作用下气化消失，金属液替代了气化模的位置，待冷却凝固后，解除磁场，磁丸恢复原来的松散状，便能方便地取出铸件。磁型铸造原理如图 5 –18 所示。

磁型铸造的工艺过程是：磁型铸造是一种不用型砂的铸造新工艺。在套有线圈的砂箱底部，铺一层铁丸封底，把刷好耐火涂料的聚苯乙烯泡沫塑料模连同浇注系统放入砂箱内，再用铁丸填满，同时震动紧实，通电产生磁场，在磁力线的作用下，铁丸“黏结”紧包于塑料模上，浇注时塑料模遇高温气化，保持磁场直到金属液全部凝固时，消去磁场，从流动铁砂中取出铸件。

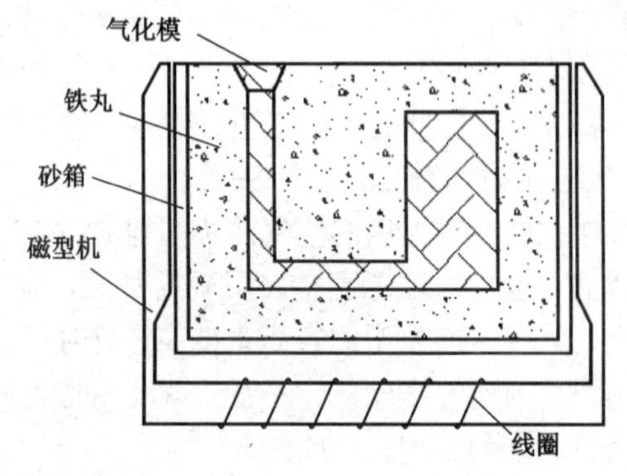

图 5 –18 磁型铸造原理示意图

磁型铸造具有消失模的特点。主要适用于形状不十分复杂的中、小型铸件的生产，以浇注黑色金属为主。其质量范围为 0.25 ~150 kg，铸件的最大壁厚可达 80 mm。

5.8.2　磁型铸造所用材料与要求

(1)磁型铸造所用造型材料

做磁型铸造的造型材料从经济考虑以钢丸或铁丸为佳。铁丸的直径为0.2～1.2 mm。铁丸的导磁系数随紧实程度而增加，因温度升高而降低，因此磁型铸造过程中，可同时采用微震紧实和降低铁丸温度措施以提高效率。

铁丸的烧结点约为950℃，因烧结温度不高，铁丸很易黏结在铸件的表面，而形成很难清理的“粘砂”，为了防止此种缺陷，消失模必须涂耐火材料。

(2)消失模的制造

控制可发性聚苯乙烯珠粒的预发和熟化是获得优质气化模质量的关键，预发珠粒的密度一般控制在0.02 g/mL左右。

珠粒预发后要在空气中熟化，熟化后的珠粒最好立即制模使用。消失模成型后，可在40℃～60℃的暖室内烘干。

(3)涂料

消失模涂料的选用是磁型铸造工艺中的一个关键环节。

一般磁型铸造涂料性能，与消失模要求一样。生产中对于钢铸件曾用过石英粉、刚玉粉、镁砂粉做涂料、但以锆砂粉最好。

控制磁型铸造涂料的一个重要因素是稀释剂的选用。国内外有用汽油、酒精做稀释剂的，这不仅成本高，而且易燃易爆；有些快干型溶剂，又往往要污染环境。而用水做溶剂，只要注意选用黏结剂、悬浮剂就能解决气化模表面的憎水性困难。

涂料的涂挂方法：有涂刷、喷涂和浸涂三种。实际生产中以浸涂法最方便，浸涂时将气化模浸入涂料10 s左右，然后取出，放在40℃～60℃干燥室进行干燥。两次浸涂涂料层的厚度可达0.815 mm。干燥后可以存放数月，不必再次干燥就可浇注。

(4)磁型铸造浇注工艺及铸件质量的控制

1)浇注位置的选择

由于浇注时，气化模所产生的气体主要靠通过涂料层排除，故确定浇注位置时，除应考虑排渣补缩外，还必须注意排气。在大多数情况下，常采用斜浇位置，铸件的主要平面与直浇口呈30°～60°斜角。如此，所浇铸件一般不易呛火，夹渣，增碳也会减轻。图5－19，图5－20为斜浇位置示意图。

为了保证铸件大平面的粗糙度，应尽可能使大平面与磁力线方向平行或夹角最小。此外必须考虑造型时铁丸的充填条件，生产时常发现因浇注位置不利于铁丸充填，而造成铸件的局部胀型，鼓包或粘丸。

2)浇注系统

磁型铸造一般采用底注式浇注系统，因此有利于排渣、排气，且浇注平稳，但对熔融金属的温度要求较高。

磁型铸件的浇注系统一般都从薄壁处导入。这样刚浇注时发气量较小，不易呛火。又由于气化模气化时要消耗热量，降低液体金属的流动性，所产生的气体对液体金属又有反压作用，影响充型速度，因此设计浇注系统时，浇道愈短愈好，故生产中有些铸件干脆取消了横浇口。

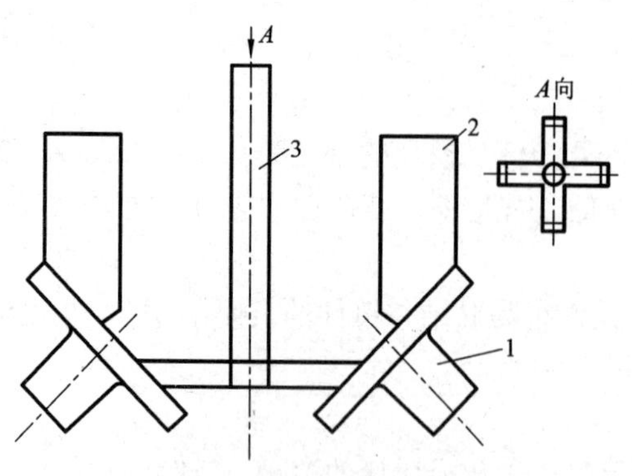

图 5-19　斜浇位置示意图

件名：马达后盖；件重：10.5 kg

每箱 4 件，浇注倾角 45°

1—铸件；2—冒口；3—浇注系统

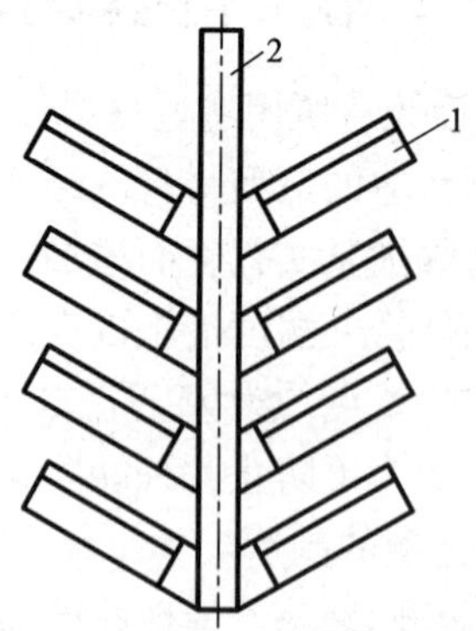

图 5-20　斜浇位置示意图

件名：侧挡提；件重：4 kg

每箱 8 件，浇注倾角 60°

1—铸件；2—浇注系统

磁型铸钢件浇口面积与砂型铸造基本相同，这是因为磁型铸造虽然冷却快，易降低钢水的流动性，但由于浇注系统短，又采用高温钢水，快速浇注，故其浇口面积并不比砂型铸造大。但必须指出，铸件重量的减少，对浇口面积相应缩小的影响不大，因小件容积小，降温快，浇口面积小，常易造成浇不到的缺陷。

3）冒口

砂型铸造的冒口作用是补缩、排气和排渣。而磁型铸造的冒口排气作用甚小，因此气化模分解的气体主要通过涂料和磁丸孔隙逸出。磁型铸造的冒口除补缩外，还用于溢贮含有气化模燃烧后残余物和沉积碳的金属以消除铸件本身夹渣。

对于壁厚均匀的小型铸件，一般可以不设冒口，因为在磁型铸造快速浇注和快速冷却的情况下，可实现同时凝固，不需补缩；此外，因小件采用高温快浇，钢水与气化模几乎始终直接接触，其间的气化层很薄，不易形成夹渣和气孔缺陷，没有采用冒口排渣的必要，这不仅可以节约金属，而且有利于采用叠铸和串铸。

4）浇注方法

根据磁型铸造的特点，浇注时不可“细水长流”或断流，必须快浇。

5.9　磨球的消失模铸造工艺

[学习目标]

熟悉消失模铸造磨球的生产工艺过程。

鉴定标准：应知：我国目前生产的几种磨球的化学成分及性能；应会：磨球的消失模铸造工艺及质量的控制。

教学建议：尽可能到相关企业参观或进行现场教学。

抗磨损磨球用途十分广泛。例如建材工业的磨球，矿山用的磨球，发电业用的磨球等。

磨球的大小是 $\phi30\sim\phi125$ mm，其材质有普通碳钢球、白口铸铁球、高中碳合金钢球、马氏体贝氏体铸铁球等。国外生产每吨水泥用的部分高铬铸铁磨球的磨耗，美国为17～25.8 g/t，德国为16～40 g/t，比利时为13～16 g/t，法国为40～42 g/t，瑞士为40～41 g/t，澳大利亚为20～22 g/t。

我国生产每吨水泥用的高铬铸铁球磨耗为40～90 g/t，低铬铸铁球为80～130 g/t，与国际水平接近。磨球是一种用量非常大的消耗品，我国年耗量大约在 8.0×10^5 t。

某公司采用消失模铸造生产磨球情况为：

(1)材质

低铬铸球化学成分为 w(C)0.8%～1.2%；w(Si)0.6%～1.0%；w(Mn)0.8%～1.2%；w(Cr)1.5%～2.5%；w(S、P)≤0.03%。

(2)磨球尺寸

$\phi60$ mm；ϕ 90 mm。

(3)熔炼设备

0.5 t中频感应加热电炉。

(4)消失模铸造EPS泡沫模样制作过程

1)原料

使用“龙王”牌EPS(可发性聚苯乙烯)302珠粒。

2)预发泡

采用蒸汽预发泡机进行预发泡，发泡的倍数为30～40倍，预发后的珠粒径为 $\phi2.0\sim\phi3.0$ mm。

3)成型机

采用上下开模螺旋式成型机。

4)模具

铝合金模具，每一次模具成型一盘模样为6～8个球。

5)磨球的成型过程

①把磨球的铝合金模具固定在上下模板上，对准确，若对不准会卡坏模具。模具卡好以后进行合模试验，确认无误时再进行第二步工作。

②使用空气压缩机和充料枪(见图5－21)向模具中充料。料充满时充料口会向外流出珠粒，这时用料塞塞住充料口。

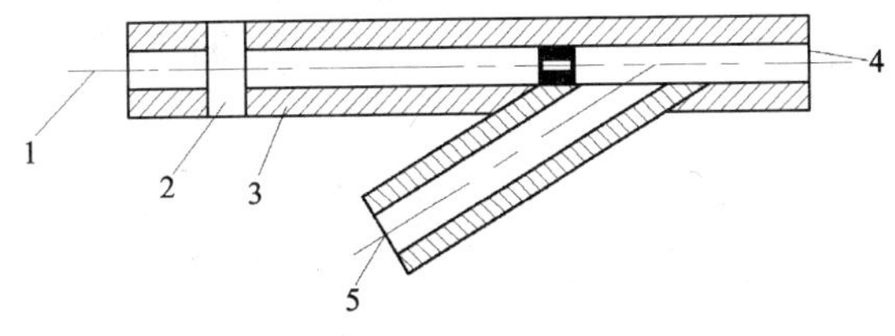

图5－21　充料枪

1—通空气压缩机管；2—阀门；3—充料管；4—通模具孔；5—通盛珠粒管

③向模具中送蒸汽，蒸汽压力一般为0.03～0.04 MPa，保持15～20 s后停止送蒸汽。

④开水阀，冷却上下模具约为 3 min，此时用手触摸模具，模具不烫手为冷却适中。

⑤启动上模，取出已成型好的泡沫模样球。

⑥用铁丝将每盘球连在一起，4 ~ 6 盘为一串组合。

(5)烘干

把串好的泡沫模样簇挂在烘干室烘干 48 ~ 62 h。

(6)涂刷涂料

把烘干后的模样簇刷涂料。涂料烘干后厚度在 0.6 ~ 1.0 mm 即为合适涂料厚度，烘烤时间约为 72 h。

(7)装箱铸造

使用 1000 mm × 900 mm × 800 mm 的五面孔砂箱。装箱顺序为箱底装 50 ~ 80 mm 砂并振实→放入模样簇→装砂振实(层层装砂层层振实直至到模样簇的顶端)→组装横浇道(见图 5 - 22)→加砂振实→盖塑料布→放浇口杯。

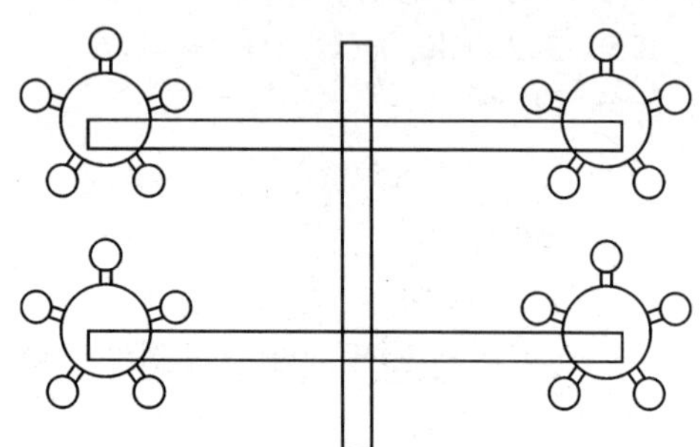

图 5 - 22　浇道连结

(8)负压与浇注

负压 0.04 ~ 0.05 MPa；浇注温度 1450℃ ~ 1500℃。

(9)翻箱

浇注完了以后停留 10 min 即可翻箱。

(10)废品分析

生产出磨球的废品主要缺陷为球的表面有夹渣，是未被气化完全的 EPS 残留物所致。造成此种废品的主要原因为：

①球的泡沫模样密度太大，它遇到高温金属时不能完全气化而残留下来。

②浇注温度未达到规定，因此不能使泡沫模样完全气化而留下残渣。

采用消失模铸造工艺生产磨球，每个砂箱可装百余个球，生产出的球表面光滑。

(11)我国目前的几种抗磨球的化学成分大致为：

①中锰球墨铸球：w(C)3.4% ~ 3.8%；w(Si)2.5% ~ 3.5%；w(Mn)4.5% ~ 6.5%；w(S) ≤ 0.05%；硬度 40 ~ 48HRC。

②低铬铸铁球，如前述。

③中铬铸铁球：w(C)2.6% ~ 3.2%；w(Si)0.6% ~ 1.0%；w(Mn)1.5% ~ 2.5%；w(Cr)6.0 ~ 8.0%；w(Mo)0.5% ~ 0.7%；w(P) ≤ 0.05%；w(S) ≤ 0.05%；硬度 55 ~ 57HRC。

④高铬铸铁球：w(C)1.5% ~ 3.0%；w(Si)0.4% ~ 1.5%；w(Mn)0.2% ~ 1.5%；w(Cr)11 ~ 19%；w(Mo)2.5%；w(Cu)2.0%；w(V) ≤ 0.4%；w(Nb)1.0%；w(Ni) ≤ 1.0%；w(S、P) ≤ 1.0%。

国外的材质都含 w(Ni)3% ~ 5%；w(Mo) ≤ 1.0%。

【思考题】

1. 消失模铸造的实质及特点。消失模铸造的工艺特征有哪些?
2. 消失模铸造对泡沫模型原材料的要求。消失模铸造原材料主要用哪些?可发性聚甲基丙烯酸甲酯(EPMMA)的优点有哪些?
3. 压型发泡成型方法的制造主要分为哪几个步骤?
4. 模型组装时应注意哪些问题?
5. 消失模铸造为什么使用专用砂箱?
6. 消失模铸造压型常选择哪些材料?
7. 模型组装时应注意哪些问题?
8. 试述消失模铸造用涂料的作用和性能。
9. 模型上涂料、干燥时应注意哪些问题?
10. 干砂振动造型的工艺参数有哪些?与砂型铸造有什么区别?
11. 消失模铸造的工艺设计需考虑的问题主要有哪些?
12. 消失模铸造时浇注位置的确定与砂型铸造有哪些相同点和不同点?
13. 消失模浇冒口设计应考虑哪些原则?
14. 消失模铸造时为什么常采用封闭式浇注系统?
15. 消失模铸造时负压的作用是什么?如何选择?

第 6 章

其他特种铸造

6.1 石膏型铸造

［学习目标］

1. 掌握石膏型铸造的工艺过程、工艺特点及应用范围；

2. 熟悉石膏型铸造的工艺设计的过程。

鉴定标准：应知：石膏型精密铸造的分类、模样类型及石膏浆料的原材料；应会：1. 能够合理地选择石膏型精密铸造的模样、石膏浆料的原材料；2. 能够合理地选择工艺参数，并完成浇注系统及冒口的设计。

教学建议：通过课外的综合活动性课程，进行相应石膏型铸造工艺制定的练习；最好能够亲自动手制作一套石膏型模。

6.1.1 概述

(1)石膏型铸造的实质

石膏型精密铸造是20世纪70年代发展起来的一种精密铸造新技术。综合国内外现有石膏型精密铸造工艺，可分为熔模石膏型精密铸造工艺和拔(取)模石膏型精密铸造工艺两种。以下主要介绍熔模石膏型工艺，其工艺过程如图6-1所示。从本质来说是一种以石膏为胶凝材料的实体熔模铸造法。从1982年开始我国在这方面也开展了研究工作。我国目前约有十多个石膏型精密铸造专业化生产车间。例如中原光学仪器厂20世纪80年代中期，从美国泰克公司引进关键设备和软件，建立了我国第一个专业化石膏型熔模精铸车间，主要生产薄壁复杂铝铸件。江雁机械厂在20世纪80年代末由英国引进发泡石膏型精铸生产设备和技术，生产压气机铝合金叶轮。风城汽车增压器厂于1993年由国外引进技术软件，采用硅橡胶模和普通石膏型铸造工艺生产铝合金叶轮，取代原熔模铸造工艺。广州有色金属铸造厂近年来用石膏型熔模精铸工艺生产铜合金工艺品。广州精密铸造厂多年来一直用石膏型熔模精铸工艺生产锌基合金的各种塑料用模具。美国精铸公司等用该法生产波音767燃油增压泵壳体、微波波导管、内燃机增压器叶轮、电子仪器框架等大型薄壁复杂铝铸件。

它是将熔模组装，并固定在专供灌浆用的砂箱平板上，在真空下把石膏浆料灌入，待浆料凝结后经干燥即可脱除熔模，再经烘干、焙烧成为石膏型，在真空下浇注获得铸件。

(2)工艺特点

①石膏浆料的流动性很好，又在真空下灌注成型，其充型性优良，复模性优异，模型精确、光洁。该工艺不像一般熔模精密铸造受到涂挂工艺的限制，可灌注大型复杂铸件用型。

②石膏型透气性极差，铸件易形成气孔、浇不足等缺陷，应注意合理设置浇注及排气系统。

③石膏型的热导率很低，充型时合金液流动保持时间长，适宜生产薄壁复杂件。但铸型激冷作用差，当铸件壁厚差异大时，厚大处容易出现缩孔、缩松等缺陷。

(3)应用范围

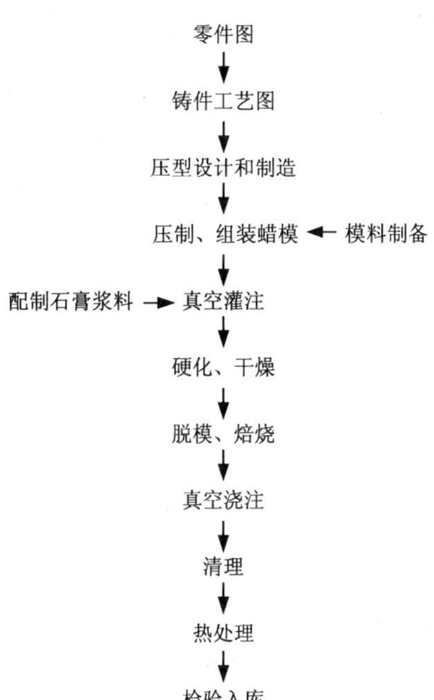

图6－1　石膏型精密铸造工艺过程

石膏型精密铸造适于生产尺寸精确、表面光洁的精密铸件，特别适宜生产大型复杂薄壁铝合金铸件，也可用于锌、铜、金、银等合金铸件。铸件最大尺寸达1000 mm×2000 mm，质量0.03～908 kg，壁厚0.8～1.5 mm(局部0.5 mm)。石膏型精密铸造已被广泛应用于航空、宇航、兵器、电子、船舶、仪器、计算机等行业的零件制造上。

6.1.2　石膏型精密铸件工艺设计

(1)石膏型精密铸件工艺参数选择

①铸造斜度。同熔模铸造。

②加工余量(见表6－1)。

表6－1　石膏型精密铸件的加工余量　　(单位：mm)

加工面最大尺寸	加工余量
100	0.8
100～300	1.0
300～500	1.5

③收缩率。熔模收缩率0.4%～0.6%、石膏型脱水收缩率0%～0.5%、金属收缩率1.1%～1.3%时，综合线收缩率为1.5%～2.0%。

(2)浇注系统设计

石膏型精密铸造的浇注系统应满足以下要求:

①要有良好的排气能力,能顺利排出型腔中气体,在顶部和易憋气处要开设出气口。

②要保证金属液在型腔中流动平稳,顺利充满型腔,避免出现涡流、卷气现象。

③合理设置冒口,保证补缩。

④脱模时浇注系统应先脱模,减小熔模对石膏型的膨胀力。

⑤浇注系统在铸件凝固过程中应尽可能不阻碍铸件收缩,以防止铸件变形和开裂。

一般浇注系统可分顶注、中间注、底注和阶梯浇注几种。对高度大的薄壁筒形、箱形件也可用缝隙式或阶梯式浇注系统。对某些铸件亦可采用平注和斜注。

石膏型表面硬度不够高、热导率小,因此内浇口一般不应直对型壁和型芯,防止冲刷型壁和型芯,而应沿着型壁和型芯设内浇口。对复杂的薄壁件为防止铸件变形及裂纹,内浇口应均匀分布,避免局部过热及浇不足的缺陷。内浇口应尽可能设在铸件热节处,利于补缩。

6.1.3 石膏型精铸工艺

(1)模料选择

石膏型精密铸造用的模样主要是熔模,也可使用气化模、水溶性模(芯)。

①熔模模料。对一般中、小型铸件也可使用熔模铸造通用模料,而大中型复杂铸件、尺寸精度高和表面粗糙度小的铸件则应使用石膏型精铸专用模料。

表6-2是我国目前石膏型精铸的专用模料配方。

表6-2 石膏型精铸专用模料配方 (单位:质量分数,%)

模料名称	硬脂酸	松香	石蜡	褐煤蜡	EVA	聚苯乙烯
48号	40~60	20~30	5~20	5~20	1~5	-
48T号	40~60	20~30	5~20	5~20	1~5	10~30

②水溶性模(芯)料。制作复杂内腔、无法用金属芯形成时,就得使用水溶芯或水溶石膏芯来形成内腔。常用的水溶性模料有尿素模料、无机盐模料、羰芯等。

(2)模样制作

熔模压制工艺与熔模铸造相同。一般水溶尿素模料、无机盐模料及水溶石膏芯都是灌注成型的。一般常用的尿素模料是在110℃~120℃下用25~50 MPa高压压制成形的。羰芯压制则是先在100℃以下将聚乙二醇熔化,然后徐徐加入干燥的混合模料,边加边搅拌,加完后继续搅拌0.5~1 h,静置除气4 h以上,即可压制型芯,压力0.4~0.6 MPa,模料温度65℃~75℃,压型温度25℃~30℃。水溶性陶瓷芯一般是将各组分先混制成可塑配料,再加压成形,经700℃左右烧结后待用。

(3)石膏的选择

①石膏。天然石膏为$CaSO_4 \cdot 2H_2O$,又称二水石膏。二水石膏有七种变体。其变化见图6-2。其中硬石膏不能配成石膏浆料,所以不能用于石膏型铸造中;二水石膏含水量过多,所制石膏型强度低也不能用于石膏型铸造。常用石膏型的石膏为半水石膏,半水石膏有α型

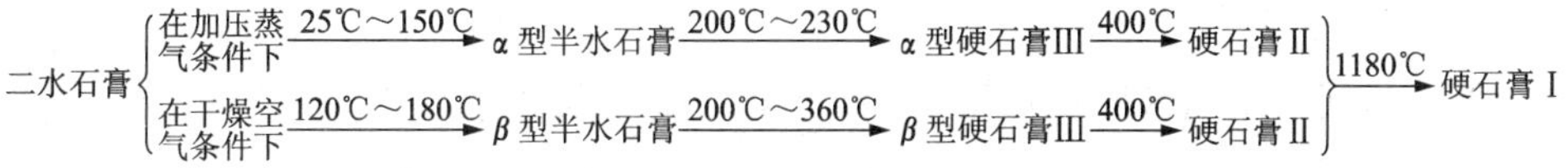

二水石膏
在加压蒸气条件下
25℃～150℃
α 型半水石膏
200℃～230℃
α 型硬石膏Ⅲ
400℃
硬石膏Ⅱ
在干燥空气条件下
120℃～180℃
β 型半水石膏
200℃～360℃
β 型硬石膏Ⅲ
400℃
硬石膏Ⅱ
1180℃
硬石膏 Ⅰ

图 6－2　工业生产条件下二水石膏的相变

和 β 型两种，它们的微观结构基本相似，但在宏观性能上却有较大的差异。α 型半水石膏具有致密、完整而粗大的晶粒，故总比面积小。β 型半水石膏因多孔，表面不规律，似海绵状，其比表面积大，致使两种半水石膏比表面积差别悬殊。在配成两种相同流动性的石膏浆料时，α 型半水石膏更适合作为石膏铸型用的材料。图 6－3 是加水量对石膏型强度的影响，可以看出加水量越多，石膏型的干态和湿态强度就越低。影响石膏型强度的除石膏型种类、水固比外，还有水温、搅拌时间等因素。根据测定，国内的石膏以上海超高强石膏为最佳。

抗压强度(MPa)
2.5
2.0
1.5
1.0
0.5
湿态
干态
0
40
45
50
55
60
混水量(%)

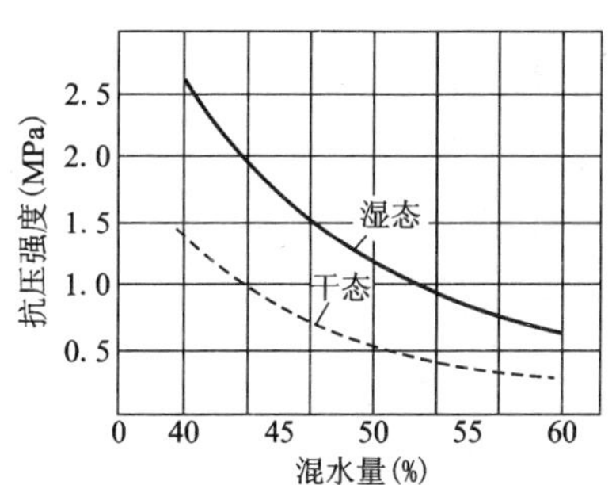

图 6－3　加水量对石膏型强度的影响

②填料。为使石膏型具有良好的强度，减小其收缩和裂纹倾向，需要在石膏中加入填料。填料应有合适的熔点、耐火度、良好的化学稳定性、合适的线膨胀率、发气量少、吸湿性小等性能，常用作填料的材料及其性能见表 6－3。

表 6－3　石膏型用填料及性能

名称	熔点 /℃	密度 /(g · cm^{-3})	线膨胀系数 /K^{-1}	加入填料后石膏混合料强度[①]/MPa		
				7 h	烘干 90℃，4 h 后	焙烧 700℃，1 h 后
硅砂	1713	2.65	12.5×10^{-6}	0.5	1.3	0.2
石英玻璃	1700～1800	2.1～2.2	0.5×10^{-6}			
硅线石	1800	3.25	$(3.1\sim3.4)10^{-6}$	1.5	2.8	0.65
莫来石	1810	3.08～3.25	5.3×10^{-6}	2.3	3.4	0.80
煤矸石				2.4	3.8	0.86
铝矾土	约 1800	3.2～3.4	5.0×10^{-6}	2.6	4.6	0.85
刚玉	2045	3.95～4.02	8.04×10^{-6}	2.0	3.5	0.65
氧化锆	2690	5.73	$(7.2\sim10)\times10^{-6}$			
锆英	2430	4.7～4.9	5.1×10^{-6}			

①石膏混合料中石膏与填料质量比为 40∶60。

③添加剂。为提高石膏型焙烧后强度，改变石膏型凝结时间和清理性，改变其线膨胀率等需在石膏浆料中加入添加剂。如添加物可作为增强剂、促凝剂、缓凝剂、减缩剂等改善石

膏浆料某方面的性能。

(4)石膏型的制备

石膏浆料的配比及制备对石膏型及铸件质量影响很大，为此应严格加以控制。

①石膏浆料的成分配比。生产中常用的几种石膏浆料的成分配比见表6-4。

表6-4 几种石膏浆料成分配比 （单位：质量分数，%）

序号	半水石膏		硅石粉 200/300	硅砂 70/140	高岭土基料 200//300	石英玻璃 200/300	滑石粉	藻土	水泥	添加剂（外加）	水（外加）
	α型	β型									
1	30		70							1	约50
2	30		50	20						1	约40
3	30		35			35					45
4		40				60					55
5	35				55						40
6	30				70						38
7	65		28				5	2			若干
8	42		50				7.5		0.5		54

②石膏浆料的制备。设备简图见图6-4，操作要点见表6-5。

表6-5 石膏浆料的制备和操作要点

工序名称	操 作 要 点
加料	在浆料搅拌器中先加入适量水，再边搅拌边加粉料
真空搅拌	待粉料加完后，立即合上搅拌器顶盖抽真空，并继续搅拌真空度在30 s达到规定值0.05~0.06 MPa，搅拌时间2~3 min，搅拌机转速250~350 r/min
	备注：石膏浆料的初凝时间一般为5~75 min，搅拌必须在初凝前结束，开始灌注

③真空灌浆。为提高浆料的充填能力，应在真空条件下灌浆。如用图6-4的设备，先将有模组的箱框放入灌浆室中，将真空抽到0.06 MPa。开启与搅拌室连接的二通阀使浆料平稳地注入箱框中，灌浆时间取决于模组大小及复杂程度，一般不超过1~1.5 min。灌浆时应将浆引到根部，逐渐上升，以利于气体排除。灌完后立刻破真空，取出石膏型。静置1~1.5 h，使其有一定的强度，此期间切忌振动和外加其他载荷，否则会损害石膏型的强度、精度，甚至使石膏型破裂。

④干燥及脱蜡。将石膏型自干24 h以上，使水分散逸强度增加。厚大的石膏型或环境温度低、湿度大时，自干时间还需增加。然后用蒸汽或远红外脱蜡，脱蜡温度100℃左右，脱蜡时间1~2 h。不用水溶性石膏芯的石膏型常用蒸汽脱蜡，模料中不含聚苯乙烯填料时，蒸汽温度不高于110℃；模料中含聚苯乙烯填料时，蒸汽温度不高于100℃，温度过高石膏型会出现裂纹。注意不能将石膏型浸入热水中脱蜡，这样会损害石膏型的表面质量。有水溶性石膏

芯的石膏型应采用远红外加热法脱蜡。脱蜡时，应使直浇道中的蜡料先熔失，保证排蜡通畅。

把脱蜡后的石膏型在80℃～90℃流动空气中干燥10 h以上，或放在大气中干燥24 h以上。

⑤石膏型焙烧。石膏型焙烧的主要目的是去除残留于石膏型中的模料、结晶水以及其他发气物，同时完成石膏型中一些组成物的相变过程，使其体积稳定。常见的焙烧工艺见图6－5。焙烧炉可用天然气炉、电阻炉。

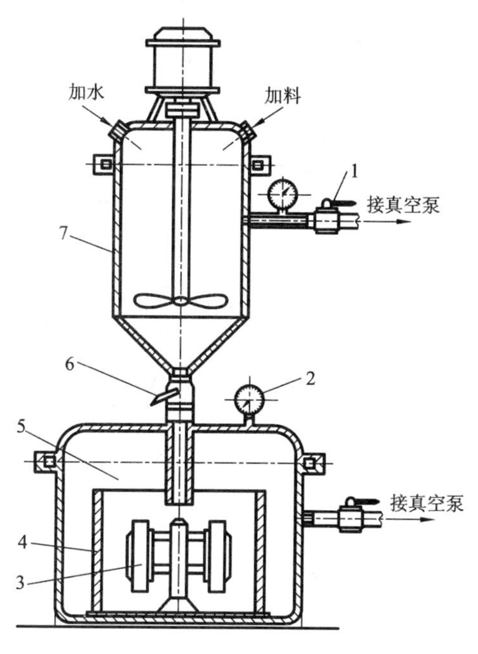

图6－4　浆料制备设备简图

1—真空阀；2—真空计；3—蜡模；4—砂箱；5—灌浆室；6—灌浆阀；7—混合料搅拌桶

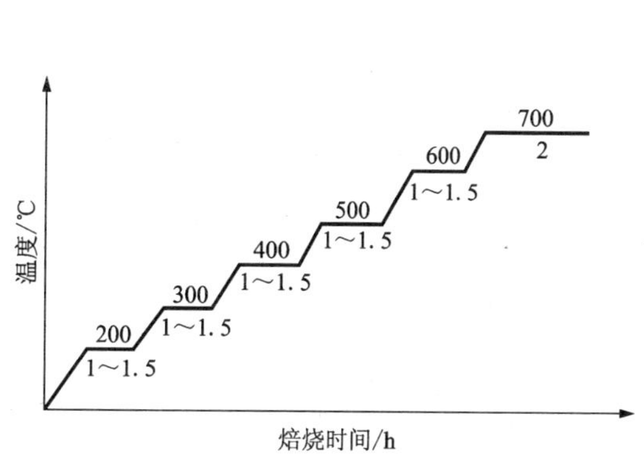

图6－5　石膏型焙烧工艺

(5)合金熔炼及浇注

①合金熔炼。石膏型精密铸造以铝合金为主，一般适用于砂型铸造的铝合金亦能用于石膏型精铸，其中以铝硅类合金用得最多。为获得优质的铝铸件，一定要采用最有效的精炼除气工艺和变质处理方法。

②浇注工艺参数。金属液的浇注温度和石膏型温度两者应合理配合，以取得优良的铸件质量，石膏型温度 可控制在150℃～300℃，铝合金浇注温度一般可低于其他铸造方法，控制在700℃左右，对大型薄壁铸件浇注温度可适当提高。

③铸件清整。对大型复杂薄壁铝精铸件必须进行大量细致的清理、修补和校正等工作。

6.2 陶瓷型铸造

[学习目标]

1. 掌握陶瓷型铸造的工艺过程、工艺特点及应用范围；

2 掌握陶瓷型铸造的工艺设计过程。

鉴定标准： 应知：陶瓷型精密铸造的分类及所用造型材料；应会：根据铸件的特点能够合理地编制陶瓷型铸造工艺。

教学建议： 尽可能采用理论实践一体化教学，也可以采用多媒体教学。

6.2.1 概述

(1) 陶瓷型铸造的实质

陶瓷型铸造是在砂型熔模铸造的基础上发展起来的一种新工艺。陶瓷型是利用质地较纯、热稳定性较高的耐火材料作造型材料；用硅酸乙酯水解液作黏结剂，在催化剂的作用下，经灌浆、结胶、起模、焙烧等工序而制成的。

采用这种铸造方法浇出的铸件，具有较高的尺寸精度和较细的表面粗糙度，所以这种方法又叫陶瓷型精密铸造。

陶瓷型的制造方法可分为两大类，一类是全部采用陶瓷浆料制造铸型法；另一类就是采用底套（相当于砂型的背砂层）表面再灌陶瓷浆料以制陶瓷型的方法。底套又分砂套和金属底套两种：

陶瓷制造：
- 全部用陶瓷浆料制造的陶瓷型
- 带底套的陶瓷型：
  - 砂底套
  - 金属底套

①全部以陶瓷浆料制造的陶瓷型。小型陶瓷型铸件，常采用全部以陶瓷浆料制造的陶瓷型，其造型过程如图 6－6 所示。其步骤是首先将模型固定于型板上，如图 6－6(a)；再套上砂箱，如图 6－6(b) 所示；然后将预先调好的陶瓷浆料倒入砂箱，如图 6－6(c)；将上表面刮平，等待结胶硬化，如图 6－7(d)；待浆料一旦出现弹性即可进行起模，如图 6－6(e)；随即点火喷烧，吹压缩空气助燃，如图 6－6(f)，待火熄灭后，移入高温炉中焙烧即成所需的陶瓷型。

②带底套的陶瓷型。因为陶瓷型所用的材料一般为刚玉粉、硅酸乙酯等，这些材料价格较贵；其对于大的陶瓷型铸件，如果全部采用陶瓷浆料造型，成本太高，为了降低成本，应尽量节约陶瓷浆料。此外，为了提高铸件的光洁度和尺寸精度，浆料中所用耐火材料的粒度很细，因此透气性很差，为了改善这一状况，应该使陶瓷型的灌浆层尽量薄。鉴于上述两个原因，生产中常采用带底套的复合铸型，即与液体金属直接接触的面层，灌注陶瓷浆料，而其余部分用砂套或金属套代替。

金属的底套经久耐用，适合于批量大的铸件。金属底套的另一优点是铸出的铸件尺寸精度比砂套的稳定。金属底套的常用材料是铸铁，为了使陶瓷浆料能很好附着在底套上，金属

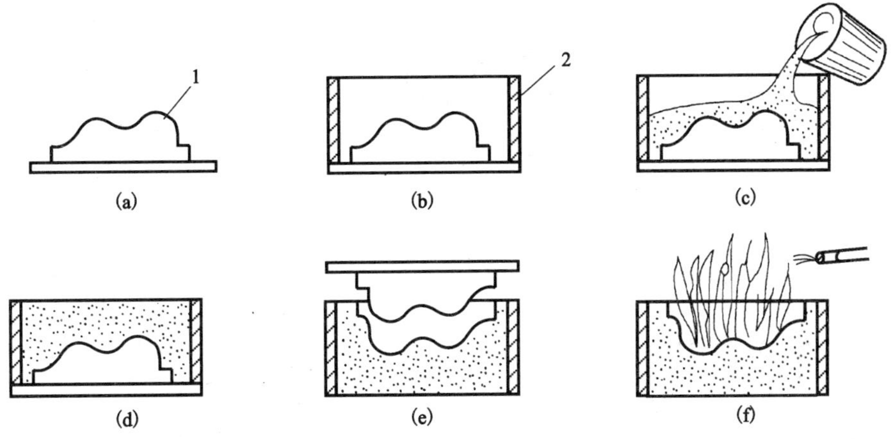

图 6-6　全部采用陶瓷浆料造型过程示意图

(a)模型；(b)准备灌浆；(c)灌浆；(d)结胶；(e)起模；(f)喷烧

1—模型；2—砂箱

底套的表面应做得粗糙些。

目前生产上应用最广泛的是 CO_2 水玻璃砂底套陶瓷型。CO_2 水玻璃砂底套有强度高，透气性好和制作简便的优点。其制作过程如图 6-7 所示。其特殊之处，在于事先要准备两个模型，一个用于灌陶瓷浆料的铸件模(A 模)，另一个用于制造底套(B 模，其尺寸较 A 模大)。底套上部应有浇注陶瓷浆料的灌浆孔及排气孔。

(2)陶瓷型铸造的优缺点

①铸件的表面光洁。由于陶瓷型采用热稳定性高、粒度细的耐火材料，所用的模型表面又很光滑，故能铸出表面光洁的铸件，像头发丝那样细的纹路也可在铸件上反映出来。陶瓷型铸件的表面粗糙度为 $Ra=1.6\sim12.5\ \mu m$，远高于砂型铸造。

②铸件的尺寸精度高。由于陶瓷型采用灌浆并在陶瓷层处于弹性状态下起模；陶瓷型在高温下变形又小，故陶瓷型铸件尺寸精度较高，可达 CT6 ~ CT8。

③可以铸出大型精密铸件。熔模铸造虽能铸出尺寸精确、光洁度高的铸件，但由于本身工艺的限制，浇注的铸件重量一般都较小，最大件只有几十千克；而陶瓷型铸件最大可达十几吨。

④投资少、投产快，生产准备周期短。陶瓷型铸造的生产准备工作比较简易，不需复杂的设备，一般铸造车间只要添置一些原材料和必要的工艺装备，很快即可投入生产。

陶瓷型铸造虽有很多优点，但也存在不少缺点，例如原材料价格昂贵，由于有灌浆工序，不适于浇注批量大、重量轻、形状较复杂的铸件，且生产工艺过程难于实现机械化和自动化。

(3)陶瓷型铸造的使用范围

目前陶瓷型铸造已成为铸造大型厚壁精密铸件的重要方法，它广泛地用于铸造冲模、锻模，玻璃器皿模，金属型，压铸型，模板，热芯盒等。除能大量节约加工工时外，其使用寿命往往接近或超过机械加工的模具。此外，还能用陶瓷型铸造生产一些中型精密铸钢件。

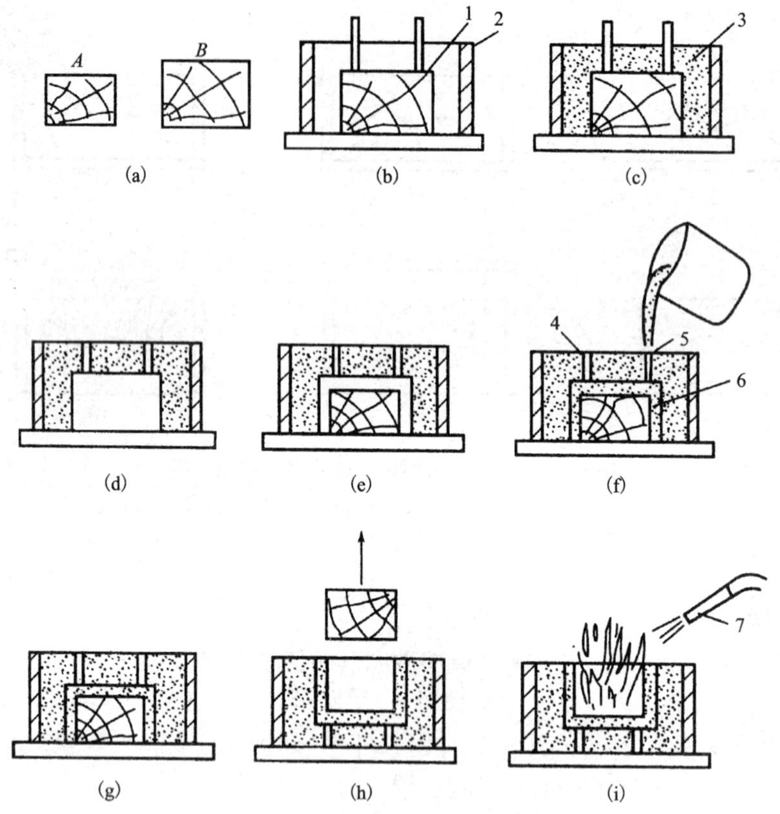

图 6-7　采用水玻璃砂套的陶瓷型造型过程

(a)模型；(b)准备造型；(c)填充水玻璃砂；(d)水玻璃砂底套；
(e)准备灌浆；(f)灌浆；(g)结胶；(h)起模；(i)喷烧
1—模型；2—砂箱；3—水玻璃砂；4—排气孔；5—灌浆孔；6—陶瓷浆；7—空气喷嘴

6.2.2　陶瓷型铸造工艺

(1)陶瓷型铸造的工艺流程

陶瓷型铸造的工艺流程如图 6-8 所示。

(2)陶瓷型所用的造型材料

陶瓷型所用的造型材料包括耐火材料、黏结剂、催化剂、脱模剂、透气剂等。

①耐火材料。陶瓷型所用的耐火材料要求杂质少、熔点高、高温热膨胀系数小。可作陶瓷型的耐火材料有刚玉粉、铝矾土、碳化硅及锆砂粉等。这些耐火材料的物理化学性质及规格，可参阅本书第一章。

②黏结剂。陶瓷型常用的黏结剂是硅酸乙酯水解液。为了防止陶瓷型在喷烧及焙烧阶段产生大的裂纹，在水解时往往还要加入 0.5% 左右的醋酸或甘油。

③催化剂。硅酸乙酯水解液的 pH 值通常为 0.2 ~ 0.26，其稳定性较好，故当其与耐火粉料混合成浆料后，并不能在短时间内结胶。为了使陶瓷浆料能按所要求的时间结胶，必须加入催化剂。陶瓷浆料所用的催化剂有氢氧化钙、氧化镁、氢氧化钠以及氧化钙等。

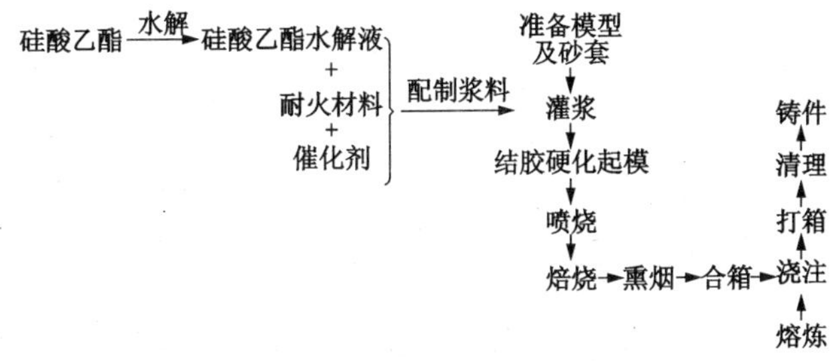

图6-8　陶瓷型铸造的工艺流程

通常用氢氧化钙和氧化镁（化学纯）作催化剂，它们加入方法简单，易于控制。其中氢氧化钙的作用较强烈，氧化镁则较缓慢。加入量随铸型的大小而定。对于大件，氢氧化钙的用量每100 mL水解液约为0.35 g，其结胶时间为8～10 min；中小件用量为0.45 g，其结胶时间为3～5 min。

④脱模剂。硅酸乙酯水解液对模型的润湿性很强，因此在造型时，为了防止黏模，损害型腔表面质量，需用脱模剂以使模型与陶瓷浆料表面容易分离。

常用的脱模剂有上光蜡，变压器油，机油、有机硅油及白凡士林等。上光蜡与机油同时使用效果更佳。使用时应先将模型表面擦干净，用软布蘸上光蜡，涂成均匀薄层，然后用干燥软布擦至匀净光亮，最后再用布蘸少许机油涂擦均匀，即可进行灌浆。

⑤透气剂。陶瓷型经过喷烧后，虽然表面能形成无数显微裂纹，在一定程度上增进了铸型的透气性，但与砂型比较，它的透气性还是很差的，故须向陶瓷浆料中加入透气剂以改善陶瓷型的透气性。

生产中常用的透气剂是双氧水，加入后双氧水迅速分解放出氧气，形成微细的气泡，使陶瓷型的透气性提高。双氧水的加入量为耐火粉料重量的0.2%～0.3%；双氧水的规格为H_2O_2>29%（化学纯）。其使用量不可过多，否则会使陶瓷型产生裂纹、变形及气孔等毛病。使用双氧水时，应注意安全，不可接触皮肤，以防灼伤。

（3）陶瓷浆料的配制与灌浆

①耐火材料的选择。在铸造尺寸和光洁度要求高的合金钢锻模、压铸型、玻璃器皿模具时，应采用耐高温的、热稳定性好的刚玉粉、锆砂粉或碳化硅作为陶瓷型浆料的耐火材料。对于铸铁件或铝铸件可采用价格较便宜的铝矾土或石英粉作为耐火材料。

正确选择耐火材料的粒度组成，对于提高陶瓷型的表面光洁度、尺寸精度和强度，防止铸型裂纹都有十分重要的作用。生产实践证明，陶瓷层的紧实度愈高，它的质量愈好，因此，陶瓷浆料中的耐火材料都是由几种不同粒度的粉状物所组成，通常选择的原则是：小件、光洁度要求高的铸件，粒度细的耐火材料多用一些，反之，则多用一些粒度粗的耐火材料。

②浆料的配制。耐火材料与硅酸乙酯水解液的配比要适当，如粉料过多水解液少，则浆料太稠，流动性差而无法灌浆，即使勉强成型，铸型上也易产生大的裂纹；如粉料太少而水解液多，则浆料太稀，灌浆后容易出现分层，浆料硬化时收缩大强度低，并且浪费水解液。

不同耐火材料所需水解液的比例也不同，耐火材料与水解液的配比可按表6-6选择。

表 6-6　耐火材料与水解液的配比

耐火材料种类	耐火材料/kg∶水解液/L
刚玉粉或碳化硅粉	2∶1
铝矾土粉	10∶(3.5～4)
石英粉	5∶2

配陶瓷浆料时，一般都是先用量杯量好水解液，然后缓缓倒入称好并混有催化剂的耐火粉料，边倒边搅，使耐火粉料与水解液混合均匀，当混合料出现结胶的迹象时，就立即进行灌浆。

开始结胶的时间与灌浆的时间对陶瓷型质量有很大的影响。催化剂含量和室温对结胶时间也有影响。灌浆过迟过早都不好。过迟，浆料可能在容器里结胶，过早，浆料易在型腔内分层，影响质量。开始结胶的时间可通过预配小样测定。

③灌浆。灌浆时，浆料倒入速度不应过快，以防卷入空气，最好边灌浆边振动，以排除浆料内的气体。

配料时陶瓷浆料的用量计算，耐火粉料及硅酸乙酯水解液的价格昂贵，如浆料配制过多，将造成浪费；如配料过少，则由于浆料不足而陶瓷型报废，这样造成的浪费更大。为了避免上述情况，故事前须概略地对陶瓷浆料的用量进行估算。

陶瓷型浆料需要量可根据下式进行计算。

$$Q = F \cdot h \cdot \gamma \tag{6-1}$$

式中　Q——所需陶瓷浆料的重量(kg)；

F——铸件模型的表面面积(m^2)；

h——灌浆层的厚度(m)；

γ——浆料的重度(N/m^3)。

为了简便起见，实际计算，常取 $\gamma = 2\ N/m^3$，则上式简化为 $Q = 2F \cdot h$ 算出浆料的重量，即可进而确定耐火粉料与硅酸乙酯水解液的用量。

(4)起模

灌浆后的陶瓷型经结胶、固化等阶段，在结胶开始后尚不能立即起模，因这时陶瓷型的强度还很低，容易损坏。一般在结胶后 5～15 min，待陶瓷层稍有弹性时，起模效果最好。起模时先将浇注系统、通气棒取出，然后垂直取出母模(不可敲动)，起模后应立即进行点火喷烧，否则易产生裂纹，如果采用气化模，则不需起模即可喷烧。

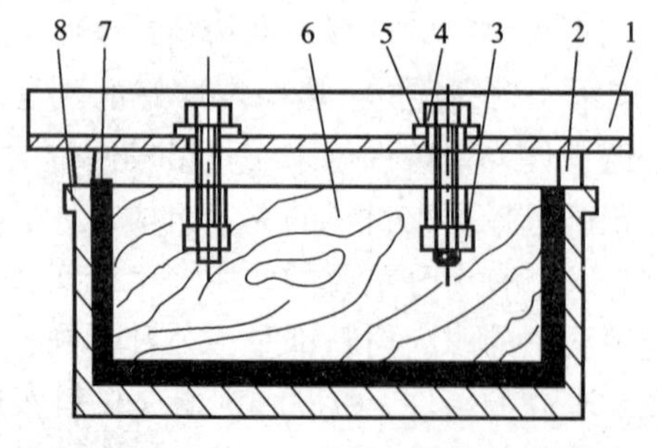

图 6-9　螺栓起模工具

1—角铁；2—垫块；3—螺母；4—起模螺栓；5—垫块；6—模样；7—陶瓷型；8—砂套

从陶瓷型中取出模样有时需要较大的力量，手工起模困难，生产中常用一些工具辅助起模，图 6-9 示出了一种螺栓起模的工具，同步拧动螺栓便可实现起模。

(5)喷烧

起模后应立刻点火并吹压缩空气进行喷烧，使型腔表面的乙醇同时燃烧起来。由于乙醇的挥发与加热，而使陶瓷型的表面有一定的强度和硬度。此外，还由于喷烧的结果，使型腔表面形成无数网状显微裂纹，它们不仅不会影响铸件的表面粗糙；相反却能提高陶瓷型的透气性和型腔尺寸的稳定性。

(6)焙烧

焙烧的目的是使陶瓷型内残存的乙醇、水分及少量的有机物烧去，并使陶瓷层的强度增加。

全部由陶瓷浆料灌制的陶瓷型，焙烧温度可高达800℃，焙烧时间2～3 h，出炉温度应在250℃以下，以防产生裂纹。

带有水玻璃砂套的陶瓷型，焙烧温度(烘干)在350℃～550℃。

浇注钢铸件时，陶瓷型铸件表面会生成一层脱碳的氧化皮及黏砂层，为了避免这种毛病，在合箱前，表面最好用乙炔焊枪熏上很薄一层炭黑，这样效果较好。

(7)浇注与清理

陶瓷型浇注时一定要注意挡渣。浇注温度与浇注速度可比同类型的砂型铸件稍高，这样有利于获得轮廓清晰的铸件。陶瓷型铸件最好待冷却至室温时再开箱，以防止铸件产生裂纹和变形。

6.3　V法造型

[学习目标]

1. 了解V法造型的工艺装备，即真空系统及造型系统；

2. 掌握V法造型工艺过程各个步骤及其内容。

鉴定标准：应知：V法造型的实质、特点及应用。应会：1. 根据铸件特点能够合理地选用V法造型工艺；2. 能够合理地编制V法造型工艺。

教学建议：尽可能制作动画帮助学生理解V法造型工艺过程，也可以采用录像教学。

6.3.1　概述

(1)V法造型的实质

V法造型即V法(V－Process)，是一种真空密封造型铸造法，又称负压造型(Vacuum Sealed Molding)。这是一种全新的物理造型法，它是依靠铸型内部和大气压差将干散的砂粒紧固在一起，保持一定的形状，得到具有一定强度的铸型。V法造型的工艺过程见图6－10。图6－10(a)将预先加热好的塑料薄膜在负压作用下，吸贴到模样、模板的整个表面上，然后在薄膜上均匀地喷上快干涂料。图6－10(b)将带有抽气室的砂箱放上。图6－10(c)充填不加黏结剂、水分及附加物的干砂，边加砂边微微振动，以保证干砂填满砂箱。刮平，并在砂箱顶部覆盖塑料膜，通过砂箱箱壁抽真空。图6－10(d)翻箱、起膜，由于大气压力的作用，塑料薄膜均匀的贴在砂箱上，而使型砂处于紧实状态，取出模样。图6－10(e)合型。铸型的负压状态一直维持到浇注、铸件凝固完成后。负压解除后，铸型自行溃散，可方便从铸型干砂中取出铸件。

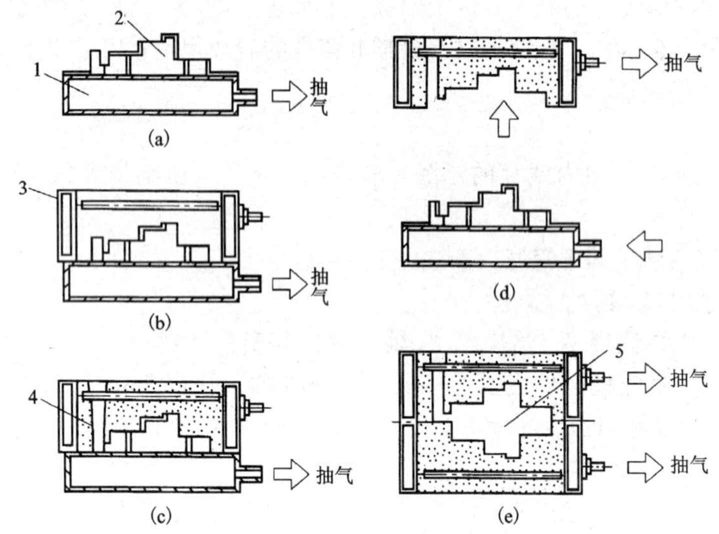

图 6－10　V 法造型工艺过程示意图

(a)覆盖塑料薄膜；(b)套砂套；(c)加砂、造型；(d)起膜；(e)合箱

1—吸气箱；2—模样；3—砂箱；4—砂；5－型腔

(2)V 法造型特点

V 法造型具有以下优点：

①干砂造型，简化了砂处理，旧砂回收率达到 95% 以上；

②在模样表面覆盖薄膜，模样不与砂型直接接触，便于起模，模样起模斜度很小或没有，提高了铸件尺寸精度，减少了对模样的磨损；

③在负压下浇注，金属液流动性好，可浇出 2 ~ 3 mm 的薄壁铸件；

④不必采用振动落砂等设备，改善了车间环境；

但是，V 法造型同时也存在着以下缺点：操作复杂，小铸件造型生产率不高；从造型、合型、浇注直到铸件落砂，都要对铸型保持负压，这对机械化流水生产带来一定困难；另外，塑料薄膜的伸长率和成形性的限制，影响该法应用范围的扩大。

(3)应用范围

用于生产中等大小、形状简单较精密的铸件，可用于铸铁、铸钢和非铁合金、各种批量生产中。

6.3.2　工艺装备

图 6－11 为 V 法造型所用工艺装备。

(1)真空系统

真空系统由真空泵 2，电动机 1，真空表 3、5，滤气罐 4，分配罐 6 和抽气支管 7 等组成。真空泵常用水环式真空泵，为防止粉尘进入泵内，在泵前装有一滤气罐。

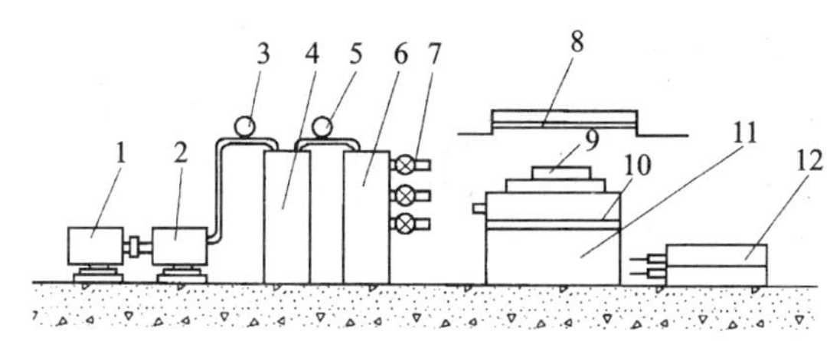

图6-11　V法造型工艺装备示意图

1—电动机；2—水环式真空泵；3、5—真空表；4—滤气罐；6—分配罐
7—抽气支管；8—薄膜烘烤器；9—模样；10—模板；11—微震台；12—砂箱

(2)造型系统

①型板及模样。模样装在型板上，模板底部装在抽气箱上，见图6-12。模样做成空心的，为增加模样强度和刚度，内部应设加强筋。一般情况下，模样不留或少留起模斜度，斜度一般为1/100～1/80。模样和型板上均开设了通气孔与抽气箱相通，通气孔直径0.2～2 mm，孔距20～50 mm。

模样结构对吸膜的成型性有重要影响，可根据情况分别采用辅助成型、局部预成型和局部强化抽真空吸膜成形。对模样深凹槽处，覆面膜时可人工用一块木板或泡沫塑料的压块将面膜压向深凹处，再接通真空吸覆面膜，此法称为辅助成形，可使模腔成形深度增加1～2倍。对于浇冒口等可预先包裹塑料薄膜再用胶带缠绕固定，称局部预成形法。而对某些难以吸膜成形的凹腔部位，可在模样上采用强化抽真空结构，见图6-12，在难成形的3区型腔背后单独设置一抽气室，并设一专用抽气道，覆薄膜时该处先抽气，以强化其吸膜，便于成形，称局部强化抽真空吸膜成形。

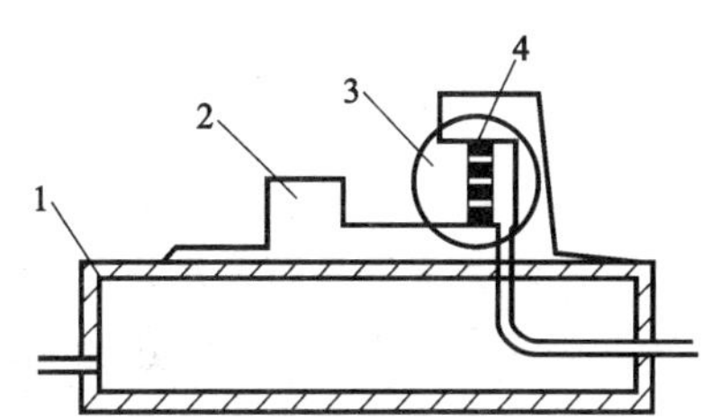

图6-12　局部强化抽真空示意图

1—抽气箱；2—模样；
3—局部强化抽真空部分；4—局部抽真空气道

②微振振实台。可用可调式电磁振动器。

③薄膜烘烤器。可使用远红外线板作加热元件，效率高，也可用火焰或电阻元件加热远红外线板烘烤。

6.3.3　V法造型工艺

(1)干砂

V法造型用干砂应具有良好的流动性，以便各处充填紧实，保证铸型各处有较好的强度。整个浇注成型过程均在负压下进行，铸型不存在透气性不足的问题。一般多使用硅砂，粒形为□-○的硅砂、70/140筛号的硅砂，砂粒集中度应≥85%，水的质量分数≤0.5%。

(2)塑料薄膜

塑料薄膜分为铸型内表面用的面膜和铸型背面用的背膜。

V法造型使用的塑料薄膜应有足够的强度和伸长率，特别是面膜伸长率要好，方向性要小，对加热温度不敏感，能满足较复杂形状成型的要求。另外燃烧发气量要少，不污染环境；

价格合理。

一般使用EVA塑料薄膜，厚度为0.05~0.2 mm。薄膜成形时的完全塑性变形是避免铸造缺陷、提高铸件表面质量的一个重要因素。成形后若残留有弹性，在浇注时薄膜的灼破处就会迅速扩大，使较大的砂面裸露出来，从而造成塌箱、铸件夹砂或边角轮廓不清楚等缺陷。

(3)涂料

为防止在负压下浇注时，金属液渗透到干砂中，引起黏砂缺陷，涂料应对EVA塑料薄膜有良好的附着性；并迅速干燥，形成致密而牢固的膜；有足够耐急热急冷性和良好的高温性能。

一般耐火材料选用石墨粉、硅石粉、锆石粉等，黏结剂选用酚醛树脂、松香或其组成的复合黏结剂，溶剂可使用工业酒精。铸铁用涂料的性能见表6－7。涂层厚度一般为1~1.5 mm。

表6－7 铸铁用涂料的性能

密度/($g \cdot cm^{-3}$)	pH值	黏度/s	悬浮性/%	发气量/($cm^3 \cdot g^{-1}$)
1.30~1.50	7~8	≥18	≥90	≤120

(4)浇注及出气系统

V法造型金属液浇注充型不能太慢，否则会造成铸型塌陷。一般浇注时间在40~120 s为宜，时间超过180 s，铸型坍塌将达到90%。

为使金属液平稳充型和防止金属液对型腔塑料薄膜的喷射冲刷，浇注系统宜采用半封闭式的，浇道截面积比例为$A_{内}:A_{横}:A_{直}=1:(1.5\sim2):(1\sim1.3)$。

浇注初期铸型没有透气性，应设置出气孔将型腔内的空气和塑料薄膜燃烧产物向外排出。浇注中铸型表面的薄膜渐渐消失，型腔内的空气及产生的燃烧物有可能被型砂吸收，使型腔与型砂压力趋于相等，造成铸型坍塌，有出气孔就能防止这种现象产生。因此，在铸型最高处、次高处或重要部位应设出气孔。出气孔常以冒口形式存在，单个断面积通常大于内浇道总面积的一半，以圆形居多。

(5)浇注温度

浇注温度高对成型有利，但不利于提高铸件力学性能。实践中可根据铸件模数和砂铁比来确定浇注温度。铸件模数$M=0.36$ cm，浇注温度选1240℃；模数$M=0.29$ cm，浇注温度选1280℃。或一般铁砂比在6.5~7之间，浇注温度选1280℃~1310℃；铁砂比4:4.5时，浇注温度选1200℃~1220℃。

(6)负压及保压时间

V法负压度一般大于0.04 MPa，负压应保持到铸件凝固为止。保压时间应根据金属的结晶特性、铸件重量及形状来确定。

(7)铸件开箱落砂时间

一般铸件温度在700℃左右就可开箱落砂。

6.4 连续铸造

[学习目标]

1. 熟悉连续铸造的基本过程、特点及应用；

2. 了解连续铸锭及连续铸管工艺。

鉴定标准：应知：连续铸锭及连续铸管工艺分类、特点及应用。应会：根据铸件的特点能够合理地选用并编制连续铸造工艺。

教学建议：尽可能到相关企业进行实际参观或观看视频资料。

6.4.1 概述

(1)连续铸造的基本过程

连续铸造是一种先进的铸造方法，其原理是将熔融的金属，不断浇入一种叫做结晶器的特殊金属型中，又不断地从金属型的另一端连续地拉出已凝固或具有一定结晶厚度的铸件。当铸件从金属型拉出达到一定长度时，可以在不间断浇注的情况下，将铸件切断；也可以在逐渐达到一定长度时，停止浇注，以获得一定长度的铸件。

(2)连续铸造的特点

连续铸造和普通铸造比较有下述优点：

①由于金属被迅速冷却，结晶致密，组织均匀，力学性能较好；

②连续铸造时，铸件上没有浇注系统和冒口，故连续铸锭在轧制时不用切头去尾，节约了金属，提高了工艺出品率；

③简化了工序，免除了造型及其他工序，因而减轻了劳动强度；所需生产面积也大为减少；

④连续铸造生产易于实现机械化和自动化，铸锭时还能实现连铸连轧，大大提高了生产效率。

(3)连续铸造的应用

连续铸造被用于生产钢、铁、铜合金、铝合金等断面形状不变的长铸件，如铸锭、板坯、棒坯、管子和其他形状均匀的长铸件。

6.4.2 连续铸锭工艺

根据结晶器在空间的布置特点，可把连续铸锭分为两类：立式连续铸锭、卧式连续铸锭。

(1)立式连续铸锭

图 6－13 是立式连续铸锭过程示意图。结晶器 1 的轴线是垂直而立的，结晶器内通着冷却水。浇注开始前，引锭 5 封住结晶器 1 的下口。浇入金属液后，一方面金属液面上升，同时与结晶器接触的金属液开始凝固，形成液穴 2。当结晶器下部的金属已凝固到一定厚度硬壳时，引锭 5 开始下移，从结晶器中拉出已凝固的铸锭 4，再经过二次结晶 3 进一步得到冷凝，此时，结晶器上部仍继续以一定的速度浇注金属，以保证结晶器内金属液自由表面高度

不变。

为减小凝固铸锭从型中拔出时遇到的阻力，在工作时结晶器常作一定频率和振幅的上下振动，并沿结晶器内壁刷油，让油燃烧在结晶器内壁上形成一层油烟以起润滑作用。

结晶器内金属液散热方向为向四周和往下，故铸锭上部和中心形成液穴。铸锭拔出速度越快，铸锭下部散热的条件越差，则铸锭中形成的液穴会越长。液穴太长会使铸锭中心部位形成缩孔。为了缩短液穴，也为了提高生产效率，故常在结晶器的下部安装喷水冷却的二次冷却区，以加强从结晶器中拉出的铸锭冷却。

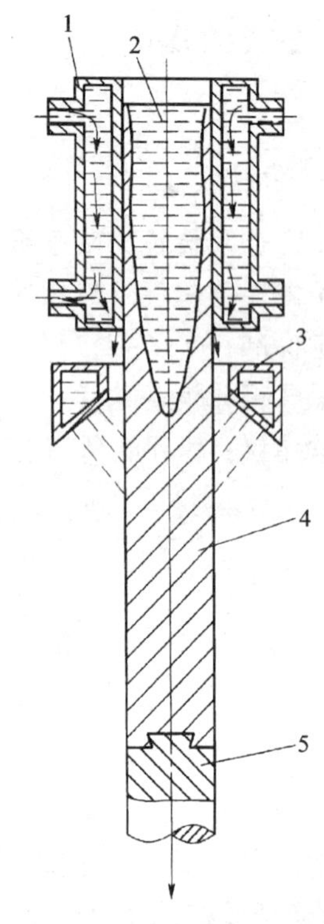

图 6－13　立式连续铸锭过程示意图

1—结晶器；2—液穴；3—二次冷却；4—铸锭；5—引锭

立式连续铸锭常用来生产钢、铝和铜锭材。一般这类连续铸造产品的产量很大，如一台钢坯连续铸造机年产可达几十万吨至上百万吨。

(2)卧式连续铸锭

图 6－14 是卧式连续铸锭过程示意图。浇包将金属液浇入保温包 9 中，让包内液面保持一定高度，在保温包下方安装着水冷结晶器 8，金属液与水冷结晶器 8 中事先置入型腔的引锭头前端的螺钉铸合，金属液在结晶器 8 中凝固一定时间，待凝固层有一定厚度时启动牵引机 7。牵引杆按步进方式一步一歇地将金属型材 4 拉出、引入牵引机 7。金属型材 4 按牵引机 7 的节奏不停向前运动形成连续生产。同步切割机 2 将金属型材 4 顶部切槽，经过压断机 3 时型材被折断，出线装置 5 将已折断的型材推送出生产线。

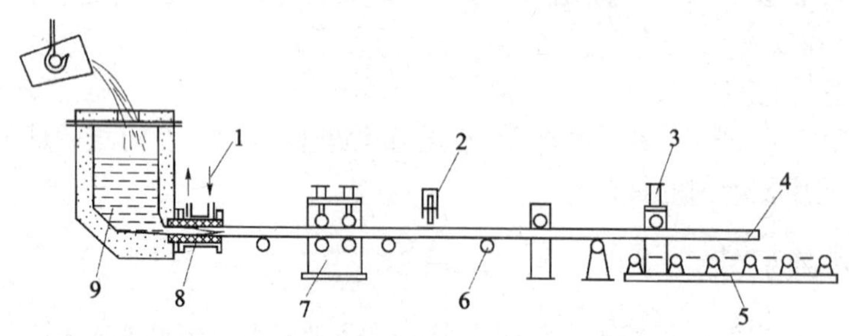

图 6－14　金属型材卧式连续铸锭工艺简图

1—冷却水；2—切割机；3—压断机；4—金属型材；5—型材出线装置；6—支撑辊；7—牵引机；8—结晶器；9—保温包

卧式连续铸锭厂厂房高度较低，机器均设在地面，结构简单，易于维修，可节省基建投资。同时结晶器设在保温包下方，保证了纯净金属液进入结晶器，防止了氧化夹杂缺陷。

该法常用于生产紫铜锭、铜合金锭、铝合金锭及铸铁坯件等，铸锭直径由几十毫米至 500 mm，也可用于生产中空厚壁管、板材及线材等。一台机器的年产量可达数千吨，如所生产的铸铁型材有 HT150、HT200、HT250、HT300、QT450－10、QT500－7 等牌号，灰铸铁型材表面层为细小的 D 型石墨，球墨铸铁的石墨球细小圆整，综合力学性能好。该法将逐步替代砂铸方法生产棒坯材料及等截面铸件。现铸铁型材已在液压、机床、动力、冶金、纺织、印刷、运输及通用机械等行业得到广泛应用。

6.4.3　连续铸铁管工艺

（1）连续铸铁管基本工序

连续铸管是连续铸造主要产品之一，是将金属液连续浇注到由内、外结晶器组成的水冷金属型中，成形凝固，并被连续拉出。它技术要求低，设备简单，但铸管质量比离心铸管差，目前广泛用于灰铸铁管的生产。铸铁管的品种有承插管（自来水管及煤气管），法兰管（农业排灌及工业用管），薄壁管及小直管等。各种管的形状如图 6－15 所示。目前国内生产的连铸管内直径为 30～1200 mm。

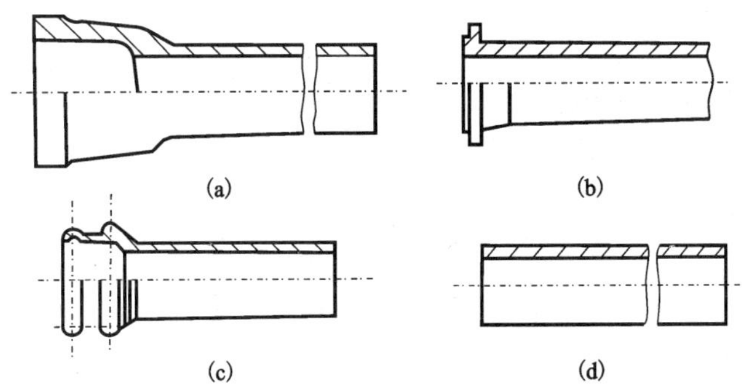

图 6－15　连续铸管的结构图

（a）承插管；（b）法兰管；（c）薄壁管；（d）小直管

连续铸管的方法是将铁水浇入内外结晶器之间的间隙中（间隙大小即铸管的壁厚），结晶器上下振动，从结晶器下方，不断地拉出管子。在拉管过程中，管子通过结晶器下口时，必须有一定厚度的凝固层 δ（图 6－16），使其能承受拉力和内部铁水的压力，否则将会造成拉漏的现象。上述这些工艺要求，都应由连续铸管机加以实现。它由导柱、浇注机构、结晶器及其振动机构，底盘及拉管装置等所组成。

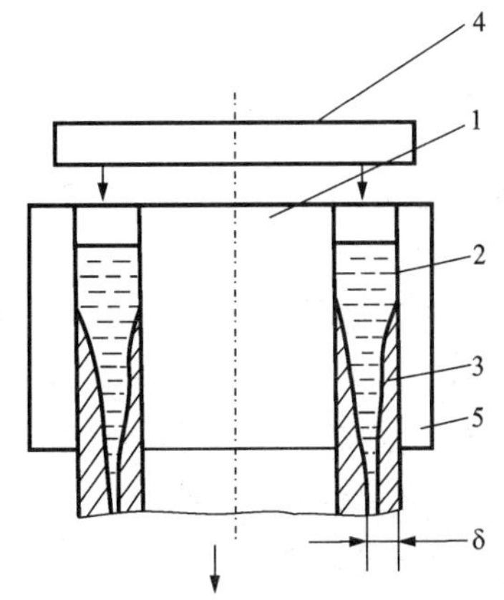

图 6－16　连续铸管凝固示意图

1—内结晶器；2—未凝固层；3—凝固层；4—转动浇杯；5—外结晶器

生产连续铸铁管的基本工序如下：

①安装结晶器，结晶器除油；

②修整和安装中间浇杯、流槽、转动浇杯；

③合型，开车浇注；

④振动，脱模，拉管；

⑤倒管，校管；

⑥热处理（退火、消除应力）；

⑦切头，试压，浸涂沥青。

（2）连续铸管工艺参数

1）铁水的化学成分

普通铸铁管的化学成分，应有利于形成灰口组织和改善铁水的流动性。因此要求其成分接近于共晶成分，即碳当量接近4.3%。

生产中常用的灰铸铁化学成分如表6－8所示：

表6－8 常用的灰铁化学成分（单位：%）

化学成分	C	Mn	Si	S	P
含量	3.5～3.8	0.5～0.8	1.8～2.4	≤0.1	0.3

2）浇注温度

浇注温度不宜过高，温度过高铁水在结晶器内就需要较长的凝固时间，同时对结晶器的使用寿命也不利。因此在不影响铸管质量的情况下，浇注温度应低些。连续铸管的浇注温度一般为1250℃～1370℃，小管取上限。

3）脱模

①脱模时间。由浇注到开始拉管的时间叫脱模时间。脱模时间短，铸件外壁凝固层强度尚低，易被拉断；脱模时间长，铸件易卡住内结晶器。一般适当的脱模时间为24～95 s，小管偏下限。脱模时，结晶器须同时振动。

②脱模温度。脱模温度一般为980℃～1050℃，连续铸管所以能避免产生白口，除控制其化学成分外，主要是在脱模时，铸件内部温度很高它可使铸管外壁温度上升而达自行退火的目的，获得灰口组织。

4）液面高度

铸管时，结晶器铁水液面的高度，一般以距结晶器上沿10～40 mm为宜，这样既可充分利用结晶器的有效高度，又便于观察操作，脱模时的液面高度应比拉管时略低，以避免发生卡管现象。

5）结晶器的水冷

①水压。为使浇入结晶器的铁水迅速凝固和不使结晶器受热过度，结晶器内的冷却水须有较快的流速，故水压不宜过低，一般为$(1.5\sim2.5)\times10^5\text{Pa}$。

②冷却水温差。结晶器的进水和出水的温差小，说明冷却强度大。温差的大小对拉管的速度和结晶器的寿命影响很大。一般温差为6℃～20℃，小管温差取上限。

③水流量。结晶器中水的流量和水压与进出水管径及水隙结构等有关。水量过小会降低冷却强度。一般水的流量可根据进出水的温差是否适当加以调整，其流量为0.1～2.12 m^3/min。

6）拉管速度

拉管的长度与所需时间之比叫拉管速度。它标志着生产工艺水平的高低。拉管的速度与

操作技术、铁水质量和结晶器的工作状况有一定关系，所有能促进凝固的措施，都有利于提高拉管速度。

(3)连续铸管的主要缺陷

1)渗漏

渗漏就是铸管在试水压时有漏水或渗水的现象。漏水多发生在靠承口的一端。漏水处的管壁内多有铁豆、开口气孔或夹杂物等。

产生的原因：

①转浇口安放不正，铁水淋在结晶器上形成铁片或铁豆掉入型腔；

②铁水温度偏低流动性差，开始浇注时，金属液流过小，或双拉管调流不匀而产生冷隔、铁豆及气孔等而造成漏水；

③承口芯子表面清理不净而形成砂眼造成漏水。

2)重皮

在管壁内或外表面形成不熔合或熔合不良的鱼鳞状皮层谓之重皮。

产生的原因：

①在拉管过程中掉入冷的铁片；

②铁水的温度或成分不合要求，铁水流动性过低；

③内结晶器或外结晶器壁破裂或有孔眼，当粘附该处的冷铁片脱落后而形成重皮。

3)沟陷

在管壁内表面形成不连续的纵向凹陷沟槽，沟槽内有时挂有铁片，这种缺陷叫做沟陷。产生原因：

①内结晶器的冷却强度远小于外结晶器时，由于内外层收缩不一致，而形成沟陷；

②拉管速度与铁水凝固速度不相适应，一般拉管速度偏高时，易出现沟陷缺陷；

③内外结晶器不同心，造成管壁不均匀也能产生此类缺陷；

④内结晶器的锥度过大，而使红热的铸管内壁过早地与内结晶器壁脱离而产生较大的空隙，使管壁内层凝固较慢，因此收缩而形成沟陷。

4)白口

管壁断面或表面呈白口组织，质地很脆。

产生的原因：

①铁水成分不当，碳当量过低；

②脱模时间过晚或脱模温度过低，因而达不到管子自行退火的目的而造成白口；

③内外结晶器安装不正，造成壁厚不均匀，冷速不匀，而使局部产生白口。

6.5　低压铸造

[学习目标]

1. 熟悉低压铸造的工作原理及设备的组成及应用范围；
2. 掌握影响低压铸造与差压铸造工艺的主要工艺参数。

鉴定标准：应知：低压铸造的工作原理；应会：根据具体铸件能够初步制定低压铸造工艺

方案。

教学建议：教师采用对比教学法，启发学生分析低压铸造及差压铸造的联系与区别。

6.5.1 概述

(1)低压铸造的实质

低压铸造是使液体金属在压力作用下充填型腔，以形成铸件的一种方法。由于所用的压力较低，所以叫做低压铸造。其工艺过程如图 6－17 所示：在密封的坩埚（或密封罐）中，通入干燥的压缩空气，金属液 2 在气体压力的作用下，沿升液管 4 上升，通过浇口 5 平稳地进入型腔 9，并保持坩埚内液面上的气体压力，一直到铸件完全凝固为止，然后解除液面上的气体压力，使升液管中未凝固的金属液流回坩埚，再由汽缸 13 开型并推出铸件。

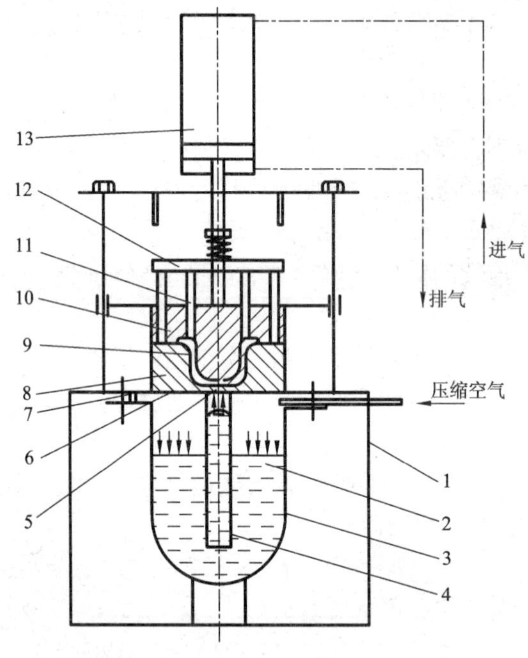

图 6－17　低压铸造工艺过程示意图

1—保温炉；2—液态合金；3—坩埚；4—升液管
5—浇道；6—密封盖；7—石棉垫；8—下型；9—型腔
10—上型；11—顶杆；12—顶杆板；13—汽缸

(2)低压铸造的特点

低压铸造独特的优点表现在以下几个方面：

①金属液充型比较平稳。

②铸件成型性好，有利于形成轮廓清晰、表面光洁的铸件，对于大型薄壁铸件的成型更为有利。

③铸件组织致密，力学性能高。

④提高了金属液的工艺收得率，一般情况下不需要冒口，使金属液的收得率大大提高，

收得率一般可达 90%。

⑤劳动条件好，设备简单，易实现机械化和自动化，也是低压铸造的突出优点。

但也有一些缺点，如要实现低压铸造，总要在装备、模具等方面增加消耗；在生产铝合金铸件时，坩埚和升液管长期与金属液接触，易受侵蚀而报废；也会使金属液增铁而性能恶化。

(3) 低压铸造的应用

低压铸造是在 20 世纪 40 年代第二次世界大战初期开始用于工业生产的，到 20 世纪 60 年代得到重视，获得推广。目前主要用于生产铝合金、镁合金件，如汽车工业的汽车轮毂、内燃发动机的汽缸体、汽缸盖、活塞、导弹外壳、叶轮、导风轮等形状复杂、质量要求高的铸件。在铜合金铸件方面有轴瓦、泵体、船用舵、舵杆、螺旋桨等，最大的螺旋桨重量可达 30 t。在铸铁件方面有大型柴油机的汽缸套、内燃机车曲轴等。曲轴为球墨铸铁件，重量达 1.5 t，长度达 3800 mm。

6.5.2　低压铸造工艺设计

低压铸造所用的铸型，有金属型和非金属型两类。金属型多用于大批量生产的有色金属铸件，非金属铸型多用于单件小批量生产，如砂型、石墨型、陶瓷型和熔模型壳等都可用于低压铸造，而生产中采用较多的还是砂型。但低压铸造用砂型的造型材料的透气性和强度比重力浇注时高，型腔中的气体全靠排气道和砂粒孔隙排出。

为充分利用低压铸造时液体金属在压力作用下自下而上地补缩铸件如图 6－18 所示，在进行工艺设计时，应考虑使铸件远离浇口的部位先凝固，让浇口最后凝固，使铸件在凝固过程中通过浇口得到补缩，实现顺序凝固。常采用下述措施：

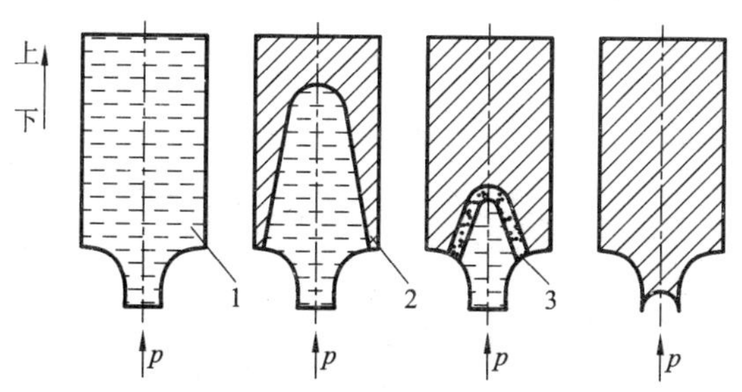

图 6－18　低压铸造时的凝固过程

1—铝液；2—凝固层；3—糊状层

①浇口设在铸件的厚壁部位，而使薄壁部位远离浇口，如图 6－19 所示，这样，厚壁部分就易补缩。如果浇口开在薄壁部位，铸件将会产生缩孔，如图 6－19(b) 所示。为使浇口最后凝固，可扩大浇口的截面积、使其略大于靠近浇口部位热节的截面积。也可在浇口型壁外填以保温材料，或辅以电阻加热。

②用加工余量调整铸件壁厚。如果铸件壁厚比较均匀，可在铸件的上下取不同的加工余量，以调节铸件的方向性凝固，如图 6－20 所示。

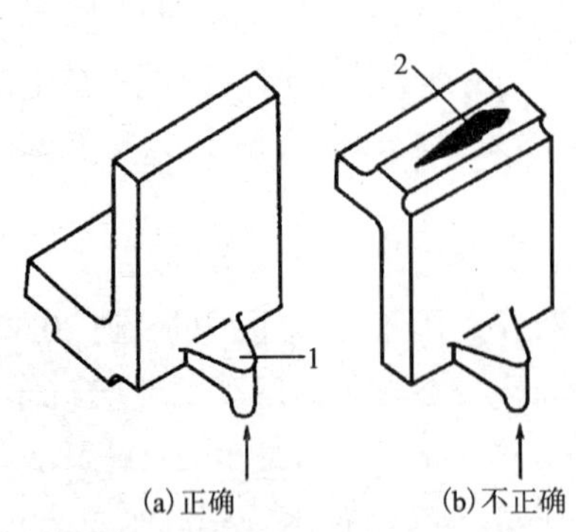

图 6-19　低压铸造浇口开设位置

1—浇口；2—缩孔

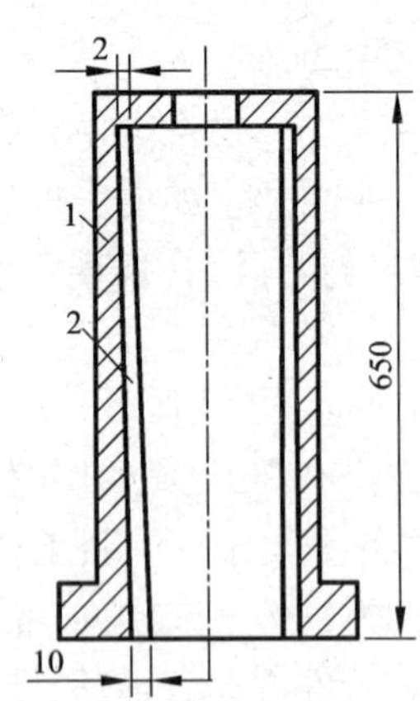

图 6-20　采用不同的加工余量调节铸件凝固顺序

1—铸件；2—加工余量

③改变铸件的冷却条件。对壁厚均匀的铸件，或局部较厚难以补缩的地方，在采用砂型时可用不同厚度的冷铁，如图 6-21(a)所示，创造自上而下的凝固方向；当采用金属型时，可改变金属型壁的厚度，如图 6-21(b)所示。

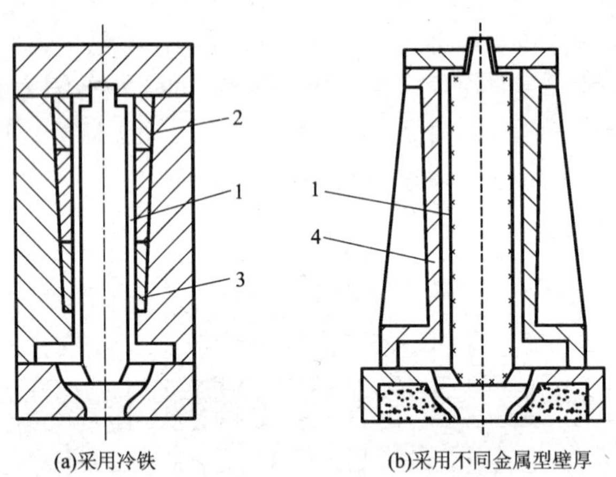

图 6-21　创造铸件顺序凝固的措施

1—铸件；2—厚冷铁；3—薄冷铁；4—金属型

对于壁厚差大的铸件，用上述一般措施难以得到顺序凝固的条件时，可采用一些特殊的办法，如在铸件厚壁处进行局部冷却，以实现顺序凝固，如图 6-22 所示。

其他如改变金属型的涂料层厚度，或采用不同热导率的涂料，也能收到较好的效果。对较大薄壁复杂件，如缸体等，可多开几个内浇道，如图 6-23 所示，以满足补缩的需要，同时也不破坏顺序凝固的方向。

6.5.3　低压铸造工艺规范

低压铸造的工艺规范能直接影响铸件的质量。因此制订正确的工艺，就成了保证铸件质量的先决条件。低压铸造的工艺规范包括充型、增压、铸型预热温度、浇注温度以及铸型的

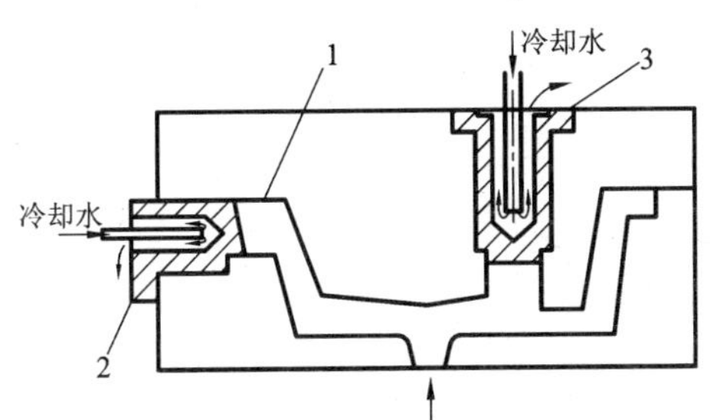

图 6-22　铸件局部水冷创造顺序凝固的条件

1—铸件；2、3—局部水冷装置

涂料等。

(1)充型和增压(加压过程)

低压铸造时，铸型的充填完全是由坩埚中金属液面气体的压力来实现的，所需的压力可参照图 6-24 进行推导。当压缩空气的压力 p(Pa)作用在金属液面上，若型腔对液体金属无阻碍，当液体金属上升 H(m)时，则

$$p=H\cdot\gamma \tag{6-2}$$

式中　γ——液体金属的重度，N/m^3。

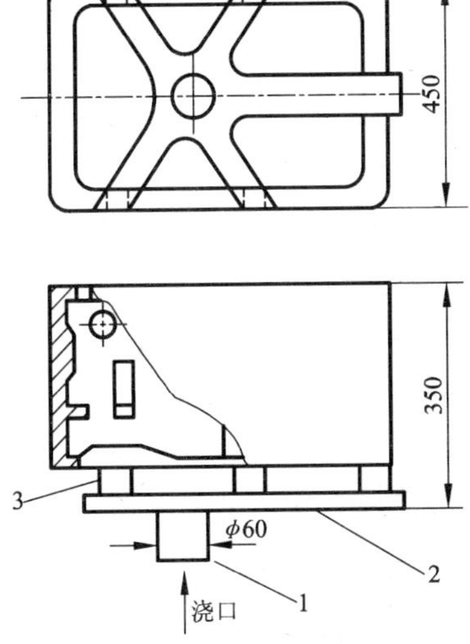

图 6-23　箱体类铸件的浇道分布

1—外浇道；2—横浇道；3—内浇道

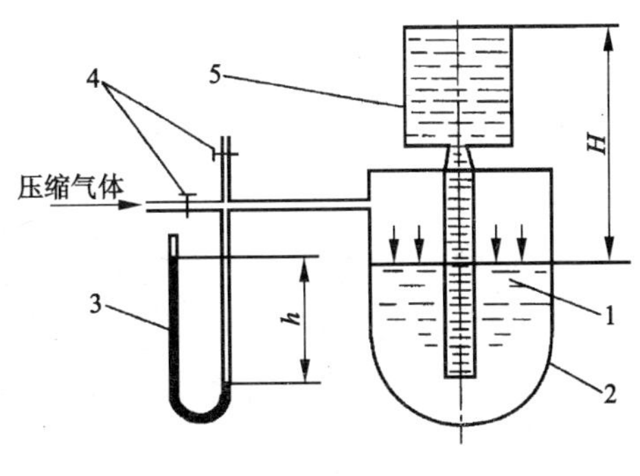

图 6-24　充型压力作用示意图

1—金属液；2—坩埚；3—U 形压力管；4—阀门；5—铸型

但实际生产中，往往由于型腔排气不良和金属流动时所遇的黏度阻力等，会使液体金属上升时受到不同程度的阻碍。因此，上式需加以修正：

$$p=H\cdot\gamma\cdot\mu \tag{6-3}$$

式中　μ——阻力系数，一般在 1～1.5 的范围内。

在低压铸造过程中，为了保证铸件质量、压力的变化一般有如表 6-9 所示的几个阶段，各阶段的压力和加压速度，分别讨论如下。

表 6-9　低压铸造过程中各阶段压力变化

参数 \ 阶段	加压过程的各个阶段				
	$O \sim A$ 升液阶段	$A \sim B$ 充型阶段	$B \sim C$ 增压阶段	$C \sim D$ 保压阶段	$D \sim E$ 放气阶段
时间	t_1	t_2	t_3	t_4	t_5
压力/Pa	$p_1 = H_1 \cdot \gamma \cdot \mu$	$P_2 = H_2 \cdot \gamma \cdot \mu$	P_3（根据工艺要求）	P_4（根据工艺要求）	0
加压时间	$v_1 = p_1/t_1$	$v_2 = (p_2 - p_1)/t_2$	$v_3 = (p_3 - p_2)/t_3$	–	–

1）升液压力和升液速度

升液压力 p_1 是指当金属液面上升到浇口，高度为 H_l 时所需要的压力，从表 6-9 可知，其值为：

$$p_1 = H_1 \cdot \gamma \cdot \mu \qquad (6-4)$$

在浇注过程中 H 将随坩埚中金属液液面下降而增加，对应的 p_1 值也应随之增大。

升液压力 p_1 是在升压时间 t_l 内，逐步建立起来的，加压的速度反映了金属液在升液管内的上升速度。此速度不能太大，以防止金属液自浇口流入型腔时产生喷溅，并使型腔内气体易于排出型外。根据经验，此上升速度一般控制在 150 mm/s 以下。

2）充型压力和充型速度

充型压力 p_2 是指使金属液充型上升到铸型顶部所需的压力。显然，如果充型压力小，铸件就浇不足。按表 6-9 充型压力为

$$p_2 = H_2 \cdot \gamma \cdot \mu \quad \mathrm{N/m^2} \qquad (6-5)$$

式中　H_2——自金属液面至铸型顶部的高度，m。

充型压力 P_2 与升液压力 P_1 的区别就在于金属液到达的高度不同，所需的压强也不同。其次，充型压力与升液压力一样，也随坩埚内金属液液面下降而增大。

在充型阶段，金属液面上的压力从 p_1 升到 p_2，其升压速度就是充型速度，即

$$v_2 = (p_2 - p_1)/t_2 \quad \mathrm{N/m^2 \cdot s} \qquad (6-6)$$

式中　t_2——充型时间，s。

v_2 反映浇注过程中金属液上升的情况。v_2 大则金属液上升快，v_2 小则金属液上升慢。显然它能直接影响铸件的质量。例如当金属液上升太快时，型腔中的气体来不及排除，在型

腔体积减小的情况下，型腔中气体压力升高就会产生反压力。而当反压力等于p_2时，金属液就会停止上升。随着充型压力的继续增加，超过反压力时，金属液才又继续充型，这样会使铸件表面形成“水纹”，从而影响铸件的外观，严重时会造成铸件报废。对于薄壁复杂铸件，充型速度太快，还易产生气泡，形成气孔缺陷。但如果充型速度太慢，又会产生浇不足及冷隔等缺陷。

根据铸件的壁厚、复杂程度以及铸型的导热条件不同，充型速度V_2也不一样。如果采用金属型浇注复杂的铝件，为保证轮廓清晰，在不出现气孔或表面“水纹”的前提下，可采用较大的充型速度。而对于砂型铸造厚大件时，为了确保型腔中的气体顺利排除，可采用较低的充型速度。

3）增压和增压速度

金属液充满型腔后，再继续增压，使铸件的结晶凝固在一定大小的压力作用下进行，这时的压力叫结晶压力p_3，即

$$p_3 = p_2 + \Delta p \tag{6-7}$$

式中　Δp——充型后继续增加的压力。

结晶压力p_3也可由经验公式确定，即

$$p_3 = kp_2 \tag{6-8}$$

式中　k——增压系数，一般在1.3～2.0的范围内。

实践证明：结晶压力愈大，补缩效果越好，最后获得的铸件组织也愈致密。但通过增大结晶压力来提高铸件质量，不是任何情况下都能采用的。例如湿砂型浇注时，结晶压力就不能太大。压力过大不仅影响铸件的表面粗糙度和几何尺寸，甚至会造成铸件黏砂或胀箱。再如金属型低压浇注薄壁叶片类铸件时，由于型壁导热性好，金属液进入型腔很快就凝固，即使增加过大的压力也无意义，所以p_3在不同情况下取值不同。如采用湿砂型时，p_3值一般取39.2～68.6 kPa。在生产特别厚大的铸件或采用金属型与金属芯浇注铸件时，p_3可增到196～294 kPa。

金属液面上的压力也是在一段时间内由p_2增至p_3的，其增压速度V_3可用下式表达：

$$v_3 = (p_3 - p_2)/t_3 \tag{6-9}$$

式中　t_3——增压时间，s。

v_3对于铸件质量也有影响，如用砂型浇注厚壁铸件时，铸件凝固缓慢，若v_3很大，就可能将刚凝固的表面层压破。但如用金属型浇注薄铸件，铸件凝固很快，若v_3很小，增压就无意义。因此增压速度应根据具体的情况选定。一般对于用金属型、金属芯低压铸造时，v_3的取值在10 kPa/s左右，而在干砂型浇注厚壁铸件时，v_3的取值较低，一般在5 kPa/s左右。

4）保压时间

型腔压力增至结晶压力p_3后，并在结晶压力下保持一段时间，直到铸件完全凝固所需要的时间叫保压时间。如果保压时间不够，铸件未完全凝固就卸压，型腔中的金属液将会全部或部分流回坩埚，造成铸件“放空”报废。如果保压时间过长，则浇口残留过长，这不仅降低工艺收得率，而且还会造成浇口“冻结”，使铸件出型困难，或者升液管与浇口接触部分堵塞增加清理工作量，降低生产率，故生产中必须选择一适宜的保压时间。

保压时间与铸件结构、铸型温度、铸型导热、浇注温度等因素有关。一般待铸件凝固后，残留浇口的长度在40 mm左右，或铸件内浇口处无缩孔时，所取的保压时间最适宜，这可通

过试验确定。

根据生产经验还可以总结出铸件质量与保压时间的关系图(见图 6－25)。图中曲线 1 为浇口开在薄处保压时间可以短些；曲线 3 为浇口开在厚处，保压时间可以长些；曲线 2 表示介乎两者之间。

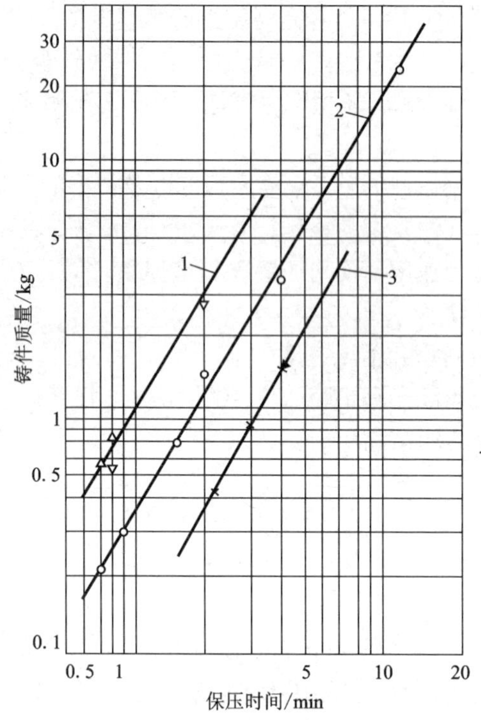

图 6－25　铸件质量与保压时间之间的关系

1—浇口开在薄处；2—浇口开在中等壁厚处；3—浇口开在厚处

从上述分析看到，p_2、v_2、p_3、v_3 等都对铸件质量有影响。因此在实际生产中，应根据铸件和铸型条件正确选择这些参数，常遇到的情况大致有以下三种。

①湿砂型低压铸造。如果用湿砂型浇注薄件(见图 6－26，曲线 1)，在升液阶段，金属液缓慢上升，当金属液已到达浇口后，为了防止铸件产生冷隔或浇不足，常需适当提高充型速度。由于湿砂的强度低，为防止铸件胀砂或机械黏砂，结晶压力不可太高。一般充型后不再快速增压，即 $p_2=p_3$，待铸件在压力 p_2 下完全凝固后卸压。但在湿砂型浇注厚壁铸件时(见图 6－26，曲线 2)充型速度可低些，一般保持金属液在升液管中的上升速度即可，此外，由于铸件壁厚，凝固时间长，因此需较长的保压时间。

②干砂型低压铸造。如用干砂型浇注厚壁铸件(见图 6－27，曲线 1)，由于干砂型强度高，导热性比湿砂型差，可在充型完毕后稍停片刻(15～30 s)，待铸件表面凝固后，再行增压，p_3 可稍大，以保证在较高的压力下结晶凝固，使铸件的厚部能得到补缩。在用干砂型浇注薄壁复杂件(见图 6－27，曲线 2)时，为保证型腔充满，在不产生气孔和夹杂的前提下，尽量提高充型速度。由于壁薄，充型后的保压时间可较短。

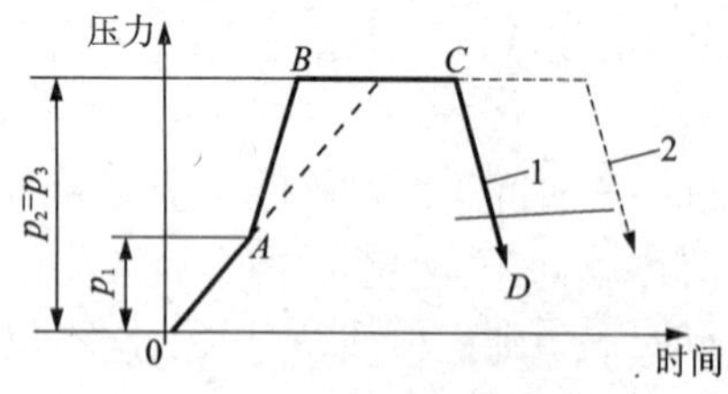

图 6－26　湿砂型低压铸造工艺举例

1—薄件；2—厚件

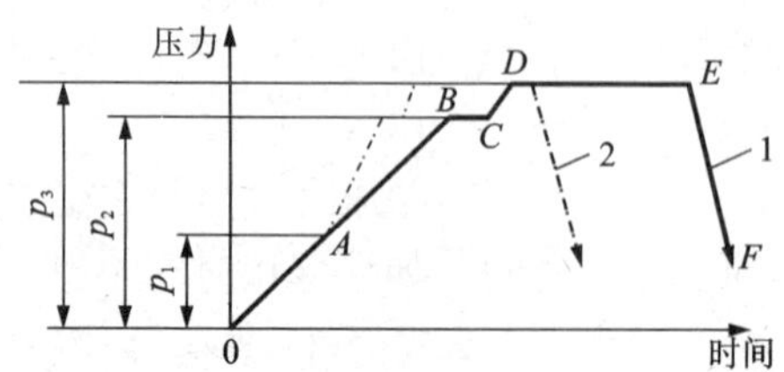

图 6－27　干砂型低压铸造工艺示例

1—厚件；2—薄件

③金属型低压铸造。如果采用金属型和金属芯浇注薄壁铸件(见图6－28，曲线1)，由于金属型冷却速度大并能承受较高的压力，在不产生气孔的前提下，充型速度应尽可能快些。型腔充满后，应急速增压，保证铸件在较高的压力下结晶凝固。若增压不及时，铸件凝固较快，将使铸件得不到较好的补缩。用金属型和干砂芯浇注薄壁铸件时的充型，增压规范与此相同。

金属型低压浇注厚壁铸件(见图6－28，曲线2)时，由于壁厚，型腔容易充满，同时为了让型腔中的气体有充裕时间逸出，充型速度可低些，但保压时间应长些。对补缩或结晶凝固有更高要求的耐压件，结晶压力可由p_3增至p'_3，p'_3可达196～294 kPa(见图6－28，曲线3)。

对一般简单小件，从升液至增压，可用同一升压速度(见图6－29)，压力和升压速度大小视铸件结构、铸型种类而定。

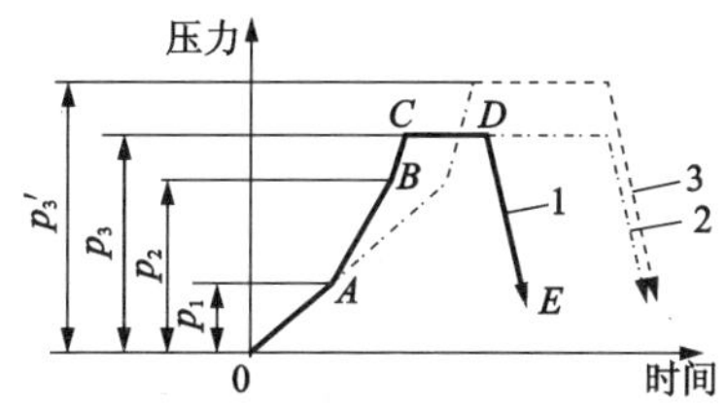

图6－28　金属型低压铸造工艺示例

1—薄件；2—厚件；3—耐压件

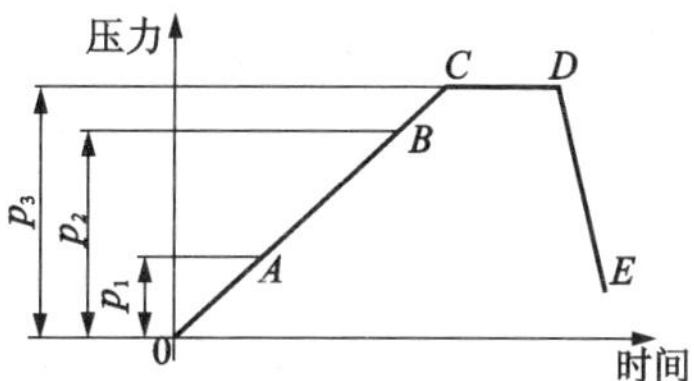

图6－29　一般简单小件低压铸造工艺示例

(2)铸型温度及浇注温度

低压铸造可采用各种铸型，对非金属型的工作温度一般都要求为室温，无特殊要求，而对金属型的工作温度就有一定的要求。如低压铸造铝合金时，金属型的工作温度一般控制在200℃～250℃，浇注薄壁复杂件时，可高达300℃～350℃。

关于合金的浇注温度，实践证明，在保证铸件成型的前提下，应该是愈低愈好，可以使铸件产生缩孔或缩松的倾向减小，得到良好的结晶组织。但温度过低会使合金补缩困难。因此，浇注温度的选择必须根据铸件壁厚确定。由于低压铸造在密封条件下进行，所以温度降低较小，且金属液的充型能力较好，故低压铸造浇注温度可以比重力铸造低10℃～20℃。

(3)涂料

如用金属型低压铸造时，为了提高其寿命及铸件质量，必须刷涂料，对低压铸造金属型涂料的要求和一般铸造金属型的要求相同。涂料应均匀，涂料厚度要根据铸件表面粗糙度及铸件结构来决定。低压铸造所用的干砂芯，为防止机械黏砂也应喷刷涂料，对砂芯涂料的要求与砂型铸造相同。另外，升液管及坩埚在使用前也需喷刷涂料。

6.5.4　低压铸造设备

低压铸造设备一般由保温炉及其附属装置、铸型开合系统和供气系统三部分组成。按铸型和保温炉的连接方式，可分为顶铸式低压铸造机和侧铸式低压铸造机两种类型，如图6－31、图6－32所示。

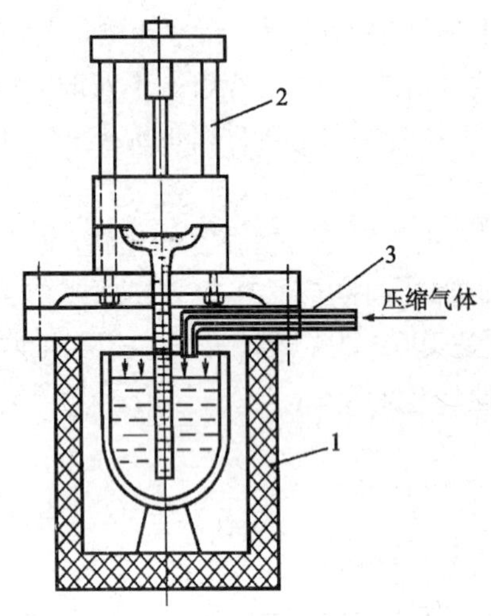

图 6－30　顶铸式低压铸造机示意图

1—电阻加热保温炉；2—铸型开合系统；3—供气系统

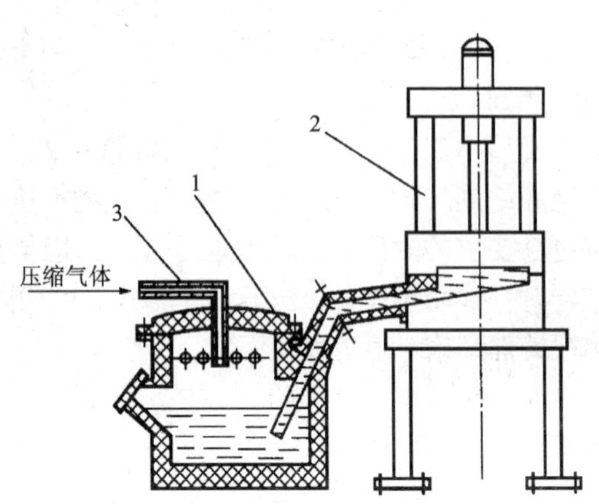

图 6－31　侧铸式低压铸造机示意图

1—电热反射式低压铸造机；2—铸型开合系统；3—供气系统

（1）保温炉及其附属装置

保温炉及其附属装置主要由炉体、熔池、密封盖和升液管等所组成，是低压铸造机的基本部分。

1）保温炉

炉型很多，如焦炭炉、煤气炉、电阻炉、感应炉等，但目前广泛使用的是电阻加热炉，见图 6－30 中的 1 号件；其次是电热反射炉，见图 6－31 中的 1 号件。这类炉子的优点是结构简单，温度控制方便，劳动条件好。保温炉的功率只要能弥补总的散热损失即可。

此外，低压铸造过程中炉体要承受较大的负荷，炉壳必须有足够的刚度和密封性，如图 6－32 所示的电阻加热保温炉是使用广泛的保温炉。

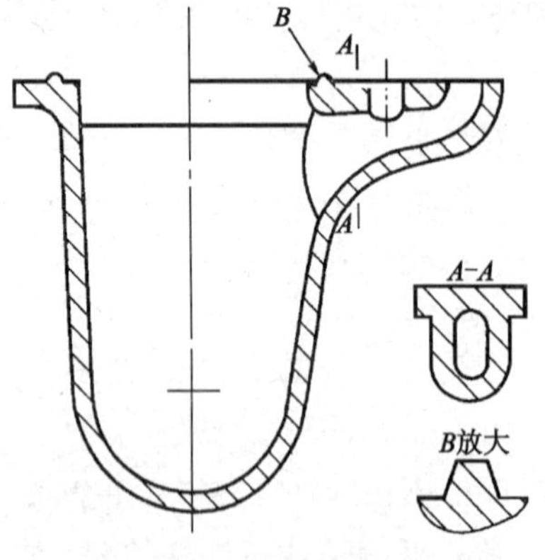

图 6－32　电阻加热保温炉示意图

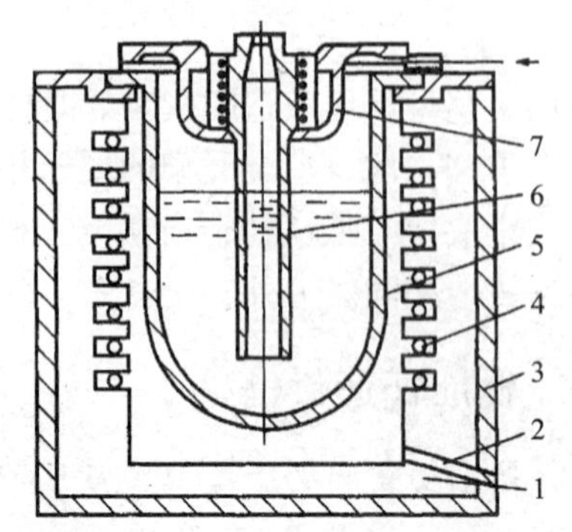

图 6－33　铸铁坩埚结构图

1—炉体；2—排铝孔；3—炉壳；4—电阻丝
5—铸铁坩埚；6—升液管；7—密封盖

在采用如图6－32所示的电阻加热保温炉时，为了补充铝液方便，可采用如图6－34所示的坩埚结构。坩埚除了耐高温外，还要承受压力，因此要求坩埚材料有一定的高温强度、热稳定性及抗铝液侵蚀的能力，一般采用合金铸铁或中硅球铁。坩埚容量主要根据铸件大小、产量和每班次的批量进行计算。

电热反射炉的熔池较大，为了提高效率，必须有较大的加热面积，故熔池不能太深。

为了使铸型开合机架与保温炉连接方便，并使修炉方便，在顶铸式低压铸造机上，可使用移动式的机架，也可将保温炉设计成移动式。但移动式保温炉的加热元件易受震动损坏，必须注意维护。

2）密封盖

电热反射炉的密封盖（炉盖），只承受气体的压力，结构比较简单。但电阻加热炉的密封盖见图6－33中的7号件，工作条件差，要求严格，它需与坩埚密封配合；同时还要与升液管密封配合；在保压和浇注时，它又要和铸型紧密接合，并承受铸型重量及开合型机构的冲击。因此密封盖必须符合下述要求：

①在外力和热作用下不易变形，密封性能良好；

②与升液管接合部分的温度容易控制；

③便于装配，紧固。密封盖材料一般用球墨铸铁或灰铁铸造，不宜用钢材制作。

3）升液管

见图6－33中的6号件，它的上部与铸型连接，下部浸泡在液体金属中，是液体金属流入型腔的通路。它除了保证金属液充满铸型外，还应使铸件得到充分的补缩。因此在设计时须注意下面几点：

①升液管的出口无电热保温时，其出口面积应大于铸件热节面积，以保证铸件在凝固过程中得到充分补缩。

②升液管浸泡在液体金属中，以距坩埚底50～100 mm为宜，防止坩埚底沉积的非金属杂质卷入型腔。

③升液管不能漏气，只要有轻微漏气，坩埚内的空气就会渗入升液管，随金属液进入型腔，使铸件形成气孔（见图6－34）或铸型不能充满。因此升液管在使用前，须经400 kN/m^2（4个大气压）的水压试验。

④升液管顶部可做成锥形，一方面有利于金属液回流，另一方面在金属液上升时有一定的撇渣作用（见图6－35）。

由于升液管的工作条件恶劣，铸造科技工作者正在寻求更好的材料和最合理的措施以提高其寿命。现有资料表明，采用含磷2.7%的铸铁、含铜6.5%的铸铁、高锰铸铁或用具有D型石墨的珠光体基体的孕育铸铁铸造升液管，其寿命可能延长，最低可用120 h以上；有的采用普通铸铁管进行表面渗硫处理，在铝液中的寿命约可提高3倍；有的在铸铁管表面喷镀一层三氧化二铝、氧化锆或氧化铬等材料，升液管在铝液中的寿命可达700 h；有的试用氮化硅、碳化硅或氧化硼等耐热陶瓷作升液管，虽然成本高，但在铝液中可用半年以上；还有用石棉耐热硅酸盐作升液管，在三班连续作业的情况下，可使用4～5个月，效果良好。

（2）供气系统

在低压铸造中，正确控制对铸型的充型和增压是获得良好铸件的关键，这个控制完全由供气系统来实现。根据不同铸件的要求，供气系统应可以任意调节，工作应稳定可靠，结构应使维修方便。

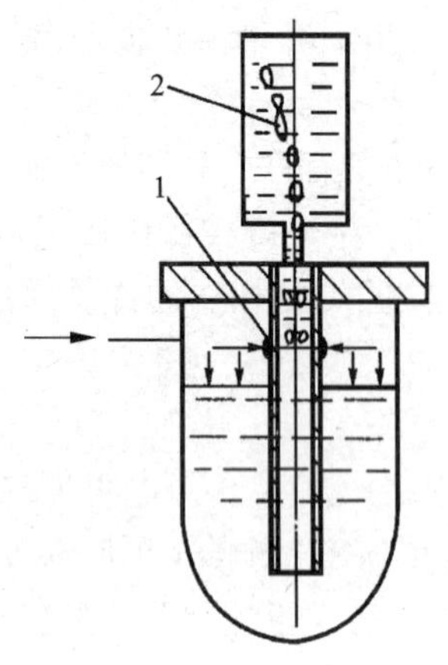

图 6－34　升液管漏气示意图

1—漏气位置；2—气泡

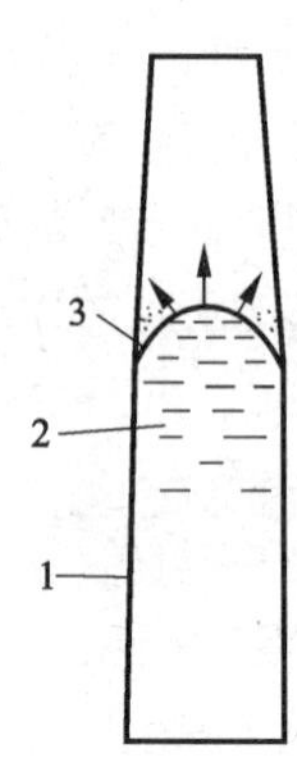

图 6－35　锥形升液管挡渣示意图

1—升液管；2—液体金属；3—熔渣

供气系统如图 6－36 所示，它是由空气干燥过滤器 3、减压阀 2、稳压罐 4 和充型气流控制系统 A 等部分所组成。

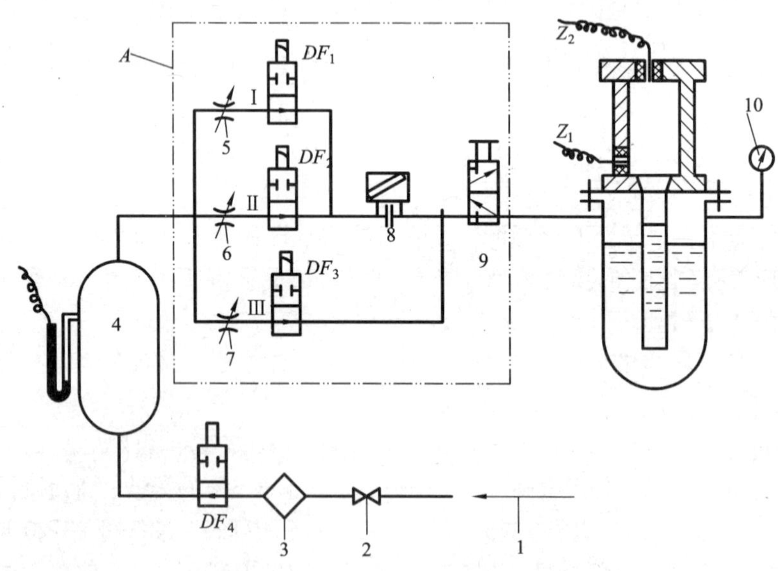

图 6－36　定流量式自动供气系统

1—压缩空气源；2—减压阀；3—过滤器；4－稳压罐；5、6、7—锥形截流阀；8—倾斜压力；9—三通阀；10—压力表；A—充型气流控制系统

气源供给 600～800 kPa 的压缩空气，通过干燥过滤器，除去水分和油，保证供给干燥气体。空气干燥过滤器的结构如图 6－37 所示，在密封罐内装有硅胶粒。潮湿的空气经过硅胶粒后，水分和油被硅胶吸附，从而得到干燥的压缩空气。为了防止硅胶被压缩空气带走，阻

塞管路，硅胶应装在布袋内或包在细铁丝网内。硅胶吸湿后必须更换或烘干后再用。

低压铸造的充型压力在 20 ~ 25 kPa 范围内，而工业用压缩空气的压力都在600 ~800 kPa。如果用工业压缩空气作为气源，则对从气源来的压缩空气，必须予以减压后才能应用，压力值的大小还应可调节，这些都通过减压阀来实现。

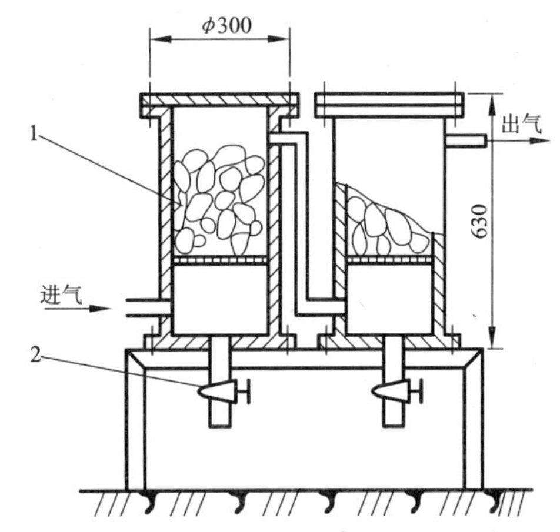

图 6 - 37 空气干燥过滤器示意图

1—硅胶；2—阀门

为使工作时气体的压力稳定，在供气系统中用稳压器来满足此要求。稳压器为一定容积的密封容器，它的容积比坩埚内合金液面上的空间要大许多倍，这样保温炉(或密封坩埚)在充气过程中，就有可能保持气源压力相对稳定。

关于充型气流控制系统，根据其控制的方式不同，又分为定流量式和定压式供气系统两种。

①定流量式供气系统。按升液、充型和结晶阶段压力上升速度的不同，在气源压力恒定的条件下，采用控制流量的办法来达到不同的加压速度。图 6 - 36 为定流量式自动供气系统示例。当压缩空气经过干燥过滤器 3，再经过电磁阀 DF4 进入稳压罐 4。待压力稳定后，即可开始浇注。浇注前锥形阀 5、6、7 按升液、充型和增压速度的要求，分别调整好进气流量。三通阀 9 与坩埚接通。首先打开电磁阀 DF1，升液气路(第 Ⅰ 气路)工作，压缩空气经过锥形阀 5，电磁阀 DF1 进入坩埚，使铝液上升，当铝液升到浇口时，电信号 z_1 接通第二电磁阀 DF2，同时切断 DFl，由充型气路（第 Ⅱ 气路）供气，以保证按充型阶段的增压速度，使液体金属顺利充满铸型。待充满后信号 z_2 接通电磁阀 DF3，切断 DF2，使增压气路（第 Ⅲ 气路）工作，迅速增压，以达到结晶压力。然后三通阀 9 切断气路，停止进气，保持结晶压力，待铸件凝固后，再由三通阀放气卸压，完成整个浇注过程。

②定压式供气系统。在大批量生产中，供气系统对每个铸件提供的“压力”、“速度”规范都必须重复再现，就是说都应该以统一的规范进行浇注，才能保证铸件质量稳定。但定流量式供气系统就难以做到这点。因此，近年来生产中都采用定压式供气系统，该系统的特点是对坩埚(或熔池)液面下降及泄漏造成的压力变化进行自动补偿和自动调节，自始至终保持坩埚液面上的压力为定值。

图 6 - 38 为手动定压式供气系统示例，它将经过干燥而未经减压的压缩空气直接通入坩埚 10 内，进气压力及增压速度的控制是通过减压阀 4、定值器 6 及浇注阀 7 来控制的。干燥后的压缩空气分为两路，一路接浇注阀 7 而进入坩埚，称为“工作气路”；另一路经减压阀 4 和定值器 6 而进入浇注阀 7 的控制部分，称为“控制气路”。浇注时，拧动定值器 6 的手柄，定值器输出的压力由零逐渐增大，浇注阀处的工作压力也由零逐渐增大，并进入坩埚。将定值器的手柄拧得愈快，坩埚内的压力增大得也愈快。可见只要控制定值器 6，就能控制“工作

气路"的进气压力及增压速度，使它符合工艺要求。该气路的关键是浇注阀。

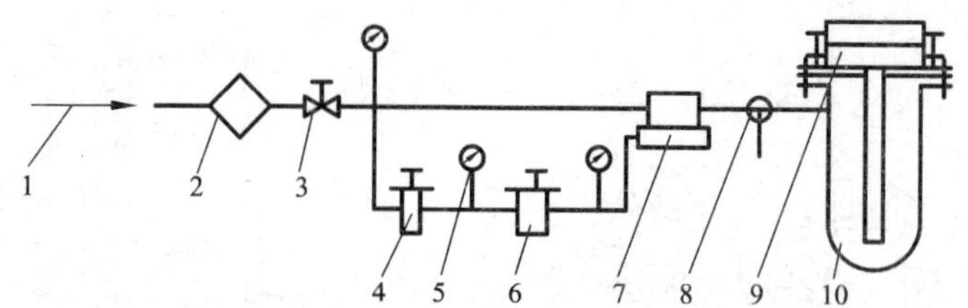

图 6-38　手动定压式供气系统

1—压缩空气源；2—干燥器；3—节流阀；4—减压阀；5—压力表；6—定值器；7—浇注阀；8—三通阀；9—铸型；10—坩埚

6.5.5　低压铸造工艺规范举例

采用低压铸造时，铸型工艺设计完成后，应选定工艺参数。铸件的材质、结构、重量和技术要求以及铸型种类不同，其工艺参数就有不同，表 6-10 列举出低压铸造工艺的几个实例，供参考。

表 6-10　低压铸造工艺举例

铸件名称	结构特点	铸件重/kg	铸件要求	材料	浇注工艺							备　注
					铸型温度/℃	合金温度/℃	充型压力/(N/m²)	充型时间/s	加压速度(N/m²·s)	结晶压力/(N/m²)	保压时间/min	
汽缸体	510mm × 285mm × 270mm，壁厚 5mm 热节多处，厚达 30mm	30	水压试验 60 kN/m² 不渗漏	ZL104	300	700		10 ~ 15	700	60000 ~ 70000	3	金属型，纸浆芯
汽缸盖	495mm × 155mm × 100mm，壁厚 5mm，热节处厚达 30mm	10.5	水压试验 60 kN/m² 不渗漏	ZL104	300 ~ 350	700		5	1500	50000 ~ 60000	2 ~ 6	金属型，桐油砂芯
增压器	φ250mm × 120mm	3	高强度	Al - Cu - Mg 系合金	400 ~ 460	730 ~ 740	70000 ~ 80000	8 ~ 15		70000 ~ 80000	3 ~ 5	金属型涂料：硼砂 5%，氧化锌 25%，滑石粉 15%，含水

6.6　真空吸铸

［学习目标］

1. 掌握真空吸铸的实质、分类、特点及应用；
2. 拓宽专业知识。

鉴定标准：应知：真空吸铸的主要工艺参数及其选择；应会：根据具体铸件形状、材质能够判定是否适合真空吸铸工艺。

教学建议：尽可能到相关企业进行实际参观或观看视频录像。

6.6.1　概述

(1)真空吸铸的实质

真空吸铸是一种在型腔内造成真空，把金属液由下而上地吸入型腔，使金属凝固成形的铸造方法。铸型可以是金属的水冷结晶器，也可是熔模铸造型壳、石膏型、陶瓷型、树脂砂型等铸型。

根据铸件的形成特点，可分为柱状铸件真空吸铸及成形铸件真空吸铸两类，其成形基本原理分别介绍如下。

①柱状铸件真空吸铸。专用于生产圆柱、方柱状中空和实心铸件的真空吸铸法。主要为铜合金铸件；也可制造铝合金铸件、铸铁件、铸钢件，铸件的最大外径可达 120 mm。其工作原理如图 6－39 所示，是将连接于真空系统的结晶器浸入液态合金中，借助抽真空装置在结晶器中形成负压吸入液态合金。因结晶器内壁四周有循环水冷却，液态合金就在真空下沿结晶器内壁顺序向中心凝固，但凝固层达到一定厚度时，切断真空，中心未凝固的液态合金流回坩埚便形成筒形的铸件。铸件的长度取决于结晶器的长度，厚度则取决于凝固时间。如果结晶器上口的真空一直保持到结晶器内金属液全部凝固，那就可得到实心的柱状铸件。

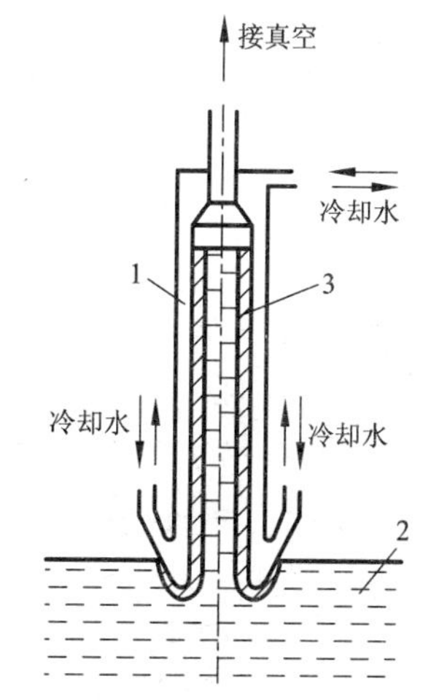

图 6－39　柱状铸件真空吸铸工作原理示意图

1—结晶器；2—金属液；3—凝固层

②成形铸件真空吸铸。用于生产各种形状的真空吸铸法，用此法可高效地生产铝合金、镁合金薄壁铸件。其工作原理如图 6－40 所示。首先将铸型置于真空室 1 中，铸型顶部有通气孔，铸型的浇注系统与升液管 8 连接，升液管下端浸入保温坩埚中的金属液 9 内。开动电磁阀 3，真空室与真空罐 5 相互连通，在型腔内建立一定的真空度，坩埚中的金属液沿升液管自下向上地进入铸型的型腔中，凝固成型。节流阀 4 可调节型腔内真空度的建立速度，以控制金属液充填型腔的速度。由时间继电器控制真空室内负压的保持时间，当型腔内浇道凝固后，即

可将真空室接通大气，升液管内金属液回流至坩埚中，也可在金属充型时采用真空吸铸法，在金属充满型后，增大金属液面上的压力，实现一定压力下的铸件凝固，进一步改善铸件凝固时的补缩条件，获得组织致密的铸件。

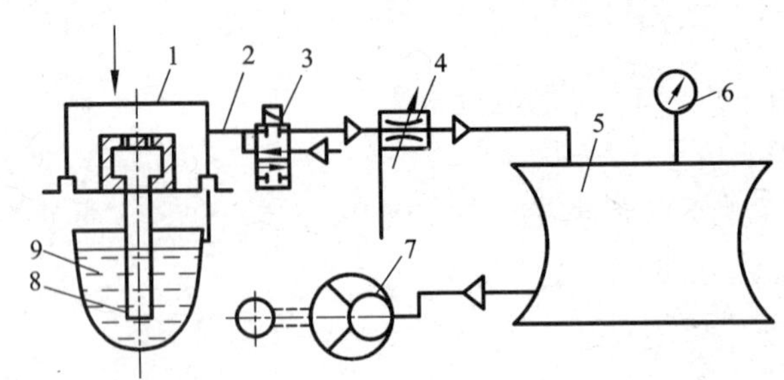

图 6-40　成形铸件真空吸铸工作原理示意图

1—真空室；2—管道；3—电磁阀；4—节流阀；
5—真空泵；6—点接触真空计；7—真空泵；8—升液管；9—金属液

(2)真空吸铸的优缺点

真空吸铸的优缺点可归纳如下：

①铸型自金属液面下吸取金属，浮在金属液表面上的熔渣、氧化物不易进入铸型，不会形成加渣等缺陷。

②金属液自下而上地充填内部空气稀薄、真空条件下的型腔，金属液流不易卷入气体，在型腔中金属二次氧化可能性也变小。

③采用结晶器真空吸铸时，铸件的凝固速度大，故铸件的晶粒细小，不易产生偏析。

④柱状铸件具有较好的自上向下，自型壁向铸件中心的定向凝固条件，故铸件的补缩条件优越，而成型铸件可利用增压补缩，所以铸件的致密度高，因而可使真空吸铸铸件的性能提高。

⑤充型时，金属液在型腔内遇到的气体阻力很小，可提高金属液的充型性，故生产形状复杂的薄壁铸件时，铸件容易成形，铝合金，镁合金铸件的壁厚可以减小到 1.5 mm。

⑥生产过程易于机械化、自动化，生产效率高。

⑦柱状中空铸件的内壁不平度大，内孔尺寸不易控制，故需留较大的加工余量。

(3)应用范围

在我国，真空吸铸常用来生产铜套、铜轴瓦的铸坯、铸造铝合金锭坯以及生产轻合金铸件。

6.6.2　真空吸铸机

(1)柱状铸件真空吸铸机

图 6-41 表示出了在我国工厂中应用较为普遍的柱状铸件真空吸铸机。在机架立柱 1 上焊接多根向外伸出的钢杆成为执行不同功能的支架。机架立柱可绕机器的主轴带动支架和全部机器附件旋转，工人操纵升降缸杆 3，通过把它下降或上抬，就可带动钢丝绳 10 沿滑轮 11 来回移动，达到上抬或下降结晶器 4 的目的。在此机器上采用负压喷嘴 13(又称喷射管)在

结晶器内腔建立真空，真空度的大小可通过真空调节阀17进行调节。有冷却水管6向结晶器通入和放出结晶水。挡块9和限位丝杠一起限制升降杠杆的旋转上抬和下降的程度，也即结晶器下降的程度，而平衡锤7用来平衡上下移动的结晶器及其附件的重量，使工人操纵轻便。

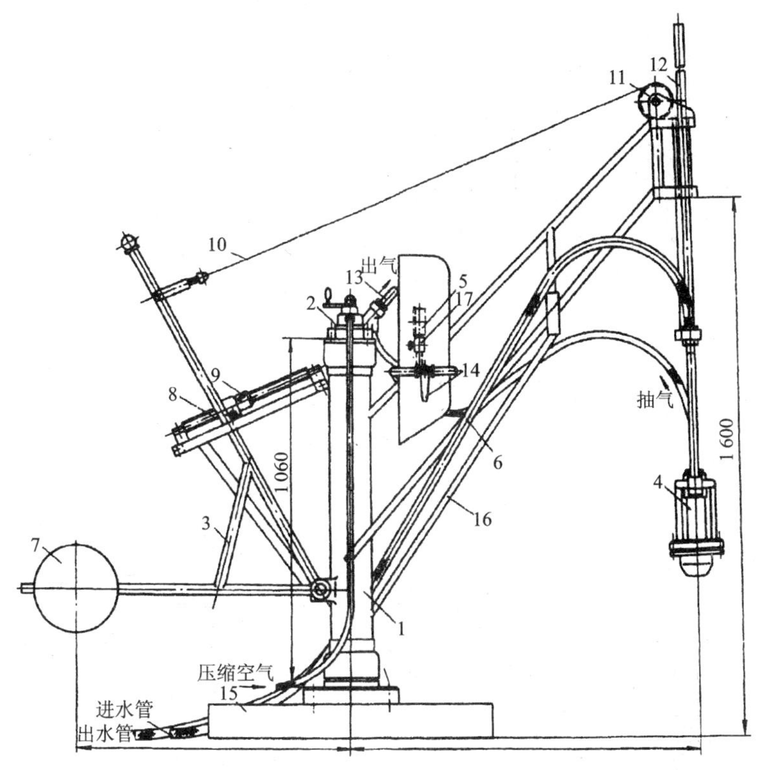

图6－41　柱状铸件真空吸铸机总体结构图

1—机架立柱；2—气阀；3—升降杠杆；4—结晶器；5—真空表；6—冷却水管；7—平衡锤；8—限位丝杠；9—挡块
10—钢丝绳；11—滑轮；12—导向杆；13—负压喷嘴；14—控制手柄；15—基座；16—斜架；17—真空调节阀

负压喷嘴的结构示于图6－42，当压缩空气以很高的速度自直径为7 mm的喷嘴3的孔中喷出时，直径为12 mm的抽气管2中的空气也被带动流向孔径为14 mm的导气管5的通道中，而后进入大气，这样也就可在结晶器的内腔建立一定的真空度。采用这种喷嘴在能供应压缩空气的车间中，可免除一套复杂的真空系统设备。生产表明，如果负压喷嘴工作时采用的压缩空气压力为0.5 MPa，则在结晶器工作腔内可获得42666～47995 Pa的真空度，可吸铸外径为40～60 mm，长度为420 mm的铜合金件。

如果车间无压缩空气供应系统，则需用真空泵和真空罐组合的系统来满足制造结晶器内真空的要求。真空泵的抽气率可为0.6 m^3/h，真空罐内腔尺寸为ϕ800 mm×1000 mm。

图6－43为了柱状铸件真空吸铸结晶器的结构。与金属液接触形成铸件外表面的是工作套2，其壁厚为4～6 mm，为能方便地取出铸件，工作套内壁做成0.2°～1.0°的锥度。工作套与外套1之间有一宽度为3～6 mm的通冷却水的缝隙。有些工厂为了节省制作结晶器的投入，常用一个外套，配用几个不同直径的内套，铸造不同外径的柱状铸件，内套与外套间的水隙宽度由4～5 mm增大至十几毫米，使用表明，结晶器仍能正常工作。

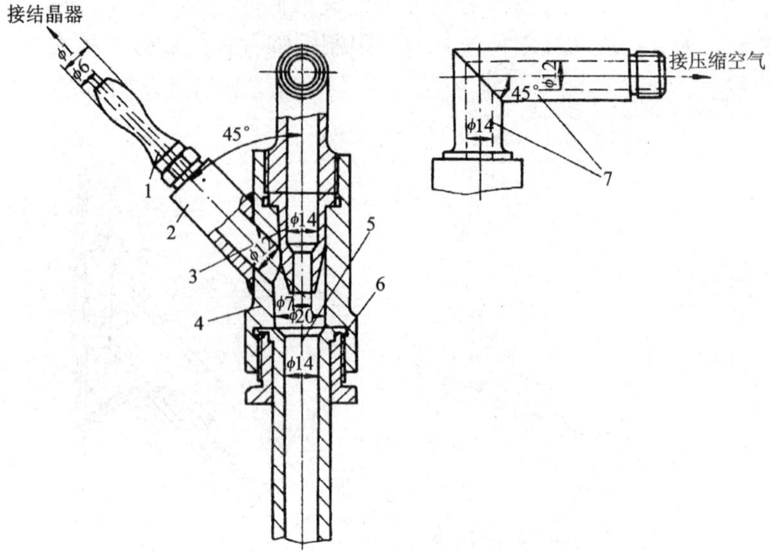

图 6 - 42　负压喷嘴结构

1—管接头；2—抽气管；3—喷嘴；4—外壳；5—导气管；6—螺母；7—肘管

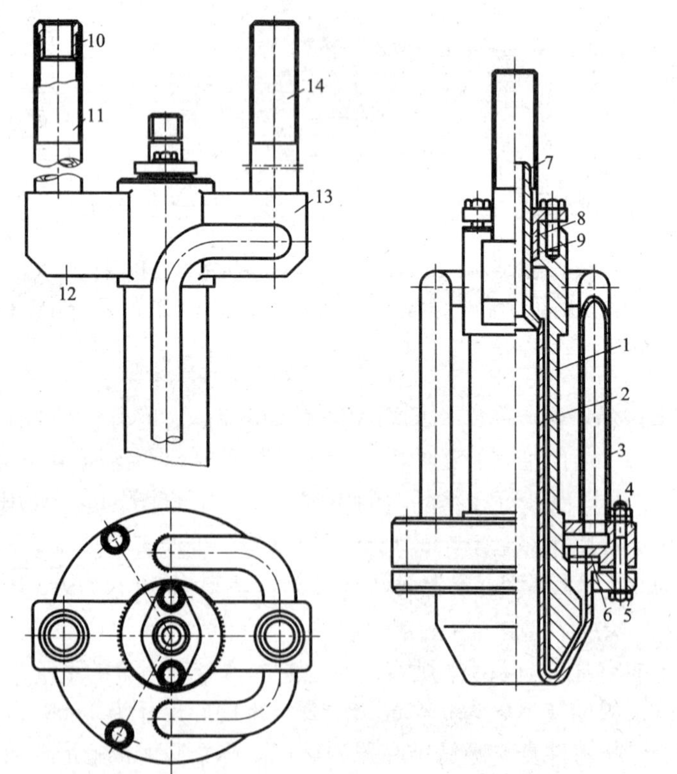

图 6 - 43　柱状铸件真空吸铸结晶器结构

1—外套；2—内套；3—弯水管；4—环水室套；5—圆环；6—密封胶圈；7—接真空管道的丝扣
8—压盖；9—密封填料圈；10—套管；11—冷却水出水管；12、13—弯管；14—冷却水入水管内外套一般用低碳钢锻坯或无缝钢管焊接经机械加工后制成。内套下端处的圆柱面与锥面的交角为60°，两个面交接处的圆弧半径为9～10 mm。内套上端有丝扣7，用于连接真空系统的通道。冷却水经入水管14，弯管13分两支流往弯管3通入结晶器的下端，而后经弯管12、出水管11流出结晶器。

图6－44示出了一种自动化柱状铸件真空吸铸机。整个机器装在小车上，在上部水平支架上有导轨，导轨上有可水平直线移动的结晶器架座9，它由汽缸7驱动。结晶器架座上装有由汽缸8上下移动的结晶器1。真空系统直接放在小车平台上。真空吸铸时，当铸件在结晶器内凝固后，汽缸8把结晶器提升，离开金属液2，汽缸7把结晶器架座往右移，使结晶器处于铸件接受槽10的上面，铸件从结晶器内脱出，掉在接受槽中，结晶器内被清理、涂刷涂料后，由汽缸7和8共同驱动使结晶器又回至进行真空吸铸的位置。除了自结晶器上取出铸件、清理结晶器和给结晶器刷涂料外，其余工序都可自动地进行。

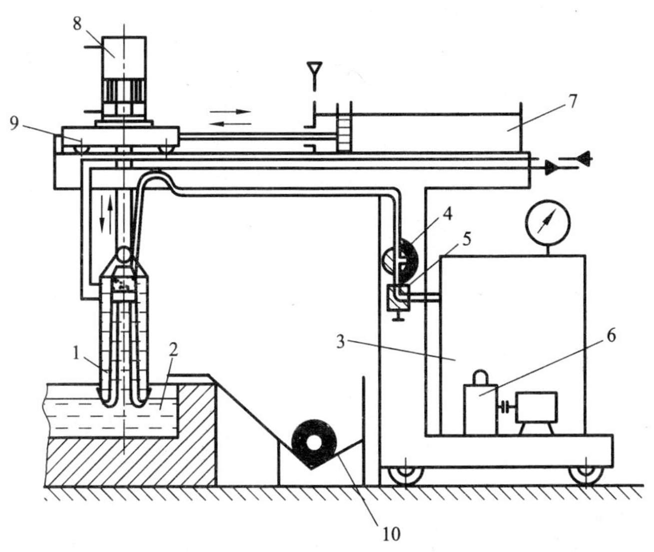

图6－44　自动化柱状铸件真空吸铸机

1—结晶器；2—金属液；3—真空泵；4—阀；5—调节器；
6—真空泵；7、8—汽缸；9—结晶器架座；10—铸件接收器

(2)成形铸件真空吸铸机

成形铸件真空吸铸机的结构与差压铸造机相似，图6－45所示为一种金属型铸件的真空吸铸机。金属液处于保温炉的坩埚内，炉膛与大气相通。保温炉用盖2密封，在盖上放金属型4，金属型用罩7罩住，组成真空室，并通过真空阀与真空系统的真空泵相连。油缸6用来把真空罩下压，使真空罩下缘与盖2之间有很好的密封。在吸铸完后，真空罩可以上抬，自工作位置

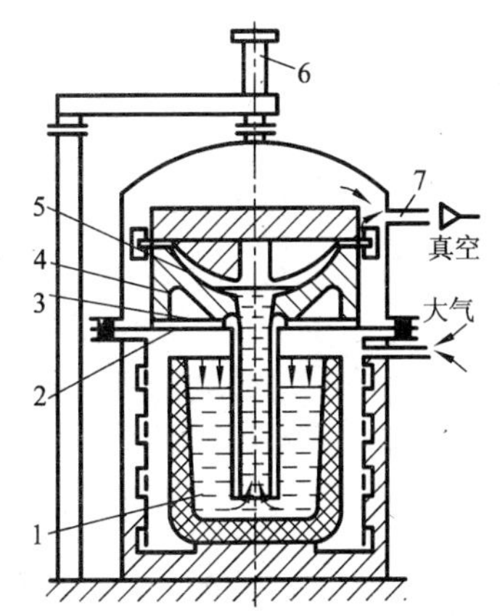

图6－45　金属型真空吸铸机

1—金属液；2—炉盖(工作台)；3—升液管；
4—金属型；5—直浇道；6—液压缸；7—真空罩

移开，以便自铸型中取出铸件和清理铸型，喷涂料，准备进行下一次的真空吸铸。

6.6.3 真空吸铸工艺

真空吸铸工艺依设备和铸件特点而定，生产实际中应控制吸铸温度、铸型型腔真空度、结晶器浸入合金液的深度、真空保持时间、吸铸温度、铸型涂料等工艺参数。

(1)吸铸温度

真空吸铸的结晶器直接与液态合金接触，故可以用比较低的吸铸温度，有利于延长结晶器与熔炉的使用寿命，缩短铸件凝固时间，降低液态合金中气体的溶解量，减少元素烧损，提高生产效率。吸铸温度一般可略低于砂型铸造的浇注温度，例如某厂铸造锡青铜ZCuSn5Pb5Zn5，砂型铸造温度为1120℃～1180℃，而真空吸铸温度为1050℃～1080℃。

一般情况下，柱状铜合金铸件真空吸铸时的金属液保温温度可比重力砂型铸造时的浇注温度低50℃～100℃。成形铸件真空吸铸时金属液的温度应与低压铸造时相近。

(2)铸型型腔真空度

①柱状铸件真空吸铸时的型腔真空度。柱状铸件真空吸铸时的型腔真空度p_v应按所需提升金属液的余度(即铸件的长度)L(mm)进行计算，即

$$p_v = 9.8L\rho(\text{Pa}) \qquad (6-10)$$

式中 ρ——合金液密度，g/cm^3。

一般铜合金铸件的长度小于1 m。如在一工厂中生产长度为420 mm的铜套坯件时，采用的型腔真空度为47995 Pa。实际采用的真空度数值与由上式计算所得的理论值常会有一些出入，这主要与所使用的设备状态有关，如吸气管道中的泄漏等。所以理论计算的数值只能作为参考，需在实践中进行必要的修正。

②成形铸件真空吸铸时型腔真空度。成形铸件真空吸铸时型腔真空度应根据金属液保温炉(或坩埚)中所允许的最低液面高度与铸型顶部的高度间的差值h(mm)计算，即

$$p'_v = 9.8h\rho A(\text{Pa}) \qquad (6-11)$$

式中 A——系数，$A \approx 1.2$。

由于大气压力值的限制，真空吸铸铝硅合金时h应小于4 m；真空吸铸铝铜合金时h应小于3.4 m。

型腔内真空度的建立速度由真空管路中节流阀的开启程度、铸型型腔和真空管的体积、铸型顶部通气道的形状、尺寸等因素决定。实际生产中主要根据试浇件的质量，用节流阀调节真空度的建立速度。通气道的形状和尺寸应在合理的真空度建立速度条件下，保证型腔内气体能顺利逸出型外，并且在金属液进入通气道后能立刻凝固而不溢出型外。采用金属型时，通气隙的厚度应小于0.15 mm。

(3)柱状铸件真空吸铸时结晶器下口浸入金属液的深度

结晶器下口浸入金属液的深度应保证在吸铸完后，下降后的坩埚中的金属液面还能高于结晶器下口边缘10 mm以上，防止真空吸铸时金属液表面的大气随金属一起被吸入结晶器中。真空吸铸开始时结晶器下口浸入坩埚中金属液的深度H可按下式计算。

$$H \geqslant (Lr^2/R^2) + 10(\text{mm}) \qquad (6-12)$$

式中 L——铸件长度；

r，R——型腔、坩埚熔池的内半径，设金属液保温坩埚的内腔断面为圆形。

也不能把结晶器下口浸入金属液太深，因为在金属液与结晶器下口接触的面上会形成不必要的附边，最后需把这个附边部分从铸件上切去，故太深的结晶器下口与金属液的接触会浪费金属液，降低工艺收得率。

(4)真空保持时间

柱状中空铸件真空吸铸时，应在铸件的凝固层厚度达到所要求的数值前，保持型腔内的真空度数值；成形铸件真空吸铸时，当铸型底部内浇口断面凝固前，也应在真空室内保持真空度的数值。真空保持时间，可用由传热学中的平方根原理推导而得的公式进行初步估算，即

$$t = R^2/K^2(s) \tag{6-13}$$

式中　R——铸件凝固厚度或铸型内浇道断面的换算厚度，mm；

K——凝固系数，$mm/s^{1/2}$，其值与铸型材料、结构、吸铸合金及其温度、铸型工作状态等有关。如柱状铜合金件真空吸铸时，可取 $K=4\sim6\ mm/s^{1/2}$，在铝合金成形铸件金属型真空吸铸时，可取 $K=3\sim5\ mm/s^{1/2}$。

最后通过生产实践对 t 值进行修正。如实际生产中，真空吸铸壁厚为10～20 mm的铜合金中空柱状铸件时，真空保持时间为7～15 s。

(5)铸型涂料

柱状铸件真空吸铸时，常需在结晶器工作表面上刷涂料，它主要起润滑作用，使铸件易于自结晶器中取出，同时也可改善铸件的表面质量。一般每班开始真空吸铸前，先用机油加石墨粉的混合物涂刷结晶器内壁，并将其彻底烘干。而后每吸铸一次，就把经400℃～450℃焙烤过的石墨粉或滑石粉用布棒对结晶器表面涂刷一次。在结晶器的下口附近，为减薄在该处粘附的金属层(附边)的厚度，可用质量配比为93%的ZnO粉加7%的水玻璃和适量水配制的涂料涂刷，涂料层厚度约为0.5 mm，需将此层涂料烘干，并能牢固地粘贴在结晶器上。

成形铸件真空吸铸时铸型所用涂料和涂料的涂敷工艺同重力铸造一样。

6.7　挤压铸造和液体金属冲压

[学习目标]

1. 掌握挤压铸造和液体金属冲压的实质、分类、特点及应用；

2. 拓宽专业知识。

鉴定标准：应会：根据铸件的结构、材质能够判定是否适合挤压铸造和液体金属冲压并能选择合理的工艺参数。

教学建议：教师采用对比教学法，启发学生寻找挤压铸造和液体金属冲压的联系与区别。

6.7.1 挤压铸造

(1)概述

挤压铸造是指在两个半形分开的情况下，浇注金属液，而后两个半形合拢，将金属液挤

压充填满整个型腔，使之凝固成型的方法。

首先在两个半型分开的情况下，浇注液体金属，如图 6－46(a)所示；而后按如图 6－46(b)所示那样，左边的半型向右边的半型靠拢，将液体金属挤压而充填整个型腔；多余的液体金属从铸型上边流出型外，如图 6－46(c)所示。

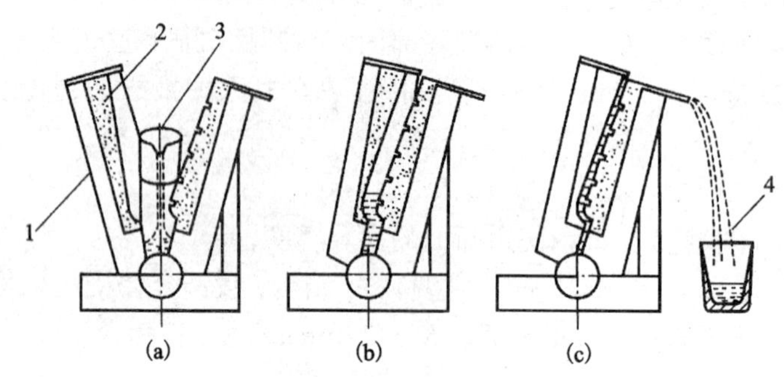

图 6－46　挤压铸造示意图

1—挤压铸造机；2—泥芯；3—浇包；4—排除多余金属

用此种挤压铸造法可以生产轻合金的薄板形铸件，如汽车门、机罩、机翼等也可用此生产空心的薄壁件。

在挤出多余液体金属的同时，金属中所含的杂质、气泡将随液态金属排出型外，如图 6－47所示，箭头表示杂质和气泡的运动方向。此外，挤压铸造还对铸件的补缩有利，如图 6－48 所示，因为在挤压时，液体金属的压力增大，能较好地补缩枝晶间的缩孔。不仅如此，还由于液体金属不断在结晶层旁流过和冲刷，能促使晶粒细化。

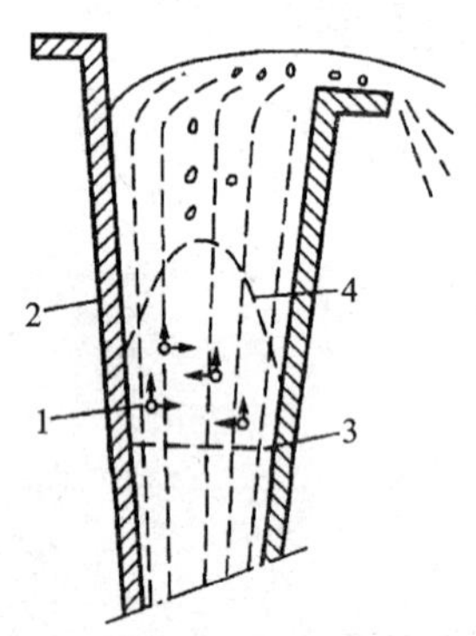

图 6－47　挤压铸造时气泡、夹杂运动示意图

1—气泡；2—活动铸型；3—固定铸型；4—液流速度场示意

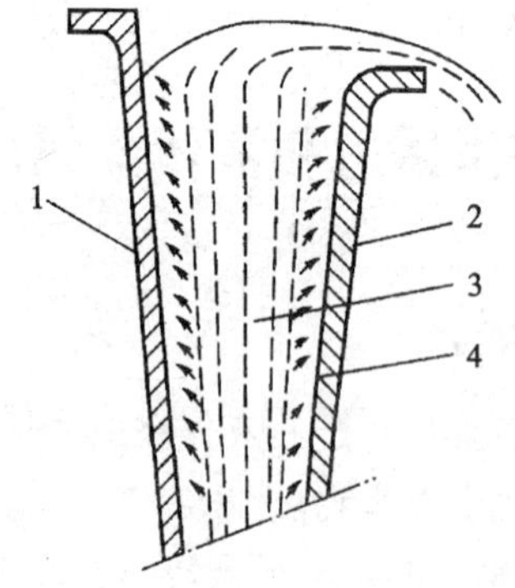

图 6－48　挤压铸造时液体金属补缩示意图

1—活动铸型；2—固定铸型；3—液体金属；4—结晶层

(2)挤压铸造机

图 6－49 表示出了挤压铸造机的铸型部分。动型 4 绕转轴 11 的转动力可来自电动机传动系统或液压传动系统，通过连杆 1 施力于动型座 13 上。图中动型的工作表面由金属型块 4 组成，内有电阻丝加热原件 5。定型座 8 上固定有砂芯 6，用它来形成板状铸件的带有筋条、凸台的一面，定型座内也可装电阻丝加热元件。定型由支架 9 支撑。侧板 3 可阻挡金属液自

铸型侧面流出。

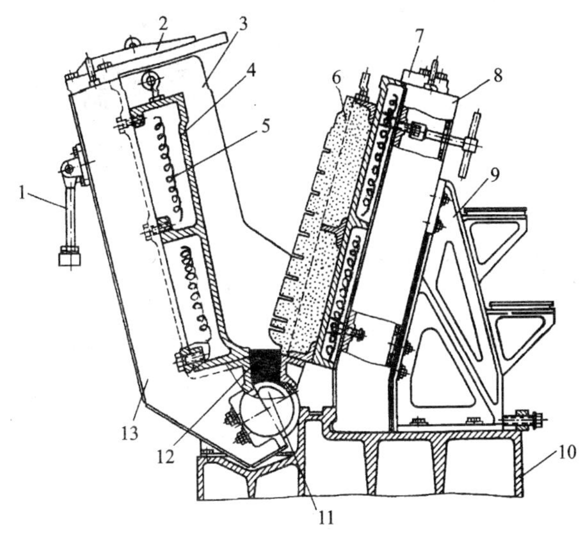

图6-49　挤压铸造机的铸型部分结构

1—连杆；2—动型座挡板；3—侧板；4—金属型；5—电阻加热丝；6—砂芯
7—定型座挡块；8—定型座；9—支架；10—机座；11—转轴；12—金属液；13—动型

这种机器可浇注板状铸件的最大轮廓尺寸为2200 mm×800 mm×3 mm(长×宽×厚度)。铸件的最小厚度可为1.2 mm。用此机器可浇注的铝硅合金牌号为ZL102、ZL104和ZL109，它们的结晶温度范围较窄。动型的旋转角度为30°，合型开始时的动型旋转速度为3°/s，最大可达6°/s，铸型合型的持续时间为5~8 s，挤压成型时合金上能承受到的最大压力约为0.04 MPa。铸型底部金属接受器的最大容量为铝合金液75 kg。

(3)挤压铸造的工艺要点

挤压铸造时的铸型主要为金属型和干砂芯，因此金属型和干砂芯铸造的工艺都适用于挤压铸造。下面将简要介绍挤压铸造一些特色性的工艺要点。

①在往铸型中安装预热至110℃的干砂芯之前，铸型的金属型、转轴和金属接收器部位应先预热至220℃~300℃，侧板的预热温度为150℃~200℃。在金属接受器中的合金液温度降至610℃±10℃时开始合型挤压。

②在形成铸件筋条、凸台的砂芯上，在对应于铸件的热节部位应装设外冷铁，防止铸件上形成缩松、缩陷的缺陷，对应于形成热节的金属型上也可设置局部冷铁(见图6-50)，进一步加强热节部位的冷却。

③挤压成形时，金属液在型腔中液面的上升速度应控制在0.5~0.7 m/s。过小的上升速度，会使铸件的薄壁部位浇不足；过快的液面上升速度，会使铸件表面出现波纹和表面不平的缺陷，还可能在铸件内部裹进气泡，太快的液面上升速度还会冲刷砂芯，使液流中断而在铸件上形成裂纹。

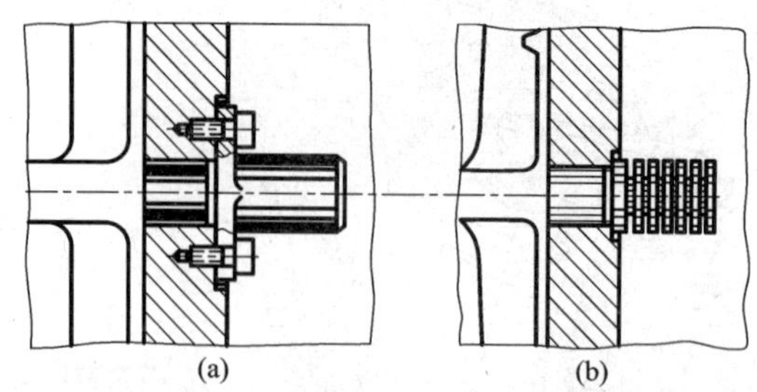

图6－50　在挤压铸型的金属型背面设置的两种局部冷铁

6.7.2　液体金属冲压

(1)概述

液体金属冲压又称液态模锻。实质上，它是另一种类型的挤压铸造，所不同的是液体金属冲压的过程与一般冲压过程相似，即在压力机的砧座上安装一类似冲模的下型，向此型中浇入液体金属如图6－51(a)所示。而后类似冲头的上型(也可称为冲头)往下移动，将下型中的液态金属挤满型腔，在压力作用下凝固成型，如图6－51(b)所示。如图6－51所示的是一种在我国应用得较广泛的铸锅法。在此情况下，因上口是敞开的，液体金属在凝固时所受的压力较小。

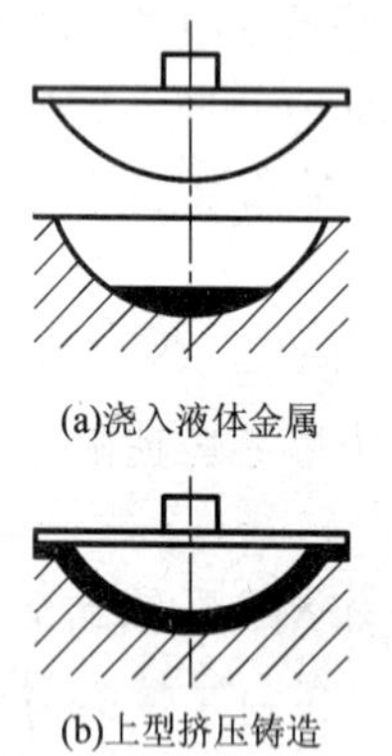

图6－51　液体金属冲压铸锅示意图

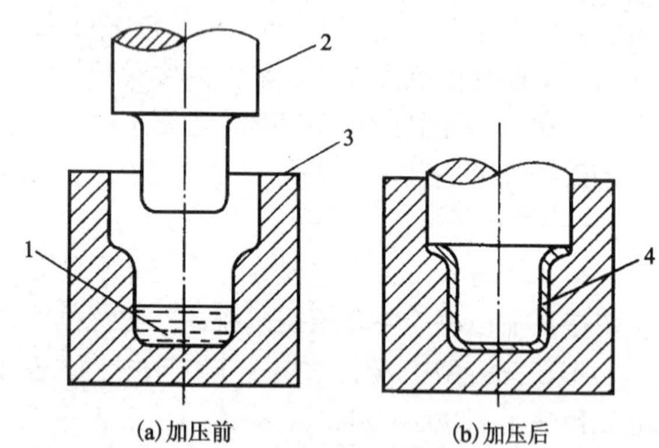

图6－52　封闭式液体金属冲压示意图

1—液体金属；2—冲头；3—下型；4—铸件

如图6－52所示为另一种液体金属冲压，在冲压终了时，型内金属处于封闭的型腔中，故液体金属能在较大的压力下进行凝固。

液体金属冲压的优缺点主要体现在以下几个方面：

①铸件精度高，加工余量小，甚至可优于模锻件。

②由于铸件是在压力下快速凝固的，所以组织致密，晶粒细小，铸件的力学性能较好。

③铸型的寿命较高，通常情况下，如果采用金属型，它的寿命比锻压模具高得多。

④生产率高，工序简单。液体金属冲压大多在油压机上进行，常用来生产铝合金、锌合

金、铜合金、铸钢、铸铁等铸件，如高压锅、阀体、活塞、铁锅等。

(2)设计金属型应注意的事项

①冲头与金属型的配合间隙。为了保证液体金属冲压时，冲头与金属型相互间能自由运动，并在受热的情况下不出现卡住的现象，冲头与金属型之间需有一定的间隙。在浇注铜合金和铝合金的实心铸件(铸锭)时，间隙可为0.15～0.3 mm，在浇注异型铸件时，间隙可为0.08～0.1 mm。为使冲头在工作时不致受热而膨胀太大，可对冲头进行水冷。

②铸件对冲头的抱紧力。液体金属冲压时，冲头易被铸件包住，故在选用压力机时应考虑铸件对冲头的抱紧力。与压铸时铸件对型芯的抱紧情况相似，液体金属冲压时，铸件对冲头的抱紧力与铸造合金化学成分、冲头直径、铸件厚度、铸型深度有关。一般液体金属冲压时铸件对冲头的抱紧力比同样条件下压铸时铸件对型芯的抱紧力大30%～35%。

(3)液体金属冲压工艺参数

①比压。液体金属冲压时所用的压力有两个作用，一是为了挤压液体金属，使它充填型腔；二是在铸件凝固时“压实”铸件，使铸件组织致密。一般为了挤压液体金属充填型腔，所需的比压值较小。而在压实时，所需比压值较大。这是因为在液体金属冲压铸件凝固时，铸件外壁金属凝固较快，结成较硬的外壳，它将阻碍冲头下压。因此只有较大的比压值才能起“压实”铸件的作用。一般采用的比压值为几十万帕至十兆帕。低的比压值用于开放式液体金属冲压，高的比压值用于封闭式液体金属冲压。

②金属型的预热。为了提高铸件表面光洁度和延长金属型的寿命，需对金属型进行预热。预热温度过高，易使铸件黏结金属型。一般浇注锰黄铜时，金属型的预热温度为100℃～350℃；浇注铝硅合金时，金属型的预热温度为100℃～270℃。

在长期工作的情况下，液体金属冲压用金属型由于吸收铸件所放出的热量，它的温度常会升得很高，为保证金属型具有稳定的预热温度，需对金属型采取水冷措施。

③浇注。液体金属冲压时，应注意金属定量的准确性。如果定量不准，将会使铸件出现浇不足(如浇注的金属数量不够)或引起铸件尺寸产生误差。如图6－53所示为金属浇注太多时使铸件套筒底厚α增厚至α_1的情况。如图6－54所示为金属浇注太多时，使铸件的底厚α和高度H变为α_1和H_1的情况。图6－55则表示浇注金属定量不准对封闭铸件内腔形状的影响。为使内腔尺寸准确，可采用套筒式冲头，铸件内壁由冲头A形成，底部由B形成。如果要真正消除浇注定量不准对铸件尺寸的影响，可如图6－56和图6－57所示，在铸型中设环形金属储存器或弹簧式金属储存器。

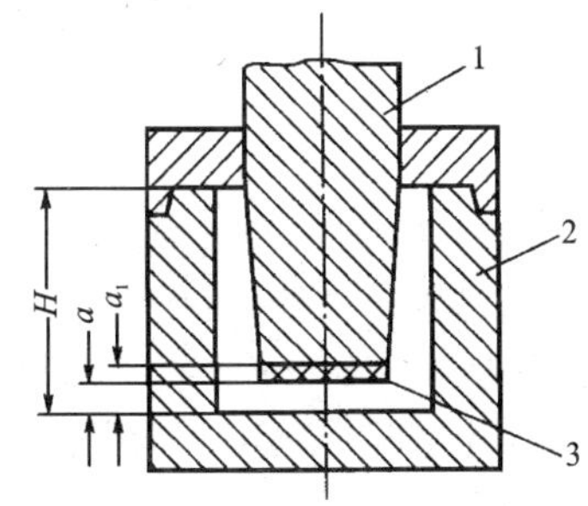

图6－53 封闭式金属型中金属浇注太多

1—金属型；2—冲头；3—富余金属

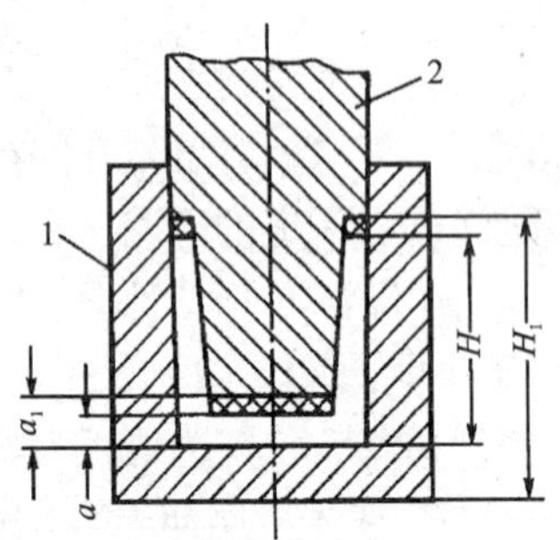

图 6-54　开放式金属型中的金属浇注太多

1—金属型；2—冲头

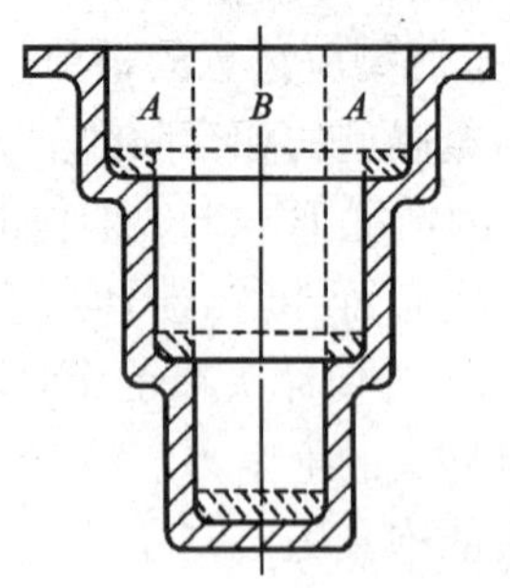

图 6-55　定量不准对封闭铸件内腔形状的影响

A、B—套筒冲头

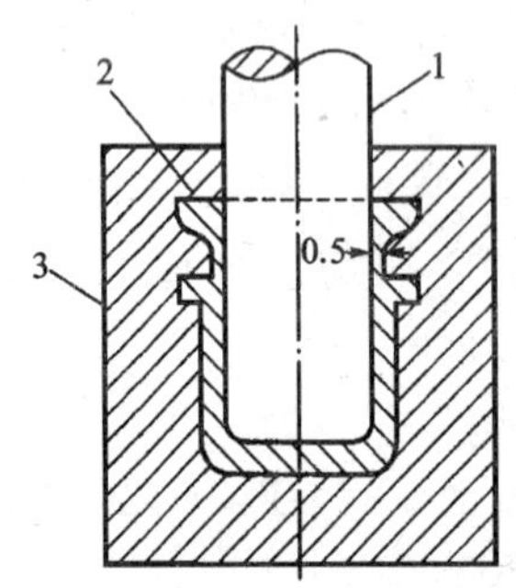

图 6-56　环形金属定量储存器

1—冲头；2—环形金属储存器；3—金属型

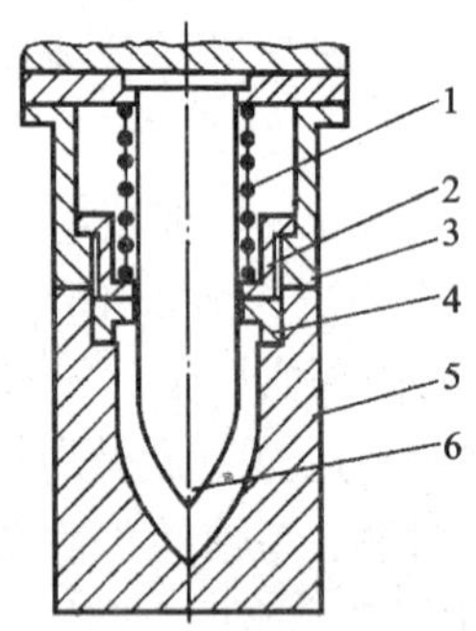

图 6-57　弹簧式金属定量储存器

1—弹簧；2—补偿器；3—冲头外壳；
4—环形盖；5—金属型；6—冲头

为消除在挤压金属之前，型内金属形成太厚的硬壳，可采用较高的浇注温度。但在浇注厚壁铸件时，太高的浇注温度会引起铸件内部的缩孔和铸件表面的缩陷。此外，高的浇注温度对金属型寿命也不利。因此浇注厚壁铸件时温度可稍低。一般浇注铝锰黄铜薄件时可取浇注温度为850℃~1000℃；浇注厚壁件时，取浇注温度850℃~920℃；铝合金铸件液体金属冲压时的浇注温度为660℃~700℃。

浇注时应注意不使金属直冲型芯，避免飞溅，同时浇包要充分加热。

④涂料。液体金属冲压时，高温液体金属与铸型贴得较紧，时间又长，为了防止铸型被粘连及取出铸件时对铸型的磨损太大，必须在金属型工作表面上刷涂料。生产铜合金铸件时，涂料的成分可为锭子油加5%细石墨粉，或者采用蓖麻油加5%~6%石墨粉。在垂直分型的金属型表面上可涂由松香加水玻璃调成的石墨膏。涂料时，铸型需先预热至200℃，每涂一层需烘干后再涂，共涂2~3层即可。此外，还可用煅烧石棉粉与含3%水玻璃的水溶液混合的液体喷涂金属型。在生产铝合金铸件时，可使用压铸铝合金时所用的涂料，也可用由二硫化钼15%加黄蜡25%，再加机油的混合剂作润滑涂料。

⑤保压时间和冲压速度。实践表明，液体金属浇入铸型后，希望能把压力很快地施加到金属上去，进行挤压成型。而保压时间也不必过长，一般对铜合金铸件，铸件壁厚每10 mm，

其保压3～6 s已够。液体金属冲压时，冲头的下压速度不能太快，否则液体金属的充型流动将不平稳，易使铸件内部出现气孔。此外，太快的冲压速度还会引起铸件的开裂。一般对小件，冲压速度可取0.2～0.4 m/s；对大件可取0.1 m/s。

【思考题】

1. 石膏型铸造的实质、特点及应用范围是什么？

2. 全部以陶瓷浆料制造的陶瓷型与带底套的陶瓷型制造工艺有何不同？各应用于何范围？

3. V法造型的实质、特点及应用范围是什么？

4. 试述V法造型的主要工艺参数及其选择原则？

5. 试述连续铸管的工作过程。为什么连续铸管工艺不如离心铸管？

6. 低压铸造工艺设计时常采用哪些措施？低压铸造工艺规范包括哪些内容？

7. 真空吸铸的实质、特点及应用范围是什么？真空吸铸工艺规范包括哪些内容？

8. 挤压铸造和液体金属冲压工艺有什么不同？各应用于什么范围？

参考文献

[1] 姜不居. 特种铸造. 北京：中国水利水电出版社，2005
[2] 林柏年. 特种铸造. 杭州：浙江大学出版社，2008
[3] 徐木侠. 特种铸造. 北京：机械工业出版社. 1991
[4] 董秀琦. 低压及差压铸造理论及实践. 北京，机械工业出版社. 2002
[5] 孟宪嘉. 特种铸造设备. 北京：国防工业出版社，1984
[6] 中国机械工程学会铸造分会. 特种铸造. 北京：机械工业出版社，2003
[7] 张锡平，姜不居等. 熔模铸造用硅溶胶黏结剂综述. 特种铸造及有色合金，2002(2)：22
[8] 杨兵兵，范志康. 硅酸乙酯－水玻璃复合型壳在精密铸造中的应用. 铸造技术，2006(10)
[9] 宫克强. 特种铸造. 北京：机械工业出版社. 1982
[10] 黄天佑，黄乃瑜等. 消失模铸造技术. 北京：机械工业出版社. 2004
[11] 陈宗民，姜学波等. 特种铸造与先进铸造技术. 北京：化学工业出版社. 2008
[12] 张伯明. 离心铸造. 北京：机械工业出版社. 2004
[13] 高以熹. 石膏型铸造工艺及理论. 西安：西北工业大学出版社，1992

图书在版编目（C I P）数据

特种铸造／杨兵兵主编. --长沙：中南大学出版社，2010. 8
ISBN 978－7－5487－0102－6

Ⅰ. 特…　Ⅱ. 杨…　Ⅲ. 铸造—基本知识　Ⅳ. TG249

中国版本图书馆 CIP 数据核字(2010)第 172048 号

特种铸造

主　编　杨兵兵
副主编　丁振波
主　审　王晓江

□**责任编辑**　谭　平
□**责任印制**　易红卫
□**出版发行**　中南大学出版社
社址：长沙市麓山南路　　邮编：410083
发行科电话：0731－88876770　　传真：0731－88710482
□**印　　装**　长沙市宏发印刷有限公司

□**开　　本**　787×1092　1/16　□**印张** 18　□**字数** 442 千字
□**版　　次**　2010 年 9 月第 1 版　□2017 年 8 月第 2 次印刷
□**书　　号**　ISBN 978－7－5487－0102－6
□**定　　价**　45.00 元